北大社普通高等教育"十三五"数字化建设规划教材
国家级精品课程配套教材

高 等 数 学（下）

黄立宏　主编

内 容 简 介

本教材是在面向 21 世纪数学系列课程教学内容与课程体系改革方针的指导下,编者根据多年的教学实践经验和研究成果,结合"高等数学课程教学基本要求"编写而成的.

本书分为上、下两册.上册含函数、极限与连续,一元函数微分学,一元函数微分学的应用,一元函数积分学,一元函数积分学的应用,常微分方程,以及几种常用的曲线、积分表等内容.下册含向量与空间解析几何,多元函数微分学,多元函数微分学的应用,多元函数积分学(Ⅰ),多元函数积分学(Ⅱ),无穷级数等内容.除每节配有与该节内容对应的习题外,每章后还配有综合性习题,书末附有习题参考答案,便于教与学.

本书可供综合性大学、高等理工科院校、高等师范院校(非数学专业)的学生使用.

本书配套云资源使用说明

本书配有网络云资源,资源类型包括:知识结构、动画视频、习题参考答案和数学家简介.

一、资源说明

1. 知识结构:对每章知识点以框图形式做系统总结,让学生提前了解本章讲述的大概内容,方便学生学完本章内容后做自我测评,也可以加深学生对本章内容的理解.

2. 动画视频:针对重要知识点、抽象内容,提供演示动画,便于学生理解和掌握,提高学习兴趣.

3. 习题参考答案:对每章节的习题给出标准答案,启发学生思维,测试学生对知识点的掌握情况.

4. 数学家简介:提供数学家简介,目的在于提高学生对数学的认识,培养学生学习数学的兴趣.

二、使用方法

1. 打开微信的"扫一扫"功能,扫描关注公众号(公众号二维码见封底).
2. 点击公众号页面内的"激活课程".
3. 刮开激活码涂层,扫描激活云资源(激活码见封底).
4. 激活成功后,扫描书中的二维码,即可直接访问对应的云资源.

注:1. 每本书的激活码都是唯一的,不能重复激活使用.
  2. 非正版图书无法使用本书配套云资源.

总 序

数学是人一生中学得最多的一门功课.中小学里就已开设了很多数学课程,涉及算术、平面几何、三角、代数、立体几何、解析几何等众多科目,看起来洋洋大观、琳琅满目,但均属于初等数学的范畴,实际上只能用来解决一些相当简单的问题,面对现实世界中一些复杂的情况则往往无能为力.正因为如此,在大学学习阶段,专攻数学专业的学生不必说了,就是对于广大非数学专业的大学生,也都必须选学一些数学基础课程,花相当多的时间和精力学习高等数学,这就对非数学专业的大学数学基础教材提出了迫切的需求.

这些年来,各种大学数学基础教材已经林林总总地出版了许多,但平心而论,除少数精品以外,大多均偏于雷同,难以使人满意.而学习数学这门学科,关键又在于理解与熟练,同一种类型的教材只需精读一本好的就足够了.这样,精选并推出一些优秀的大学数学基础教材,就理所当然地成为编辑出版这一丛书的宗旨.

大学数学基础课程的名目并不多,所涵盖的内容又大体相似,但教材的编写不仅仅是材料的堆积和梳理,更体现编写者的教学思想和理念.同一门课程,应该鼓励有不同风格的教材来诠释和体现;针对不同程度的教学对象,也应该有不同层次的教材来使用和适应.特别是,大学非数学专业是一个相当广泛的概念,对分属工程类、财经管理类、医药类、农林类、社科类甚至文史类的众多大学生,不分青红皂白、一刀切地采用统一的数学教材进行教学,很难密切联系有关专业的实际,很难充分针对有关专业的迫切需要和特殊要求,是不值得提倡的.相反,通过教材编写者和相应专业工作者的密切结合和协作,针对该专业的特点编写出来的教材,才能特色鲜明、有血有肉,才能深受欢迎,并产生重要而深远的影响.这是专业类大学数学基础教材所应有的定位和标准,也是大家的迫切期望,但却是当前明显的短板,因而使我们对这套丛书可以大有作为有了足够的信心和依据.

说得更远一些,我们一些教师往往把数学看成一堆定义、公式、定理及证明的堆积,千方百计地要把这些知识灌输到学生头脑中去,却忘记了有关数学最根本的三件事.一是数学知识的来龙去脉——从哪儿来,又可以到哪儿去.割断数学与生动活泼的现实世界的血肉联系,学生就不会有学习数学持续的积极性.二是数学的精神实质和思想方法.只讲知识,不讲精神;只讲技巧,不讲思想,学生就不可能学到数学的精髓,不能对数学有真正的领悟.三是数学的人文内涵.数学在人类认识世界和改造世界的过程中起着关键的、不可代替的作用,是人类文明的坚实基础和重要支柱. 不自觉地接受数学文化的熏陶,是不可能真正走近数学、了解数学、领悟数学并热爱数学的. 在数学教学中抓住了上面这三点,就抓住了数学的灵魂,学生对数学的学习就一定会更有成效. 但客观地说,现有的大学数学基础教材,能够真正体现这三方面要求的,恐怕为数不多. 这一现实为大学数学基础教材的编写提供了广阔的发展空间,很多探索有待进行,很多经验有待总结,可以说是任重而道远. 从这个意义上说,由北京大学出版社推出的这套新经度大学数学丛书实际上已经为一批有特色、高品质的大学数学基础教材的面世,搭建了一个很好的平台,特别值得称道,也相信一定会得到各方面广泛而大力的支持.

特为之序.

李大潜

2015 年 1 月 28 日

李大潜先生简介

前 言

数学是一门重要而应用广泛的学科,被誉为锻炼思维的体操和人类智慧之冠上最明亮的宝石.不仅如此,数学还是各类科学和技术的基础,它的应用几乎涉及所有的学科领域,对于世界文化的发展有着深远的影响.高等学校作为培育人才的摇篮,其数学课程的开设也就具有特别重要的意义.

近年来,随着我国经济建设与科学技术的迅速发展,高等教育进入了一个飞速发展时期,已经突破了以前的精英式教育模式,发展成为一种在终身学习的大背景下极具创造性和再创性的基础学科教育.高等学校教育教学理念不断更新,教学改革不断深入,办学规模不断扩大,数学课程开设的专业覆盖面也不断增大.党的二十大报告首次将教育、科技、人才工作专门作为一个独立章节进行系统阐述和部署,明确指出:"教育、科技、人才是全面建设社会主义现代化国家的基础性、战略性支撑."这让广大教师深受鼓舞,更要勇担"为党育人,为国育才"的重任,迎来一个大有可为的新时代.为了适应这一发展需要,经众多高校的数学教师多次研究讨论,我们联合编写了一套高质量的高等学校非数学类专业的数学系列教材.

本系列教材是为普通高等学校非数学专业学生编写的,也可供各类需要提高数学素质和能力的人员使用.为了适应分层次教学的需要,选修内容用＊号标出.教材中,概念、定理及理论叙述准确、精练,符号使用标准、规范,知识点突出,难点分散,证明和计算过程严谨,例题、习题等均经过精选,具有代表性和启发性.

本书分为上、下两册.上册含函数、极限与连续,一元函数微分学,一元函数微分学的应用,一元函数积分学,一元函数积分学的应用,常微分方程,以及几种常用的曲线、积分表等内容.下册含向量与空间解析几何,多元函数微分学,多元函数微分学的应用,多元函数积分学(Ⅰ),多元函数积分学(Ⅱ),无穷级数等内容.

《高等数学(下)》由黄立宏任主编,李俊锋、胡春华任副主编,参加讨论和编写的人员有:凌生智、王跃恒、王晓梅、方丽飞、孙明保、汤琼、刘如艳、汤四平、周斌、林晓艳、杨刚、陈国华、徐立新、谢永钦、彭懿、谭艳祥等.苏文华、赵子平构思并设计了全书在线课程教学资源的结构与配置,吴浪、邓之豪编辑了教学资源内容,并编写了相关动画文字材料,余燕、沈辉参与了动画制作及教学资源的信息化实现,袁晓辉、范军怀审查了全书配套在线课程的教学资源,苏文春、苏娟提供了版式和装帧设计方案.在此一并致谢.本教材的编写还得到了著名数学家侯振挺教授的悉心指导,编者表示衷心感谢.

  教材中难免有不妥之处,希望使用本教材的教师和学生提出宝贵意见或建议.

编 者

作者简介

目 录

第七章 向量与空间解析几何 ... 1

第一节 空间直角坐标系 ... 2
一、空间直角坐标系(2)　二、空间两点间的距离(3)　习题 7-1(4)

第二节 向量及其运算 ... 5
一、向量及其线性运算(5)　二、向量的坐标表示(7)
三、向量的数量积与向量积(12)　习题 7-2(16)

第三节 空间平面与直线 ... 17
一、平面及其方程(17)　二、空间直线的方程(20)
三、平面与直线的位置关系(22)　习题 7-3(26)

第四节 空间曲面与曲线 ... 27
一、曲面及其方程(27)　二、旋转曲面(29)　三、二次曲面举例(31)
四、空间曲线(34)　习题 7-4(37)

习　题　七 ... 38

第八章 多元函数微分学 ... 40

第一节 多元函数的基本概念 ... 41
一、平面点集(41)　二、n 维空间(42)　三、多元函数定义(43)
四、多元复合函数及隐函数(45)　习题 8-1(45)

第二节 多元函数的极限与连续性 ... 46
一、多元函数的极限(46)　二、多元函数的连续性(48)
习题 8-2(50)

第三节 偏导数 ... 50
一、偏导数的定义及其计算法(50)　二、高阶偏导数(54)
习题 8-3(56)

第四节 全微分及其应用 ... 56
一、全微分的定义(56)　*二、全微分的应用举例(60)
习题 8-4(62)

第五节 复合函数的微分法 ... 62
一、复合函数的求导法则(62)　二、全微分形式不变性(67)
习题 8-5(68)

第六节 隐函数的导数 ... 68

　　　　一、一个方程的情形(68)　二、方程组的情形(71)
　　　　习题 8-6(74)
　　*第七节　二元函数的泰勒公式 ·· 74
　　　　习题 8-7(77)
　　习　题　八 ·· 77

第九章　多元函数微分学的应用

　　第一节　空间曲线的切线与法平面 ·· 80
　　　　习题 9-1(82)
　　第二节　空间曲面的切平面与法线 ·· 82
　　　　习题 9-2(86)
　　第三节　方向导数 ·· 86
　　　　习题 9-3(88)
　　第四节　多元函数的极值及其求法 ·· 89
　　　　一、多元函数的极值及最大值与最小值(89)　二、条件极值(92)
　　　　习题 9-4(94)
　　习　题　九 ·· 95

第十章　多元函数积分学(Ⅰ)

　　第一节　二重积分 ·· 98
　　　　一、二重积分的概念(98)　二、二重积分的性质(100)
　　　　三、二重积分的计算(102)　四、二重积分的换元法(107)
　　　　习题 10-1(112)
　　*第二节　反常二重积分 ·· 114
　　　　一、无界区域的反常二重积分(114)　二、无界函数的反常二重积分(115)
　　　　习题 10-2(116)
　　第三节　三重积分 ·· 117
　　　　一、三重积分的概念(117)　二、三重积分的计算(118)
　　　　三、三重积分的换元法(121)　习题 10-3(125)
　　第四节　重积分的应用 ·· 126
　　　　一、空间曲面的面积(127)　二、平面薄片的重心(129)
　　　　三、平面薄片的转动惯量(130)　四、平面薄片对质点的引力(131)
　　　　习题 10-4(132)
　　第五节　对弧长的曲线积分 ·· 133
　　　　一、对弧长的曲线积分的概念(133)　二、对弧长的曲线积分的性质(134)
　　　　三、对弧长的曲线积分的计算法(134)　习题 10-5(137)
　　第六节　对面积的曲面积分 ·· 138
　　　　一、对面积的曲面积分的概念(138)

二、对面积的曲面积分的计算法(139)　习题 10-6(140)

　*第七节　黎曼积分小结 …………………………………………………… 141

　习　题　十 ……………………………………………………………… 143

第十一章　多元函数积分学(Ⅱ)　　146

第一节　对坐标的曲线积分的概念与性质 …………………………… 147
　　一、引例(147)　二、对坐标的曲线积分的定义(148)
　　三、对坐标的曲线积分的性质(149)

第二节　对坐标的曲线积分的计算 …………………………………… 150
　　习题 11-2(155)

第三节　曲线积分与路径无关的条件 ………………………………… 156
　　一、格林公式(156)　二、平面上曲线积分与路径无关的条件(160)
　　三、全微分方程(164)　习题 11-3(166)

第四节　对坐标的曲面积分的概念 …………………………………… 167
　　一、有向曲面的概念(167)　二、引例——流向曲面一侧的流量(168)
　　三、对坐标的曲面积分的概念(170)

第五节　对坐标的曲面积分的计算 …………………………………… 171
　　习题 11-5(173)

第六节　高斯公式与斯托克斯公式 …………………………………… 174
　　一、高斯公式(174)　二、斯托克斯公式(176)　习题 11-6(177)

第七节　两类曲线积分、曲面积分的联系 …………………………… 178
　　一、两类曲线积分之间的联系(178)
　　二、两类曲面积分之间的联系(179)
　　*三、高斯公式、斯托克斯公式的另一种表示(181)　习题 11-7(182)

　习　题　十一 …………………………………………………………… 183

第十二章　无穷级数　　186

第一节　常数项级数的概念和性质 …………………………………… 187
　　一、常数项级数的概念(187)　二、常数项级数的性质(190)
　　*三、柯西收敛准则(192)　习题 12-1(193)

第二节　正项级数敛散性判别法 ……………………………………… 193
　　习题 12-2(199)

第三节　任意项级数敛散性判别法 …………………………………… 200
　　一、交错级数收敛性判别法(200)　二、绝对收敛与条件收敛(201)
　　习题 12-3(205)

第四节　函数项级数 …………………………………………………… 206
　　一、函数项级数的概念(206)　二、幂级数及其收敛性(207)
　　三、幂级数的和函数的性质(211)　四、幂级数的运算(213)

　　　　习题 12-4(215)

第五节　函数展开成幂级数 …………………………………………………………… 215
　　一、泰勒级数(215)　二、函数展开成幂级数(217)
　　三、函数的幂级数展开式在近似计算中的应用(223)
　　*四、函数的幂级数展开式在微分方程求解中的应用(225)
　　习题 12-5(227)

第六节　傅里叶级数 …………………………………………………………………… 228
　　一、三角级数、三角函数系的正交性(228)
　　二、周期函数展开成傅里叶级数(230)
　　三、非周期函数的傅里叶展开(235)
　　四、任意区间上的傅里叶级数(237)　习题 12-6(239)

习　题　十　二 ………………………………………………………………………… 240

习题参考答案 ……………………………………………………………………… 243

第七章 向量与空间解析几何

空间解析几何是多元函数微积分学必备的基础知识. 本章首先建立空间直角坐标系；然后引进具有广泛应用的向量及其运算，以它为工具，讨论空间的平面和直线；最后介绍空间曲面和空间曲线的部分内容.

第一节 空间直角坐标系

平面解析几何是我们已经熟悉的内容.所谓解析几何就是用解析的,或者说是代数的方法来研究几何问题.引起这场数学史上伟大革命的正是坐标系的建立.代数运算的基本对象是数,几何图形的基本元素是点.正如我们在平面解析几何中所见到的那样,通过建立平面直角坐标系使几何中的点与代数中的有序数组之间建立一一对应关系.在此基础上,引入运动的观点,使平面曲线和方程对应,从而使我们能够运用代数方法去研究几何问题.同样,要运用代数的方法去研究空间的图形——曲面和空间曲线,就必须建立空间中的点与数组之间的对应关系.

一、空间直角坐标系

空间直角坐标系是平面直角坐标系的推广.过空间一定点 O,作三条两两互相垂直的数轴,它们都以 O 为原点.这三条数轴分别叫作 x 轴(横轴)、y 轴(纵轴)、z 轴(竖轴),统称为**坐标轴**.它们的正向按右手法则确定,即以右手握住 z 轴,当右手的四个手指从 x 轴的正向以 $\frac{\pi}{2}$ 角度转向 y 轴的正向时,大拇指的指向就是 z 轴的正向(见图 7-1),这样的三条坐标轴就组成了一**空间直角坐标系** $Oxyz$,点 O 叫作**坐标原点**.

图 7-1

三条坐标轴两两分别确定一个平面,这样定出的三个相互垂直的平面:xOy,yOz,zOx 平面,统称为**坐标面**.三个坐标面把空间分成八个部分,称为八个**卦限**,上半空间($z>0$)中,从含有 x 轴、y 轴、z 轴正半轴的那个卦限数起,按逆时针方向分别叫作 Ⅰ,Ⅱ,Ⅲ,Ⅳ 卦限;下半空间($z<0$)中,与 Ⅰ,Ⅱ,Ⅲ,Ⅳ 卦限依次对应的部分叫作 Ⅴ,Ⅵ,Ⅶ,Ⅷ 卦限(见图 7-2).

确定了空间直角坐标系后,就可以建立起空间点与数组之间的对应关系.

设 M 为空间的一点,过点 M 作三个平面分别垂直于三条坐标轴,它们与 x 轴、y 轴、z 轴的交点依次为 P,Q,R(见图 7-3).这三点在 x 轴、y 轴、z 轴上的坐标依次为 x,y,z.这样,空间的一点 M 就唯一地确定了一个有序数组 (x,y,z),称之为点 M 的**直角坐标**,并依

次把 x,y 和 z 叫作点 M 的**横坐标**、**纵坐标**和**竖坐标**. 坐标为 (x,y,z) 的点 M,通常记为 $M(x,y,z)$.

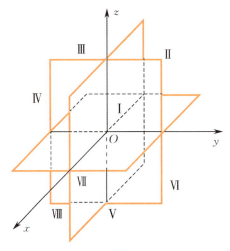

图 7-2

反过来,给定了一有序数组 (x,y,z),我们可以在 x 轴上取坐标为 x 的点 P,在 y 轴上取坐标为 y 的点 Q,在 z 轴上取坐标为 z 的点 R,然后通过 P,Q 与 R 分别作 x 轴、y 轴与 z 轴的垂直平面. 这三个平面的交点 M 就是具有坐标 (x,y,z) 的点(见图 7-3),从而对应于一有序数组 (x,y,z),必有空间的一个确定的点 M. 这样,就建立了空间的点 M 和有序数组 (x,y,z) 之间的一一对应关系.

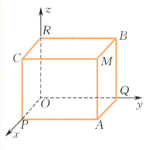

图 7-3

如图 7-3 所示,x 轴、y 轴和 z 轴上的点的坐标分别为 $P(x,0,0),Q(0,y,0),R(0,0,z)$;$xOy$ 平面、yOz 平面和 zOx 平面上的点的坐标分别为 $A(x,y,0),B(0,y,z),C(x,0,z)$;坐标原点 O 的坐标为 $O(0,0,0)$. 它们各具有一定的特征,应注意区分.

二、空间两点间的距离

设 $M_1(x_1,y_1,z_1),M_2(x_2,y_2,z_2)$ 为空间两点. 为了用两点的坐标来表达它们间的距离 d,我们过 M_1,M_2 各作三个分别垂直于三条坐标轴的平面. 这六个平面围成一个以 M_1M_2 为对角线的长方体(见图 7-4). 根据勾股定理,有

$$|M_1M_2|^2 = |M_1N|^2 + |NM_2|^2$$
$$= |M_1P|^2 + |M_1Q|^2 + |M_1R|^2.$$

因为

$$|M_1P| = |P_1P_2| = |x_2 - x_1|,$$
$$|M_1Q| = |Q_1Q_2| = |y_2 - y_1|,$$
$$|M_1R| = |R_1R_2| = |z_2 - z_1|,$$

所以
$$d = |M_1M_2|$$
$$= \sqrt{(x_2-x_1)^2 + (y_2-y_1)^2 + (z_2-z_1)^2}.$$

这就是**两点间的距离公式**.

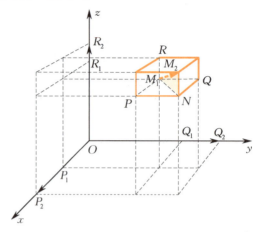

图 7-4

特别地,点 $M(x,y,z)$ 与坐标原点 $O(0,0,0)$ 的距离为
$$d = |OM| = \sqrt{x^2+y^2+z^2}.$$

习 题 7-1

1. 在空间直角坐标系中,定出下列各点的位置:
   $A(1,2,3)$; $B(-2,3,4)$; $C(2,-3,-4)$;
   $D(3,4,0)$; $E(0,4,3)$; $F(3,0,0)$.

2. xOy 坐标面上的点,其坐标有什么特点?yOz 坐标面上的点呢?zOx 坐标面上的点呢?

3. 对于 x 轴上的点,其坐标有什么特点?y 轴上的点呢?z 轴上的点呢?

4. 求下列各对点之间的距离:
   (1) $(0,0,0)$,$(2,3,4)$;   (2) $(0,0,0)$,$(2,-3,-4)$;
   (3) $(-2,3,-4)$,$(1,0,3)$;   (4) $(4,-2,3)$,$(-2,1,3)$.

5. 求点 $(4,-3,5)$ 到坐标原点和各坐标轴间的距离.

6. 在 z 轴上求一点,使该点与两点 $A(-4,1,7)$ 和 $B(3,5,-2)$ 距离相等.

7. 试证:以三点 $A(4,1,9)$,$B(10,-1,6)$,$C(2,4,3)$ 为顶点的三角形是等腰直角三角形.

第二节 向量及其运算

一、向量及其线性运算

1. 向量概念

我们曾经遇到的物理量有两种：一种是只有大小的量,叫作 数量,如时间、温度、距离、质量等;另一种是不仅有大小,而且还有方向的量,叫作 向量 或 矢量,如速度、加速度、力等.

在数学上,往往用一条有向线段来表示向量,有向线段的长度表示向量的大小,有向线段的方向表示向量的方向.如图 7-5 所示,以 M_1 为始点、M_2 为终点的有向线段所表示的向量,用记号 $\overrightarrow{M_1M_2}$ 表示.有时也用一个黑体字母或上面加箭头的字母来表示向量,如向量 a, b, i, u 或 $\vec{a}, \vec{b}, \vec{i}, \vec{u}$ 等.

图 7-5

向量的大小叫作向量的 模,向量 $\overrightarrow{M_1M_2}$ 或 a 的模分别记为 $|\overrightarrow{M_1M_2}|$ 或 $|a|$.

在研究向量的运算时,将会用到以下几个特殊向量及向量相等的概念：

单位向量　模等于 1 的向量称为单位向量.

逆向量(或 **负向量**)　与向量 a 的模相等而方向相反的向量称为 a 的逆向量(或负向量),记为 $-a$.

零向量　模等于 0 的向量称为零向量,记作 **0**. 零向量没有确定的方向,也可以说它的方向是任意的.

向量相等　两个向量 a 与 b,如果它们方向相同,且模相等,就说这两个向量 相等,记作 $a = b$.

自由向量　与始点位置无关的向量称为自由向量(即向量可以在空间平行移动,所得向量与原向量相等).

我们所研究的向量均为自由向量.今后,必要时可以把一个向量平行移动到空间任一位置.

2. 向量的线性运算

(1) 向量的加(减)法.

仿照物理学中力的合成,我们可按如下方式定义向量的加(减)法.

定义 1 设 a,b 为两个(非零)向量,把 a,b 平行移动,使它们的始点重合于 M,并以 a,b 为邻边作平行四边形,把以点 M 为始点的对角线向量 $\overrightarrow{MN}$ 定义为 a,b 的和,记为 $a+b$(见图 7-6).这种用平行四边形的对角线来定义两个向量的和的方法,叫作<u>平行四边形法则</u>.

由于平行四边形的对边平行且相等,因此从图 7-6 可以看出, $a+b$ 也可以按下列方法得出:把 b 平行移动,使它的始点与 a 的终点重合,这时,从 a 的始点到 b 的终点的有向线段 $\overrightarrow{MN}$ 就表示向量 a 与 b 的和 $a+b$(见图 7-7).这个方法叫作<u>三角形法则</u>.

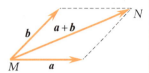

图 7-6

定义 2 设 a,b 为两个(非零)向量,b 的逆向量为 $-b$.称向量 a 与向量 $-b$ 的和向量为向量 a 与向量 b 的<u>差向量</u>,简称为向量 a 与向量 b 的差,即

$$a-b=a+(-b).$$

按定义容易用作图法得到向量 a 与 b 的差.把向量 a 与 b 的始点放在一起,则由 b 的终点到 a 的终点的向量就是 a 与 b 的差 $a-b$(见图 7-8).

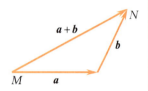

图 7-7

在定义 1 与定义 2 中,我们都假设 a,b 为非零向量,其实这只是为了几何直观的需要,事实上 a,b 都可以是零向量.根据零向量的定义,我们可以将零向量看成一个可取任意方向的点.这样我们就可以约定:

任何向量与零向量的和与差都等于该向量自己.

向量的加法满足下列**性质**:

$$a+b=b+a; \quad \text{(交换律)}$$
$$(a+b)+c=a+(b+c); \quad \text{(结合律)}$$
$$a+0=a; \quad a+(-a)=0.$$

图 7-8

(2) 向量与数量的乘法.

定义 3 设 λ 是一实数,向量 a 与 λ 的乘积 λa 是一个这样的向量:

当 $\lambda>0$ 时,λa 的方向与 a 的方向相同,它的模等于 $|a|$ 的 λ 倍,即 $|\lambda a|=\lambda|a|$;

当 $\lambda<0$ 时,λa 的方向与 a 的方向相反,它的模等于 $|a|$ 的 $|\lambda|$ 倍,即 $|\lambda a|=|\lambda||a|$;

当 $\lambda=0$ 时,λa 是零向量,即 $\lambda a=0$.

向量与数量的乘法满足下列**性质**(λ,μ 为实数):

$$\lambda(\mu a)=(\lambda\mu)a; \quad \text{(结合律)}$$
$$(\lambda+\mu)a=\lambda a+\mu a; \quad \text{(分配律)}$$
$$\lambda(a+b)=\lambda a+\lambda b. \quad \text{(分配律)}$$

设 e_a 是方向与 a 相同的<u>单位向量</u>,则根据向量与数量乘法的定义,可以将 a 写成

$$a = |a|e_a.$$

这样就把一个向量的大小和方向都明显地表示出来. 由此, 若 a 为非零向量, 也有

$$e_a = \frac{a}{|a|},$$

就是说把一个非零向量除以它的模就得到与它同方向的单位向量.

二、向量的坐标表示

1. 向量在轴上的投影

为了用分析方法来研究向量, 需要引进向量在轴上的投影的概念.

(1) 两向量的夹角.

设 a, b 为两个非零向量, 任取空间一点 O, 作 $\overrightarrow{OA} = a, \overrightarrow{OB} = b$, 则称这两向量正向间的夹角 θ 为两向量 a 与 b 的夹角(见图 7-9), 记作

$$\theta = (\widehat{a,b}) \quad 或 \quad \theta = (\widehat{b,a}), \quad 0 \leqslant \theta \leqslant \pi.$$

当 a 与 b 同向时, $\theta = 0$; 当 a 与 b 反向时, $\theta = \pi$.

图 7-9

(2) 点 A 在数轴上的投影.

为了表达方便, 若无特别声明, 不妨设数轴为 x 轴. 过点 A 作与 x 轴垂直的平面, 交 x 轴于点 A', 则点 A' 称为**点 A 在 x 轴上的投影**(见图 7-10). 点 A 和 A' 之间的距离称为点 A 到 x 轴的距离.

(3) 向量 $\overrightarrow{AB}$ 在数轴上的投影.

首先, 我们引进数轴上的有向线段的值的概念.

设 $\overrightarrow{AB}$ 是 x 轴上的有向线段. 如果数 λ 满足 $|\lambda| = |\overrightarrow{AB}|$, 且当 $\overrightarrow{AB}$ 与 x 轴同向时 λ 是正的, 当 $\overrightarrow{AB}$ 与 x 轴反向时 λ 是负的, 那么数 λ 叫作 x 轴上**有向线段 $\overrightarrow{AB}$ 的值**, 记作 AB, 即 $\lambda = AB$.

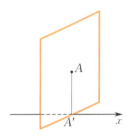

图 7-10

设 A, B 两点在 x 轴上的投影分别为 A', B'(见图 7-11), 则有向线段 $\overrightarrow{A'B'}$ 的值 $A'B'$ 称为向量 $\overrightarrow{AB}$ 在 x 轴上的投影, 记作 $\mathrm{Prj}_x \overrightarrow{AB} = A'B'$, 它是一个数量. 这时 x 轴叫作**投影轴**.

这里应特别指出的是: 投影不是向量, 也不是长度, 而是数量, 它可正, 可负, 也可以是零.

类似地, 可定义一个向量在另一个向量方向上的投影.

关于向量的投影, 有下面两个定理.

图 7-11

定理 1 向量 $\overrightarrow{AB}$ 在 x 轴上的投影等于向量 $\overrightarrow{AB}$ 的模乘以 x 轴与向量 $\overrightarrow{AB}$ 的夹角 α 的余弦, 即

$$\mathrm{Prj}_x \overrightarrow{AB} = |\overrightarrow{AB}| \cos\alpha.$$

证 过 A 作与 x 轴平行,且有相同正向的 x' 轴,则 x 轴与向量 $\overrightarrow{AB}$ 间的夹角 α 等于 x' 轴与向量 $\overrightarrow{AB}$ 间的夹角(见图 7-12),从而有
$$\text{Prj}_x \overrightarrow{AB} = \text{Prj}_{x'} \overrightarrow{AB} = AB'' = |\overrightarrow{AB}| \cos\alpha.$$

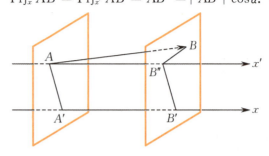

图 7-12

显然,当 α 是锐角时,投影为正值;当 α 是钝角时,投影为负值;当 α 是直角时,投影为 0.

定理 2 两个向量的和在某数轴上的投影等于这两个向量在该数轴上投影的和,即
$$\text{Prj}_x(\boldsymbol{a}_1 + \boldsymbol{a}_2) = \text{Prj}_x \boldsymbol{a}_1 + \text{Prj}_x \boldsymbol{a}_2.$$

证 设有两个向量 $\boldsymbol{a}_1, \boldsymbol{a}_2$ 及 x 轴,由图 7-13 可以看到

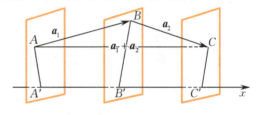

图 7-13

$$\text{Prj}_x(\boldsymbol{a}_1 + \boldsymbol{a}_2) = \text{Prj}_x(\overrightarrow{AB} + \overrightarrow{BC}) = \text{Prj}_x \overrightarrow{AC} = A'C',$$
而
$$\text{Prj}_x \boldsymbol{a}_1 + \text{Prj}_x \boldsymbol{a}_2 = \text{Prj}_x \overrightarrow{AB} + \text{Prj}_x \overrightarrow{BC} = A'B' + B'C' = A'C',$$
所以
$$\text{Prj}_x(\boldsymbol{a}_1 + \boldsymbol{a}_2) = \text{Prj}_x \boldsymbol{a}_1 + \text{Prj}_x \boldsymbol{a}_2.$$

显然,定理 2 可推广到有限个向量的情形,即
$$\text{Prj}_x(\boldsymbol{a}_1 + \boldsymbol{a}_2 + \cdots + \boldsymbol{a}_n) = \text{Prj}_x \boldsymbol{a}_1 + \text{Prj}_x \boldsymbol{a}_2 + \cdots + \text{Prj}_x \boldsymbol{a}_n.$$

2. 向量的坐标表示

(1) 向量的分解.

设空间直角坐标系 $Oxyz$,以 $\boldsymbol{i}, \boldsymbol{j}, \boldsymbol{k}$ 分别表示沿 x 轴、y 轴、z 轴正向的单位向量,并称它们为这一坐标系的**基本单位向量**. 始点固定在原点 O、终点为 M 的向量 $\boldsymbol{r} = \overrightarrow{OM}$,称为点 M 的**向径**.

设向径 $\overrightarrow{OM}$ 的终点 M 的坐标为 (x, y, z). 过点 M 分别作与三条坐标轴垂直的平面,依次交坐标轴于 P, Q, R(见图 7-14). 根据向量

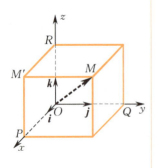

图 7-14

的加法,有
$$r = \overrightarrow{OM} = \overrightarrow{OP} + \overrightarrow{PM'} + \overrightarrow{M'M},$$
但
$$\overrightarrow{PM'} = \overrightarrow{OR}, \quad \overrightarrow{M'M} = \overrightarrow{OQ},$$
所以
$$r = \overrightarrow{OP} + \overrightarrow{OQ} + \overrightarrow{OR}.$$
向量 $\overrightarrow{OP}, \overrightarrow{OQ}, \overrightarrow{OR}$,分别称为向量 $r = \overrightarrow{OM}$ 在 x,y,z 轴上的分向量.根据数与向量的乘法,可得
$$\overrightarrow{OP} = x\boldsymbol{i}, \quad \overrightarrow{OQ} = y\boldsymbol{j}, \quad \overrightarrow{OR} = z\boldsymbol{k}.$$
因此,有
$$\overrightarrow{OM} = r = x\boldsymbol{i} + y\boldsymbol{j} + z\boldsymbol{k}.$$
这就是向量 r 在坐标系中的分解式,其中 x,y,z 三个数是向量 $r = \overrightarrow{OM}$ 在三条坐标轴上的投影.

一般地,设向量 $\boldsymbol{a} = \overrightarrow{M_1M_2}$,两点 M_1, M_2 的坐标分别为 $M_1(x_1, y_1, z_1)$ 及 $M_2(x_2, y_2, z_2)$,如图 7-15 所示.由于
$$\overrightarrow{M_1M_2} = \overrightarrow{OM_2} - \overrightarrow{OM_1} = r_2 - r_1,$$
而
$$r_2 = x_2\boldsymbol{i} + y_2\boldsymbol{j} + z_2\boldsymbol{k},$$
$$r_1 = x_1\boldsymbol{i} + y_1\boldsymbol{j} + z_1\boldsymbol{k},$$
因此
$$\boldsymbol{a} = \overrightarrow{M_1M_2} = (x_2\boldsymbol{i} + y_2\boldsymbol{j} + z_2\boldsymbol{k}) - (x_1\boldsymbol{i} + y_1\boldsymbol{j} + z_1\boldsymbol{k})$$
$$= (x_2 - x_1)\boldsymbol{i} + (y_2 - y_1)\boldsymbol{j} + (z_2 - z_1)\boldsymbol{k}.$$

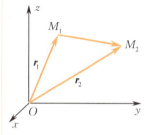

图 7-15

这个式子称为**向量 $\overrightarrow{M_1M_2}$ 按基本单位向量的分解式**,其中三个数量
$$a_x = x_2 - x_1, \quad a_y = y_2 - y_1, \quad a_z = z_2 - z_1$$
是向量 $\boldsymbol{a} = \overrightarrow{M_1M_2}$ 在三个坐标轴上的投影.我们也可以将向量 $\boldsymbol{a}$ 的分解式写成
$$\boldsymbol{a} = a_x\boldsymbol{i} + a_y\boldsymbol{j} + a_z\boldsymbol{k}.$$

(2)向量的坐标表示.

向量 $\boldsymbol{a}$ 在三个坐标轴上的投影 a_x, a_y, a_z 叫作**向量 $\boldsymbol{a}$ 的坐标**,并将 $\boldsymbol{a}$ 表示为
$$\boldsymbol{a} = (a_x, a_y, a_z).$$
上式叫作向量 $\boldsymbol{a}$ 的坐标表示式,从而基本单位向量的坐标表示式是
$$\boldsymbol{i} = (1,0,0), \quad \boldsymbol{j} = (0,1,0), \quad \boldsymbol{k} = (0,0,1).$$
零向量的坐标表示式为 $\boldsymbol{0} = (0,0,0)$.

起点为 $M_1(x_1, y_1, z_1)$、终点为 $M_2(x_2, y_2, z_2)$ 的向量的坐标表示式为
$$\overrightarrow{M_1M_2} = (x_2 - x_1, y_2 - y_1, z_2 - z_1).$$
特别地,点 M 的向径 $\overrightarrow{OM}$ 的坐标就是终点 M 的坐标,即
$$\overrightarrow{OM} = (x, y, z).$$

(3) 向量的模与方向余弦的坐标表示式.

向量可以用它的模和方向来表示,也可以用它的坐标来表示. 为了找出向量的坐标与向量的模、方向之间的联系,我们先介绍一种表达空间方向的方法.

与平面解析几何里用倾角表示直线对坐标轴的倾斜程度相类似,我们可以用向量 $\boldsymbol{a} = \overrightarrow{M_1M_2}$ 与三条坐标轴(正向)的夹角 α, β, γ 来表示此向量的方向,并规定 $0 \leqslant \alpha \leqslant \pi, 0 \leqslant \beta \leqslant \pi, 0 \leqslant \gamma \leqslant \pi$ (见图 7-16). α, β, γ 叫作向量 $\boldsymbol{a}$ 的**方向角**.

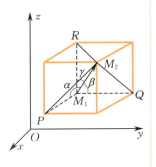

图 7-16

过点 M_1, M_2 各作垂直于三条坐标轴的平面,如图 7-16 所示. 可以看出,

$$a_x = M_1P = |\overrightarrow{M_1M_2}|\cos\alpha = |\boldsymbol{a}|\cos\alpha,$$
$$a_y = M_1Q = |\overrightarrow{M_1M_2}|\cos\beta = |\boldsymbol{a}|\cos\beta, \quad (7\text{-}2\text{-}1)$$
$$a_z = M_1R = |\overrightarrow{M_1M_2}|\cos\gamma = |\boldsymbol{a}|\cos\gamma.$$

公式(7-2-1)中出现的不是方向角 α, β, γ 本身,而是它们的余弦,因而通常也用数组 $\cos\alpha, \cos\beta, \cos\gamma$ 来表示向量 $\boldsymbol{a}$ 的方向,叫作向量 $\boldsymbol{a}$ 的**方向余弦**.

把公式(7-2-1)代入向量的坐标表示式,就可以用向量的模及方向余弦来表示向量:

$$\boldsymbol{a} = |\boldsymbol{a}|(\cos\alpha \boldsymbol{i} + \cos\beta \boldsymbol{j} + \cos\gamma \boldsymbol{k}). \quad (7\text{-}2\text{-}2)$$

而向量 $\boldsymbol{a}$ 的模为

$$|\boldsymbol{a}| = |\overrightarrow{M_1M_2}| = \sqrt{|M_1P|^2 + |M_1Q|^2 + |M_1R|^2},$$

由此得向量 $\boldsymbol{a}$ 的模的坐标表示式

$$|\boldsymbol{a}| = \sqrt{a_x^2 + a_y^2 + a_z^2}. \quad (7\text{-}2\text{-}3)$$

再把式(7-2-3)代入式(7-2-1),可得向量 $\boldsymbol{a}$ 的方向余弦的坐标表示式

$$\begin{cases} \cos\alpha = \dfrac{a_x}{\sqrt{a_x^2 + a_y^2 + a_z^2}}, \\ \cos\beta = \dfrac{a_y}{\sqrt{a_x^2 + a_y^2 + a_z^2}}, \\ \cos\gamma = \dfrac{a_z}{\sqrt{a_x^2 + a_y^2 + a_z^2}}. \end{cases} \quad (7\text{-}2\text{-}4)$$

把公式(7-2-4)的三个等式两边分别平方后相加,便得到

$$\cos^2\alpha + \cos^2\beta + \cos^2\gamma = 1,$$

即任一向量的方向余弦的平方和等于 1. 由此可见,由任一向量 $\boldsymbol{a}$ 的方向余弦所组成的向量 $(\cos\alpha, \cos\beta, \cos\gamma)$ 是单位向量,即

$$\boldsymbol{e}_a = \cos\alpha \boldsymbol{i} + \cos\beta \boldsymbol{j} + \cos\gamma \boldsymbol{k}.$$

例1 已知两点 $P_1(2,-2,5)$ 及 $P_2(-1,6,7)$,试求:

(1) $\overrightarrow{P_1P_2}$ 在三条坐标轴上的投影及分解表达式;

(2) $\overrightarrow{P_1P_2}$ 的模;

(3) $\overrightarrow{P_1P_2}$ 的方向余弦;

(4) $\overrightarrow{P_1P_2}$ 上的单位向量 $\boldsymbol{e}_{P_1P_2}$.

解 (1) 设 $\overrightarrow{P_1P_2}=(a_x,a_y,a_z)$,则 $\overrightarrow{P_1P_2}$ 在三条坐标轴上的投影分别为
$$a_x=-3,\quad a_y=8,\quad a_z=2.$$
于是 $\overrightarrow{P_1P_2}$ 的分解表达式为
$$\overrightarrow{P_1P_2}=-3\boldsymbol{i}+8\boldsymbol{j}+2\boldsymbol{k}.$$

(2) $|\overrightarrow{P_1P_2}|=\sqrt{(-3)^2+8^2+2^2}=\sqrt{77}$.

(3) $\cos\alpha=\dfrac{a_x}{|\overrightarrow{P_1P_2}|}=\dfrac{-3}{\sqrt{77}}$, $\cos\beta=\dfrac{a_y}{|\overrightarrow{P_1P_2}|}=\dfrac{8}{\sqrt{77}}$, $\cos\gamma=\dfrac{a_z}{|\overrightarrow{P_1P_2}|}=\dfrac{2}{\sqrt{77}}$.

(4) $\boldsymbol{e}_{P_1P_2}=\dfrac{1}{\sqrt{77}}(-3\boldsymbol{i}+8\boldsymbol{j}+2\boldsymbol{k})$.

(4) 用坐标进行向量的线性运算.

利用向量的分解式,向量的线性运算可以化为代数运算.

设 λ 是一数量,$\boldsymbol{a}=a_x\boldsymbol{i}+a_y\boldsymbol{j}+a_z\boldsymbol{k}$, $\boldsymbol{b}=b_x\boldsymbol{i}+b_y\boldsymbol{j}+b_z\boldsymbol{k}$,则
$$\begin{aligned}\boldsymbol{a}\pm\boldsymbol{b}&=(a_x\boldsymbol{i}+a_y\boldsymbol{j}+a_z\boldsymbol{k})\pm(b_x\boldsymbol{i}+b_y\boldsymbol{j}+b_z\boldsymbol{k})\\&=(a_x\pm b_x)\boldsymbol{i}+(a_y\pm b_y)\boldsymbol{j}+(a_z\pm b_z)\boldsymbol{k},\end{aligned}$$
$$\lambda\boldsymbol{a}=\lambda(a_x\boldsymbol{i}+a_y\boldsymbol{j}+a_z\boldsymbol{k})=\lambda a_x\boldsymbol{i}+\lambda a_y\boldsymbol{j}+\lambda a_z\boldsymbol{k},$$
或者
$$(a_x,a_y,a_z)\pm(b_x,b_y,b_z)=(a_x\pm b_x,a_y\pm b_y,a_z\pm b_z),$$
$$\lambda(a_x,a_y,a_z)=(\lambda a_x,\lambda a_y,\lambda a_z).$$

这就是说,两向量之和(差)的坐标等于两向量同名坐标之和(差);数与向量之积等于此数乘上向量的每一个坐标.

例2 从点 $A(2,-1,7)$ 沿向量 $\boldsymbol{a}=8\boldsymbol{i}+9\boldsymbol{j}-12\boldsymbol{k}$ 的方向取线段 AB,使 $|\overrightarrow{AB}|=34$,求点 B 的坐标.

解 设点 B 的坐标为 (x,y,z),则
$$\overrightarrow{AB}=(x-2)\boldsymbol{i}+(y+1)\boldsymbol{j}+(z-7)\boldsymbol{k}.$$
按题意可知 $\overrightarrow{AB}$ 上的单位向量与 $\boldsymbol{a}$ 上的单位向量相等,即
$$\boldsymbol{e}_{AB}=\boldsymbol{e}_a.$$
而 $|\overrightarrow{AB}|=34$, $|\boldsymbol{a}|=\sqrt{8^2+9^2+(-12)^2}=17$,所以
$$\boldsymbol{e}_{AB}=\dfrac{\overrightarrow{AB}}{|\overrightarrow{AB}|}=\dfrac{x-2}{34}\boldsymbol{i}+\dfrac{y+1}{34}\boldsymbol{j}+\dfrac{z-7}{34}\boldsymbol{k},$$

$$e_a = \frac{a}{|a|} = \frac{8}{17}i + \frac{9}{17}j - \frac{12}{17}k.$$

比较以上两式,得

$$\frac{x-2}{34} = \frac{8}{17},\quad \frac{y+1}{34} = \frac{9}{17},\quad \frac{z-7}{34} = -\frac{12}{17}.$$

解得

$$x = 18,\quad y = 17,\quad z = -17.$$

所以,点 B 的坐标为 $(18, 17, -17)$.

例 3 已知 $a = 2i - j + 2k$, $b = 3i + 4j - 5k$,求 $3a - b$ 方向的单位向量.

解 因为

$$c = 3a - b = 3(2i - j + 2k) - (3i + 4j - 5k)$$
$$= 3i - 7j + 11k,$$

所以

$$|c| = \sqrt{3^2 + (-7)^2 + 11^2} = \sqrt{179}.$$

于是

$$e_c = \frac{c}{|c|} = \frac{3a-b}{|3a-b|} = \frac{1}{\sqrt{179}}(3i - 7j + 11k).$$

三、向量的数量积与向量积

1. 两向量的数量积

在物理学中,我们知道当物体在力 F 的作用下(见图 7-17)产生位移 s 时,力 F 所做的功为

$$W = |F||s|\cos(\widehat{F, s}).$$

图 7-17

这样,由两个向量 F 和 s 决定了一个数量 $|F||s|\cos(\widehat{F, s})$. 根据这一实际背景,我们把由两个向量 F 和 s 所确定的数量 $|F||s|\cos(\widehat{F, s})$ 定义为两向量 F 与 s 的数量积.

定义 4 两向量 a 与 b 的模与它们的夹角余弦的乘积,叫作 a 与 b 的**数量积**,记为 $a \cdot b$,即

$$a \cdot b = |a||b|\cos(\widehat{a, b}).$$

因其中的 $|b|\cos(\widehat{a,b})$ 是向量 b 在向量 a 的方向上的投影,故数量积又可表示为

$$a \cdot b = |a|\,\mathrm{Prj}_a b.$$

同样,

$$a \cdot b = |b|\,\mathrm{Prj}_b a.$$

数量积满足下列**运算性质**(λ 为实数):

(1) $a \cdot b = b \cdot a$;　　　　　　　　(交换律)
(2) $a \cdot (b+c) = a \cdot b + a \cdot c$;　　　(分配律)
(3) $(\lambda a) \cdot b = \lambda(a \cdot b) = a \cdot (\lambda b)$.　(结合律)

由数量积的定义,容易得出下面的**结论**:

(1) $a \cdot a = |a|^2$;
(2) 两个非零向量 a 与 b 互相垂直的充要条件是 $a \cdot b = 0$.

2. 数量积的坐标表示式

设

$$a = a_x i + a_y j + a_z k, \quad b = b_x i + b_y j + b_z k.$$

由于基本单位向量 i,j,k 两两互相垂直,从而

$$i \cdot j = j \cdot k = k \cdot i = j \cdot i = k \cdot j = i \cdot k = 0.$$

又因为 i,j,k 的模都是 1,所以

$$i \cdot i = j \cdot j = k \cdot k = 1.$$

因此,根据数量积的运算性质可得

$$a \cdot b = a_x b_x + a_y b_y + a_z b_z,$$

即两向量的数量积等于它们同名坐标的乘积之和.

由于 $a \cdot b = |a||b|\cos(\widehat{a,b})$,当 a, b 都是非零向量时,有

$$\cos(\widehat{a,b}) = \frac{a \cdot b}{|a||b|} = \frac{a_x b_x + a_y b_y + a_z b_z}{\sqrt{a_x^2 + a_y^2 + a_z^2}\,\sqrt{b_x^2 + b_y^2 + b_z^2}}.$$

这就是两向量夹角余弦的坐标表示式. 从这个公式可以看出,两非零向量互相垂直的**充要条件**为

$$a_x b_x + a_y b_y + a_z b_z = 0. \tag{7-2-5}$$

例 4　求向量 $a = (3, -2, 2\sqrt{3})$ 和 $b = (3, 0, 0)$ 的夹角.

解　因为

$$a \cdot b = 3 \cdot 3 + (-2) \cdot 0 + 2\sqrt{3} \cdot 0 = 9,$$
$$|a| = \sqrt{3^2 + (-2)^2 + (2\sqrt{3})^2} = 5,$$
$$|b| = 3,$$

所以

$$\cos(\widehat{a,b}) = \frac{a \cdot b}{|a||b|} = \frac{9}{5 \times 3} = \frac{3}{5}.$$

故其夹角

$$(\widehat{\boldsymbol{a},\boldsymbol{b}}) = \arccos\frac{3}{5} \approx 53°8'.$$

例 5 求向量 $\boldsymbol{a}=(4,-1,2)$ 在 $\boldsymbol{b}=(3,1,0)$ 上的投影.

解 因为

$$\boldsymbol{a}\cdot\boldsymbol{b} = 4\cdot3+(-1)\cdot1+2\cdot0 = 11,$$
$$|\boldsymbol{b}| = \sqrt{3^2+1^2+0^2} = \sqrt{10},$$

所以

$$\mathrm{Prj}_{\boldsymbol{b}}\boldsymbol{a} = \frac{\boldsymbol{a}\cdot\boldsymbol{b}}{|\boldsymbol{b}|} = \frac{11}{\sqrt{10}} = \frac{11\sqrt{10}}{10}.$$

例 6 在 xOy 平面上,求一单位向量与 $\boldsymbol{p}=(-4,3,7)$ 垂直.

解 设所求向量为 (a,b,c),因为它在 xOy 平面上,所以 $c=0$. 又 $(a,b,0)$ 与 $\boldsymbol{p}=(-4,3,7)$ 垂直,且是单位向量,故有

$$-4a+3b = 0, \quad a^2+b^2 = 1.$$

由此求得

$$a = \frac{3}{5}, b = \frac{4}{5} \quad \text{或} \quad a = -\frac{3}{5}, b = -\frac{4}{5},$$

因此所求向量为

$$\left(\frac{3}{5},\frac{4}{5},0\right) \quad \text{或} \quad \left(-\frac{3}{5},-\frac{4}{5},0\right).$$

3. 两向量的向量积

在研究物体转动问题时,不但要考虑此物体所受的力,还要分析这些力所产生的力矩. 下面举例说明表示力矩的方法.

图 7-18

设 O 为杠杆 L 的支点,有一个力 $\boldsymbol{F}$ 作用于这杠杆上点 P 处,$\boldsymbol{F}$ 与 $\overrightarrow{OP}$ 的夹角为 θ(见图 7-18). 由物理学知道,力 $\boldsymbol{F}$ 对支点 O 的力矩是一向量 $\boldsymbol{M}$,它的模为

$$|\boldsymbol{M}| = |OQ||\boldsymbol{F}| = |\overrightarrow{OP}||\boldsymbol{F}|\sin\theta.$$

而 $\boldsymbol{M}$ 的方向垂直于 $\overrightarrow{OP}$ 与 $\boldsymbol{F}$ 所确定的平面(即 $\boldsymbol{M}$ 既垂直于 $\overrightarrow{OP}$,又垂直于 $\boldsymbol{F}$),$\boldsymbol{M}$ 的方向按右手规则确定,即当右手的四个手指从 $\overrightarrow{OP}$ 以不超过 π 的角转向 $\boldsymbol{F}$ 时,大拇指的指向就是 $\boldsymbol{M}$ 的方向.

由两个已知向量按上述规则来确定另一向量,在一些其他物理问题中也会遇到,抽象出来,就是两个向量的向量积的概念.

定义 5 设 $\boldsymbol{a},\boldsymbol{b}$ 为两个向量,若向量 $\boldsymbol{c}$ 满足:

(1) $|\boldsymbol{c}| = |\boldsymbol{a}||\boldsymbol{b}|\sin(\widehat{\boldsymbol{a},\boldsymbol{b}})$,即等于以 $\boldsymbol{a},\boldsymbol{b}$ 为邻边的平行四边形的面积;

(2) $\boldsymbol{c}$ 的方向垂直于 $\boldsymbol{a},\boldsymbol{b}$ 所确定的平面,并且按顺序 $\boldsymbol{a},\boldsymbol{b},\boldsymbol{c}$ 符合右手法则,

则称向量 c 为向量 a 与向量 b 的**向量积**,记为 $a \times b$(见图 7-19),即
$$c = a \times b.$$

图 7-19

向量积满足下列**规律**(λ 为实数):

(1) $a \times b = -b \times a$ (向量积不满足交换律);

(2) $(a+b) \times c = a \times c + b \times c$;

(3) $(\lambda a) \times b = a \times (\lambda b) = \lambda(a \times b)$.

由向量积的定义,容易得出下面的**结论**:

(1) $a \times a = 0$;

(2) 两个非零向量 a 与 b 互相平行的充要条件是 $a \times b = 0$.

4. 向量积的坐标表示式

设 $a = a_x i + a_y j + a_z k$, $b = b_x i + b_y j + b_z k$,则
$$\begin{aligned} a \times b &= (a_x i + a_y j + a_z k) \times (b_x i + b_y j + b_z k) \\ &= a_x b_x (i \times i) + a_x b_y (i \times j) + a_x b_z (i \times k) \\ &\quad + a_y b_x (j \times i) + a_y b_y (j \times j) + a_y b_z (j \times k) \\ &\quad + a_z b_x (k \times i) + a_z b_y (k \times j) + a_z b_z (k \times k). \end{aligned}$$

由于
$$\begin{aligned} &i \times i = j \times j = k \times k = 0, \\ &i \times j = k, \quad j \times k = i, \\ &k \times i = j, \quad j \times i = -k, \\ &k \times j = -i, \quad i \times k = -j, \end{aligned}$$

因此
$$a \times b = (a_y b_z - a_z b_y) i + (a_z b_x - a_x b_z) j + (a_x b_y - a_y b_x) k.$$

这就是**向量积的坐标表示式**. 这个公式可以用**行列式**(行列式的定义及简单运算见上册书后附录)写成下列便于记忆的形式,即
$$a \times b = \begin{vmatrix} i & j & k \\ a_x & a_y & a_z \\ b_x & b_y & b_z \end{vmatrix}.$$

从这个公式可以看出,两非零向量 a 和 b 互相平行的**充要条件**为
$$a_y b_z - a_z b_y = 0, \quad a_z b_x - a_x b_z = 0, \quad a_x b_y - a_y b_x = 0$$
或
$$\frac{a_x}{b_x} = \frac{a_y}{b_y} = \frac{a_z}{b_z}. \tag{7-2-6}$$

例 7 设 $a = 2i + j - k$, $b = i - j + 2k$, 计算 $a \times b$.

解 $a \times b = \begin{vmatrix} i & j & k \\ 2 & 1 & -1 \\ 1 & -1 & 2 \end{vmatrix}$

$$= (1 \cdot 2 - (-1)^2)\boldsymbol{i} + ((-1) \cdot 1 - 2 \cdot 2)\boldsymbol{j} + (2 \cdot (-1) - 1 \cdot 1)\boldsymbol{k}$$
$$= \boldsymbol{i} - 5\boldsymbol{j} - 3\boldsymbol{k}.$$

例 8 求以 $A(1,2,3)$, $B(3,4,5)$, $C(2,4,7)$ 为顶点的三角形的面积 S.

解 根据向量积的定义，可知所求三角形的面积 S 等于
$$\frac{1}{2}|\overrightarrow{AB} \times \overrightarrow{AC}|.$$

因为
$$\overrightarrow{AB} = 2\boldsymbol{i} + 2\boldsymbol{j} + 2\boldsymbol{k}, \quad \overrightarrow{AC} = \boldsymbol{i} + 2\boldsymbol{j} + 4\boldsymbol{k},$$
$$\overrightarrow{AB} \times \overrightarrow{AC} = \begin{vmatrix} \boldsymbol{i} & \boldsymbol{j} & \boldsymbol{k} \\ 2 & 2 & 2 \\ 1 & 2 & 4 \end{vmatrix} = 4\boldsymbol{i} - 6\boldsymbol{j} + 2\boldsymbol{k},$$

所以
$$S = \frac{1}{2}|\overrightarrow{AB} \times \overrightarrow{AC}| = \frac{1}{2}\sqrt{4^2 + (-6)^2 + 2^2} = \sqrt{14}.$$

例 9 已知 $\boldsymbol{a} = (2,1,1)$, $\boldsymbol{b} = (1,-1,1)$, 求与 $\boldsymbol{a}$ 和 $\boldsymbol{b}$ 都垂直的单位向量.

解 设 $\boldsymbol{c} = \boldsymbol{a} \times \boldsymbol{b}$, 则 $\boldsymbol{c}$ 同时垂直于 $\boldsymbol{a}$ 和 $\boldsymbol{b}$. 于是, $\boldsymbol{c}$ 上的单位向量是所求的单位向量. 因为
$$\boldsymbol{c} = \boldsymbol{a} \times \boldsymbol{b} = 2\boldsymbol{i} - \boldsymbol{j} - 3\boldsymbol{k},$$
$$|\boldsymbol{c}| = \sqrt{2^2 + (-1)^2 + (-3)^2} = \sqrt{14},$$

所以
$$\boldsymbol{e}_c = \frac{\boldsymbol{c}}{|\boldsymbol{c}|} = \left(\frac{2}{\sqrt{14}}, \frac{-1}{\sqrt{14}}, \frac{-3}{\sqrt{14}}\right)$$

与
$$-\boldsymbol{e}_c = \left(-\frac{2}{\sqrt{14}}, \frac{1}{\sqrt{14}}, \frac{3}{\sqrt{14}}\right)$$

都是所求的单位向量.

习题 7-2

1. 验证: $(\boldsymbol{a} + \boldsymbol{b}) + \boldsymbol{c} = \boldsymbol{a} + (\boldsymbol{b} + \boldsymbol{c})$.

2. 设 $\boldsymbol{u} = \boldsymbol{a} - \boldsymbol{b} + 2\boldsymbol{c}$, $\boldsymbol{v} = -\boldsymbol{a} + 3\boldsymbol{b} - \boldsymbol{c}$, 试用 $\boldsymbol{a}, \boldsymbol{b}, \boldsymbol{c}$ 表示 $2\boldsymbol{u} - 3\boldsymbol{v}$.

3. 把 $\triangle ABC$ 的 BC 边五等分，设分点依次为 D_1, D_2, D_3, D_4, 再把各分点与 A 连接，试以 $\overrightarrow{AB} = \boldsymbol{c}$, $\overrightarrow{BC} = \boldsymbol{a}$ 表示向量 $\overrightarrow{D_1A}, \overrightarrow{D_2A}, \overrightarrow{D_3A}$ 和 $\overrightarrow{D_4A}$.

4. 设向量 $\overrightarrow{OM}$ 的模是 4, 它与投影轴的夹角是 $60°$, 求该向量在该轴上的投影.

5. 一向量的终点为点 $B(2, -1, 7)$, 它在三条坐标轴上的投影依次是 4, -4 和 7, 求该向量的起点 A 的坐标.

6. 一向量的起点是 $P_1(4,0,5)$,终点是 $P_2(7,1,3)$,求:
(1) $\overrightarrow{P_1P_2}$ 在各坐标轴上的投影;   (2) $\overrightarrow{P_1P_2}$ 的模;
(3) $\overrightarrow{P_1P_2}$ 的方向余弦;   (4) $\overrightarrow{P_1P_2}$ 方向的单位向量.

7. 三个力 $\boldsymbol{F}_1=(1,2,3)$,$\boldsymbol{F}_2=(-2,3,-4)$,$\boldsymbol{F}_3=(3,-4,5)$ 同时作用于一点,求合力 $\boldsymbol{R}$ 的大小和方向余弦.

8. 求出向量 $\boldsymbol{a}=\boldsymbol{i}+\boldsymbol{j}+\boldsymbol{k}$,$\boldsymbol{b}=2\boldsymbol{i}-3\boldsymbol{j}+5\boldsymbol{k}$ 和 $\boldsymbol{c}=-2\boldsymbol{i}-\boldsymbol{j}+2\boldsymbol{k}$ 的模,并分别用单位向量 $\boldsymbol{e}_a,\boldsymbol{e}_b,\boldsymbol{e}_c$ 来表达向量 $\boldsymbol{a},\boldsymbol{b},\boldsymbol{c}$.

9. 设 $\boldsymbol{m}=3\boldsymbol{i}+5\boldsymbol{j}+8\boldsymbol{k}$,$\boldsymbol{n}=2\boldsymbol{i}-4\boldsymbol{j}-7\boldsymbol{k}$,$\boldsymbol{p}=5\boldsymbol{i}+\boldsymbol{j}-4\boldsymbol{k}$,求向量 $\boldsymbol{a}=4\boldsymbol{m}+3\boldsymbol{n}-\boldsymbol{p}$ 在 x 轴上的投影及在 y 轴上的分向量.

10. 已知单位向量 $\boldsymbol{a}$ 与 x 轴正向夹角为 $\frac{\pi}{3}$,与其在 xOy 平面上的投影向量的夹角为 $\frac{\pi}{4}$,试求向量 $\boldsymbol{a}$.

11. 已知两点 $M_1(2,5,-3)$,$M_2(3,-2,5)$,点 M 在线段 M_1M_2 上,且 $\overrightarrow{M_1M}=3\overrightarrow{MM_2}$,求向径 $\overrightarrow{OM}$ 的坐标.

12. 已知点 P 到点 $A(0,0,12)$ 的距离是 7,$\overrightarrow{OP}$ 的方向余弦是 $\frac{2}{7},\frac{3}{7},\frac{6}{7}$,求点 P 的坐标.

13. 已知 $\boldsymbol{a},\boldsymbol{b}$ 的夹角 $\varphi=\frac{2\pi}{3}$,且 $|\boldsymbol{a}|=3$,$|\boldsymbol{b}|=4$,计算:
(1) $\boldsymbol{a}\cdot\boldsymbol{b}$;   (2) $(3\boldsymbol{a}-2\boldsymbol{b})\cdot(\boldsymbol{a}+2\boldsymbol{b})$.

14. 已知 $\boldsymbol{a}=(4,-2,4)$,$\boldsymbol{b}=(6,-3,2)$,计算:
(1) $\boldsymbol{a}\cdot\boldsymbol{b}$;   (2) $(2\boldsymbol{a}-3\boldsymbol{b})\cdot(\boldsymbol{a}+\boldsymbol{b})$;
(3) $|\boldsymbol{a}-\boldsymbol{b}|^2$.

15. 已知 $\boldsymbol{a}=3\boldsymbol{i}+2\boldsymbol{j}-\boldsymbol{k}$,$\boldsymbol{b}=\boldsymbol{i}-\boldsymbol{j}+2\boldsymbol{k}$,求:
(1) $\boldsymbol{a}\times\boldsymbol{b}$;   (2) $2\boldsymbol{a}\times7\boldsymbol{b}$;
(3) $7\boldsymbol{b}\times2\boldsymbol{a}$;   (4) $\boldsymbol{a}\times\boldsymbol{a}$.

16. 已知向量 $\boldsymbol{a}$ 和 $\boldsymbol{b}$ 互相垂直,且 $|\boldsymbol{a}|=3$,$|\boldsymbol{b}|=4$,计算:
(1) $|(\boldsymbol{a}+\boldsymbol{b})\times(\boldsymbol{a}-\boldsymbol{b})|$;   (2) $|(3\boldsymbol{a}+\boldsymbol{b})\times(\boldsymbol{a}-2\boldsymbol{b})|$.

第三节 空间平面与直线

本节将以向量为工具,在空间直角坐标系中建立最简单的空间图形——平面和直线的代数方程.

一、平面及其方程

垂直于平面的非零向量叫作该平面的**法向量**. 容易看出,平面上的任一向量都与该平面的法向量垂直.

由中学立体几何知识我们知道,过空间一点可以作,而且只能作一平面垂直于一已知直线,所以当平面 Π 上的一点 M_0 和它的法

向量 n 为已知时,平面 Π 的位置就完全确定了.

设 $M_0(x_0,y_0,z_0)$ 是平面 Π 上一已知点,$n=(A,B,C)$ 是它的法向量(见图 7-20),$M(x,y,z)$ 是平面 Π 上的任一点,那么向量 $\overrightarrow{M_0M}$ 必与平面 Π 的法向量 n 垂直,即它们的数量积等于零:$n \cdot \overrightarrow{M_0M}=0$. 由于 $n=(A,B,C)$,$\overrightarrow{M_0M}=(x-x_0,y-y_0,z-z_0)$,因此有
$$A(x-x_0)+B(y-y_0)+C(z-z_0)=0. \quad (7\text{-}3\text{-}1)$$
因为所给的条件是已知一定点 $M_0(x_0,y_0,z_0)$ 和一个法向量 $n=(A,B,C)$,所以方程(7-3-1)叫作<u>平面的点法式方程</u>.

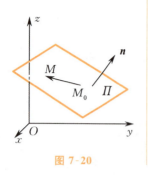

图 7-20

例 1 求过点 $(2,-3,0)$ 及法向量为 $n=(1,-2,3)$ 的平面方程.

解 根据平面的点法式方程(7-3-1),得所求平面的方程为
$$(x-2)-2(y+3)+3z=0$$
或
$$x-2y+3z-8=0.$$

将方程(7-3-1)化简,得
$$Ax+By+Cz+D=0, \quad (7\text{-}3\text{-}2)$$
其中 $D=-Ax_0-By_0-Cz_0$. 由于方程(7-3-1)是 x,y,z 的一次方程,因此任何平面都可以用三元一次方程来表示.

反过来,对于任给的一个形如方程(7-3-2)的三元一次方程,我们取满足该方程的一组解 x_0,y_0,z_0,则
$$Ax_0+By_0+Cz_0+D=0. \quad (7\text{-}3\text{-}3)$$
由方程(7-3-2)减去方程(7-3-3),得
$$A(x-x_0)+B(y-y_0)+C(z-z_0)=0. \quad (7\text{-}3\text{-}4)$$
把它与方程(7-3-1)相比较,便知方程(7-3-4)是通过点 $M_0(x_0,y_0,z_0)$,且以 $n=(A,B,C)$ 为法向量的平面方程. 因为方程(7-3-2)与方程(7-3-4)同解,所以任意一个三元一次方程(7-3-2)的图形是一个平面. 方程(7-3-2)称为<u>平面的一般式方程</u>,其中 x,y,z 的系数就是该平面的法向量 n 的坐标,即 $n=(A,B,C)$.

例 2 如图 7-21 所示,平面 Π 在三个坐标轴上的截距分别为 a,b,c,求此平面的方程(设 $a \neq 0, b \neq 0, c \neq 0$).

解 因为 a,b,c 分别表示平面 Π 在 x 轴、y 轴、z 轴上的截距,所以平面 Π 通过三点 $A(a,0,0),B(0,b,0),C(0,0,c)$,且这三点不在一直线上.

先找出平面 Π 的法向量 n. 由于法向量 n 与向量 $\overrightarrow{AB},\overrightarrow{AC}$ 都垂直,可取 $n=\overrightarrow{AB}\times\overrightarrow{AC}$,而 $\overrightarrow{AB}=(-a,b,0),\overrightarrow{AC}=(-a,0,c)$,因此得

图 7-21

$$n = \overrightarrow{AB} \times \overrightarrow{AC} = \begin{vmatrix} \boldsymbol{i} & \boldsymbol{j} & \boldsymbol{k} \\ -a & b & 0 \\ -a & 0 & c \end{vmatrix}$$

$$= bc\boldsymbol{i} + ac\boldsymbol{j} + ab\boldsymbol{k}.$$

再根据平面的点法式方程(7-3-1),得此平面的方程为

$$bc(x-a) + ac(y-0) + ab(z-0) = 0.$$

由于 $a \neq 0, b \neq 0, c \neq 0$,上式可改写成

$$\frac{x}{a} + \frac{y}{b} + \frac{z}{c} = 1. \tag{7-3-5}$$

式(7-3-5)叫作**平面的截距式方程**.

下面我们讨论一下**特殊位置**的平面方程.

(1) 过原点的平面方程.

因为平面通过原点,所以将 $x = y = z = 0$ 代入方程(7-3-2),得 $D = 0$. 故过原点的平面方程为

$$Ax + By + Cz = 0, \tag{7-3-6}$$

其特点是常数项 $D = 0$.

(2) 平行于坐标轴的平面方程.

如果平面平行于 x 轴,则平面的法向量 $\boldsymbol{n} = (A, B, C)$ 与 x 轴的单位向量 $\boldsymbol{i} = (1, 0, 0)$ 垂直. 故

$$\boldsymbol{n} \cdot \boldsymbol{i} = 0,$$

即

$$A \cdot 1 + B \cdot 0 + C \cdot 0 = 0.$$

由此,有

$$A = 0,$$

从而得到平行于 x 轴的平面方程为

$$By + Cz + D = 0,$$

其方程中不含 x.

类似地,平行于 y 轴的平面方程为

$$Ax + Cz + D = 0;$$

平行于 z 轴的平面方程为

$$Ax + By + D = 0.$$

(3) 过坐标轴的平面方程.

过坐标轴的平面必过原点,且与该坐标轴平行. 根据上面讨论的结果,可得过 x 轴的平面方程为

$$By + Cz = 0;$$

过 y 轴的平面方程为

$$Ax + Cz = 0;$$

过 z 轴的平面方程为
$$Ax + By = 0.$$
(4) 垂直于坐标轴的平面方程.

如果平面垂直于 z 轴,则该平面的法向量 $\boldsymbol{n}$ 可取与 z 轴平行的任一非零向量 $(0,0,C)$,故平面方程为 $Cz + D = 0$.

类似地,垂直于 x 轴的平面方程为 $Ax + D = 0$,垂直于 y 轴的平面方程为 $By + D = 0$;而 $z = 0$ 表示 xOy 坐标面,$x = 0$ 表示 yOz 坐标面,$y = 0$ 表示 zOx 坐标面.

例 3 指出下列平面位置的特点,并作出其图形:
(1) $x + y = 4$; (2) $z = 2$.

解 (1) $x + y = 4$,由于方程中不含 z 的项,因此平面平行于 z 轴(见图 7-22).
(2) $z = 2$,表示过点 $(0,0,2)$ 且垂直于 z 轴的平面(见图 7-23).

图 7-22   图 7-23

二、空间直线的方程

空间中的直线 L 可以看作两个不重合的相交平面 Π_1 和 Π_2 的交线. 若平面 Π_1 和 Π_2 的方程分别是
$$A_1 x + B_1 y + C_1 z + D_1 = 0$$
和
$$A_2 x + B_2 y + C_2 z + D_2 = 0,$$
那么直线 L 上任何点的坐标应同时满足方程组
$$\begin{cases} A_1 x + B_1 y + C_1 z + D_1 = 0, \\ A_2 x + B_2 y + C_2 z + D_2 = 0. \end{cases} \tag{7-3-7}$$

反过来,如果点 M 不在直线 L 上,那么它不可能同时在平面 Π_1 和 Π_2 上,所以它的坐标就不会满足方程组(7-3-7). 因此,可以用方程组(7-3-7)来描述直线 L. 方程组(7-3-7)称为**直线的一般方程**.

通过空间中一条直线 L 的平面可以有无穷多个,我们只要在这无穷多个平面中任取两个,把它们的方程联系起来就得到该直线的一般方程.

在平面解析几何中,我们知道,xOy 平面上的一定点和一非零向量就可确定一条直线.三维空间的情形也是一样.设空间直线 L 过定点 $M_0(x_0,y_0,z_0)$,且平行于非零向量
$$s = mi + nj + pk,$$
这时直线的位置就完全确定了(见图 7-24).下面我们来求这条直线的方程.

设 $M(x,y,z)$ 是直线 L 上任意一点.因为 L 平行于向量 s,所以
$$\overrightarrow{M_0M} = (x-x_0)i + (y-y_0)j + (z-z_0)k$$
平行于向量 s.由两向量平行的充要条件式(7-2-6)有
$$\frac{x-x_0}{m} = \frac{y-y_0}{n} = \frac{z-z_0}{p}. \tag{7-3-8}$$

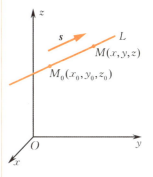

图 7-24

方程(7-3-8)称为<u>直线 L 的对称式方程</u>,也叫作<u>直线 L 的标准式方程</u>.

在建立直线 L 的标准式方程(7-3-8)时,我们用到了向量 $\overrightarrow{M_0M}$ 平行于向量 s 的充要条件,即这两个向量的对应坐标成比例.如果我们设这个比例系数为 t,则有
$$\frac{x-x_0}{m} = \frac{y-y_0}{n} = \frac{z-z_0}{p} = t,$$
那么
$$x = x_0 + mt, \quad y = y_0 + nt, \quad z = z_0 + pt. \tag{7-3-9}$$
当 t 从 $-\infty$ 变到 $+\infty$ 时,方程(7-3-9)就是过点 $M_0(x_0,y_0,z_0)$ 的<u>直线 L 的参数方程</u>,其中 t 是参数,向量 s 称为<u>直线 L 的方向向量</u>.向量 s 的坐标 m,n,p 叫作<u>直线的方向数</u>.

例 4 求过两点 $M_1(x_1,y_1,z_1),M_2(x_2,y_2,z_2)$ 的直线的方程.

解 可以取方向向量
$$s = \overrightarrow{M_1M_2} = (x_2-x_1, y_2-y_1, z_2-z_1).$$
由直线的标准式方程可知,过两点 M_1,M_2 的直线方程为
$$\frac{x-x_1}{x_2-x_1} = \frac{y-y_1}{y_2-y_1} = \frac{z-z_1}{z_2-z_1}.$$
上式称为<u>直线的两点式方程</u>.

例 5 用标准式方程及参数方程表示直线
$$\begin{cases} x+y+z+1 = 0, \\ 2x+y+3z+4 = 0. \end{cases}$$

解 为寻找直线的方向向量 s,在直线上找出两个点即可.令 $x_0 = 1$,代入题中方程

组,得
$$y_0 = 0, \quad z_0 = -2,$$
同理,令 $x_1 = 0$,代入题中方程组,得
$$y_1 = \frac{1}{2}, \quad z_1 = -\frac{3}{2},$$
即点 $A(1, 0, -2)$ 与点 $B\left(0, \frac{1}{2}, -\frac{3}{2}\right)$ 在直线上.

取 $\boldsymbol{s} = \overrightarrow{AB} = \left(-1, \frac{1}{2}, \frac{1}{2}\right)$,因此所给直线标准式方程为
$$\frac{x-1}{-2} = \frac{y}{1} = \frac{z+2}{1},$$
参数方程为
$$\begin{cases} x = 1 - 2t, \\ y = t, \\ z = -2 + t. \end{cases}$$

注意　本例提供了化直线的一般方程为标准式方程和参数方程的方法.

三、平面与直线的位置关系

1. 两平面的夹角及平行、垂直的条件

设平面 Π_1 与 Π_2 的法向量分别为 $\boldsymbol{n}_1 = (A_1, B_1, C_1)$ 和 $\boldsymbol{n}_2 = (A_2, B_2, C_2)$. 如果这两个平面相交,它们之间有两个互补的二面角(见图 7-25),其中一个二面角与向量 $\boldsymbol{n}_1$ 与 $\boldsymbol{n}_2$ 的夹角相等. 我们把这两个平面的法向量的夹角中的锐角称为**两平面的夹角**. 根据两向量夹角余弦的公式,有
$$\cos\theta = |\cos(\widehat{\boldsymbol{n}_1, \boldsymbol{n}_2})|$$
$$= \frac{|A_1 A_2 + B_1 B_2 + C_1 C_2|}{\sqrt{A_1^2 + B_1^2 + C_1^2} \cdot \sqrt{A_2^2 + B_2^2 + C_2^2}}. \quad (7\text{-}3\text{-}10)$$

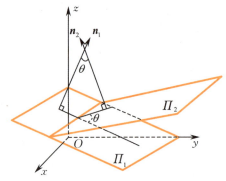

图 7-25

从两非零向量垂直、平行的条件，立即推得两平面垂直、平行的条件：

两平面 Π_1，Π_2 互相垂直的**充要条件**是
$$A_1A_2 + B_1B_2 + C_1C_2 = 0; \tag{7-3-11}$$
两平面 Π_1，Π_2 互相平行的**充要条件**是
$$\frac{A_1}{A_2} = \frac{B_1}{B_2} = \frac{C_1}{C_2}. \tag{7-3-12}$$

例 6 设平面 Π_1 与 Π_2 的方程分别为 $x-y+2z-6=0$ 及 $2x+y+z-5=0$，求它们的夹角.

解 根据公式(7-3-10)得
$$\cos\theta = \frac{|1\times 2 + (-1)\times 1 + 2\times 1|}{\sqrt{1^2+(-1)^2+2^2}\cdot\sqrt{2^2+1^2+1^2}} = \frac{1}{2},$$
所以平面 Π_1 与 Π_2 的夹角为 $\theta = \arccos\frac{1}{2} = \frac{\pi}{3}$.

例 7 一平面通过点 $P_1(1,1,1)$ 和点 $P_2(0,1,-1)$，且垂直于平面 $x+y+z=0$，求这平面的方程.

解 平面 $x+y+z=0$ 的法向量为 $\boldsymbol{n}_1 = (1,1,1)$，又向量 $\overrightarrow{P_1P_2} = (-1,0,-2)$ 在所求平面上. 设所求平面的法向量为 $\boldsymbol{n}$，则 $\boldsymbol{n}$ 同时垂直于向量 $\overrightarrow{P_1P_2}$ 及 $\boldsymbol{n}_1$，所以可取
$$\boldsymbol{n} = \boldsymbol{n}_1 \times \overrightarrow{P_1P_2} = \begin{vmatrix} \boldsymbol{i} & \boldsymbol{j} & \boldsymbol{k} \\ 1 & 1 & 1 \\ -1 & 0 & -2 \end{vmatrix} = -2\boldsymbol{i} + \boldsymbol{j} + \boldsymbol{k}.$$

故所求平面方程为
$$-2(x-1) + (y-1) + (z-1) = 0$$
或
$$2x - y - z = 0.$$

2. 两直线的夹角及平行、垂直的条件

设两直线 L_1 和 L_2 的标准式方程分别为
$$\frac{x-x_1}{m_1} = \frac{y-y_1}{n_1} = \frac{z-z_1}{p_1}$$
和
$$\frac{x-x_2}{m_2} = \frac{y-y_2}{n_2} = \frac{z-z_2}{p_2},$$
两直线的方向向量 $\boldsymbol{s}_1 = (m_1, n_1, p_1)$ 与 $\boldsymbol{s}_2 = (m_2, n_2, p_2)$ 的夹角(这里指锐角或直角)称为**两直线的夹角**，记为 θ，则
$$\cos\theta = \frac{|m_1m_2 + n_1n_2 + p_1p_2|}{\sqrt{m_1^2+n_1^2+p_1^2}\cdot\sqrt{m_2^2+n_2^2+p_2^2}}. \tag{7-3-13}$$

由此推出,两直线互相垂直的**充要条件**是
$$m_1m_2 + n_1n_2 + p_1p_2 = 0; \tag{7-3-14}$$
两直线互相平行的**充要条件**是
$$\frac{m_1}{m_2} = \frac{n_1}{n_2} = \frac{p_1}{p_2}. \tag{7-3-15}$$

例 8 求直线 $L_1: \frac{x-1}{1} = \frac{y}{-4} = \frac{z+3}{1}$ 和直线 $L_2: \frac{x}{2} = \frac{y+2}{-2} = \frac{z}{-1}$ 的夹角.

解 直线 L_1 的方向向量为 $\boldsymbol{s}_1 = (1, -4, 1)$,直线 L_2 的方向向量为 $\boldsymbol{s}_2 = (2, -2, -1)$,故直线 L_1 与 L_2 的夹角 θ 的余弦为
$$\cos\theta = \frac{|1 \times 2 + (-4) \times (-2) + 1 \times (-1)|}{\sqrt{1^2 + (-4)^2 + 1^2} \cdot \sqrt{2^2 + (-2)^2 + (-1)^2}}$$
$$= \frac{1}{\sqrt{2}} = \frac{\sqrt{2}}{2},$$

所以
$$\theta = \arccos\frac{\sqrt{2}}{2} = \frac{\pi}{4}.$$

例 9 求经过点 $(2, 0, -1)$,且与直线
$$\begin{cases} 2x - 3y + z - 6 = 0, \\ 4x - 2y + 3z + 9 = 0 \end{cases}$$
平行的直线方程.

解 所求直线与已知直线平行,其方向向量可取为
$$\boldsymbol{s} = \boldsymbol{n}_1 \times \boldsymbol{n}_2 = \begin{vmatrix} \boldsymbol{i} & \boldsymbol{j} & \boldsymbol{k} \\ 2 & -3 & 1 \\ 4 & -2 & 3 \end{vmatrix} = -7\boldsymbol{i} - 2\boldsymbol{j} + 8\boldsymbol{k}.$$

根据直线的标准式方程,得所求直线的方程为
$$\frac{x-2}{-7} = \frac{y}{-2} = \frac{z+1}{8}.$$

例 10 求过点 $(2, 1, 3)$,且与直线 $\frac{x+1}{3} = \frac{y-1}{2} = \frac{z}{-1}$ 垂直相交的直线方程.

解 先作一过点 $(2, 1, 3)$,且垂直于已知直线的平面,那么这平面的方程应为
$$3(x-2) + 2(y-1) - (z-3) = 0.$$
再求已知直线与这平面的交点.把已知直线的参数方程
$$\begin{cases} x = -1 + 3t, \\ y = 1 + 2t, \\ z = -t \end{cases}$$
代入平面方程,解之得 $t = \frac{3}{7}$.再将求得的 t 值代入直线参数方程中,即得

$$x = \frac{2}{7}, \quad y = \frac{13}{7}, \quad z = -\frac{3}{7}.$$

所以,交点的坐标是 $\left(\frac{2}{7}, \frac{13}{7}, -\frac{3}{7}\right)$.

于是,向量 $\left(\frac{2}{7} - 2, \frac{13}{7} - 1, -\frac{3}{7} - 3\right)$ 是所求直线的一个方向向量,故所求直线的方程为

$$\frac{x-2}{\frac{2}{7} - 2} = \frac{y-1}{\frac{13}{7} - 1} = \frac{z-3}{-\frac{3}{7} - 3},$$

即

$$\frac{x-2}{2} = \frac{y-1}{-1} = \frac{z-3}{4}.$$

3. 直线与平面的夹角及平行、垂直的条件

过平面 Π 外一点 A 作垂直于 Π 的垂线交 Π 于点 A',则点 A' 称为**点 A 在平面 Π 上的投影**. 点 A 和点 A' 之间的距离称为**点 A 到平面 Π 的距离**. 设直线 L 上相异两点 A_1 和 A_2 在平面 Π 上的投影分别为 A_1' 和 A_2',若 A_1' 与 A_2' 不重合,则过 A_1' 和 A_2' 的直线称为**直线 L 在平面 Π 上的投影**;若 A_1' 与 A_2' 重合,则必有直线 L 垂直于平面 Π,此时直线 L 上任一点在平面 Π 上的投影都为同一点,我们说直线 L 在平面 Π 上的投影退化为一点. 直线 L 与它在平面 Π 上的投影所成的角 θ 称为**直线 L 与平面 Π 的夹角**(见图 7-26). 一般取 $0 \leqslant \theta \leqslant \frac{\pi}{2}$.

图 7-26

设直线 L 的方程为

$$\frac{x - x_0}{m} = \frac{y - y_0}{n} = \frac{z - z_0}{p},$$

其方向向量为 $\boldsymbol{s} = (m, n, p)$;平面 Π 的方程为

$$Ax + By + Cz + D = 0,$$

其法向量为 $\boldsymbol{n} = (A, B, C)$,则

$$\cos\left(\frac{\pi}{2} - \theta\right) = \frac{|\boldsymbol{n} \cdot \boldsymbol{s}|}{|\boldsymbol{n}||\boldsymbol{s}|},$$

即

$$\sin\theta = \frac{|Am + Bn + Cp|}{\sqrt{A^2 + B^2 + C^2} \cdot \sqrt{m^2 + n^2 + p^2}}. \quad (7\text{-}3\text{-}16)$$

从而,直线 L 与平面 Π 平行的**充要条件**是

$$Am + Bn + Cp = 0; \quad (7\text{-}3\text{-}17)$$

直线 L 与平面 Π 垂直的**充要条件**是

$$\frac{A}{m} = \frac{B}{n} = \frac{C}{p}. \quad (7\text{-}3\text{-}18)$$

例 11 设平面 Π 的方程为 $Ax+By+Cz+D=0$，$M_1(x_1,y_1,z_1)$ 是平面外的一点，试求 M_1 到平面 Π 的距离.

解 在平面 Π 上取一点 $M_0(x_0,y_0,z_0)$（见图 7-27），则点 M_1 到平面 Π 的距离为

$$d=|\text{Prj}_{\boldsymbol{n}}\overrightarrow{M_0M_1}|=\frac{|\boldsymbol{n}\cdot\overrightarrow{M_0M_1}|}{|\boldsymbol{n}|},$$

图 7-27

而

$$|\boldsymbol{n}\cdot\overrightarrow{M_0M_1}|=|A(x_1-x_0)+B(y_1-y_0)+C(z_1-z_0)|$$
$$=|Ax_1+By_1+Cz_1-Ax_0-By_0-Cz_0|,$$

由于点 (x_0,y_0,z_0) 在平面 Π 上，有

$$Ax_0+By_0+Cz_0+D=0,$$

即

$$Ax_0+By_0+Cz_0=-D.$$

由此可得

$$|\boldsymbol{n}\cdot\overrightarrow{M_0M_1}|=|Ax_1+By_1+Cz_1+D|,$$

所以

$$d=\frac{|Ax_1+By_1+Cz_1+D|}{\sqrt{A^2+B^2+C^2}}. \tag{7-3-19}$$

公式 (7-3-19) 称为**点到平面的距离公式**.

习题 7-3

1. 求过点 $(4,1,-2)$，且与平面 $3x-2y+6z=11$ 平行的平面方程.
2. 求过点 $M_0(1,7,-3)$，且与连接坐标原点到点 M_0 的线段 OM_0 垂直的平面方程.
3. 设平面过点 $(1,2,-1)$，而在 x 轴和 z 轴上的截距都等于在 y 轴上的截距的两倍，求此平面方程.
4. 求过 $(1,1,-1),(-2,-2,2)$ 和 $(1,-1,2)$ 三点的平面方程.
5. 指出下列各平面的特殊位置，并画出其图形：
   (1) $y=0$；   (2) $3x-1=0$；
   (3) $2x-3y-6=0$；   (4) $x-y=0$；
   (5) $2x-3y+4z=0$.
6. 通过两点 $(1,1,1)$ 和 $(2,2,2)$ 作垂直于平面 $x+y-z=0$ 的平面.
7. 求通过下列两已知点的直线方程：
   (1) $(1,-2,1),(3,1,-1)$；   (2) $(3,-1,0),(1,0,-3)$.
8. 求直线 $\begin{cases}2x+3y-z-4=0,\\3x-5y+2z+1=0\end{cases}$ 的标准式方程和参数方程.
9. 决定参数 k 的值，使平面 $x+ky-2z=9$ 适合下列条件：
   (1) 经过点 $(5,-4,6)$；   (2) 与平面 $2x-3y+z=0$ 成 $\dfrac{\pi}{4}$ 的角.

10. 确定下列方程中的 l 和 m：
   (1) 平面 $2x+ly+3z-5=0$ 和平面 $mx-6y-z+2=0$ 平行；
   (2) 平面 $3x-5y+lz-3=0$ 和平面 $x+3y+2z+5=0$ 垂直.
11. 通过点 $(1,-1,1)$ 作垂直于两平面 $x-y+z-1=0$ 和 $2x+y+z+1=0$ 的平面.
12. 求平行于平面 $3x-y+7z=5$，且垂直于向量 $\boldsymbol{i}-\boldsymbol{j}+2\boldsymbol{k}$ 的单位向量.
13. 求下列直线的夹角：
   (1) $\begin{cases} 5x-3y+3z-9=0, \\ 3x-2y+z-1=0 \end{cases}$ 和 $\begin{cases} 2x+2y-z+23=0, \\ 3x+8y+z-18=0; \end{cases}$
   (2) $\dfrac{x-2}{4}=\dfrac{y-3}{-12}=\dfrac{z-1}{3}$ 和 $\begin{cases} \dfrac{y-3}{-1}=\dfrac{z-8}{-2}, \\ x=1. \end{cases}$
14. 求下列直线与平面的交点：
   (1) $\dfrac{x-1}{1}=\dfrac{y+1}{-2}=\dfrac{z}{6}$ 与 $2x+3y+z-1=0$；
   (2) $\dfrac{x+2}{2}=\dfrac{y-1}{3}=\dfrac{z-3}{2}$ 与 $x+2y-2z+6=0$.
15. 求点 $(1,2,1)$ 到平面 $x+2y+2z-10=0$ 的距离.

第四节 空间曲面与曲线

一、曲面及其方程

平面解析几何把曲线看作动点的轨迹.类似地,空间解析几何把曲面当作是一个动点或一条动曲线按一定规律运动而产生的轨迹.

一般地,如果曲面 S 与三元方程 $F(x,y,z)=0$ 之间存在如下关系:

(1) 曲面 S 上任一点的坐标都满足方程 $F(x,y,z)=0$；

(2) 不在曲面 S 上的点的坐标都不满足 $F(x,y,z)=0$，即满足方程的点都在曲面上,

那么称 $F(x,y,z)=0$ 为**曲面 S 的方程**,而曲面 S 称为**方程的图形**.

在上一节中,我们所考察的平面是曲面的特殊形式,是最简单的曲面;所考察的直线是空间曲线的特殊形式,是最简单的空间曲线.我们建立了它们的一些常见形式的方程.在这里,我们将介绍几种常见类型的曲面及其方程.

1. 球面方程

到空间一定点 M_0 之间的距离恒定的动点的轨迹称为**球面**.

例1 建立球心在 $M_0(x_0, y_0, z_0)$、半径为 R 的球面方程.

解 设 $M(x, y, z)$ 是球面上的任一点,则
$$|M_0 M| = R.$$
由于
$$|M_0 M| = \sqrt{(x-x_0)^2 + (y-y_0)^2 + (z-z_0)^2},$$
因此
$$\sqrt{(x-x_0)^2 + (y-y_0)^2 + (z-z_0)^2} = R.$$
两边平方,得
$$(x-x_0)^2 + (y-y_0)^2 + (z-z_0)^2 = R^2. \tag{7-4-1}$$

显然,球面上的点的坐标满足这个方程,而不在球面上的点的坐标不满足这个方程. 所以,方程(7-4-1)就是以 $M_0(x_0, y_0, z_0)$ 为球心、R 为半径的球面方程.

如果 M_0 为原点,即 $x_0 = y_0 = z_0 = 0$,这时球面方程为
$$x^2 + y^2 + z^2 = R^2. \tag{7-4-2}$$
若记 $A = -2x_0, B = -2y_0, C = -2z_0, D = x_0^2 + y_0^2 + z_0^2 - R^2$,则式(7-4-1)可化为
$$x^2 + y^2 + z^2 + Ax + By + Cz + D = 0. \tag{7-4-3}$$
式(7-4-3)称为**球面的一般方程**.

由式(7-4-3)可以看出,球面的方程是关于 x, y, z 的二次方程,它的 x^2, y^2, z^2 三项系数相等,并且方程中没有 xy, yz, zx 的项. 对于形如式(7-4-3)的一般方程,我们有下面几个**结论**:

(1) 当 $A^2 + B^2 + C^2 - 4D > 0$ 时,式(7-4-3)为一球面方程;

(2) 当 $A^2 + B^2 + C^2 - 4D = 0$ 时,式(7-4-3)只表示一个点;

(3) 当 $A^2 + B^2 + C^2 - 4D < 0$ 时,式(7-4-3)不能代表任何图形,或者说它表示一个虚球.

例2 方程 $x^2 + y^2 + z^2 - 2x + 4y = 0$ 表示怎样的曲面?

解 通过配方,原方程可以改写为
$$(x-1)^2 + (y+2)^2 + z^2 = 5.$$
与式(7-4-1)比较,可知原方程表示球心在点 $M_0(1, -2, 0)$、半径为 $R = \sqrt{5}$ 的球面.

2. 柱面

设给定一条曲线 C 及直线 l，则平行于直线 l，且沿曲线 C 移动的直线 L 所形成的曲面叫作**柱面**. 定曲线 C 叫作柱面的**准线**，动直线 L 叫作柱面的**母线**（见图7-28）.

图 7-28 图 7-29

如果柱面的准线是 xOy 平面上的曲线 C，其方程为
$$f(x,y)=0, \tag{7-4-4}$$
柱面的母线平行于 z 轴，则方程 $f(x,y)=0$ 就是这一柱面的方程（见图7-29）. 因为在此柱面上任取一点 $M(x,y,z)$，过点 M 作直线平行于 z 轴，此直线与 xOy 平面相交于点 $M_0(x,y,0)$，点 M_0 就是点 M 在 xOy 平面上的投影. 于是，点 M_0 必落在准线上，它在 xOy 平面上的坐标 (x,y) 必满足方程 $f(x,y)=0$. 这个方程不含 z 的项，所以点 M 的坐标 (x,y,z) 也满足方程 $f(x,y)=0$.

因此，在空间直角坐标系中，方程 $f(x,y)=0$ 所表示的图形就是母线平行于 z 轴的柱面.

同理可知，只含 y,z 而不含 x 的方程 $\varphi(y,z)=0$ 和只含 x,z 而不含 y 的方程 $\psi(x,z)=0$，分别表示母线平行于 x 轴和 y 轴的柱面.

注意到在上述三个柱面方程中都缺少一个变量，缺少哪一个变量，该柱面的母线就平行于哪一条坐标轴.

例如，方程 $x^2+y^2=a^2$，$\dfrac{x^2}{a^2}+\dfrac{y^2}{b^2}=1$，$\dfrac{x^2}{a^2}-\dfrac{y^2}{b^2}=1$，$x^2=2py$ 分别表示母线平行于 z 轴的柱面，其准线分别可取为 xOy 平面内的圆、椭圆、双曲线和抛物线，所以我们分别称它们为**圆柱面**、**椭圆柱面**、**双曲柱面**和**抛物柱面**（见图 7-30）. 因为它们的方程都是二次的，所以统称为**二次柱面**.

二、旋转曲面

一平面曲线 C 绕着该平面内一定直线 l 旋转一周所形成的曲

图 7-30

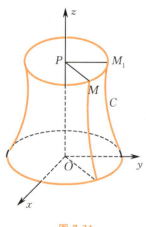

图 7-31

面,叫作**旋转曲面**. 曲线 C 叫作旋转曲面的母线,直线 l 叫作**旋转曲面的轴**.

设在 yOz 平面上有一已知曲线 C,它的方程为 $f(y,z)=0$. 将这曲线绕 z 轴旋转一周,就得到一个以 z 轴为轴的旋转曲面(见图 7-31). 现在来求这个旋转曲面的方程.

在旋转曲面上任取一点 $M(x,y,z)$,设这点是母线 C 上的点 $M_1(0,y_1,z_1)$ 绕 z 轴旋转而得到的. 点 M 与 M_1 的 z 坐标相同,且它们到 z 轴的距离相等,所以

$$\begin{cases} z = z_1, \\ \sqrt{x^2+y^2} = |y_1|. \end{cases}$$

因为点 M_1 在曲线 C 上,所以

$$f(y_1, z_1) = 0.$$

将上述关系代入这个方程中,得

$$f(\pm\sqrt{x^2+y^2}, z) = 0. \tag{7-4-5}$$

因此,旋转曲面上任何点 M 的坐标 x,y,z 都满足方程(7-4-5). 如果点 $M(x,y,z)$ 不在旋转曲面上,它的坐标就不满足方程(7-4-5). 所以,方程(7-4-5)就是所求**旋转曲面的方程**.

从上述推导过程中可以发现:只要在曲线 C 的方程 $f(y,z)=0$ 中,将变量 y 换成 $\pm\sqrt{x^2+y^2}$,便可得曲线 C 绕 z 轴旋转而形成的

旋转曲面的方程为
$$f(\pm\sqrt{x^2+y^2}, z) = 0.$$

同理,如果曲线 C 绕 y 轴旋转一周,所得旋转曲面的方程为
$$f(y, \pm\sqrt{x^2+z^2}) = 0. \qquad (7\text{-}4\text{-}6)$$

对于其他坐标面上的曲线,绕该坐标面内任一坐标轴旋转所得到的旋转曲面的方程可用类似的方法求得.

特别地,一直线绕与它相交的一条定直线旋转一周就得到圆锥面,动直线与定直线的交点叫作<u>圆锥面的顶点</u>(见图 7-32).

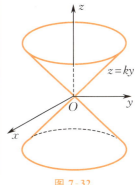

图 7-32

例 3 求 yOz 平面上的直线 $z = ky$ 绕 z 轴旋转一周所形成的旋转曲面的方程.

解 因为旋转轴为 z 轴,所以只要将方程 $z = ky$ 中的 y 改成 $\pm\sqrt{x^2+y^2}$,便得到旋转曲面——<u>圆锥面的方程</u>
$$z = \pm k\sqrt{x^2+y^2}$$
或
$$z^2 = k^2(x^2+y^2).$$

三、二次曲面举例

在空间直角坐标系中,方程 $F(x,y,z) = 0$ 一般代表曲面.若 $F(x,y,z) = 0$ 为一次方程,则它代表一次曲面,即平面;若 $F(x,y,z) = 0$ 为二次方程,则它所表示的曲面称为<u>二次曲面</u>.如何通过方程去了解它所表示的曲面的形状呢?我们可以利用坐标面或平行于坐标面的平面与曲面相截,通过考察其交线(截痕)的方法,从不同的角度去了解曲面的形状,然后加以综合,从而了解整个曲面的形状.这种方法叫作<u>截痕法</u>.下面我们用截痕法来研究几种二次曲面的形状.

1. 椭球面

方程
$$\frac{x^2}{a^2} + \frac{y^2}{b^2} + \frac{z^2}{c^2} = 1 \qquad (7\text{-}4\text{-}7)$$

所表示的曲面叫作<u>椭球面</u>.

由方程(7-4-7)可知
$$\frac{x^2}{a^2} \leqslant 1, \quad \frac{y^2}{b^2} \leqslant 1, \quad \frac{z^2}{c^2} \leqslant 1,$$
即
$$|x| \leqslant a, \quad |y| \leqslant b, \quad |z| \leqslant c.$$

这说明,椭球面(7-4-7)完全包含在 $x=\pm a, y=\pm b, z=\pm c$ 这六个平面所围成的长方体内. a,b,c 叫作**椭球面的半轴**.

用三个坐标面截这一椭球面,所得的截痕都是椭圆,即

$$\begin{cases}\dfrac{x^2}{a^2}+\dfrac{y^2}{b^2}=1,\\ z=0;\end{cases} \begin{cases}\dfrac{y^2}{b^2}+\dfrac{z^2}{c^2}=1,\\ x=0;\end{cases} \begin{cases}\dfrac{x^2}{a^2}+\dfrac{z^2}{c^2}=1.\\ y=0.\end{cases}$$

用平行于 xOy 坐标面的平面 $z=h(|h|\leqslant c)$ 截这一椭球面,所得交线为椭圆,即

$$\begin{cases}\dfrac{x^2}{a^2}+\dfrac{y^2}{b^2}=1-\dfrac{h^2}{c^2},\\ z=h,\end{cases}$$

这一椭圆的半轴为 $\dfrac{a}{c}\sqrt{c^2-h^2}$ 与 $\dfrac{b}{c}\sqrt{c^2-h^2}$. 当 $|h|$ 由 0 逐渐增大到 c 时,椭圆由大变小,最后(当 $|h|=c$ 时)缩成一个点(即顶点: $(0,0,c),(0,0,-c)$);如果 $|h|>c$,平面 $z=h$ 不与椭球面相交.

用平行于 yOz 坐标面或 zOx 坐标面的平面去截椭球面,可得到类似的结果.

容易看出,椭球面关于各坐标面、各坐标轴和坐标原点都是对称的. 综合以上讨论,可知椭球面的图形如图 7-33 所示.

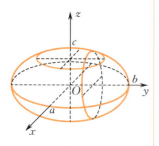

图 7-33

2. 双曲面

(1) 单叶双曲面.

方程

$$\dfrac{x^2}{a^2}+\dfrac{y^2}{b^2}-\dfrac{z^2}{c^2}=1 \tag{7-4-8}$$

所表示的曲面叫作**单叶双曲面**.

下面讨论 $\dfrac{x^2}{a^2}+\dfrac{y^2}{b^2}-\dfrac{z^2}{c^2}=1$ 的形状:

用 xOy 坐标面($z=0$)截此曲面,所得的截痕为中心在原点、两个半轴分别为 a,b 的椭圆,即

$$\begin{cases}\dfrac{x^2}{a^2}+\dfrac{y^2}{b^2}=1,\\ z=0.\end{cases}$$

用平行于坐标面 xOy 的平面 $z=z_1$ 截此曲面,所得的截痕是中心在 z 轴上的椭圆,即

$$\begin{cases}\dfrac{x^2}{a^2}+\dfrac{y^2}{b^2}=1+\dfrac{z_1^2}{c^2},\\ z=z_1,\end{cases}$$

它的两个半轴分别为 $\dfrac{a}{c}\sqrt{c^2+z_1^2}$ 和 $\dfrac{b}{c}\sqrt{c^2+z_1^2}$. 当 $|z_1|$ 由 0 逐渐增大时,椭圆的两个半轴分别从 a,b 逐渐增大.

用 zOx 坐标面($y=0$)截此曲面,所得的截痕为中心在原点的双曲线,即

$$\begin{cases} \dfrac{x^2}{a^2} - \dfrac{z^2}{c^2} = 1, \\ y = 0, \end{cases}$$

它的实轴在 x 轴上,虚轴在 z 轴上.

用平行于 zOx 坐标面的平面 $y = y_1$ 截此曲面,当 $y_1 \neq \pm b$ 时,所得的截痕是中心在 y 轴上的双曲线,即

$$\begin{cases} \dfrac{x^2}{a^2} - \dfrac{z^2}{c^2} = 1 - \dfrac{y_1^2}{b^2}, \\ y = y_1. \end{cases}$$

当 $y_1^2 < b^2$ 时,双曲线的实轴平行于 x 轴,虚轴平行于 z 轴;
当 $y_1^2 > b^2$ 时,双曲线的实轴平行于 z 轴,虚轴平行于 x 轴;
当 $y_1^2 = b^2$ 时,所得的截痕为两条相交的直线

$$\begin{cases} \dfrac{x^2}{a^2} - \dfrac{z^2}{c^2} = 0, \\ y = y_1. \end{cases}$$

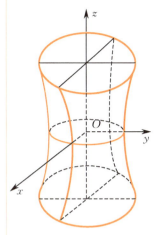

图 7-34

类似地,用 yOz 坐标面($x = 0$)和平行于 yOz 坐标面的平面 $x = x_1$ 截此曲面,当 $x_1 \neq \pm a$ 时,所得的截痕也是双曲线;当 $x_1 = \pm a$ 时,所得截痕为两条相交的直线.

因此,单叶双曲面 $\dfrac{x^2}{a^2} + \dfrac{y^2}{b^2} - \dfrac{z^2}{c^2} = 1$ 的形状如图 7-34 所示.

(2) 双叶双曲面.

方程

$$\dfrac{x^2}{a^2} + \dfrac{y^2}{b^2} - \dfrac{z^2}{c^2} = -1 \qquad (7\text{-}4\text{-}9)$$

所表示的曲面叫作**双叶双曲面**.

同样可用截痕法讨论,得双叶双曲面形状如图 7-35 所示.

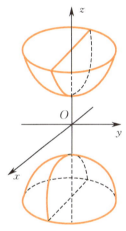

图 7-35

3. 抛物面

(1) 椭圆抛物面.

方程

$$\dfrac{x^2}{p} + \dfrac{y^2}{q} = 2z \qquad (7\text{-}4\text{-}10)$$

所表示的曲面叫作**椭圆抛物面**(见图 7-36,其中 $p > 0, q > 0$).

(2) 双曲抛物面.

方程

$$\dfrac{x^2}{p} - \dfrac{y^2}{q} = 2z \qquad (7\text{-}4\text{-}11)$$

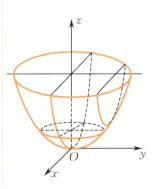

图 7-36

所表示的曲面叫作**双曲抛物面**或**鞍形曲面**(见图 7-37,其中 $p>0$, $q>0$).

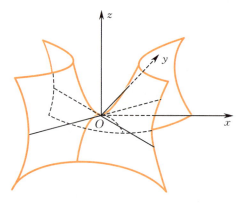

图 7-37

四、空间曲线

1. 空间曲线的一般方程

空间曲线可以看作两个曲面的交线. 设两曲面方程分别为 $F_1(x,y,z)=0$ 和 $F_2(x,y,z)=0$,则它们的交线 C 上的点同时在这两个曲面上,其坐标必同时满足这两个方程;反之,坐标同时满足这两个方程的点,也一定在这两曲面的交线 C 上. 因此,联立方程组

$$\begin{cases} F_1(x,y,z)=0, \\ F_2(x,y,z)=0 \end{cases} \quad (7\text{-}4\text{-}12)$$

即为空间曲线 C 的方程,称为**空间曲线的一般方程**.

例如,方程

$$\begin{cases} x^2+y^2+z^2=2, \\ z=1 \end{cases}$$

表示平面 $z=1$ 与以原点为球心、$\sqrt{2}$ 为半径的球面的交线. 如果将 $z=1$ 代入第一个方程中,得 $x^2+y^2=1$,所以这一曲线是平面 $z=1$ 上以 $(0,0,1)$ 为圆心的单位圆(见图 7-38).

方程

$$\begin{cases} x^2+y^2-ax=0, \\ z=\sqrt{a^2-x^2-y^2} \end{cases} \quad (a>0)$$

表示球心为原点、半径为 a 的上半球面与圆柱面 $x^2+y^2-ax=0$,即 $\left(x-\dfrac{a}{2}\right)^2+y^2=\left(\dfrac{a}{2}\right)^2$ 的交线(见图 7-39).

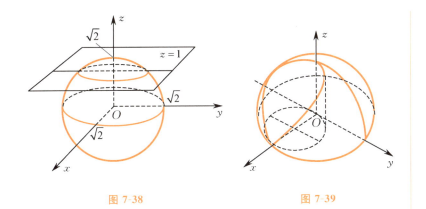

图 7-38   图 7-39

2. 空间曲线的参数方程

在上一节中,我们介绍了空间直线的参数方程.对于空间曲线,除了上面的一般方程外,也可以用参数方程表示,即将空间曲线 C 上的点的坐标 x,y,z 用同一参变量 t 的函数

$$\begin{cases} x = x(t), \\ y = y(t), \\ z = z(t) \end{cases} (t_1 \leqslant t \leqslant t_2) \qquad (7\text{-}4\text{-}13)$$

表示. 当给定 t 的一个值时,由式(7-4-13)得到曲线 C 上的一个点的坐标;当 t 在区间 $[t_1,t_2]$ 上变动时,就可得到曲线 C 上的所有点.方程组(7-4-13)叫作 空间曲线的参数方程.

例 4 设空间一动点 M 在圆柱面 $x^2+y^2=a^2$ 上以角速度 ω 绕 z 轴旋转,同时又以线速度 v 沿平行于 z 轴的正方向上升(其中 ω,v 都是常数),则动点 M 的轨迹叫作**螺旋线**.试求螺旋线的参数方程.

解 取时间 t 为参数,设运动开始时($t=0$)动点的位置在 $M_0(a,0,0)$,经过时间 t,动点的位置在 $M(x,y,z)$(见图 7-40),点 M 在 xOy 平面上的投影为 $P(x,y,0)$.由于 $\angle M_0OP=\omega t$,于是有

$$\begin{cases} x = a\cos\omega t, \\ y = a\sin\omega t. \end{cases}$$

因动点同时以线速度 v 沿平行于 z 轴的正方向上升,有

$$z = PM = vt.$$

因此,螺旋线的参数方程为

$$\begin{cases} x = a\cos\omega t, \\ y = a\sin\omega t, \\ z = vt. \end{cases}$$

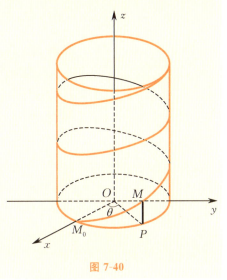

图 7-40

如果令 $\theta = \omega t$,以 θ 为参数,则螺旋线的参数方程为
$$\begin{cases} x = a\cos\theta, \\ y = a\sin\theta, \\ z = b\theta, \end{cases}$$
其中 $b = \dfrac{v}{\omega}$.

3. 空间曲线在坐标面上的投影

空间曲线 C 上所有点在平面 Π 上的投影所构成的曲线称为**曲线 C 在平面 Π 上的投影**.

设空间曲线 C 的方程为
$$\begin{cases} F_1(x,y,z) = 0, \\ F_2(x,y,z) = 0. \end{cases} \tag{7-4-14}$$

下面来求它在 xOy 坐标面上的投影曲线方程.

作曲线 C 在 xOy 坐标面上的投影时,要通过曲线 C 上每一点作 xOy 坐标面上的垂线,这相当于作一个母线平行于 z 轴,且通过曲线 C 的柱面,这柱面与 xOy 坐标面的交线就是曲线 C 在 xOy 坐标面上的投影曲线. 所以,关键在于求这个柱面的方程. 从方程 (7-4-14) 中消去变量 z,得到
$$F(x,y) = 0. \tag{7-4-15}$$

方程 (7-4-15) 表示一个母线平行于 z 轴的柱面,此柱面必定包含曲线 C,所以它是一个以曲线 C 为准线、母线平行于 z 轴的柱面,叫作曲线 C 关于 xOy 坐标面的**投影柱面**. 它与 xOy 坐标面的交线就是空间曲线 C 在 xOy 坐标面上的**投影曲线**,简称**投影**. 曲线 C 在 xOy 坐标面上的投影曲线方程为
$$\begin{cases} F(x,y) = 0, \\ z = 0, \end{cases} \tag{7-4-16}$$

其中 $F(x,y) = 0$ 可从方程 (7-4-14) 中消去 z 而得到.

同理,分别从方程 (7-4-14) 中消去 x 与 y,得到 $G(y,z) = 0$ 和 $H(x,z) = 0$,则曲线 C 在 yOz 和 zOx 坐标面上的投影曲线方程分别为
$$\begin{cases} G(y,z) = 0, \\ x = 0 \end{cases} \tag{7-4-17}$$

和
$$\begin{cases} H(x,z) = 0, \\ y = 0. \end{cases} \tag{7-4-18}$$

例 5　已知两球面的方程为
$$x^2 + y^2 + z^2 = 1 \tag{7-4-19}$$
和
$$x^2 + (y-1)^2 + (z-1)^2 = 1, \tag{7-4-20}$$
求它们的交线在 xOy 坐标面上的投影的方程.

解　先求包含两球面的交线,而母线平行于 z 轴的柱面方程.要由方程(7-4-19)和方程(7-4-20)消去 z,为此可从方程(7-4-19)中减去方程(7-4-20)并化简,得到
$$y + z = 1.$$
再以 $z = 1 - y$ 代入方程(7-4-19)或方程(7-4-20),即得所求的柱面方程为
$$x^2 + 2y^2 - 2y = 0.$$
于是,两球面的交线在 xOy 坐标面上的投影的方程为
$$\begin{cases} x^2 + 2y^2 - 2y = 0, \\ z = 0. \end{cases}$$

习题 7-4

1. 建立以点 $(1,3,-2)$ 为中心,且通过坐标原点的球面方程.

2. 一动点离点 $(2,0,-3)$ 的距离与离点 $(4,-6,6)$ 的距离之比为 3,求此动点的轨迹方程.

3. 指出下列方程所表示的是什么曲面,并画出其图形:

(1) $\left(x - \dfrac{a}{2}\right)^2 + y = \left(\dfrac{a}{2}\right)^2$ (a 为正常数);　　(2) $-\dfrac{x^2}{4} + \dfrac{y^2}{9} = 1$;

(3) $\dfrac{x^2}{9} + \dfrac{z^2}{4} = 1$;　　(4) $y^2 - z = 0$;

(5) $x^2 - y^2 = 0$;　　(6) $x^2 + y^2 = 0$.

4. 指出下列方程表示怎样的曲面,并作出图形:

(1) $x^2 + \dfrac{y^2}{4} + \dfrac{z^2}{9} = 1$;　　(2) $36x^2 + 9y^2 - 4z = 36$;

(3) $x^2 - \dfrac{y^2}{4} - \dfrac{z^2}{9} = 1$;　　(4) $x^2 + \dfrac{y^2}{4} - \dfrac{z^2}{9} = 11$;

(5) $x^2 + y^2 - \dfrac{z^2}{9} = 0$.

5. 作出下列曲面所围成的立体的图形:

(1) $x^2 + y^2 + z^2 = a^2$ 与 $z = 0, z = \dfrac{a}{2}$ ($a > 0$ 为常数);

(2) $x + y + z = 4, x = 0, x = 1, y = 0, y = 2$ 及 $z = 0$;

(3) $z = 4 - x^2, x = 0, y = 0, z = 0$ 及 $2x + y = 4$;

(4) $z = 6 - (x^2 + y^2), x = 0, y = 0, z = 0$ 及 $x + y = 1$.

6. 求下列曲面和直线的交点:

(1) $\dfrac{x^2}{81} + \dfrac{y^2}{36} + \dfrac{z^2}{9} = 1$ 与 $\dfrac{x-3}{3} = \dfrac{y-4}{-6} = \dfrac{z+2}{4}$;

(2) $\dfrac{x^2}{16}+\dfrac{y^2}{9}-\dfrac{z^2}{4}=1$ 与 $\dfrac{x}{4}=\dfrac{y}{-3}=\dfrac{z+2}{4}$.

7. 设有一圆,它的中心在 z 轴上、半径为 3,且位于距离 xOy 平面 5 个单位的平面上,试建立这个圆的方程.

8. 试考察曲面 $\dfrac{x^2}{9}-\dfrac{y^2}{25}+\dfrac{z^2}{4}=1$ 被下列各平面所截得的截痕的形状,并写出其方程:

(1) 平面 $x=2$;　　　　　　　　　(2) 平面 $y=0$;

(3) 平面 $y=5$;　　　　　　　　　(4) 平面 $z=2$.

9. 求曲线 $x^2+y^2+z^2=a^2$,$x^2+y^2=z^2$ 在 xOy 平面上的投影曲线.

10. 建立曲线 $x^2+y^2=z$,$z=x+1$ 在 xOy 平面上的投影方程.

习 题 七

1. 填空题:

(1) 过 $(0,1,0)$ 且与平面 $x-y+z=1$ 平行的平面方程为_____.

(2) 点 $(2,1,0)$ 到平面 $3x+4y+5z=0$ 的距离 $d=$_____.

(3) 原点关于平面 $6x+2y-9z+121=0$ 的对称点是_____.

(4) 曲线 $\begin{cases} x^2+y^2+z^2=1, \\ x+2y+z=0 \end{cases}$ 在 xOy 平面上的投影曲线方程是_____.

(5) 将 zOx 平面上的曲线 $x^2+z^2=1$ 绕 z 轴旋转一周所生成的旋转曲面的方程为_____.

2. 选择题:

(1) 设三向量 $\boldsymbol{a},\boldsymbol{b},\boldsymbol{c}$ 满足关系式 $\boldsymbol{a}+\boldsymbol{b}+\boldsymbol{c}=\boldsymbol{0}$,则 $\boldsymbol{a}\times\boldsymbol{b}=$(　　).

A. $\boldsymbol{c}\times\boldsymbol{b}$　　　B. $\boldsymbol{b}\times\boldsymbol{c}$　　　C. $\boldsymbol{a}\times\boldsymbol{c}$　　　D. $\boldsymbol{b}\times\boldsymbol{a}$

(2) 两平行平面 $\pi_1:19x-4y+8z+21=0$ 与 $\pi_2:19x-4y+8z+42=0$ 之间的距离为(　　).

A. 1　　　B. $\dfrac{1}{2}$　　　C. 2　　　D. 21

(3) 直线 $L_1:\begin{cases} x+2y-z=7, \\ -2x+y+z=7 \end{cases}$ 与 $L_2:\begin{cases} 3x+6y-3z=8, \\ 2x-y-z=0 \end{cases}$ 之间的关系是(　　).

A. $L_1\perp L_2$　　　　　　　　　B. $L_1 \mathbin{/\mkern-6mu/} L_2$

C. L_1 与 L_2 相交但不一定垂直　　　D. L_1 与 L_2 为异面直线

(4) 方程 $(z-a)^2=x^2+y^2$ 表示(　　).

A. zOx 平面上的曲线 $(z-a)^2=x^2$ 绕 y 轴旋转所得的曲面

B. zOx 平面上的直线 $z-a=x$ 绕 z 轴旋转所得的曲面

C. yOz 平面上的直线 $z-a=y$ 绕 y 轴旋转所得的曲面

D. yOz 平面上的曲线 $(z-a)^2=y^2$ 绕 x 轴旋转所得的曲面

(5) 下列方程所对应的曲面为双曲抛物面的是(　　).

A. $x^2+2y^2+3z^2=1$　　　　　B. $x^2-2y^2+3z^2=1$

C. $x^2+2y^2-3z=0$　　　　　　D. $x^2-2y^2-3z=0$

3. 已知四点 $A(1,-2,3)$,$B(4,-4,-3)$,$C(2,4,3)$ 和 $D(8,6,6)$,求向量 $\overrightarrow{AB}$ 在向量 $\overrightarrow{CD}$ 上的投影.

4. 若向量 $a+3b$ 垂直于向量 $7a-5b$,向量 $a-4b$ 垂直于向量 $7a-2b$,求 a 和 b 的夹角.

5. 设 $a=(-2,7,6),b=(4,-3,-8)$,证明:以 a 与 b 为邻边的平行四边形的两条对角线互相垂直.

6. 求垂直于向量 $3i-4j-k$ 和 $2i-j+k$ 的单位向量,并求上述两向量夹角的正弦.

7. 一平行四边形以向量 $a=(2,1,-1)$ 和 $b=(1,-2,1)$ 为邻边,求其对角线夹角的正弦.

8. 已知三点 $A(2,-1,5),B(0,3,-2),C(-2,3,1)$,点 M,N,P 分别是 AB,BC,CA 的中点,证明:$\overrightarrow{MN}\times\overrightarrow{MP}=\frac{1}{4}(\overrightarrow{AC}\times\overrightarrow{BC})$.

9. 已知 $a=(a_x,a_y,a_z),b=(b_x,b_y,b_z),c=(c_x,c_y,c_z)$,试证明:

(1) 三向量 a,b,c 共面的充要条件是 $\begin{vmatrix} a_x & a_y & a_z \\ b_x & b_y & b_z \\ c_x & c_y & c_z \end{vmatrix}=0$;

(2) 若三向量 a,b,c 不共面,则 $(a\times b)\cdot c=(b\times c)\cdot a=(c\times a)\cdot b$.

10. 设一四面体的顶点为 $(1,1,1),(1,2,3),(1,1,2)$ 和 $(3,-1,2)$,求该四面体的表面积.

11. 设一四面体的顶点为 $A(1,1,1),B(2,1,3),C(3,5,4)$ 及 $D(5,5,5)$,求该四面体的体积.

12. 已知三点 $A(2,4,1),B(3,7,5),C(4,10,9)$,证明:此三点共线.

13. 一动点和 $M_0(1,1,1)$ 连成的向量与向量 $n=(2,3,-4)$ 垂直,求动点的轨迹方程.

14. 求满足下列各组条件的直线方程:

(1) 经过点 $(2,-3,4)$,且与平面 $3x-y+2z-4=0$ 垂直;

(2) 经过点 $(0,2,4)$,且与两平面 $x+2z=1$ 和 $y-3z=2$ 平行;

(3) 经过点 $(-1,2,1)$,且与直线 $\frac{x}{2}=\frac{y-3}{-1}=\frac{z-1}{3}$ 平行.

15. 试确定出下列各题中直线与平面间的关系:

(1) $\frac{x+3}{-2}=\frac{y+4}{-7}=\frac{z}{3}$ 和 $4x-2y-2z=3$;

(2) $\frac{x}{3}=\frac{y}{-2}=\frac{z}{7}$ 和 $3x-2y+7z=8$;

(3) $\frac{x-2}{3}=\frac{y+2}{1}=\frac{z-3}{-4}$ 和 $x+y+z=3$.

16. 求过点 $(1,-2,1)$,且垂直于直线 $\begin{cases} x-2y+z-3=0, \\ x+y-z+2=0 \end{cases}$ 的平面方程.

17. 求过点 $M(1,-2,3)$ 和两平面 $2x-3y+z=3,x+3y+2z+1=0$ 的交线的平面方程.

18. 求点 $(-1,2,0)$ 在平面 $x+2y-z+1=0$ 上的投影.

19. 求点 $(3,-1,2)$ 到直线 $\begin{cases} x=0, \\ y=z-2 \end{cases}$ 的距离.

20. 求直线 $L:\frac{x-1}{-2}=\frac{y-3}{1}=\frac{z-2}{3}$ 在平面 $\pi:2x-y+5z-3=0$ 上的投影直线方程.

21. 设有两直线
$$L_1:\frac{x-1}{-1}=\frac{y}{2}=\frac{z+1}{1},\quad L_2:\frac{x+2}{0}=\frac{y-1}{1}=\frac{z-2}{-2},$$
求平行于 L_1,L_2 且与它们等距离的平面方程.

22. 曲线 L 是旋转曲面与平面的交线 $\begin{cases} z^2=x^2+y^2, \\ x+z=1. \end{cases}$

(1) 求 L 在 xOy 平面上的投影曲线;

(2) 求经过曲线 L,母线平行于 z 轴的柱面.

第八章

多元函数微分学

在上册中,我们讨论的函数只有一个自变量,即所谓的**一元函数**.然而,在实际问题中常常会有这样的问题,一个变量依赖于两个或更多的变量.这就是我们将要学习的多元函数.本章将在一元函数微分学的基础上,讨论多元函数的微分法及其应用.本章的讨论中将以二元函数为主,有关二元函数的结论和研究方法,一般可以推广到多元函数.

第一节　多元函数的基本概念

讨论一元函数时,经常用到邻域和区间的概念.在多元函数讨论中,首先需要把邻域和区间的概念加以推广.

一、平面点集

设 $P_0(x_0,y_0)$ 是 xOy 平面上的一个点,δ 是某一正数.与点 $P_0(x_0,y_0)$ 距离小于 δ 的点 $P(x,y)$ 的全体,称为点 P_0 的 δ 邻域,记为 $U(P_0,\delta)$,即
$$U(P_0,\delta) = \{P \mid |PP_0| < \delta\},$$
其中 δ 称为邻域的半径.也就是说,
$$U(P_0,\delta) = \{(x,y) \mid \sqrt{(x-x_0)^2 + (y-y_0)^2} < \delta\}.$$
在几何上,$U(P_0,\delta)$ 就是 xOy 平面上以点 $P_0(x_0,y_0)$ 为中心、$\delta > 0$ 为半径的圆内部的点 $P(x,y)$ 的全体.

此外,我们记点 P_0 的去心 δ 邻域为 $\mathring{U}(P_0,\delta)$,定义为
$$\mathring{U}(P_0,\delta) = \{P \mid 0 < |PP_0| < \delta\}.$$
如果不需要特别强调邻域半径 δ,则用 $U(P_0)$ 表示 P_0 的某邻域,用 $\mathring{U}(P_0)$ 表示 P_0 的某去心邻域.

设 E 是平面上的一个点集,P 是平面上的一个点.如果存在点 P 的某一邻域 $U(P)$ 使 $U(P) \subset E$,则称 P 为 E 的内点(见图 8-1).

如果点集 E 的点都是内点,则称 E 为开集.

图 8-1

如果点 P 的任一邻域内既有属于 E 的点,也有不属于 E 的点(点 P 可以属于 E,也可以不属于 E),则称 P 为 E 的边界点(见图 8-2).E 的边界点的全体称为 E 的边界.如果对于平面点集 D 内任何两点,都可用完全属于 D 的折线连接起来,则称点集 D 是连通集;否则,称 D 为非连通集.

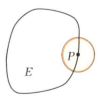

图 8-2

如图 8-3 所示,平面 $\mathbf{R}^2$ 上的点集 D_1,D_2 是连通集;D_3 由两个部分组成,是非连通集.

连通的开集称为区域或开区域.开区域连同它的边界一起,称为闭区域.

对于点集 E,如果存在正数 K,使得
$$E \subset U(O,K),$$
其中 O 为坐标原点,则称 E 为有界点集;否则,称 E 为无界点集.

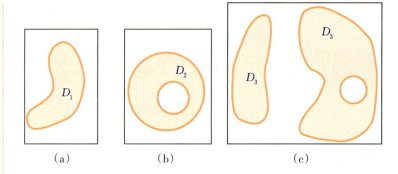

图 8-3

例如,$\{(x,y) \mid 1 \leqslant x^2+y^2 \leqslant 4\}$ 是有界闭区域,$\{(x,y) \mid x+y>0\}$ 是无界开区域.

设 E 是平面上的一个点集,P 是平面上的一个点,如果点 P 的任一邻域内总有无限多个点属于点集 E,则称 P 为 E 的**聚点**.

显然,E 的内点一定是 E 的聚点. 此外,E 的边界点也可能是 E 的聚点. 例如,设

$$E_1 = \{(x,y) \mid 0 < x^2+y^2 \leqslant 1\},$$

那么点 $(0,0)$ 既是 E_1 的边界点,又是 E_1 的聚点,但这个聚点不属于 E_1. 又如,圆周 $x^2+y^2=1$ 上的每个点既是 E_1 的边界点,也是 E_1 的聚点,而这些聚点都属于 E_1. 所以,点集 E 的聚点可以属于 E,也可以不属于 E.

二、n 维空间

我们知道,数轴上的点和实数之间有一一对应关系,即不但数轴上的每一点 P 确定唯一的一个实数 x,而且倒转来,每一个实数 x 显然也可确定唯一的一个点 P. 当引入平面直角坐标系后,平面上的点和二元有序数组之间有一一对应关系,即平面上的每一点 P 唯一确定一个二元有序数组 (x,y),并且每一个二元有序数组 (x,y) 也确定平面上唯一的一个点 P. 类似地,当引入空间直角坐标系之后,我们就构建了空间点和三元有序数组之间的一一对应关系. 如果称数轴上的点的全体为一维空间,平面上的点的全体为二维空间,空间中的点的全体为三维空间的话,那么我们就可以用数或数组之间的关系来描述空间点之间的关系. 下面我们引入 n 维空间的概念.

设 n 为取定的一个正整数,我们称 n 元数组 $(x_1, x_2, \cdots, x_n)$ 的全体为 **n 维空间**,而每个 n 元数组 $(x_1, x_2, \cdots, x_n)$ 称为 n 维空间中的一个**点**,数 x_i 称为该点的**第 i 个坐标**,$(x_1, x_2, \cdots, x_n)$ 也称为该点的坐标. n 维空间记为 $\mathbf{R}^n$.

n 维空间中**两点 $P(x_1,x_2,\cdots,x_n)$ 及 $Q(y_1,y_2,\cdots,y_n)$ 间的距离**规定为

$$|PQ| = \sqrt{(y_1-x_1)^2+(y_2-x_2)^2+\cdots+(y_n-x_n)^2},$$

当 n 分别为 $1,2,3$ 时,上式便是解析几何中关于数轴、平面、空间的两点间的距离.

前面就平面点集所陈述的一系列概念,可推广到 n 维空间中去. 例如,设 $P_0 \in \mathbf{R}^n$,δ 是某一正数,则 n 维空间内的点集

$$U(P_0,\delta) = \{P \mid |PP_0|<\delta; P,P_0 \in \mathbf{R}^n\}$$

定义为 P_0 的 δ 邻域. 以邻域为基础,可定义去心邻域、内点、边界点、区域、聚点等一系列概念.

三、多元函数定义

在许多实际问题和自然现象中,经常会遇到多个变量之间的依赖关系,如下所举:

例 1 锥体的体积 V 与锥体的底面积 A 和高 h 两个量之间存在如下关系:

$$V = \frac{1}{3}Ah.$$

例 2 物体运动的动能 W 与物体的质量 m 和运动的速度 v 之间的对应规律为

$$W = \frac{1}{2}mv^2.$$

以上都是二元函数的实例,抽去它们的物理、几何等特性,仅保留数量关系的共性,可得到二元函数的定义.

定义 1 设 D 是平面上的一个非空点集. 如果对于每个点 $P(x,y) \in D$,变量 z 按照一定法则总有唯一确定的值与它对应,则称 z 是变量 x,y 的**二元函数**(或点 P 的函数),记为

$$z = f(x,y)$$

或

$$z = f(P).$$

点集 D 称为该函数的**定义域**,x,y 称为**自变量**,z 称为**因变量**. 数集

$$\{z \mid z = f(x,y), (x,y) \in D\}$$

称为该函数的**值域**.

z 是 x,y 的函数,也可记为 $z = z(x,y), z = \varphi(x,y)$ 等.

类似地,可将二元函数的概念推广到 n 元函数.

定义 2 设 D 是 n 维空间 $\mathbf{R}^n$ 的非空子集,$\mathbf{R}$ 是实数集. 如果对于每个点 $P(x_1,x_2,\cdots,x_n) \in D$,按照一定法则总有唯一确定的 $y \in \mathbf{R}$ 与它对应,则称 y 是 $x_1,x_2,\cdots,x_n$ 的 **n 元函数**,记为

$$y = f(x_1, x_2, \cdots, x_n)$$

或

$$y = f(P).$$

当 $n=1$ 时，n 元函数就是一元函数；当 $n \geqslant 2$ 时，n 元函数统称为**多元函数**.

对于多元函数的定义域，与一元函数类似，我们**约定**：在讨论用数学公式表达的多元函数 $y=f(P)$ 的定义域时，就以使这个数学表达式有意义的自变量或点 P 所确定的点集为这个函数的定义域.

例 3 试确定二元函数 $z = \ln(x+y)$ 的定义域.

解 因为要使表达式 $\ln(x+y)$ 有意义，则对数的真数必须大于零，所以二元函数的定义域是

$$D = \{(x,y) \mid x+y > 0\},$$

即定义域 D 是直线 $x+y=0$ 上方的无界区域，如图 8-4 所示.

例 4 试确定函数 $z = \arcsin(x^2+y^2)$ 的定义域.

解 由反正弦函数的定义可知，此函数的定义域是

$$D = \{(x,y) \mid x^2+y^2 \leqslant 1\},$$

即定义域 D 是以原点为中心、1 为半径的圆的内部和边界. 这是一个有界闭区域，如图 8-5 所示.

图 8-4　　　　　　　　　图 8-5

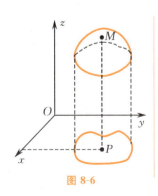

图 8-6

设函数 $z=f(x,y)$ 的定义域为 D. 对任意取定的点 $P(x,y) \in D$，对应的函数值为 $z=f(x,y)$. 这样以 x 为横坐标、y 为纵坐标、$z=f(x,y)$ 为竖坐标在空间就确定一点 $M(x,y,z)$. 当 (x,y) 遍取 D 上的一切点时，得到一个空间点集 $\{(x,y,z) \mid z=f(x,y), (x,y) \in D\}$，这个点集在几何上称为二元函数 $z=f(x,y)$ 的图形或图像（见图 8-6）. 通常，我们也说二元函数的图形是一张空间曲面.

例如，线性函数
$$z = ax + by + c$$
的图形是一平面；函数 $z = \sqrt{a^2 - x^2 - y^2}$ $(a > 0)$ 的图形就是以原点 O 为球心、a 为半径的上半球面，而函数 $z = -\sqrt{a^2 - x^2 - y^2}$ $(a > 0)$ 的图形就是下半球面. 将两者结合起来，从代数的角度，则有方程 $x^2 + y^2 + z^2 = a^2$ $(a > 0)$，因此该方程所确定的图形为以原点为球心、a 为半径的球面. 一般地，我们称该方程为**球面方程**.

四、多元复合函数及隐函数

与一元函数的情形类似，多元函数也有函数复合运算，但情况复杂得多. 例如，$u = f(xy, x^2 + y^2, x - y)$ 是由 $u = f(v_1, v_2, v_3)$ 与三个二元函数 $v_1 = xy, v_2 = x^2 + y^2, v_3 = x - y$ 复合而成的二元函数，也说成 u 是以 v_1, v_2, v_3 为中间变量，以 x, y 为自变量的**复合函数**.

如果 $f(x_1, x_2, \cdots, x_n)$ 能表示为一个式子，n 元函数 $u = f(x_1, x_2, \cdots, x_n)$ 就是函数的方程表示，这样的函数叫作**显函数**. 如果方程 $F(x_1, x_2, \cdots, x_n, u) = 0$ 能确定 u 是 $x_1, x_2, \cdots, x_n$ 的函数，这也是函数的方程表示，这时我们把 u 叫作 $x_1, x_2, \cdots, x_n$ 的**隐函数**. 例如，$z = \sqrt{R^2 - x^2 - y^2}$ 是显函数，而 $x^2 + y^2 + z^2 = R^2$ 所确定的 x, y 的函数 $z(z \geq 0$ 或 $z \leq 0)$ 是 x, y 的隐函数.

习 题 8-1

1. 判断下列平面点集哪些是开集、闭集、区域、有界集、无界集，并分别指出它们的聚点集和边界：
   (1) $\{(x, y) \mid x \neq 0\}$；
   (2) $\{(x, y) \mid 1 \leq x^2 + y^2 < 4\}$；
   (3) $\{(x, y) \mid y < x^2\}$；
   (4) $\{(x, y) \mid (x-1)^2 + y^2 \leq 1\} \cup \{(x, y) \mid (x+1)^2 + y^2 \leq 1\}$.

2. 已知 $f(x, y) = x^2 + y^2 - xy \tan \dfrac{x}{y}$，试求 $f(tx, ty)$.

3. 已知 $f(u, v, w) = u^w + w^{u+v}$，试求 $f(x+y, x-y, xy)$.

4. 求下列各函数的定义域：
   (1) $z = \ln(y^2 - 2x + 1)$；   (2) $z = \dfrac{1}{\sqrt{x+y}} + \dfrac{1}{\sqrt{x-y}}$；

(3) $z = \dfrac{\sqrt{4x-y^2}}{\ln(1-x^2-y^2)}$;

(4) $u = \dfrac{1}{\sqrt{x}} + \dfrac{1}{\sqrt{y}} + \dfrac{1}{\sqrt{z}}$;

(5) $z = \sqrt{x - \sqrt{y}}$;

(6) $z = \ln(y-x) + \dfrac{\sqrt{x}}{\sqrt{1-x^2-y^2}}$;

(7) $u = \arccos \dfrac{z}{\sqrt{x^2+y^2}}$.

第二节 多元函数的极限与连续性

一、多元函数的极限

为叙述方便，我们总是用 $\overset{\circ}{U}(P_0)$ 表示点 P_0 的某个去心邻域.

我们先讨论二元函数 $z = f(x,y)$ 当 $(x,y) \to (x_0,y_0)$，即 $P(x,y) \to P_0(x_0,y_0)$ 时的极限.

在给出二元函数的极限定义之前，我们先作两点说明：首先，$P \to P_0$ 表示动点 P 以任何方式趋向于点 P_0，也就是说点 P 与 P_0 之间的距离趋于零，即

$$|PP_0| = \sqrt{(x-x_0)^2 + (y-y_0)^2} \to 0,$$

而不管动点 P 沿何种路径趋向于点 P_0；其次，这里只需考虑使函数 $z = f(x,y)$ 有定义的点 P，而不是 P_0 的去心邻域 $\overset{\circ}{U}(P_0)$ 内的所有点. 因为 P_0 总是被假设为聚点，所以 P 趋向于 P_0 总是有意义的.

与一元函数的极限概念相仿，如果在 $P(x,y) \to P_0(x_0,y_0)$ 的过程中，对应的函数值 $f(x,y)$ 无限接近于一个确定的常数 A，我们就说 A 是函数 $z = f(x,y)$ 当 $(x,y) \to (x_0,y_0)$ 时的极限. 用 "ε-δ" 方式描述如下：

定义 1 设函数 $z = f(x,y)$ 的定义域为 D，$P_0(x_0,y_0)$ 是 D 的聚点. 如果存在常数 A，对任意给定的正数 ε（无论多么小），总存在正数 δ，使得当点 $P(x,y) \in D \cap \overset{\circ}{U}(P_0,\delta)$ 时，总有

$$|f(x,y) - A| < \varepsilon$$

成立，则称 A 为函数 $z = f(x,y)$ 当 $(x,y) \to (x_0,y_0)$（或 $P \to P_0$）时的**极限**，记作

$$\lim_{(x,y) \to (x_0,y_0)} f(x,y) = A$$

或
$$f(x,y) \to A \quad (\rho \to 0),$$
其中 $\rho = |PP_0| = \sqrt{(x-x_0)^2 + (y-y_0)^2}$.

这个定义与一元函数的极限定义几乎是一样的,所不同的是在平面上 P 以任何方式趋于 P_0. 在一维空间中,$x \to x_0$ 只能从它的左、右两边趋近于 x_0,所以在多维空间中,$P \to P_0$ 更具有"任意性",这也是考虑多元函数的极限时需要特别注意的问题. 为了区别于一元函数的极限,我们把二元函数的极限称为**二重极限**.

由于多元函数的极限定义与一元函数的极限定义本质上是一样的,因此一元函数的极限的一些性质和运算法则对于多元函数也是成立的. 例如,如果极限存在,其极限值是唯一的;无穷小量(在 $P \to P_0$ 的极限过程中,极限为零的量 $u = f(P)$)与有界函数的乘积仍是无穷小量;若两个函数 f,g 的极限分别为 a,b,则 $f \pm g$,fg,$\dfrac{f}{g}$ 的极限分别等于 $a \pm b, ab, \dfrac{a}{b}(b \neq 0)$;等等. 这为我们计算二重极限带来了许多方便.

例1 求下列二重极限:

(1) $\lim\limits_{(x,y) \to (0,0)} \dfrac{xy}{\sqrt{x^2+y^2}}$; (2) $\lim\limits_{(x,y) \to (0,1)} \dfrac{2-\sqrt{xy+4}}{\sin xy}$.

解 (1) 由于 $\dfrac{|y|}{\sqrt{x^2+y^2}} \leqslant 1$,所以 $\dfrac{y}{\sqrt{x^2+y^2}}$ 为有界函数,而 $x \to 0$,因此有
$$\lim_{(x,y) \to (0,0)} \frac{xy}{\sqrt{x^2+y^2}} = 0.$$

(2) 由于
$$\frac{2-\sqrt{xy+4}}{\sin xy} = -\frac{1}{2+\sqrt{xy+4}} \cdot \frac{xy}{\sin xy},$$
若将 xy 看成一个整体变量,则当 $(x,y) \to (0,1)$ 时,$xy \to 0$,因此
$$\lim_{(x,y) \to (0,1)} \frac{2-\sqrt{xy+4}}{\sin xy} = \lim_{(x,y) \to (0,1)} -\frac{1}{2+\sqrt{xy+4}} \cdot \frac{xy}{\sin xy} = -\frac{1}{4}.$$

这里必须**强调**的是:所谓极限存在,是指点 $P(x,y)$ 沿任意路径趋于点 $P_0(x_0,y_0)$ 时,函数 $f(x,y)$ 都趋于常数 A. 只有这样,才能说函数 $f(x,y)$ 当 $P(x,y) \to P_0(x_0,y_0)$ 时的极限为 A. 如果点 $P(x,y)$ 沿某些特殊的路径趋于点 $P_0(x_0,y_0)$,即使函数趋于某一个常数,我们还不能断言函数的极限存在. 我们用下例来说明这种情形.

例2 考察函数

$$f(x,y) = \begin{cases} \dfrac{2xy}{x^2+y^2}, & x^2+y^2 \neq 0, \\ 0, & x^2+y^2 = 0 \end{cases}$$

当$(x,y) \to (0,0)$时,极限是否存在.

解 这个函数在原点$O(0,0)$的任何邻域内都有定义.当点$P(x,y)$沿x轴趋于点$(0,0)$时,

$$\lim_{x \to 0} f(x,0) = \lim_{x \to 0} 0 = 0;$$

又当点$P(x,y)$沿y轴趋于点$(0,0)$时,

$$\lim_{y \to 0} f(0,y) = \lim_{y \to 0} 0 = 0;$$

但当$P(x,y)$沿$y = kx$趋于点$(0,0)$时,

$$\lim_{\substack{y=kx \\ x \to 0}} f(x,y) = \lim_{x \to 0} \frac{2kx^2}{x^2+k^2x^2} = \frac{2k}{1+k^2}.$$

显然它随k值的不同而改变.故当$(x,y) \to (0,0)$时,$f(x,y)$的极限不存在.

在上例中,当$P(x,y)$沿不同的路径趋于点$(0,0)$时,二元函数有不同的极限.这一方法常用来证明二元函数极限不存在.

虽然多元函数与一元函数的极限概念本质上是一样的,但从上述例题可见,讨论多元函数(如二元函数)的极限比讨论一元函数的极限要复杂得多.考察一元函数$y = f(x)$在$x \to x_0$时的极限,只要考察其左、右极限是否存在且相等,即可断定其极限是否存在.而考察二元函数当$(x,y) \to (x_0,y_0)$时的极限,要在二维空间中考察点(x,y)以任意方向和任意方式趋向于(x_0,y_0)的极限是否存在且相等.这是多元函数的极限与一元函数的极限的重要区别.

我们可以将二元函数$f(x,y)$关于极限过程$(x,y) \to (x_0,y_0)$的极限定义推广到其他极限过程中去,如极限过程$(x,y) \to (\pm\infty,y_0)$,$(x,y) \to (x_0,\pm\infty),(x,y) \to (\pm\infty,\pm\infty)$和$(x,y) \to (\infty,\infty)$等,这里不再赘述.另外,关于二元函数极限的定义、结论等也都可推广到一般n元函数上去,这里也不再列举.

二、多元函数的连续性

有了多元函数的极限,与一元函数连续的定义一样,我们可以得到多元函数连续的定义.

定义2 设二元函数$f(P) = f(x,y)$的定义域为D,$P_0(x_0,y_0)$是D的聚点,且$P_0 \in D$,如果

$$\lim_{\substack{P \to P_0 \\ (P \in D)}} f(P) = \lim_{(x,y) \to (x_0,y_0)} f(x,y) = f(x_0,y_0) = f(P_0),$$

则称二元函数$f(P)$在点$P_0(x_0,y_0)$处**连续**.

设 D 为开区域(闭区域),如果函数 $f(P)$ 在 D 上各点处都连续,就称函数 $f(P)$ 在 D 上**连续**;若 $f(P)$ 在点 P_0 的任何去心邻域内存在有定义的点,而 $f(P)$ 在点 P_0 处不连续,则称 P_0 为函数 $f(P)$ 的**间断点**.如例 2 所示,因为 $(x,y) \to (0,0)$ 时的极限不存在,所以点 $(0,0)$ 为 $f(x,y)$ 的间断点.二元函数的间断点也可以充满一条曲线,例如

$$z = \frac{1}{1-x^2-y^2}$$

在圆周 $x^2+y^2=1$ 上没有定义,但在平面上其他点处均有定义,所以该圆周上的点都是间断点.与闭区间上一元连续函数的性质相似,在有界闭区域上多元函数也有如下性质:

性质 1(最大最小值定理) 在有界闭区域 D 上的多元连续函数,在 D 上至少取得它的最大值和最小值各一次,即在 D 上至少有一点 P_1 和一点 P_2,使得 $f(P_1)$ 为最大值,$f(P_2)$ 为最小值.

性质 2(介值定理) 在有界闭区域 D 上的多元连续函数,如果在 D 上取得两个不同的函数值,则它在 D 上可取得介于这两个值之间的任何值.特别地,如果 u 是函数在 D 上的最小值和最大值之间的一个数,则在 D 上至少存在一点 P,使 $f(P)=u$.

性质 3(有界性定理) 在有界闭区域 D 上的多元连续函数必有界.

前面已指出:一元函数中关于极限的运算法则对多元函数仍适用.据极限运算法则,易证多元连续函数的和、差、积、商(分母不为零处)均为连续函数.可以证明,**多元连续函数的复合函数也是连续函数**.

以 $x_i(i=1,2,\cdots,n)$ 为变量的基本初等函数,经过有限次的四则运算和复合运算,且可用一个式子表示的函数称为**多元初等函数**.

由基本初等函数的连续性,我们可以得到下列结论:

一切多元初等函数在其定义区域内是连续的,所谓**定义区域**是指包含在定义域内的区域.

由多元初等函数的连续性,如果它在点 P_0 有极限,且点 P_0 在其定义区域内,则极限值就等于函数在该点的函数值,即

$$\lim_{P \to P_0} f(P) = f(P_0).$$

例 3 求 $\lim\limits_{\substack{x \to 0 \\ y \to 1}} \dfrac{1-xy}{x^2+y^2}$.

解 因为函数 $f(x,y)=\dfrac{1-xy}{x^2+y^2}$ 在 $D=\{(x,y) \mid x \neq 0, y \neq 0\}$ 内连续,又 $P_0(0,1) \in D$,所以

$$\lim_{\substack{x \to 0 \\ y \to 1}} \frac{1-xy}{x^2+y^2} = f(0,1) = 1.$$

习题 8-2

1. 求下列各极限:

(1) $\lim\limits_{\substack{x\to 1\\ y\to 0}} \dfrac{\ln(x+e^y)}{\sqrt{x^2+y^2}}$;

(2) $\lim\limits_{\substack{x\to \infty\\ y\to 1}} \left(1+\dfrac{1}{x^2+y^2}\right)^{2(x^2+y^2)}$;

(3) $\lim\limits_{\substack{x\to 0\\ y\to 0}} \dfrac{2-\sqrt{xy+4}}{xy}$;

(4) $\lim\limits_{\substack{x\to 0\\ y\to 0}} \dfrac{xy}{\sqrt{xy+1}-1}$;

(5) $\lim\limits_{\substack{x\to 0\\ y\to 0}} \dfrac{\sin xy}{x}$;

(6) $\lim\limits_{\substack{x\to 0\\ y\to 0}} \dfrac{1-\cos(x^2+y^2)}{(x^2+y^2)e^{x^2+y^2}}$.

2. 判断下列函数在原点 $O(0,0)$ 处是否连续:

(1) $z = \begin{cases} \dfrac{\sin(x^3+y^3)}{x^2+y^2}, & x^2+y^2 \neq 0, \\ 0, & x^2+y^2 = 0; \end{cases}$

(2) $z = \begin{cases} \dfrac{\sin(x^3+y^3)}{x^3+y^3}, & x^3+y^3 \neq 0, \\ 0, & x^3+y^3 = 0; \end{cases}$

(3) $z = \begin{cases} \dfrac{x^2 y^2}{x^2 y^2+(x-y)^2}, & x^2+y^2 \neq 0, \\ 0, & x^2+y^2 = 0. \end{cases}$

3. 指出下列函数在何处间断:

(1) $f(x,y) = \dfrac{x-y^2}{x^3+y^3}$;

(2) $f(x,y) = \dfrac{y^2+2x}{y^2-2x}$;

(3) $f(x,y) = \ln(1-x^2-y^2)$.

第三节 偏 导 数

一、偏导数的定义及其计算法

在研究一元函数时,我们从实际问题中的变化率引入了导数的概念. 对于多元函数,同样需要讨论一些变化率问题. 在这里,我们首先考虑多元函数关于其中一个自变量的变化率. 以二元函数 $z = f(x,y)$ 为例,如果只有自变量 x 变化,而自变量 y 固定(看作常量),这时它就是 x 的一元函数,这函数对 x 的导数就称为二元函数 z 对 x 的偏导数. 于是,有如下定义:

定义 1 设函数 $z=f(x,y)$ 在点 (x_0,y_0) 的某一邻域内有定义,当 y 固定在 y_0,而 x 在 x_0 处有增量 Δx 时,相应的函数有增量
$$f(x_0+\Delta x,y_0)-f(x_0,y_0),$$
如果
$$\lim_{\Delta x\to 0}\frac{f(x_0+\Delta x,y_0)-f(x_0,y_0)}{\Delta x} \tag{8-3-1}$$
存在,则称此极限为函数 $z=f(x,y)$ 在点 (x_0,y_0) 处对 x 的**偏导数**,记作 $\left.\frac{\partial z}{\partial x}\right|_{\substack{x=x_0\\y=y_0}}$,$\left.\frac{\partial f}{\partial x}\right|_{\substack{x=x_0\\y=y_0}}$,$\left.z_x\right|_{\substack{x=x_0\\y=y_0}}$ 或 $f'_x(x_0,y_0)$.(这里符号 ∂ 为希腊字母 Δ(小写 δ)的古典写法.)

极限(8-3-1)可表示为
$$f'_x(x_0,y_0)=\lim_{\Delta x\to 0}\frac{f(x_0+\Delta x,y_0)-f(x_0,y_0)}{\Delta x}. \tag{8-3-2}$$
类似地,函数 $z=f(x,y)$ 在点 (x_0,y_0) 处对 y 的偏导数定义为
$$\lim_{\Delta y\to 0}\frac{f(x_0,y_0+\Delta y)-f(x_0,y_0)}{\Delta y}, \tag{8-3-3}$$
记作 $\left.\frac{\partial z}{\partial y}\right|_{\substack{x=x_0\\y=y_0}}$,$\left.\frac{\partial f}{\partial y}\right|_{\substack{x=x_0\\y=y_0}}$,$\left.z_y\right|_{\substack{x=x_0\\y=y_0}}$ 或 $f'_y(x_0,y_0)$.

如果函数 $z=f(x,y)$ 在区域 D 内每一点 (x,y) 处对 x 的偏导数都存在,那么这个偏导数就是 x,y 的函数,称为函数 $z=f(x,y)$ 对自变量 x 的**偏导函数**,记作 $\frac{\partial z}{\partial x}$,$\frac{\partial f}{\partial x}$,$z_x$ 或 $f'_x(x,y)$.

类似地,可以定义函数 $z=f(x,y)$ 对自变量 y 的偏导函数,记作 $\frac{\partial z}{\partial y}$,$\frac{\partial f}{\partial y}$,$z_y$ 或 $f'_y(x,y)$.

今后在不至于混淆的情况下,偏导函数简称为**偏导数**.

一般地,n 元函数 $u=f(x_1,x_2,\cdots,x_n)$ 在点 $Q(x_1,x_2,\cdots,x_n)$ 处对 $x_i(i=1,2,\cdots,n)$ 的偏导数 $\frac{\partial f}{\partial x_i}$(或 $f'_{x_i}(x_1,x_2,\cdots,x_n)$)是极限
$$\frac{\partial u}{\partial x_i}=\lim_{\Delta x_i\to 0}\frac{f(x_1,\cdots,x_i+\Delta x_i,\cdots,x_n)-f(x_1,\cdots,x_i,\cdots,x_n)}{\Delta x_i}. \tag{8-3-4}$$

由偏导数的定义知,n 元函数的偏导数就是 n 元函数分别关于每个自变量的导数.若这些偏导数存在,则共有 n 个偏导数.因此,计算多元函数的偏导数并不是新的问题,只需要将 n 个自变量中某一个看成变量,其余 $n-1$ 个自变量全视为常量,用一元函数的求导方法即可.下面举例说明.

例1 求 $z = x^2 + 3xy + y^2$ 在点 $(1,2)$ 处的偏导数.

解 把 y 看成常量,利用一元函数求导法则,关于 x 求导数,有

$$\frac{\partial z}{\partial x} = 2x + 3y.$$

同理,有

$$\frac{\partial z}{\partial y} = 3x + 2y.$$

所以

$$\frac{\partial z}{\partial x}\bigg|_{\substack{x=1\\y=2}} = 2\times 1 + 3\times 2 = 8,$$

$$\frac{\partial z}{\partial y}\bigg|_{\substack{x=1\\y=2}} = 3\times 1 + 2\times 2 = 7.$$

例2 设 $z = x^y (x > 0, x \neq 1)$,求证:

$$\frac{x}{y} \cdot \frac{\partial z}{\partial x} + \frac{1}{\ln x} \cdot \frac{\partial z}{\partial y} = 2z.$$

证 若将 y 看作常数,则 $z = x^y$ 为幂函数;若将 x 看作常数,则 $z = x^y$ 为指数函数. 因此有

$$\frac{\partial z}{\partial x} = yx^{y-1}, \quad \frac{\partial z}{\partial y} = x^y \ln x,$$

于是

$$\frac{x}{y} \cdot \frac{\partial z}{\partial x} + \frac{1}{\ln x} \cdot \frac{\partial z}{\partial y} = \frac{x}{y} \cdot yx^{y-1} + \frac{1}{\ln x} \cdot x^y \ln x = x^y + x^y = 2z.$$

例3 求 $r = \sqrt{x^2 + y^2 + z^2}$ 的偏导数.

解 把 y 和 z 看作常量,得

$$\frac{\partial r}{\partial x} = \frac{x}{\sqrt{x^2 + y^2 + z^2}} = \frac{x}{r}.$$

类似地,有

$$\frac{\partial r}{\partial y} = \frac{y}{r}, \quad \frac{\partial r}{\partial z} = \frac{z}{r}.$$

例4 已知理想气体的状态方程 $pV = RT$ (R 是常数),求证:

$$\frac{\partial p}{\partial V} \cdot \frac{\partial V}{\partial T} \cdot \frac{\partial T}{\partial p} = -1.$$

证 因为

$$p = \frac{RT}{V}, \quad \frac{\partial p}{\partial V} = -\frac{RT}{V^2},$$

$$V = \frac{RT}{p}, \quad \frac{\partial V}{\partial T} = \frac{R}{p},$$

$$T = \frac{pV}{R}, \quad \frac{\partial T}{\partial p} = \frac{V}{R},$$

所以

$$\frac{\partial p}{\partial V} \cdot \frac{\partial V}{\partial T} \cdot \frac{\partial T}{\partial p} = -\frac{RT}{V^2} \cdot \frac{R}{p} \cdot \frac{V}{R} = -\frac{RT}{pV} = -1.$$

例 4 的计算结果说明,偏导数的记号是一个整体记号,不能看作分子与分母之商.这与一元函数 $y = f(x)$ 的导数 $\dfrac{\mathrm{d}y}{\mathrm{d}x}$ 是不同的,后者可看成函数微分 $\mathrm{d}y$ 与自变量微分 $\mathrm{d}x$ 之商.

对二元函数 $z = f(x,y)$ 在点 (x_0, y_0) 的偏导数,有下述**几何意义**.

设 $M_0(x_0, y_0, f(x_0, y_0))$ 为曲面 $z = f(x,y)$ 上的一点,过 M_0 作平面 $y = y_0$ 截此曲面得一空间曲线,此曲线在平面 $y = y_0$ 上的方程为 $z = f(x, y_0)$,则 $f'_x(x_0, y_0) = \dfrac{\mathrm{d}}{\mathrm{d}x} f(x, y_0)\Big|_{x=x_0}$ 就是这曲线在点 M_0 处的切线 $M_0 T_x$ 对 x 轴的斜率(见图 8-7).同样,偏导数 $f'_y(x_0, y_0)$ 的几何意义是曲面被平面 $x = x_0$ 所截得的曲线在点 M_0 处的切线 $M_0 T_y$ 对 y 轴的斜率.

图 8-7

我们知道,如果一元函数在某点的导数存在,则它在该点必连续.但对于多元函数来说,即使在某一点处的各偏导数都存在,也不能保证函数在该点连续.这是因为各偏导数存在只能保证点 P 沿着平行于坐标轴的方向趋于 P_0 时,函数值 $f(P)$ 趋于 $f(P_0)$,而不能保证点 P 以任何方式趋于 P_0 时,函数值 $f(P)$ 都趋于 $f(P_0)$.例如,

$$z = f(x,y) = \begin{cases} \dfrac{2xy}{x^2 + y^2}, & x^2 + y^2 \neq 0, \\ 0, & x^2 + y^2 = 0 \end{cases}$$

在点 $(0,0)$ 的偏导数为

$$f'_x(0,0) = \lim_{\Delta x \to 0} \frac{f(0+\Delta x, 0) - f(0,0)}{\Delta x} = \lim_{\Delta x \to 0} 0 = 0,$$

$$f'_y(0,0) = \lim_{\Delta y \to 0} \frac{f(0, 0+\Delta y) - f(0,0)}{\Delta y} = \lim_{\Delta y \to 0} 0 = 0.$$

但在本章第二节中已经知道,此函数在点$(0,0)$处并不连续.

二、高阶偏导数

定义 2 设函数 $z = f(x,y)$ 在区域 D 内具有偏导数

$$\frac{\partial z}{\partial x} = f'_x(x,y), \quad \frac{\partial z}{\partial y} = f'_y(x,y),$$

那么在 D 内 $f'_x(x,y), f'_y(x,y)$ 都是 x,y 的函数. 如果它们的偏导数也存在,则称它们是函数 $z = f(x,y)$ 的 **二阶偏导数**. 按照对变量求导次序的不同,有下列四个二阶偏导数,即

$$\frac{\partial}{\partial x}\left(\frac{\partial z}{\partial x}\right) = \frac{\partial^2 z}{\partial x^2} = f''_{xx}(x,y), \quad \frac{\partial}{\partial y}\left(\frac{\partial z}{\partial x}\right) = \frac{\partial^2 z}{\partial x \partial y} = f''_{xy}(x,y),$$

$$\frac{\partial}{\partial x}\left(\frac{\partial z}{\partial y}\right) = \frac{\partial^2 z}{\partial y \partial x} = f''_{yx}(x,y), \quad \frac{\partial}{\partial y}\left(\frac{\partial z}{\partial y}\right) = \frac{\partial^2 z}{\partial y^2} = f''_{yy}(x,y),$$

其中第二、第三两个偏导数称为 **混合偏导数**. 可类似地定义三阶,四阶,$\cdots$,n 阶偏导数. 二阶及二阶以上的偏导数统称为 **高阶偏导数**.

例 5 设 $z = xy^3 + e^{xy}$,求 $\dfrac{\partial^2 z}{\partial x^2}, \dfrac{\partial^2 z}{\partial y \partial x}, \dfrac{\partial^2 z}{\partial x \partial y}, \dfrac{\partial^2 z}{\partial y^2}$ 及 $\dfrac{\partial^3 z}{\partial x^3}$.

解 $\dfrac{\partial z}{\partial x} = y^3 + y e^{xy};$ $\qquad \dfrac{\partial z}{\partial y} = 3xy^2 + x e^{xy};$

$\dfrac{\partial^2 z}{\partial x^2} = y^2 e^{xy};$ $\qquad \dfrac{\partial^2 z}{\partial y \partial x} = 3y^2 + xy e^{xy} + e^{xy};$

$\dfrac{\partial^2 z}{\partial x \partial y} = 3y^2 + e^{xy} + xy e^{xy};$ $\qquad \dfrac{\partial^2 z}{\partial y^2} = 6xy + x^2 e^{xy};$

$\dfrac{\partial^3 z}{\partial x^3} = y^3 e^{xy}.$

我们注意到,本例中两个混合偏导数 $\dfrac{\partial^2 z}{\partial x \partial y}$ 和 $\dfrac{\partial^2 z}{\partial y \partial x}$ 相等. 但这个结论并不是普遍成立的,它成立的一个充分条件是偏导数连续,即有如下定理:

定理 如果 $z = f(x,y)$ 的二阶混合偏导数 $\dfrac{\partial^2 z}{\partial x \partial y}$ 和 $\dfrac{\partial^2 z}{\partial y \partial x}$ 在点 P_0 的某个邻域 $U(P_0)$ 内存在,且在点 P_0 处连续,那么在点 P_0 处这两个二阶混合偏导数相等.

证明从略.

对于二元以上的函数,也可以类似地定义高阶偏导数,而且高阶混合偏导数在偏导数连续的条件下也与求导次序无关.

例 6 验证:函数 $z = \ln\sqrt{x^2+y^2}$ 满足方程
$$\frac{\partial^2 z}{\partial x^2} + \frac{\partial^2 z}{\partial y^2} = 0.$$

证 因为
$$z = \ln\sqrt{x^2+y^2} = \frac{1}{2}\ln(x^2+y^2),$$

所以
$$\frac{\partial z}{\partial x} = \frac{x}{x^2+y^2}, \qquad \frac{\partial z}{\partial y} = \frac{y}{x^2+y^2},$$
$$\frac{\partial^2 z}{\partial x^2} = \frac{(x^2+y^2) - x \cdot 2x}{(x^2+y^2)^2} = \frac{y^2 - x^2}{(x^2+y^2)^2},$$
$$\frac{\partial^2 z}{\partial y^2} = \frac{(x^2+y^2) - y \cdot 2y}{(x^2+y^2)^2} = \frac{x^2 - y^2}{(x^2+y^2)^2}.$$

于是有
$$\frac{\partial^2 z}{\partial x^2} + \frac{\partial^2 z}{\partial y^2} = \frac{y^2 - x^2}{(x^2+y^2)^2} + \frac{x^2 - y^2}{(x^2+y^2)^2} = 0.$$

例 7 证明:函数 $u = \dfrac{1}{r}$ 满足方程
$$\frac{\partial^2 u}{\partial x^2} + \frac{\partial^2 u}{\partial y^2} + \frac{\partial^2 u}{\partial z^2} = 0,$$

其中 $r = \sqrt{x^2+y^2+z^2}$.

证 因为
$$\frac{\partial u}{\partial x} = -\frac{1}{r^2}\frac{\partial r}{\partial x} = -\frac{1}{r^2} \cdot \frac{x}{r} = -\frac{x}{r^3},$$
$$\frac{\partial^2 u}{\partial x^2} = -\frac{1}{r^3} + \frac{3x}{r^4} \cdot \frac{\partial r}{\partial x} = -\frac{1}{r^3} + \frac{3x^2}{r^5},$$

注意到函数关于自变量的对称性,我们有
$$\frac{\partial^2 u}{\partial y^2} = -\frac{1}{r^3} + \frac{3y^2}{r^5}, \qquad \frac{\partial^2 u}{\partial z^2} = -\frac{1}{r^3} + \frac{3z^2}{r^5},$$

所以
$$\frac{\partial^2 u}{\partial x^2} + \frac{\partial^2 u}{\partial y^2} + \frac{\partial^2 u}{\partial z^2} = -\frac{3}{r^3} + \frac{3(x^2+y^2+z^2)}{r^5} = -\frac{3}{r^3} + \frac{3r^2}{r^5} = 0.$$

例 6 和例 7 中的两个方程都叫作**拉普拉斯(Laplace)方程**,它是数学物理方程中一类很重要的方程.

习 题 8-3

1. 求下列函数的偏导数：

   (1) $z = x^2 y + \dfrac{x}{y^2}$；

   (2) $s = \dfrac{u^2 + v^2}{uv}$；

   (3) $z = x\ln\sqrt{x^2 + y^2}$；

   (4) $z = \ln\tan\dfrac{x}{y}$；

   (5) $z = (1 + xy)^y$；

   (6) $u = z^{xy}$；

   (7) $u = \arctan(x - y)^z$；

   (8) $u = x^y + y^z + z^x$.

2. 已知 $u = \dfrac{x^2 y^2}{x + y}$，求证：$x\dfrac{\partial u}{\partial x} + y\dfrac{\partial u}{\partial y} = 3u$.

3. 设 $z = \mathrm{e}^{-\left(\frac{1}{x} + \frac{1}{y}\right)}$，求证：$x^2 \dfrac{\partial z}{\partial x} + y^2 \dfrac{\partial z}{\partial y} = 2z$.

4. 设 $f(x, y) = x + (y - 1)\arcsin\sqrt{\dfrac{x}{y}}$，求 $f'_x(x, 1)$.

5. 求曲线 $\begin{cases} z = \dfrac{x^2 + y^2}{4}, \\ y = 4 \end{cases}$ 在点 $(2, 4, 5)$ 处的切线与正向 x 轴所成的倾角.

6. 求下列函数的二阶偏导数：

   (1) $z = x^4 + y^4 - 4x^2 y^2$；

   (2) $z = \arctan\dfrac{y}{x}$；

   (3) $z = y^x$；

   (4) $z = \mathrm{e}^{x^2 + y}$.

*7. 设 $f(x, y) = \begin{cases} \dfrac{xy(x^2 - y^2)}{x^2 + y^2}, & x^2 + y^2 \neq 0, \\ 0, & x^2 + y^2 = 0, \end{cases}$ 求 $f''_{xy}(0, 0)$ 和 $f''_{yx}(0, 0)$.

第四节　全微分及其应用

一、全微分的定义

上节讨论的偏导数，是函数仅有一个自变量变化时的瞬时变化率. 但在实际问题中，经常要讨论各个自变量同时变化时，所引起函数增量的变化.

设二元函数 $z = f(x, y)$ 在点 $P(x, y)$ 的某个邻域 $U(P)$ 内有

定义,自变量 x,y 分别有增量 $\Delta x,\Delta y$,并且 $(x+\Delta x,y+\Delta y)\in U(P)$,则函数 $f(x,y)$ 的改变量为
$$\Delta z = f(x+\Delta x,y+\Delta y)-f(x,y).$$
我们称 Δz 为函数 $f(x,y)$ 在 $P(x,y)$ 处的**全增量**. 全微分就是研究全增量变化的重要工具.

例如,矩形金属薄片受热膨胀,其长 x,宽 y 分别增长 $\Delta x,\Delta y$,如图 8-8 所示. 计算由此所引起的面积 z 的变化量.

矩形面积为 $z=xy$,当 x,y 的增量分别为 $\Delta x,\Delta y$ 时,面积 z 的增量为
$$\Delta z=(x+\Delta x)(y+\Delta y)-xy=y\Delta x+x\Delta y+\Delta x\cdot\Delta y.$$

图 8-8

Δz 可分解成两个部分:

第一部分(即图 8-8 中斜线阴影部分的面积)是关于 $\Delta x,\Delta y$ 的线性函数
$$y\Delta x+x\Delta y.$$

第二部分(即图 8-8 中右上角网格小矩形的面积)是 $\Delta x\cdot\Delta y$. 当 $\Delta x\to 0,\Delta y\to 0$(或 $\rho=\sqrt{(\Delta x)^2+(\Delta y)^2}\to 0$)时,$\Delta x\cdot\Delta y$ 是 ρ 的高阶无穷小量,所以在计算 Δz 时,第一部分是主要部分,称为**线性主部**,第二部分可以忽略不计. 我们称线性主部 $y\Delta x+x\Delta y$ 为函数 $z=xy$ 在点 (x,y) 处的**全微分**.

与一元函数的微分定义类似,我们可给出二元函数的全微分定义如下:

定义 设函数 $z=f(x,y)$ 在点 $P(x,y)$ 的某个邻域 $U(P)$ 内有定义,如果函数在点 $P(x,y)$ 处的全增量可表示为
$$\Delta z=A\Delta x+B\Delta y+o(\rho),\tag{8-4-1}$$
其中 A,B 与 $\Delta x,\Delta y$ 无关,$\rho=\sqrt{(\Delta x)^2+(\Delta y)^2}$,则称函数 $z=f(x,y)$ 在点 $P(x,y)$ 处**可微**,且 $A\Delta x+B\Delta y$ 称为函数 $z=f(x,y)$ 在点 $P(x,y)$ 处的**全微分**,记为 $\mathrm{d}z$ 或 $\mathrm{d}f$,即
$$\mathrm{d}z=A\Delta x+B\Delta y.\tag{8-4-2}$$

相似地,我们可以把二元函数的全微分定义推广到 n 元函数.

设 n 元函数 $u=f(x_1,x_2,\cdots,x_n)$ 在点 $P(x_1,x_2,\cdots,x_n)$ 的某个邻域 $U(P)$ 内有定义,如果函数 $z=f(x_1,x_2,\cdots,x_n)$ 在点 $P(x_1,x_2,\cdots,x_n)$ 处的全增量
$$\Delta u=f(x_1+\Delta x_1,x_2+\Delta x_2,\cdots,x_n+\Delta x_n)-f(x_1,x_2,\cdots,x_n)$$
可表示为
$$\Delta u=A_1\Delta x_1+A_2\Delta x_2+\cdots+A_n\Delta x_n+o(\rho),$$
其中 $A_1,A_2,\cdots,A_n$ 不依赖于 $\Delta x_1,\Delta x_2,\cdots,\Delta x_n$,
$$\rho=\sqrt{(\Delta x_1)^2+(\Delta x_2)^2+\cdots+(\Delta x_n)^2},$$

则称函数 $u = f(x_1, x_2, \cdots, x_n)$ 在点 $P(x_1, x_2, \cdots, x_n)$ 处**可微**，而 $A_1\Delta x_1 + A_2\Delta x_2 + \cdots + A_n\Delta x_n$ 称为函数 $u = f(x_1, x_2, \cdots, x_n)$ 在点 $P(x_1, x_2, \cdots, x_n)$ 处的**全微分**，记为 du，即

$$du = A_1\Delta x_1 + A_2\Delta x_2 + \cdots + A_n\Delta x_n. \qquad (8\text{-}4\text{-}3)$$

如果函数在区域 D 内每点处都可微，则称该函数在 D 内可微.

在第三节中曾指出，多元函数在某点的偏导数存在，并不能保证函数在该点连续. 下面我们将讨论二元函数 $z = f(x, y)$ 可微与连续、可微与偏导数存在的关系，得到的结论对于一般的多元函数也是成立的.

定理 1 如果函数 $z = f(x, y)$ 在点 $P_0(x_0, y_0)$ 处可微，则 $z = f(x, y)$ 在 $P_0(x_0, y_0)$ 处连续，且各个偏导数存在，并且有

$$f'_x(x_0, y_0) = A, \quad f'_y(x_0, y_0) = B.$$

证 因为函数 $z = f(x, y)$ 在点 $P_0(x_0, y_0)$ 处可微，所以

$$\Delta z = A\Delta x + B\Delta y + o(\rho),$$

其中 A, B 与 $\Delta x, \Delta y$ 无关，仅依赖于 x_0, y_0，$\rho = \sqrt{(\Delta x)^2 + (\Delta y)^2}$.

显然，当 $\Delta x \to 0, \Delta y \to 0$ 时，有 $\Delta z \to 0$. 故函数 $z = f(x, y)$ 在点 $P_0(x_0, y_0)$ 处连续.

对于上面全增量的表达式，令 $\Delta y = 0$，则有

$$f(x_0 + \Delta x, y_0) - f(x_0, y_0) = A\Delta x + o(\Delta x),$$

$$\lim_{\Delta x \to 0} \frac{f(x_0 + \Delta x, y_0) - f(x_0, y_0)}{\Delta x} = \lim_{\Delta x \to 0}\left(A + \frac{o(\Delta x)}{\Delta x}\right) = A,$$

故有

$$f'_x(x_0, y_0) = A.$$

同理可证

$$f'_y(x_0, y_0) = B.$$

因此，$z = f(x, y)$ 在点 $P_0(x_0, y_0)$ 处的偏导数存在.

上述定理表明，函数的偏导数存在与函数连续是函数可微的**必要条件**. 习惯上，将自变量的增量 $\Delta x, \Delta y$ 分别记作 dx, dy，并分别称为自变量 x, y 的微分. 这样，函数 $z = f(x, y)$ 在点 $P(x, y)$ 处的全微分可表示为

$$dz = f'_x(x, y)dx + f'_y(x, y)dy = \frac{\partial z}{\partial x}dx + \frac{\partial z}{\partial y}dy, \qquad (8\text{-}4\text{-}4)$$

其中 $\frac{\partial z}{\partial x}dx$ 与 $\frac{\partial z}{\partial y}dy$ 分别称为函数关于自变量 x, y 的**偏微分**，于是二元函数的全微分等于它的两个偏微分之和. 这表明二元函数的微分符合**叠加原理**. 叠加原理也适合于 n 元函数的情形. 一般来说，如果 n 元函数 $u = f(x_1, x_2, \cdots, x_n)$ 的全微分存在，则有

$$du = \frac{\partial u}{\partial x_1}dx_1 + \frac{\partial u}{\partial x_2}dx_2 + \cdots + \frac{\partial u}{\partial x_n}dx_n = \sum_{i=1}^{n}\frac{\partial u}{\partial x_i}dx_i.$$

在一元函数中,可导是可微的充要条件,但在多元函数里,偏导数存在不是可微的充分条件. 例如,函数
$$f(x,y) = \begin{cases} \dfrac{2xy}{x^2+y^2}, & x^2+y^2 \neq 0, \\ 0, & x^2+y^2 = 0 \end{cases}$$
在原点处偏导数存在,但函数在原点处不连续,故函数在原点处不可微. 然而,如果 n 元函数在点 P_0 处的 n 个偏导数连续,则能保证函数在点 P_0 处可微. 下面我们仅就 $n=2$ 的情形作证明.

定理 2 若函数 $z = f(x,y)$ 在点 $P_0(x_0, y_0)$ 处的偏导数 f'_x, f'_y 连续,则函数 f 在点 P_0 处可微.

证 由于 f'_x, f'_y 在点 P_0 处连续,因此在点 P_0 的某个邻域 $U(P_0)$ 内 f'_x, f'_y 都存在. 设点 $(x_0+\Delta x, y_0+\Delta y)$ 为这邻域内任意一点,考察函数的全增量

$$\begin{aligned}\Delta z &= f(x_0+\Delta x, y_0+\Delta y) - f(x_0, y_0) \\ &= [f(x_0+\Delta x, y_0+\Delta y) - f(x_0, y_0+\Delta y)] \\ &\quad + [f(x_0, y_0+\Delta y) - f(x_0, y_0)].\end{aligned}$$

在第一个方括号内的表达式,由于 $y_0+\Delta y$ 不变,因而可以看作是 x 的一元函数 $f(x, y_0+\Delta y)$ 的增量. 由拉格朗日中值定理有

$$\begin{aligned}&f(x_0+\Delta x, y_0+\Delta y) - f(x_0, y_0+\Delta y) \\ &\quad = f'_x(x_0+\theta_1\Delta x, y_0+\Delta y)\Delta x \quad (0<\theta_1<1).\end{aligned}$$

又依假设 $f'_x(x,y)$ 在点 (x_0, y_0) 处连续,所以上式可写为

$$f(x_0+\Delta x, y_0+\Delta y) - f(x_0, y_0+\Delta y) = f'_x(x_0, y_0)\Delta x + \alpha\Delta x, \tag{8-4-5}$$

其中 α 为 $\Delta x, \Delta y$ 的函数,且当 $\Delta x \to 0, \Delta y \to 0$ 时,$\alpha \to 0$.

又由于 $f(x,y)$ 在 (x_0, y_0) 处关于 y 的偏导数存在,则第二个方括号内的表达式可写为

$$f(x_0, y_0+\Delta y) - f(x_0, y_0) = f'_y(x_0, y_0)\Delta y + \beta\Delta y, \tag{8-4-6}$$

其中当 $\Delta x \to 0, \Delta y \to 0$ 时,$\beta \to 0$.

由式(8-4-5)、式(8-4-6)可见,在偏导数连续的假定下,全增量 Δz 可表示为

$$\Delta z = f'_x(x_0, y_0)\Delta x + f'_y(x_0, y_0)\Delta y + \alpha\Delta x + \beta\Delta y. \tag{8-4-7}$$

容易看出

$$\left|\frac{\alpha\Delta x+\beta\Delta y}{\rho}\right| = \left|\frac{\alpha\Delta x+\beta\Delta y}{\sqrt{(\Delta x)^2+(\Delta y)^2}}\right| \leqslant |\alpha|+|\beta|.$$

当 $\Delta x \to 0, \Delta y \to 0 (\rho \to 0)$ 时,上不等式右端趋于零.

因此,$z=f(x,y)$ 在点 $P_0(x_0, y_0)$ 处可微.

若 n 元函数 $u = f(x_1, x_2, \cdots, x_n)$ 在区域 D 内每一点都可微,就称**函数在 D 内可微分**.

定理 2 也可以推广到 n 元函数 $u = f(x_1, x_2, \cdots, x_n)$,对其证明时,只需把 Δz 写成 n 个偏增量之和就行了. 因此,如果 n 元函数 $u = f(x_1, x_2, \cdots, x_n)$ 在开区域 $\Omega \subset \mathbf{R}^n$ 上有连续偏导数,则 u 在 Ω 上处处可微.

例 1 计算函数 $z = e^{xy}$ 在点 $(2,1)$ 处的全微分.

解 因为

$$\frac{\partial z}{\partial x} = y e^{xy}, \qquad \frac{\partial z}{\partial y} = x e^{xy},$$

$$\left.\frac{\partial z}{\partial x}\right|_{\substack{x=2 \\ y=1}} = e^2, \qquad \left.\frac{\partial z}{\partial y}\right|_{\substack{x=2 \\ y=1}} = 2e^2,$$

所以

$$dz = e^2 dx + 2e^2 dy.$$

例 2 求 $u = xy^2 + \sin(y^2 z)$ 的全微分.

解 因为

$$\frac{\partial u}{\partial x} = y^2, \quad \frac{\partial u}{\partial y} = 2xy + 2yz \cos(y^2 z), \quad \frac{\partial u}{\partial z} = y^2 \cos(y^2 z),$$

所以

$$du = y^2 dx + 2y(x + z\cos(y^2 z)) dy + y^2 \cos(y^2 z) dz.$$

*二、全微分的应用举例

我们以二元函数为例来说明全微分的应用.

当二元函数 $z = f(x,y)$ 在点 $P(x,y)$ 处的两个偏导数 f'_x, f'_y 连续,且 $|\Delta x|$,$|\Delta y|$ 很小时,有近似等式

$$\Delta z \approx dz = f'_x(x,y)\Delta x + f'_y(x,y)\Delta y. \tag{8-4-8}$$

上式可改写成

$$f(x+\Delta x, y+\Delta y) \approx f(x,y) + f'_x(x,y)\Delta x + f'_y(x,y)\Delta y. \tag{8-4-9}$$

与一元函数类似,我们可用式(8-4-8)、式(8-4-9)对二元函数作近似计算和误差估计.

例 3 计算 $(1.04)^{2.02}$ 的近似值.

解 设函数 $f(x,y) = x^y$. 显然,要计算的值为当 $x = 1.04, y = 2.02$ 时的函数值 $f(1.04, 2.02)$. 取 $x = 1, y = 2, \Delta x = 0.04, \Delta y = 0.02$. 由于

$$f'_x(1,2) = 2, \quad f'_y(1,2) = 0, \quad f(1,2) = 1,$$

因此

$$(1.04)^{2.02} \approx 1 + 2 \times 0.04 + 0 \times 0.02 = 1.08.$$

例 4 如图 8-9 所示,设有一无盖的薄壁圆桶,其内半径为 $R = 5\,\text{cm}$,高为 $H = 20\,\text{cm}$,侧壁与底的厚均为 $h = 0.1\,\text{cm}$. 试求该圆桶的壳体体积的近似值.

图 8-9

解 圆桶壳体体积 $V = \pi(R+h)^2(H+h) - \pi R^2 H$ 是函数
$$z = f(R, H) = \pi R^2 H$$
当 $\Delta R = \Delta H = h$ 时的增量 Δz. 由于 h 很小,因此可用微分近似增量计算,即
$$V = \Delta z \approx \mathrm{d}z = f'_R(R, H)\Delta R + f'_H(R, H)\Delta H$$
$$= 2\pi R H h + \pi R^2 h = 200\pi \times 0.1 + 25\pi \times 0.1$$
$$\approx 70.65\,(\text{cm}^3).$$

例 5 利用单摆摆动测定重力加速度 g 的公式是
$$g = \frac{4\pi^2 l}{T^2}.$$
现测得单摆摆长 l 与振动周期 T 分别为 $l = (100 \pm 0.1)\,\text{cm}$,$T = (2 \pm 0.004)\,\text{s}$. 问:由于测量 l 与 T 的误差而引起 g 的绝对误差和相对误差各为多少?(注:这里的绝对误差和相对误差各指相应的误差限.)

解 $\mathrm{d}g = 4\pi^2 \left(\frac{1}{T^2}\Delta l - \frac{2l}{T^3}\Delta T\right).$

现知 $|\Delta l| \leqslant 0.1$,$|\Delta T| \leqslant 0.004$. 因 $|\Delta l|$,$|\Delta T|$ 很小,取 $l = 100\,\text{cm}$,$T = 2\,\text{s}$,则
$$|\Delta g| \approx |\mathrm{d}g| = 4\pi^2 \left|\left(\frac{1}{T^2}\Delta l - \frac{2l}{T^3}\Delta T\right)\right|$$
$$\leqslant 4\pi^2 \left(\frac{1}{T^2}|\Delta l| + \frac{2l}{T^3}|\Delta T|\right).$$

从而,g 的绝对误差为
$$\delta_g \approx 4\pi^2 \left(\frac{0.1}{2^2} + \frac{2\times 100}{2^3}\times 0.004\right) = 0.5\pi^2 = 4.93\,(\text{cm}/\text{s}^2);$$

g 的相对误差为
$$\frac{\delta_g}{g} \approx 0.5\pi^2 \bigg/ \frac{4\pi^2 \times 100}{2^2} = 0.5\%.$$

从上例可以看出,对一般的二元函数 $z = f(x, y)$,若自变量 x, y 的绝对误差分别为 δ_x, δ_y,即
$$|\Delta x| \leqslant \delta_x, \quad |\Delta y| \leqslant \delta_y,$$
则 z 的误差
$$|\Delta z| \approx |\mathrm{d}z| = \left|\frac{\partial z}{\partial x}\Delta x + \frac{\partial z}{\partial y}\Delta y\right| \leqslant \left|\frac{\partial z}{\partial x}\right||\Delta x| + \left|\frac{\partial z}{\partial y}\right||\Delta y|$$
$$\leqslant \left|\frac{\partial z}{\partial x}\right|\delta_x + \left|\frac{\partial z}{\partial y}\right|\delta_y.$$

从而,得 z 的绝对误差为
$$\delta_z \approx \left|\frac{\partial z}{\partial x}\right|\delta_x + \left|\frac{\partial z}{\partial y}\right|\delta_y; \tag{8-4-10}$$

z 的相对误差为
$$\frac{\delta_z}{|z|} \approx \frac{\left|\frac{\partial z}{\partial x}\right|}{|z|}\delta_x + \frac{\left|\frac{\partial z}{\partial y}\right|}{|z|}\delta_y. \tag{8-4-11}$$

习题 8-4

1. 求下列函数的全微分：

   (1) $z = e^{x^2+y^2}$；

   (2) $z = \dfrac{y}{\sqrt{x^2+y^2}}$；

   (3) $u = x^{yz}$；

   (4) $u = x^{\frac{y}{z}}$．

2. 求下列函数在给定点和自变量增量的条件下的全增量和全微分：

   (1) $z = x^2 - xy + 2y^2, x = 2, y = -1, \Delta x = 0.2, \Delta y = -0.1$；

   (2) $z = e^{xy}, x = 1, y = 1, \Delta x = 0.15, \Delta y = 0.1$．

*3. 利用全微分代替全增量，近似计算：

   (1) $(1.02)^3 \cdot (0.97)^2$；

   (2) $\sqrt{(4.05)^2 + (2.93)^2}$；

   (3) $(1.97)^{1.05}$．

4. 矩形一边长为 $a = 10\,\mathrm{cm}$，另一边长为 $b = 24\,\mathrm{cm}$，当 a 增加 $4\,\mathrm{mm}$ 而 b 缩小 $1\,\mathrm{mm}$ 时，求对角线长的变化．

*5. 当圆锥体形变时，它的底半径 R 由 $30\,\mathrm{cm}$ 增到 $30.1\,\mathrm{cm}$，高 h 由 $60\,\mathrm{cm}$ 减到 $59.5\,\mathrm{cm}$，试求体积变化的近似值．

*6. 用水泥做一个长方形无盖水池，其外形长 $5\,\mathrm{m}$、宽 $4\,\mathrm{m}$、深 $3\,\mathrm{m}$，侧面和底均厚 $20\,\mathrm{cm}$，求所需水泥的精确值和近似值．

第五节 复合函数的微分法

一、复合函数的求导法则

实际问题中，经常会遇到多元复合函数的偏导数．因此，我们需要建立多元复合函数的求导法则．多元复合函数与一元函数有相似的链式法则，它在多元函数微分学中起着重要作用.

定理 1 设函数 $u = u(t), v = v(t)$ 都在 t 处可导，函数 $z = f(u, v)$ 在对应点 (u, v) 处可微，则复合函数 $z = f(u(t), v(t))$ 在 t 处可导，且有

$$\frac{\mathrm{d}z}{\mathrm{d}t} = \frac{\partial z}{\partial u} \cdot \frac{\mathrm{d}u}{\mathrm{d}t} + \frac{\partial z}{\partial v} \cdot \frac{\mathrm{d}v}{\mathrm{d}t}. \tag{8-5-1}$$

证 因为 $z=f(u,v)$ 在 (u,v) 处可微,所以
$$\Delta z=\frac{\partial z}{\partial u}\Delta u+\frac{\partial z}{\partial v}\Delta v+o(\rho).$$
于是
$$\frac{\Delta z}{\Delta t}=\frac{\partial z}{\partial u}\cdot\frac{\Delta u}{\Delta t}+\frac{\partial z}{\partial v}\cdot\frac{\Delta v}{\Delta t}+\frac{o(\rho)}{\Delta t},$$
其中
$$\rho=\sqrt{(\Delta u)^{2}+(\Delta v)^{2}}.$$
因为 $u=u(t),v=v(t)$ 在 t 处可导,所以
$$\lim_{\Delta t\to 0}\frac{\Delta u}{\Delta t}=\frac{\mathrm{d}u}{\mathrm{d}t},\quad\lim_{\Delta t\to 0}\frac{\Delta v}{\Delta t}=\frac{\mathrm{d}v}{\mathrm{d}t}.$$
又
$$\lim_{\Delta t\to 0}\frac{o(\rho)}{\Delta t}=\lim_{\Delta t\to 0}\frac{o(\rho)}{\rho}\sqrt{\left(\frac{\Delta u}{\Delta t}\right)^{2}+\left(\frac{\Delta v}{\Delta t}\right)^{2}}\cdot\frac{|\Delta t|}{\Delta t}=0,$$
所以
$$\lim_{\Delta t\to 0}\frac{\Delta z}{\Delta t}=\lim_{\Delta t\to 0}\left(\frac{\partial z}{\partial u}\cdot\frac{\Delta u}{\Delta t}+\frac{\partial z}{\partial v}\cdot\frac{\Delta v}{\Delta t}\right)+\lim_{\Delta t\to 0}\frac{o(\rho)}{\Delta t}$$
$$=\frac{\partial z}{\partial u}\cdot\frac{\mathrm{d}u}{\mathrm{d}t}+\frac{\partial z}{\partial v}\cdot\frac{\mathrm{d}v}{\mathrm{d}t},$$
即
$$\frac{\mathrm{d}z}{\mathrm{d}t}=\frac{\partial z}{\partial u}\cdot\frac{\mathrm{d}u}{\mathrm{d}t}+\frac{\partial z}{\partial v}\cdot\frac{\mathrm{d}v}{\mathrm{d}t}.$$

定理 1 中的复合函数 $z=f(u(t),v(t))$ 是只有一个变量 t 的函数,所以它对 t 的导数不是偏导数,而是一元函数 z 对 t 的导数. 因此,公式(8-5-1)中的导数 $\frac{\mathrm{d}z}{\mathrm{d}t}$ 称为**全导数**.

该定理可以推广到为 n 元函数的情形. 以三元函数为例,我们有下面的**法则**.

若 $z=f(u,v,w)$ 在 (u,v,w) 处可微,而 $u=u(t),v=v(t),w=w(t)$ 均为可导函数,则
$$\frac{\mathrm{d}z}{\mathrm{d}t}=\frac{\partial z}{\partial u}\cdot\frac{\mathrm{d}u}{\mathrm{d}t}+\frac{\partial z}{\partial v}\cdot\frac{\mathrm{d}v}{\mathrm{d}t}+\frac{\partial z}{\partial w}\cdot\frac{\mathrm{d}w}{\mathrm{d}t}. \qquad (8\text{-}5\text{-}2)$$

用与定理 1 类似的证明方法,我们可得到复合函数有两个自变量的情形的求导法则.

定理 2 如果函数 $u=\varphi(x,y),v=\psi(x,y)$ 在点 (x,y) 处的偏导数存在,函数 $z=f(u,v)$ 在对应点 (u,v) 处可微,则复合函数 $z=f(\varphi(x,y),\psi(x,y))$ 在点 (x,y) 处的偏导数 $\frac{\partial z}{\partial x},\frac{\partial z}{\partial y}$ 存在,且有
$$\frac{\partial z}{\partial x}=\frac{\partial z}{\partial u}\cdot\frac{\partial u}{\partial x}+\frac{\partial z}{\partial v}\cdot\frac{\partial v}{\partial x}. \qquad (8\text{-}5\text{-}3)$$

$$\frac{\partial z}{\partial y} = \frac{\partial z}{\partial u} \cdot \frac{\partial u}{\partial y} + \frac{\partial z}{\partial v} \cdot \frac{\partial v}{\partial y}. \tag{8-5-4}$$

事实上,在求 $\frac{\partial z}{\partial x}$ 时,y 被看作常量,因此中间变量 u,v 可以看成是 x 的一元函数,利用公式(8-5-1)即可得到公式(8-5-3),只需将 $\frac{\mathrm{d}u}{\mathrm{d}x}$ 和 $\frac{\mathrm{d}v}{\mathrm{d}x}$ 分别改为 $\frac{\partial u}{\partial x},\frac{\partial v}{\partial x}$。类似地,可得公式(8-5-4).

公式(8-5-3)、(8-5-4)称为求多元复合函数的偏导数的 **链式法**.

类似地,设 $u = \varphi(x,y), v = \psi(x,y)$ 及 $w = \omega(x,y)$ 都在点 (x,y) 具有对 x,y 的偏导数,函数 $z = f(u,v,w)$ 在对应点 (u,v,w) 具有连续偏导数,则复合函数

$$z = f(\varphi(x,y), \psi(x,y), w(x,y))$$

在点 (x,y) 的两个偏导数都存在,且可用下列公式计算:

$$\frac{\partial z}{\partial x} = \frac{\partial z}{\partial u} \cdot \frac{\partial u}{\partial x} + \frac{\partial z}{\partial v} \cdot \frac{\partial v}{\partial x} + \frac{\partial z}{\partial w} \cdot \frac{\partial w}{\partial x}, \tag{8-5-5}$$

$$\frac{\partial z}{\partial y} = \frac{\partial z}{\partial u} \cdot \frac{\partial u}{\partial y} + \frac{\partial z}{\partial v} \cdot \frac{\partial v}{\partial y} + \frac{\partial z}{\partial w} \cdot \frac{\partial w}{\partial y}. \tag{8-5-6}$$

作为上述问题的特殊情形,我们讨论下面的问题.

若 $z = f(u,x,y), u = \psi(x,y)$,则

$$\frac{\partial z}{\partial x} = \frac{\partial f}{\partial u} \cdot \frac{\partial u}{\partial x} + \frac{\partial f}{\partial x}, \tag{8-5-7}$$

$$\frac{\partial z}{\partial y} = \frac{\partial f}{\partial u} \cdot \frac{\partial u}{\partial y} + \frac{\partial f}{\partial y}. \tag{8-5-8}$$

这里必须特别指出的是,在公式(8-5-7)中,$\frac{\partial z}{\partial x}$ 与 $\frac{\partial f}{\partial x}$ 有不同的含义.左边的 $\frac{\partial z}{\partial x}$ 是把 u 看成 x 和 y 的函数,求复合函数 $z = f(u(x,y), x,y)$ 对 x 的偏导数;右边 $\frac{\partial f}{\partial x}$ 是把 $z = f(u,x,y)$ 作为三元函数对 x 的偏导数,即把 u 与 y 都看成常数,求函数 $z = f(u,x,y)$ 对 x 的导数.公式(8-5-8)中的 $\frac{\partial z}{\partial y}$ 和 $\frac{\partial f}{\partial y}$ 也有类似的区别.

复合函数的复合情形多种多样,不可能一一列举.如果我们把因变量、中间变量及自变量的依赖关系用形如图 8-10 中的图来表

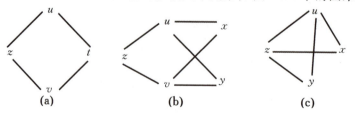

图 8-10

示，则链式法则体现为$\left(\text{以求}\dfrac{\partial z}{\partial x}\text{为例}\right)$：找出所有从 z 到 x 的"链"，先将同一链上前一变量对后一变量求偏导数（或导数），并相乘；再把不同链上所得的结果全部相加.

例 1 设 $z = e^u \sin v, u = xy, v = x + y$，求 $\dfrac{\partial z}{\partial x}$ 和 $\dfrac{\partial z}{\partial y}$.

解 $\dfrac{\partial z}{\partial x} = \dfrac{\partial z}{\partial u} \cdot \dfrac{\partial u}{\partial x} + \dfrac{\partial z}{\partial v} \cdot \dfrac{\partial v}{\partial x} = e^u \sin v \cdot y + e^u \cos v \cdot 1$

$\qquad = e^{xy}(y\sin(x+y) + \cos(x+y))$,

$\dfrac{\partial z}{\partial y} = \dfrac{\partial z}{\partial u} \cdot \dfrac{\partial u}{\partial y} + \dfrac{\partial z}{\partial v} \cdot \dfrac{\partial v}{\partial y} = e^u \sin v \cdot x + e^u \cos v \cdot 1$

$\qquad = e^{xy}(x\sin(x+y) + \cos(x+y))$.

例 2 设 $z = uv + \sin t, u = e^t, v = \cos t$，求全导数 $\dfrac{\mathrm{d}z}{\mathrm{d}t}$.

解 $\dfrac{\mathrm{d}z}{\mathrm{d}t} = \dfrac{\partial z}{\partial u} \cdot \dfrac{\mathrm{d}u}{\mathrm{d}t} + \dfrac{\partial z}{\partial v} \cdot \dfrac{\mathrm{d}v}{\mathrm{d}t} + \cos t = ve^t - u\sin t + \cos t$

$\qquad = e^t(\cos t - \sin t) + \cos t$.

例 3 设 $z = y + F(u), u = x^2 - y^2, F(u)$ 可导，求 $\dfrac{\partial z}{\partial x}, \dfrac{\partial z}{\partial y}$，并验证：

$$y\dfrac{\partial z}{\partial x} + x\dfrac{\partial z}{\partial y} = x.$$

解 $\dfrac{\partial z}{\partial x} = \dfrac{\partial z}{\partial u} \cdot \dfrac{\partial u}{\partial x} = F'(u) \cdot 2x = 2xF'(u)$,

$\dfrac{\partial z}{\partial y} = 1 + \dfrac{\partial z}{\partial u} \cdot \dfrac{\partial u}{\partial y} = 1 + F'(u) \cdot (-2y) = 1 - 2yF'(u)$,

所以

$$y\dfrac{\partial z}{\partial x} + x\dfrac{\partial z}{\partial y} = 2xyF'(u) + x(1 - 2yF'(u)) = x.$$

例 4 设 $w = f(x+y+z, xyz), f$ 具有二阶连续偏导数，求 $\dfrac{\partial w}{\partial x}$ 及 $\dfrac{\partial^2 w}{\partial x \partial z}$.

解 令 $u = x + y + z, v = xyz$，则 $w = f(u, v)$.

为表达简洁起见，在不会引起混淆的情况下，记

$$\dfrac{\partial w}{\partial u} = f'_1, \quad \dfrac{\partial^2 w}{\partial u \partial v} = f''_{12},$$

这里下标"1"表示对第一个变量 $u = x + y + z$ 求偏导数，下标"2"表示对第二个变量 $v = xyz$ 求偏导数. 同理，有 f'_2, f''_{21}, f''_{22} 等. 于是有

$\dfrac{\partial w}{\partial x} = \dfrac{\partial f}{\partial u} \cdot \dfrac{\partial u}{\partial x} + \dfrac{\partial f}{\partial v} \cdot \dfrac{\partial v}{\partial x} = f'_1 + yzf'_2$,

$\dfrac{\partial^2 w}{\partial x \partial z} = \dfrac{\partial}{\partial z}(f'_1 + yzf'_2) = \dfrac{\partial f'_1}{\partial z} + yf'_2 + yz\dfrac{\partial f'_2}{\partial z}$.

求 $\dfrac{\partial f'_1}{\partial z}$ 及 $\dfrac{\partial f'_2}{\partial z}$ 时，注意 f'_1 及 f'_2 仍然是复合函数，根据复合函数求导法则，有

$$\frac{\partial f'_1}{\partial z} = \frac{\partial f'_1}{\partial u} \cdot \frac{\partial u}{\partial z} + \frac{\partial f'_1}{\partial v} \cdot \frac{\partial v}{\partial z} = f''_{11} + xy f''_{12},$$

$$\frac{\partial f'_2}{\partial z} = \frac{\partial f'_2}{\partial u} \cdot \frac{\partial u}{\partial z} + \frac{\partial f'_2}{\partial v} \cdot \frac{\partial v}{\partial z} = f''_{21} + xy f''_{22}.$$

所以

$$\frac{\partial^2 w}{\partial x \partial z} = f''_{11} + xy f''_{12} + y f'_2 + yz f''_{21} + xy^2 z f''_{22}$$
$$= f''_{11} + y(x+z) f''_{12} + xy^2 z f''_{22} + y f'_2.$$

例 5 设 $u = f(x, y)$ 的所有二阶偏导数连续，试将下列表达式转换成极坐标系中的形式：

(1) $\left(\dfrac{\partial u}{\partial x}\right)^2 + \left(\dfrac{\partial u}{\partial y}\right)^2$; (2) $\dfrac{\partial^2 u}{\partial x^2} + \dfrac{\partial^2 u}{\partial y^2}$.

解 由直角坐标系与极坐标系之间的关系，有

$$x = r\cos\theta, \qquad y = r\sin\theta.$$

现在要将 $\dfrac{\partial u}{\partial x}, \dfrac{\partial u}{\partial y}, \dfrac{\partial^2 u}{\partial x^2}, \dfrac{\partial^2 u}{\partial y^2}$ 全部改用 r, θ 及 $\dfrac{\partial u}{\partial r}, \dfrac{\partial u}{\partial \theta}, \dfrac{\partial^2 u}{\partial r^2}, \dfrac{\partial^2 u}{\partial \theta^2}, \dfrac{\partial^2 u}{\partial r \partial \theta}$ 来表示. 为此，视 $u = u(r, \theta)$，其中 $r = \sqrt{x^2 + y^2}$，$\theta = \arctan\dfrac{y}{x} + C$（当点 (x, y) 在第一、第四象限时，$C = 0$；当点 (x, y) 在第二、第三象限时，$C = \pi$）.

注意到

$$\frac{\partial r}{\partial x} = \frac{x}{\sqrt{x^2 + y^2}} = \cos\theta, \quad \frac{\partial r}{\partial y} = \frac{y}{\sqrt{x^2 + y^2}} = \sin\theta,$$

$$\frac{\partial \theta}{\partial x} = \frac{-y}{x^2 + y^2} = -\frac{\sin\theta}{r}, \quad \frac{\partial \theta}{\partial y} = \frac{x}{x^2 + y^2} = \frac{\cos\theta}{r},$$

故

$$\frac{\partial u}{\partial x} = \frac{\partial u}{\partial r} \cdot \frac{\partial r}{\partial x} + \frac{\partial u}{\partial \theta} \cdot \frac{\partial \theta}{\partial x} = \frac{\partial u}{\partial r}\cos\theta - \frac{\partial u}{\partial \theta} \cdot \frac{\sin\theta}{r},$$

$$\frac{\partial u}{\partial y} = \frac{\partial u}{\partial r} \cdot \frac{\partial r}{\partial y} + \frac{\partial u}{\partial \theta} \cdot \frac{\partial \theta}{\partial y} = \frac{\partial u}{\partial r}\sin\theta + \frac{\partial u}{\partial \theta} \cdot \frac{\cos\theta}{r}.$$

两式平方后相加，得

$$\left(\frac{\partial u}{\partial x}\right)^2 + \left(\frac{\partial u}{\partial y}\right)^2 = \left(\frac{\partial u}{\partial r}\right)^2 + \frac{1}{r^2}\left(\frac{\partial u}{\partial \theta}\right)^2.$$

再求二阶偏导数，得

$$\frac{\partial^2 u}{\partial x^2} = \frac{\partial}{\partial r}\left(\frac{\partial u}{\partial x}\right)\frac{\partial r}{\partial x} + \frac{\partial}{\partial \theta}\left(\frac{\partial u}{\partial x}\right)\frac{\partial \theta}{\partial x}$$

$$= \frac{\partial}{\partial r}\left(\frac{\partial u}{\partial r}\cos\theta - \frac{\partial u}{\partial \theta} \cdot \frac{\sin\theta}{r}\right)\cos\theta - \frac{\partial}{\partial \theta}\left(\frac{\partial u}{\partial r}\cos\theta - \frac{\partial u}{\partial \theta} \cdot \frac{\sin\theta}{r}\right)\frac{\sin\theta}{r}$$

$$= \frac{\partial^2 u}{\partial r^2}\cos^2\theta - 2\frac{\partial^2 u}{\partial r \partial \theta} \cdot \frac{\sin\theta\cos\theta}{r} + \frac{\partial^2 u}{\partial \theta^2} \cdot \frac{\sin^2\theta}{r^2} + \frac{\partial u}{\partial \theta} \cdot \frac{2\sin\theta\cos\theta}{r^2} + \frac{\partial u}{\partial r} \cdot \frac{\sin^2\theta}{r}.$$

同理,可得

$$\frac{\partial^2 u}{\partial y^2} = \frac{\partial^2 u}{\partial r^2}\sin^2\theta + 2\frac{\partial^2 u}{\partial r\partial\theta}\cdot\frac{\sin\theta\cos\theta}{r} + \frac{\partial^2 u}{\partial\theta^2}\cdot\frac{\cos^2\theta}{r^2} - \frac{\partial u}{\partial\theta}\cdot\frac{2\sin\theta\cos\theta}{r^2} + \frac{\partial u}{\partial r}\cdot\frac{\cos^2\theta}{r}.$$

两式相加,得

$$\frac{\partial^2 u}{\partial x^2} + \frac{\partial^2 u}{\partial y^2} = \frac{\partial^2 u}{\partial r^2} + \frac{1}{r}\cdot\frac{\partial u}{\partial r} + \frac{1}{r^2}\cdot\frac{\partial^2 u}{\partial\theta^2} = \frac{1}{r^2}\left(r\frac{\partial}{\partial r}\left(r\frac{\partial u}{\partial r}\right) + \frac{\partial^2 u}{\partial\theta^2}\right).$$

二、全微分形式不变性

下面以二元复合函数为例,讨论多元复合函数的全微分法. 设函数 $z = f(u,v)$ 具有连续偏导数,则

$$\mathrm{d}z = \frac{\partial z}{\partial u}\mathrm{d}u + \frac{\partial z}{\partial v}\mathrm{d}v. \tag{8-5-9}$$

如果 u,v 又是 x,y 的函数: $u = \varphi(x,y), v = \psi(x,y)$,且这两个函数也具有连续偏导数,则复合函数

$$z = f(\varphi(x,y), \psi(x,y))$$

的全微分为

$$\begin{aligned}\mathrm{d}z &= \frac{\partial z}{\partial x}\mathrm{d}x + \frac{\partial z}{\partial y}\mathrm{d}y \\ &= \left(\frac{\partial z}{\partial u}\cdot\frac{\partial u}{\partial x} + \frac{\partial z}{\partial v}\cdot\frac{\partial v}{\partial x}\right)\mathrm{d}x + \left(\frac{\partial z}{\partial u}\cdot\frac{\partial u}{\partial y} + \frac{\partial z}{\partial v}\cdot\frac{\partial v}{\partial y}\right)\mathrm{d}y \\ &= \frac{\partial z}{\partial u}\left(\frac{\partial u}{\partial x}\mathrm{d}x + \frac{\partial u}{\partial y}\mathrm{d}y\right) + \frac{\partial z}{\partial v}\left(\frac{\partial v}{\partial x}\mathrm{d}x + \frac{\partial v}{\partial y}\mathrm{d}y\right) \\ &= \frac{\partial z}{\partial u}\mathrm{d}u + \frac{\partial z}{\partial v}\mathrm{d}v.\end{aligned}$$

由此可见,对于函数 $z = f(u,v)$,不论 u,v 是自变量还是中间变量,它们的全微分都可以写成(8-5-9)式的形式. 这就是**二元函数的全微分形式不变性**.

利用全微分形式不变性求偏导数或全微分,在许多情况下显得便捷,且不易出错. 复合关系越复杂,其优点越突出.

例 6 设 $z = f(u,v,x), u = \varphi(x,y), v = \psi(u,y)$,所有函数均有连续偏导数,试求 $\mathrm{d}z, \dfrac{\partial z}{\partial x}$ 和 $\dfrac{\partial z}{\partial y}$.

解 $\mathrm{d}z = f'_u\mathrm{d}u + f'_v\mathrm{d}v + f'_x\mathrm{d}x$
$= f'_u(\varphi'_x\mathrm{d}x + \varphi'_y\mathrm{d}y) + f'_v(\psi'_u\mathrm{d}u + \psi'_y\mathrm{d}y) + f'_x\mathrm{d}x$
$= f'_u(\varphi'_x\mathrm{d}x + \varphi'_y\mathrm{d}y) + f'_v(\psi'_u(\varphi'_x\mathrm{d}x + \varphi'_y\mathrm{d}y) + \psi'_y\mathrm{d}y) + f'_x\mathrm{d}x$
$= (f'_u\varphi'_x + f'_v\psi'_u\varphi'_x + f'_x)\mathrm{d}x + (f'_u\varphi'_y + f'_v\psi'_u\varphi'_y + f'_v\psi'_y)\mathrm{d}y.$

由此可知

$$\frac{\partial z}{\partial x} = f'_u\varphi'_x + f'_v\psi'_u\varphi'_x + f'_x, \qquad \frac{\partial z}{\partial y} = f'_u\varphi'_y + f'_v\psi'_u\varphi'_y + f'_v\psi'_y.$$

习 题 8-5

1. 求下列复合函数的偏导数或全导数：

(1) $z = x^2y - xy^2, x = u\cos v, y = u\sin v,$ 求 $\dfrac{\partial z}{\partial u}, \dfrac{\partial z}{\partial v}$；

(2) $z = \arctan \dfrac{x}{y}, x = u+v, y = u-v,$ 求 $\dfrac{\partial z}{\partial u}, \dfrac{\partial z}{\partial v}$；

(3) $u = \ln(e^x + e^y), y = x^3,$ 求 $\dfrac{du}{dx}$；

(4) $u = x^2 + y^2 + z^2, x = e^t\cos t, y = e^t\sin t, z = e^t,$ 求 $\dfrac{du}{dt}$.

2. 设 f 具有一阶连续偏导数，试求下列函数的一阶偏导数：

(1) $u = f(x^2 - y^2, e^{xy})$； (2) $u = f\left(\dfrac{x}{y}, \dfrac{y}{z}\right)$；

(3) $u = f(x, xy, xyz)$.

3. 设 $z = xy + xF(u), u = \dfrac{y}{x}, F(u)$ 为可导函数，证明：

$$x\dfrac{\partial z}{\partial x} + y\dfrac{\partial z}{\partial y} = z + xy.$$

4. 设 $z = \dfrac{y}{f(x^2 - y^2)}$，其中 $f(u)$ 为可导函数，验证：$\dfrac{1}{x} \cdot \dfrac{\partial z}{\partial x} + \dfrac{1}{y} \cdot \dfrac{\partial z}{\partial y} = \dfrac{z}{y^2}$.

5. 设 $z = f(x^2 + y^2)$，其中 f 具有二阶导数，求 $\dfrac{\partial^2 z}{\partial x^2}, \dfrac{\partial^2 z}{\partial x \partial y}, \dfrac{\partial^2 z}{\partial y^2}$.

6. 设 f 具有二阶连续偏导函数，求下列函数的二阶偏导数：

(1) $z = f\left(x, \dfrac{x}{y}\right)$； (2) $z = f(xy^2, x^2y)$；

(3) $z = f(\sin x, \cos y, e^{x+y})$.

第六节　隐函数的导数

一、一个方程的情形

我们知道，用解析式（数学式子）表示一元函数时，变量之间的函数关系有时不能或难以表示成显函数 $y = f(x)$ 的形式，而不得不表示成隐函数 $F(x, y) = 0$ 的形式. 同样，n 元函数有时也要表示成隐函数 $F(x_1, x_2, \cdots, x_n, u) = 0$ 的形式.

我们熟悉的很多曲线和曲面的方程,如 $x^2+y^2=r^2$, $\dfrac{x^2}{a^2}+\dfrac{y^2}{b^2}+\dfrac{z^2}{c^2}=1$ 等,它们都可以在一定的区域内确定一个一元或二元函数. 但是并不是任何方程都能确定一个函数关系,例如 $x^2+y^2+z^2+1=0$ 在 $\mathbf{R}^3$ 中的任何区域内都不能确定一个二元函数. 所以,关于隐函数的问题,首先要讨论,对于给定的一个方程 $F(x_1,x_2,\cdots,x_n,u)=0$,需要什么条件,在 $\mathbf{R}^n$ 的什么区域内能通过 $F=0$ 确定一个 n 元函数 $u=f(x_1,x_2,\cdots,x_n)$. 这就是说,首先要研究隐函数是否存在的问题,然后再研究隐函数的求导法则.

定理 1(隐函数存在定理 1) 设二元函数 $F(x,y)$ 在点 $P_0(x_0,y_0)$ 的某个邻域内有连续偏导数,如果

(1) $F(x_0,y_0)=0$;

(2) $\left.\dfrac{\partial F}{\partial y}\right|_{P_0}\neq 0$,

则方程 $F(x,y)=0$ 在点 (x_0,y_0) 的某个邻域内确定唯一的连续函数 $y=f(x)$,且具有连续导数,它满足 $y_0=f(x_0)$,并有

$$\frac{\mathrm{d}y}{\mathrm{d}x}=-\frac{F'_x}{F'_y}. \tag{8-6-1}$$

定理的证明比较复杂,这里从略. 现仅就公式(8-6-1)做出如下推导:

事实上,设 $F(x,y)=0$ 能确定函数 $y=f(x)$,则
$$F(x,f(x))\equiv 0,$$
其左端可以看成是 x 的一个复合函数. 现求这个函数的全导数. 由于恒等式两端求导后仍恒等,得
$$\frac{\partial F}{\partial x}+\frac{\partial F}{\partial y}\cdot\frac{\mathrm{d}y}{\mathrm{d}x}=0.$$

由于 F'_y 连续,且 $F'_y(x_0,y_0)\neq 0$,因此存在 (x_0,y_0) 的一个邻域,在这个邻域内 $F'_y\neq 0$,于是得
$$\frac{\mathrm{d}y}{\mathrm{d}x}=-\frac{F'_x}{F'_y}.$$

如果 $F(x,y)$ 的二阶偏导数连续,我们把等式(8-6-1)两端看作 x 的复合函数,再求导得
$$\begin{aligned}\frac{\mathrm{d}^2 y}{\mathrm{d}x^2}&=\frac{\partial}{\partial x}\left(-\frac{F'_x}{F'_y}\right)+\frac{\partial}{\partial y}\left(-\frac{F'_x}{F'_y}\right)\frac{\mathrm{d}y}{\mathrm{d}x}\\ &=-\frac{F''_{xx}F'_y-F''_{yx}F'_x}{F'^2_y}-\frac{F''_{xy}F'_y-F''_{yy}F'_x}{F'^2_y}\left(-\frac{F'_x}{F'_y}\right)\\ &=-\frac{F''_{xx}F'^2_y-2F''_{xy}F'_x F'_y+F''_{yy}F'^2_x}{F'^3_y}.\end{aligned}$$

例 1 验证方程 $x^2+y^2-1=0$ 在点 $(0,1)$ 的某一邻域内能唯一确定一个有连续导数,且当 $x=0$ 时 $y=1$ 的隐函数 $y=f(x)$,并求这个函数的一阶与二阶导数在 $x=0$ 的值.

解 设 $F(x,y)=x^2+y^2-1$,则

$$F'_x=2x, \quad F'_y=2y, \quad F(0,1)=0, \quad F'_y(0,1)=2\neq 0,$$

由定理 1 可知,方程 $x^2+y^2-1=0$ 在点 $(0,1)$ 的某邻域内能唯一确定一个单值可导,且满足 $f(0)=1$ 的函数 $y=f(x)$.

$$\frac{dy}{dx}=-\frac{F'_x}{F'_y}=-\frac{x}{y}, \quad \left.\frac{dy}{dx}\right|_{x=0}=0;$$

$$\frac{d^2y}{dx^2}=-\frac{y-xy'}{y^2}=-\frac{y-x\left(-\frac{x}{y}\right)}{y^2}$$

$$=-\frac{y^2+x^2}{y^3}=-\frac{1}{y^3},$$

$$\left.\frac{d^2y}{dx^2}\right|_{x=0}=-1.$$

与定理 1 一样,我们同样可以由三元函数 $F(x,y,z)$ 的性质来断定由方程 $F(x,y,z)=0$ 所确定的二元函数 $z=f(x,y)$ 的存在,以及这个函数的性质.这就是下面的定理.

定理 2(隐函数存在定理 2) 设三元函数 $F(x,y,z)$ 在点 $P_0(x_0,y_0,z_0)$ 的某一邻域内具有连续偏导数,且 $F(x_0,y_0,z_0)=0$,$F'_z(x_0,y_0,z_0)\neq 0$,则方程 $F(x,y,z)=0$ 在点 (x_0,y_0,z_0) 的某一邻域内能唯一确定一个连续且具有连续偏导数的函数 $z=f(x,y)$,它满足条件 $z_0=f(x_0,y_0)$,并有

$$\frac{\partial z}{\partial x}=-\frac{F'_x}{F'_z}, \quad \frac{\partial z}{\partial y}=-\frac{F'_y}{F'_z}. \tag{8-6-2}$$

与定理 1 一样,我们仅就公式 (8-6-2) 做出推导.由于

$$F(x,y,f(x,y))\equiv 0,$$

将上式两端分别对 x 和 y 求偏导数,应用复合函数求导法则得

$$F'_x+F'_z\frac{\partial z}{\partial x}=0, \quad F'_y+F'_z\frac{\partial z}{\partial y}=0.$$

因为 F'_z 连续,且 $F'_z(x_0,y_0,z_0)\neq 0$,所以存在点 (x_0,y_0,z_0) 的一个邻域,在这个邻域内 $F'_z\neq 0$,于是得

$$\frac{\partial z}{\partial x}=-\frac{F'_x}{F'_z}, \quad \frac{\partial z}{\partial y}=-\frac{F'_y}{F'_z}.$$

例 2 设 $x(1+yz) = 1 - e^{x+y+z}$,求 $\dfrac{\partial z}{\partial x}, \dfrac{\partial z}{\partial y}$.

解 设 $F(x,y,z) = x(1+yz) + e^{x+y+z} - 1 = 0$.

因为 $F(0,0,0) = 0, \dfrac{\partial F}{\partial x} = (1+yz) + e^{x+y+z}, \dfrac{\partial F}{\partial y} = xz + e^{x+y+z}, \dfrac{\partial F}{\partial z} = xy + e^{x+y+z}$ 都是连续函数,且 $F_z'(0,0,0) = 1 \neq 0$,则在原点 $O(0,0,0)$ 的某个邻域内确定了一个函数 $z = f(x,y)$. 故有

$$\frac{\partial z}{\partial x} = -\frac{F_x'}{F_z'} = -\frac{1 + yz + e^{x+y+z}}{xy + e^{x+y+z}},$$

$$\frac{\partial z}{\partial y} = -\frac{F_y'}{F_z'} = -\frac{xz + e^{x+y+z}}{xy + e^{x+y+z}}.$$

例 3 设 $x^2 + y^2 + z^2 - 4z = 0$,求 $\dfrac{\partial^2 z}{\partial x^2}$.

解 设 $F(x,y,z) = x^2 + y^2 + z^2 - 4z$,则

$$F_x' = 2x, \quad F_z' = 2z - 4,$$

所以

$$\frac{\partial z}{\partial x} = -\frac{F_x'}{F_z'} = \frac{x}{2-z}.$$

再对 x 求偏导数,得

$$\frac{\partial^2 z}{\partial x^2} = \frac{(2-z) + x\dfrac{\partial z}{\partial x}}{(2-z)^2} = \frac{(2-z) + x\left(\dfrac{x}{2-z}\right)}{(2-z)^2}$$

$$= \frac{(2-z)^2 + x^2}{(2-z)^3}.$$

二、方程组的情形

设有方程组

$$\begin{cases} F(x,y,u,v) = 0, \\ G(x,y,u,v) = 0, \end{cases} \quad (8\text{-}6\text{-}3)$$

这时在四个变量中一般只有两个变量独立变化(不妨设为 x,y). 如果在某一范围内,对每一组 x,y 的值,由此方程组能确定唯一的 u,v 的值,则此方程组就确定了 u 和 v 为 x,y 的函数. 下面给出隐函数存在,以及它们连续、可导的定理.

定理 3 设 $F(x,y,u,v), G(x,y,u,v)$ 在点 $P(x_0,y_0,u_0,v_0)$ 的某一邻域内具有对各个变量的连续偏导数,$F(x_0,y_0,u_0,v_0) = 0, G(x_0,y_0,u_0,v_0) = 0$,且偏导数组成的函数行列式(或称雅可比(Jacobi)行列式)

$$J = \frac{\partial(F,G)}{\partial(u,v)} = \begin{vmatrix} F_u' & F_v' \\ G_u' & G_v' \end{vmatrix}$$

在点 $P(x_0,y_0,u_0,v_0)$ 处不等于零，则方程组（8-6-3）在点 $P(x_0,y_0,u_0,v_0)$ 的某一邻域内能唯一确定两个二元连续函数 $u=u(x,y),v=v(x,y)$，满足 $u_0=u(x_0,y_0),v_0=v(x_0,y_0)$，且它们有连续偏导数

$$\begin{cases} \dfrac{\partial u}{\partial x}=-\dfrac{1}{J}\cdot\dfrac{\partial(F,G)}{\partial(x,v)}=-\dfrac{1}{J}\begin{vmatrix} F'_x & F'_v \\ G'_x & G'_v \end{vmatrix}, \\ \dfrac{\partial v}{\partial x}=-\dfrac{1}{J}\cdot\dfrac{\partial(F,G)}{\partial(u,x)}=-\dfrac{1}{J}\begin{vmatrix} F'_u & F'_x \\ G'_u & G'_x \end{vmatrix}; \end{cases} \quad (8\text{-}6\text{-}4)$$

$$\begin{cases} \dfrac{\partial u}{\partial y}=-\dfrac{1}{J}\cdot\dfrac{\partial(F,G)}{\partial(y,v)}=-\dfrac{1}{J}\begin{vmatrix} F'_y & F'_v \\ G'_y & G'_v \end{vmatrix}, \\ \dfrac{\partial v}{\partial y}=-\dfrac{1}{J}\cdot\dfrac{\partial(F,G)}{\partial(u,y)}=-\dfrac{1}{J}\begin{vmatrix} F'_u & F'_y \\ G'_u & G'_y \end{vmatrix}. \end{cases} \quad (8\text{-}6\text{-}5)$$

我们只推导公式(8-6-4)。由于

$$F(x,y,u(x,y),v(x,y))\equiv 0,$$
$$G(x,y,u(x,y),v(x,y))\equiv 0,$$

将恒等式两边分别对 x 求偏导数，得

$$\begin{cases} F'_x+F'_u\dfrac{\partial u}{\partial x}+F'_v\dfrac{\partial v}{\partial x}=0, \\ G'_x+G'_u\dfrac{\partial u}{\partial x}+G'_v\dfrac{\partial v}{\partial x}=0. \end{cases}$$

这是关于 $\dfrac{\partial u}{\partial x},\dfrac{\partial v}{\partial x}$ 的线性方程组，由假设知在点 $P(x_0,y_0,u_0,v_0)$ 的一个邻域内，系数行列式 $J\neq 0$，从而可以解出 $\dfrac{\partial u}{\partial x},\dfrac{\partial v}{\partial x}$，得

$$\dfrac{\partial u}{\partial x}=-\dfrac{1}{J}\cdot\dfrac{\partial(F,G)}{\partial(x,v)},\quad \dfrac{\partial v}{\partial x}=-\dfrac{1}{J}\cdot\dfrac{\partial(F,G)}{\partial(u,x)}.$$

同理，可得

$$\dfrac{\partial u}{\partial y}=-\dfrac{1}{J}\cdot\dfrac{\partial(F,G)}{\partial(y,v)},\quad \dfrac{\partial v}{\partial y}=-\dfrac{1}{J}\cdot\dfrac{\partial(F,G)}{\partial(u,y)}.$$

例 4 试求由方程组

$$\begin{cases} x^2+y^2-uv=0, \\ xy-u^2+v^2=0 \end{cases}$$

确定的二元函数 $u=u(x,y),v=v(x,y)$ 的各个偏导数。

解 设 $F(x,y,u,v)=x^2+y^2-uv, G(x,y,u,v)=xy-u^2+v^2$，于是有

$$F'_x=2x,\quad F'_y=2y,\quad F'_u=-v,\quad F'_v=-u,$$
$$G'_x=y,\quad G'_y=x,\quad G'_u=-2u,\quad G'_v=2v.$$

由此可得

$$J = \begin{vmatrix} F'_u & F'_v \\ G'_u & G'_v \end{vmatrix} = \begin{vmatrix} -v & -u \\ -2u & 2v \end{vmatrix} = -2(u^2 + v^2),$$

$$\frac{\partial(F,G)}{\partial(x,v)} = \begin{vmatrix} F'_x & F'_v \\ G'_x & G'_v \end{vmatrix} = \begin{vmatrix} 2x & -u \\ y & 2v \end{vmatrix} = 4xv + uy,$$

$$\frac{\partial(F,G)}{\partial(u,x)} = \begin{vmatrix} F'_u & F'_x \\ G'_u & G'_x \end{vmatrix} = \begin{vmatrix} -v & 2x \\ -2u & y \end{vmatrix} = 4xu - vy.$$

所以

$$\frac{\partial u}{\partial x} = -\frac{1}{J} \cdot \frac{\partial(F,G)}{\partial(x,v)} = \frac{4xv + uy}{2(u^2+v^2)},$$

$$\frac{\partial v}{\partial x} = -\frac{1}{J} \cdot \frac{\partial(F,G)}{\partial(u,x)} = \frac{4xu - vy}{2(u^2+v^2)}.$$

同理,可得

$$\frac{\partial u}{\partial y} = \frac{4yv + xu}{2(u^2+v^2)}, \quad \frac{\partial v}{\partial y} = \frac{4yu - xv}{2(u^2+v^2)}.$$

本例也可用推导公式(8-6-4)的方法求解.

例5 设函数 $x = x(u,v), y = y(u,v)$ 在点 (u,v) 的某一邻域内连续,且有连续偏导数. 又

$$\frac{\partial(x,y)}{\partial(u,v)} \neq 0.$$

(1) 证明方程组

$$\begin{cases} x = x(u,v), \\ y = y(u,v) \end{cases} \tag{8-6-6}$$

在点 (x,y,u,v) 的某一邻域内唯一确定一组连续,且有连续偏导数的反函数

$$u = u(x,y), \quad v = v(x,y);$$

(2) 求反函数 $u = u(x,y), v = v(x,y)$ 对 x,y 的偏导数.

解 (1) 将方程组(8-6-6)改写成下面的形式,即

$$\begin{cases} F(x,y,u,v) \equiv x - x(u,v) = 0, \\ G(x,y,u,v) \equiv y - y(u,v) = 0. \end{cases}$$

根据假设有

$$J = \frac{\partial(F,G)}{\partial(u,v)} = \frac{\partial(x,y)}{\partial(u,v)} \neq 0,$$

由定理 3 即得结论.

(2) 将方程组(8-6-6)所确定的反函数 $u = u(x,y), v = v(x,y)$ 代入(8-6-6)式,即得

$$\begin{cases} x \equiv x(u(x,y),v(x,y)), \\ y \equiv y(u(x,y),v(x,y)). \end{cases}$$

将上式两边分别对 x 求偏导数,得

$$\begin{cases} 1 = \frac{\partial x}{\partial u} \cdot \frac{\partial u}{\partial x} + \frac{\partial x}{\partial v} \cdot \frac{\partial v}{\partial x}, \\ 0 = \frac{\partial y}{\partial u} \cdot \frac{\partial u}{\partial x} + \frac{\partial y}{\partial v} \cdot \frac{\partial v}{\partial x}. \end{cases}$$

由于 $J \neq 0$，可解得

$$\frac{\partial u}{\partial x} = \frac{1}{J} \cdot \frac{\partial y}{\partial v}, \quad \frac{\partial v}{\partial x} = -\frac{1}{J} \cdot \frac{\partial y}{\partial u}.$$

同理，可得

$$\frac{\partial u}{\partial y} = -\frac{1}{J} \cdot \frac{\partial x}{\partial v}, \quad \frac{\partial v}{\partial y} = \frac{1}{J} \cdot \frac{\partial x}{\partial u}.$$

习　题　8 - 6

1. 求下列隐函数的导数或偏导数：

(1) $\sin y + e^x - xy^2 = 0$，求 $\dfrac{dy}{dx}$；

(2) $\ln \sqrt{x^2 + y^2} = \arctan \dfrac{y}{x}$，求 $\dfrac{dy}{dx}$；

(3) $x + 2y + z - 2\sqrt{xyz} = 0$，求 $\dfrac{\partial z}{\partial x}, \dfrac{\partial z}{\partial y}$；

(4) $z^3 - 3xyz = a^3$（a 为常数），求 $\dfrac{\partial z}{\partial x}, \dfrac{\partial^2 z}{\partial y^2}$.

2. 设 $F(x, y, z) = 0$ 可以确定函数 $x = x(y, z), y = y(x, z), z = z(x, y)$，证明：

$$\frac{\partial x}{\partial y} \cdot \frac{\partial y}{\partial z} \cdot \frac{\partial z}{\partial x} = -1.$$

3. 设 $F\left(y + \dfrac{1}{x}, z + \dfrac{1}{y}\right) = 0$ 确定了函数 $z = z(x, y)$，其中 F 可微，求 $\dfrac{\partial z}{\partial x}, \dfrac{\partial z}{\partial y}$.

4. 求由下列方程组所确定的函数的导数或偏导数：

(1) $\begin{cases} z = x^2 + y^2, \\ x^2 + 2y^2 + 3z^2 = 20, \end{cases}$ 求 $\dfrac{dy}{dx}, \dfrac{dz}{dx}$；

(2) $\begin{cases} xu + yv = 1, \\ yu - xv = 0, \end{cases}$ 求 $\dfrac{\partial u}{\partial x}, \dfrac{\partial v}{\partial x}, \dfrac{\partial u}{\partial y}, \dfrac{\partial v}{\partial y}$；

(3) $\begin{cases} u = f(ux, v + y), \\ v = g(u - x, v^2 y), \end{cases}$ 其中 f, g 具有连续偏导函数，求 $\dfrac{\partial u}{\partial x}, \dfrac{\partial v}{\partial x}$；

(4) $\begin{cases} x = e^u + u\sin v, \\ y = e^u - u\cos v, \end{cases}$ 求 $\dfrac{\partial u}{\partial x}, \dfrac{\partial u}{\partial y}, \dfrac{\partial v}{\partial x}, \dfrac{\partial v}{\partial y}$.

5. 设 $x = e^u \cos v, y = e^u \sin v, z = uv$，试求 $\dfrac{\partial z}{\partial x}, \dfrac{\partial z}{\partial y}$.

*第七节　二元函数的泰勒公式

对于一元函数 $y = f(x)$，如果函数 $f(x)$ 在含 x_0 的某个开区间 (a, b) 内具有直至 $n + 1$ 阶的导数，则当 $x \in (a, b)$ 时，

$$f(x) = f(x_0) + f'(x_0)(x-x_0) + \cdots + \frac{f^{(n)}(x_0)}{n!}(x-x_0)^n$$
$$+ \frac{f^{(n+1)}(x_0+\theta(x-x_0))}{(n+1)!}(x-x_0)^{n+1} \quad (0<\theta<1)$$

成立. 这就是一元函数的泰勒(Taylor)公式,利用它可用 n 次多项式来近似表示函数 $f(x)$,且误差是当 $x \to x_0$ 时比 $(x-x_0)^n$ 高阶的无穷小量. 对于多元函数,为了理论研究和实际计算等目的,有必要考虑用多个变量的多项式来近似表示一个给定的多元函数,并具体估算出误差的大小. 这里就二元函数的情形进行讨论,其结果可以推广到 n 元函数.

定理 若函数 $z = f(x,y)$ 在点 $P(x_0,y_0)$ 的某个邻域 $U(P)$ 内具有直至 $n+1$ 阶的连续偏导数,点 $(x_0+h, y_0+k) \in U(P)$, 则有

$$f(x_0+h, y_0+k) = f(x_0,y_0) + \left(h\frac{\partial}{\partial x} + k\frac{\partial}{\partial y}\right)f(x_0,y_0)$$
$$+ \frac{1}{2!}\left(h\frac{\partial}{\partial x} + k\frac{\partial}{\partial y}\right)^2 f(x_0,y_0) + \cdots$$
$$+ \frac{1}{n!}\left(h\frac{\partial}{\partial x} + k\frac{\partial}{\partial y}\right)^n f(x_0,y_0) + R_n. \quad (8\text{-}7\text{-}1)$$

其中
$$R_n = \frac{1}{(n+1)!}\left(h\frac{\partial}{\partial x} + k\frac{\partial}{\partial y}\right)^{n+1} f(x_0+\theta h, y_0+\theta k) \quad (0<\theta<1),$$
$$\left(h\frac{\partial}{\partial x} + k\frac{\partial}{\partial y}\right)f(x_0,y_0) = hf'_x(x_0,y_0) + kf'_y(x_0,y_0),$$
$$\left(h\frac{\partial}{\partial x} + k\frac{\partial}{\partial y}\right)^2 f(x_0,y_0) = h^2 f''_{xx}(x_0,y_0) + 2hk f''_{xy}(x_0,y_0) + k^2 f''_{yy}(x_0,y_0).$$

一般地,记号 $\left(h\dfrac{\partial}{\partial x} + k\dfrac{\partial}{\partial y}\right)^m f(x_0, y_0)$ 表示

$$\left(h\frac{\partial}{\partial x} + k\frac{\partial}{\partial y}\right)^m f(x_0, y_0) = \sum_{p=0}^{m} C_m^p h^p k^{m-p} \frac{\partial^m f}{\partial x^p \partial y^{m-p}}\bigg|_{(x_0, y_0)}.$$

证 为了利用一元函数的泰勒公式进行证明,我们引入函数(令 $x = x_0 + ht, y = y_0 + kt$)
$$\Phi(t) = f(x_0+ht, y_0+kt) \quad (0 \leqslant t \leqslant 1).$$

显然,
$$\Phi(0) = f(x_0, y_0), \quad \Phi(1) = f(x_0+h, y_0+k).$$

由一元函数的麦克劳林公式可得
$$\Phi(1) = \Phi(0) + \Phi'(0) + \frac{1}{2!}\Phi''(0) + \cdots + \frac{1}{n!}\Phi^{(n)}(0) + \frac{1}{(n+1)!}\Phi^{(n+1)}(\theta)$$
$$(0<\theta<1). \quad (8\text{-}7\text{-}2)$$

又
$$\Phi'(t) = hf'_x(x_0+ht, y_0+kt) + kf'_y(x_0+ht, y_0+kt)$$
$$= \left(h\frac{\partial}{\partial x} + k\frac{\partial}{\partial y}\right)f(x_0+ht, y_0+kt),$$
$$\Phi''(t) = h^2 f''_{xx}(x_0+ht, y_0+kt) + 2hk f''_{xy}(x_0+ht, y_0+kt)$$
$$+ k^2 f''_{yy}(x_0+ht, y_0+kt)$$
$$= \left(h\frac{\partial}{\partial x} + k\frac{\partial}{\partial y}\right)^2 f(x_0+ht, y_0+kt),$$

……

$$\Phi^{(n+1)}(t) = \sum_{p=0}^{n+1} C_{n+1}^p h^p k^{(n+1)-p} \frac{\partial^{(n+1)} f}{\partial x^p \partial y^{(n+1)-p}}\bigg|_{(x_0+ht, y_0+kt)}.$$

在上面结果中,令 $t=0$,再代入式(8-7-2),即得式(8-7-1).

式(8-7-1)称为二元函数 $z=f(x,y)$ 在点 (x_0,y_0) 处的 n 阶**泰勒公式**,其中 R_n 称为**拉格朗日余项**. 泰勒公式中,

$$f(x_0,y_0) + \left(h\frac{\partial}{\partial x} + k\frac{\partial}{\partial y}\right)f(x_0,y_0) + \frac{1}{2!}\left(h\frac{\partial}{\partial x} + k\frac{\partial}{\partial y}\right)^2 f(x_0,y_0)$$
$$+ \cdots + \frac{1}{n!}\left(h\frac{\partial}{\partial x} + k\frac{\partial}{\partial y}\right)^n f(x_0,y_0) \tag{8-7-3}$$

是 h,k 的多项式,称为 $f(x,y)$ 在点 (x_0,y_0) 处的 n 阶**泰勒多项式**,记为 $P_n(h,k)$.

当 $|h|,|k|$ 适当小时,有

$$f(x_0+h, y_0+k) \approx P_n(h,k),$$

其误差为 $|R_n|$. 由假设,函数具有直到 $n+1$ 阶连续偏导数,故它们的绝对值在点 (x_0,y_0) 的某一邻域内都不超过某一正数 M. 记 $\rho = \sqrt{h^2+k^2}$,则有 $(|h|+|k|)^2 \leqslant 2(h^2+k^2) = 2\rho^2$,于是有下面的误差估计公式:

$$|R_n| \leqslant \frac{M}{(n+1)!}(|h|+|k|)^{n+1} \leqslant \frac{(\sqrt{2})^{n+1}M}{(n+1)!}\rho^{n+1},$$

即

$$R_n = o(\rho^n).$$

当 $n=0$ 时,泰勒公式(8-7-1)成为

$$f(x_0+h, y_0+k) = f(x_0,y_0) + hf'_x(x_0+\theta h, y_0+\theta k)$$
$$+ kf'_y(x_0+\theta h, y_0+\theta k) \quad (0<\theta<1). \tag{8-7-4}$$

此式称为 $z=f(x,y)$ 的**拉格朗日中值公式**. 由此立刻可得下述结论:若函数 $f(x,y)$ 的偏导数 $f'_x(x,y), f'_y(x,y)$ 在某一区域内恒等于零,则函数 $f(x,y)$ 在此区域内必等于常数.

$x_0=0, y_0=0$ 时的泰勒公式,又称**麦克劳林公式**. $f(x,y)$ 的麦克劳林公式为

$$f(x,y) = f(0,0) + \left(x\frac{\partial}{\partial x} + y\frac{\partial}{\partial y}\right)f(0,0)$$
$$+ \frac{1}{2!}\left(x\frac{\partial}{\partial x} + y\frac{\partial}{\partial y}\right)^2 f(0,0)$$
$$+ \cdots + \frac{1}{n!}\left(x\frac{\partial}{\partial x} + y\frac{\partial}{\partial y}\right)^n f(0,0)$$
$$+ \frac{1}{(n+1)!}\left(x\frac{\partial}{\partial x} + y\frac{\partial}{\partial y}\right)^{n+1} f(\theta x, \theta y) \quad (0<\theta<1). \tag{8-7-5}$$

数学家简介

例 试求函数 $z=f(x,y)=\ln(1+x+y)$ 的三阶麦克劳林公式.

解 因为

$$\frac{\partial}{\partial x}f(x,y) = \frac{1}{1+x+y} = \frac{\partial}{\partial y}f(x,y),$$

$$\frac{\partial^2}{\partial x^2}f(x,y) = \frac{-1}{(1+x+y)^2} = \frac{\partial^2}{\partial x \partial y}f(x,y) = \frac{\partial^2}{\partial y^2}f(x,y),$$

$$\frac{\partial^3}{\partial x^p \partial y^{3-p}}f(x,y) = \frac{2!}{(1+x+y)^3} \quad (p=3,2,1,0),$$

$$\frac{\partial^4}{\partial x^p \partial y^{4-p}}f(x,y) = \frac{-3!}{(1+x+y)^4} \quad (p=4,3,2,1,0),$$

所以
$$\left(x\frac{\partial}{\partial x}+y\frac{\partial}{\partial y}\right)f(0,0)=x+y,$$
$$\left(x\frac{\partial}{\partial x}+y\frac{\partial}{\partial y}\right)^2 f(0,0)=-(x+y)^2,$$
$$\left(x\frac{\partial}{\partial x}+y\frac{\partial}{\partial y}\right)^3 f(0,0)=2(x+y)^3,$$
$$\left(x\frac{\partial}{\partial x}+y\frac{\partial}{\partial y}\right)^4 f(\theta x,\theta y)=\frac{-6(x+y)^4}{(1+\theta x+\theta y)^4}.$$

又 $f(0,0)=0$,故
$$\ln(1+x+y)=(x+y)-\frac{1}{2}(x+y)^2+\frac{1}{3}(x+y)^3-\frac{1}{4}\cdot\frac{(x+y)^4}{(1+\theta x+\theta y)^4} \quad (0<\theta<1).$$

习　题　8-7

*1. 求函数 $f(x,y)=x^3-5x^2-xy+y^2+10x+5y-4$ 在点 $(2,-1)$ 处的泰勒公式.

*2. 将函数 $f(x,y)=y^x$ 在点 $(1,1)$ 处展到泰勒公式的二次项.

*3. 求函数 $z=e^{x+y}$ 在点 $(1,-1)$ 处的泰勒公式.

*4. 求函数 $f(x,y)=e^x\ln(1+y)$ 的三阶麦克劳林公式.

习　题　八

1. 填空题：

(1) 函数 $z=2x+\sin\dfrac{y}{x}$ 在点 $(1,\pi)$ 处的二阶混合偏导数 $\left.\dfrac{\partial^2 z}{\partial x\partial y}\right|_{(1,\pi)}=$ _____.

(2) 设 $z=\dfrac{x+y}{x-y}$,则 $\left.\mathrm{d}z\right|_{(1,-1)}=$ _____.

(3) 设函数 $f(u,v)$ 具有二阶连续偏导数, $z=f(x,xy)$,则 $\dfrac{\partial^2 z}{\partial x\partial y}=$ _____.

(4) 设函数 $F(x,y)=\displaystyle\int_0^{xy}\dfrac{\sin t}{1+t^2}\mathrm{d}t$,则 $\left.\dfrac{\partial^2 F}{\partial x^2}\right|_{\substack{x=0\\y=2}}=$ _____.

(5) 若 $f\left(x+y,\dfrac{y}{x}\right)=x^2-y^2$,则 $f'_1(1,0)$ 的值是 _____.

2. 选择题：

(1) 在下列极限结果中,正确的是 (　　).

A. $\displaystyle\lim_{(x,y)\to(0,0)}\dfrac{xy}{x^2+y^2}=0$ \qquad B. $\displaystyle\lim_{(x,y)\to(0,0)}\dfrac{x^2 y}{x^2+y^2}=0$

C. $\displaystyle\lim_{(x,y)\to(0,0)}\dfrac{xy}{x+y}=0$ \qquad D. $\displaystyle\lim_{(x,y)\to(0,0)}\dfrac{x^2 y}{x+y}=0$

(2) 设函数 $f(x,y) = \sqrt{x^4+y^2}$,则( ).

A. $f'_x(0,0)$ 和 $f'_y(0,0)$ 都存在　　　　B. $f'_x(0,0)$ 不存在,$f'_y(0,0)$ 存在

C. $f'_x(0,0)$ 存在,$f'_y(0,0)$ 不存在　　　　D. $f'_x(0,0)$ 和 $f'_y(0,0)$ 都不存在

(3) 如果函数 $f(x,y)$ 在点 $(0,0)$ 处连续,那么下列命题正确的是( ).

A. 若极限 $\lim\limits_{\substack{x\to 0\\y\to 0}} \dfrac{f(x,y)}{|x|+|y|}$ 存在,则 $f(x,y)$ 在点 $(0,0)$ 处可微

B. 若极限 $\lim\limits_{\substack{x\to 0\\y\to 0}} \dfrac{f(x,y)}{x^2+y^2}$ 存在,则 $f(x,y)$ 在点 $(0,0)$ 处可微

C. 若 $f(x,y)$ 在点 $(0,0)$ 处可微,则极限 $\lim\limits_{\substack{x\to 0\\y\to 0}} \dfrac{f(x,y)}{|x|+|y|}$ 存在

D. 若 $f(x,y)$ 在点 $(0,0)$ 处可微,则极限 $\lim\limits_{\substack{x\to 0\\y\to 0}} \dfrac{f(x,y)}{x^2+y^2}$ 存在

(4) 设函数 $z = z(x,y)$ 由方程 $F\left(\dfrac{y}{x},\dfrac{z}{x}\right) = 0$ 确定,其中 F 为可微函数,且 $F'_2 \neq 0$,则 $x\dfrac{\partial z}{\partial x} + y\dfrac{\partial z}{\partial y} = ($).

A. x　　　　　　B. z　　　　　　C. $-x$　　　　　　D. $-z$

(5) 设有三元方程 $xy - z\ln y + e^{xz} = 1$.根据隐函数存在定理,存在点 $(0,1,1)$ 的一个邻域,在此邻域内该方程( ).

A. 只能确定一个具有连续偏导数的隐函数 $z = z(x,y)$

B. 可确定两个具有连续偏导数的隐函数 $y = y(x,z)$ 和 $z = z(x,y)$

C. 可确定两个具有连续偏导数的隐函数 $x = x(y,z)$ 和 $z = z(x,y)$

D. 可确定两个具有连续偏导数的隐函数 $x = x(y,z)$ 和 $y = y(x,z)$

3. 证明:函数 $f(x,y) = |xy|$ 在点 $O(0,0)$ 处可微.

4. 设函数 $z = xy + f\left(\dfrac{y}{x}\right)$,其中 $f(u)$ 为可微函数,求 $x\dfrac{\partial z}{\partial x} + y\dfrac{\partial z}{\partial y}$.

5. 设函数 $z = \cos y + f(\sin x - \sin y)$,其中 f 为可微的函数,求当 $y = \pi + x$ 时 $\sec x\dfrac{\partial^2 z}{\partial x^2} + \sec y\dfrac{\partial^2 z}{\partial y^2}$ 的值.

6. 设函数 $z = z(x,y)$ 由方程 $z = e^{2x-3z} + 2y$ 确定,求 $3\dfrac{\partial z}{\partial x} + \dfrac{\partial z}{\partial y}$.

7. 设 F 具有一阶连续偏导数,$w = \varphi(x,y,z)$ 为方程 $F(x-aw, y-bw, z-cw) = 0$(其中 a,b,c 为常数)所确定的隐函数,求 $a\dfrac{\partial w}{\partial x} + b\dfrac{\partial w}{\partial y} + c\dfrac{\partial w}{\partial z}$ 的值.

8. 设函数 $z = f(xy, yg(x))$,其中函数 f 具有二阶连续偏导数,函数 $g(x)$ 可导且在 $x=1$ 处取得极值 $g(1) = 1$,求 $\left.\dfrac{\partial^2 z}{\partial x \partial y}\right|_{\substack{x=1\\y=1}}$.

9. 设 $f(x,y,z) = xy^2 + yz^2 + zx^2$,求 $f''_{xx}(0,0,1), f''_{yz}(0,-1,0), f'''_{zzx}(2,0,1)$.

10. 设 $z = x\ln(xy)$,求 $\dfrac{\partial^3 z}{\partial x^2 \partial y}$ 及 $\dfrac{\partial^3 z}{\partial x \partial y^2}$.

11. 试证明:利用变量替换 $\xi = x - \dfrac{1}{3}y, \eta = x - y$,可将方程

$$\dfrac{\partial^2 u}{\partial x^2} + 4\dfrac{\partial^2 u}{\partial x \partial y} + 3\dfrac{\partial^2 u}{\partial y^2} = 0$$

化简成 $\dfrac{\partial^2 u}{\partial \xi \partial \eta} = 0$.

第九章

多元函数微分学的应用

第一节 空间曲线的切线与法平面

设空间曲线 Γ 的参数方程为
$$x = x(t), \quad y = y(t), \quad z = z(t),$$
其中 $t \in [\alpha, \beta]$, $x(t), y(t), z(t)$ 在区间 $[\alpha, \beta]$ 上可导.

考虑曲线 Γ 上对应于 $t = t_0$ 的一点 $P_0(x_0, y_0, z_0)$ 及对应于 $t = t_0 + \Delta t$ 的一点 $P(x_0 + \Delta x, y_0 + \Delta y, z_0 + \Delta z)$, 则曲线在 P_0 处的割线 $P_0 P$ 的直线方程为
$$\frac{x - x_0}{\Delta x} = \frac{y - y_0}{\Delta y} = \frac{z - z_0}{\Delta z}.$$

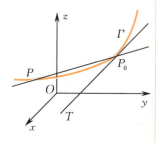

图 9-1

当 P 沿着 Γ 趋于 P_0 时, 割线 $P_0 P$ 的极限位置 $P_0 T$ 就是曲线 Γ 在点 P_0 处的**切线**(见图 9-1). 用 Δt 除上式的各分母, 得
$$\frac{x - x_0}{\frac{\Delta x}{\Delta t}} = \frac{y - y_0}{\frac{\Delta y}{\Delta t}} = \frac{z - z_0}{\frac{\Delta z}{\Delta t}}.$$

令 $P \to P_0$(这时有 $\Delta t \to 0$), 有
$$\frac{\Delta x}{\Delta t} \to \frac{\mathrm{d}x}{\mathrm{d}t}, \quad \frac{\Delta y}{\Delta t} \to \frac{\mathrm{d}y}{\mathrm{d}t}, \quad \frac{\Delta z}{\Delta t} \to \frac{\mathrm{d}z}{\mathrm{d}t},$$
则曲线在 P_0 处的**切线方程**为
$$\frac{x - x_0}{x'(t_0)} = \frac{y - y_0}{y'(t_0)} = \frac{z - z_0}{z'(t_0)}. \tag{9-1-1}$$

切线的方向向量 $(x'(t_0), y'(t_0), z'(t_0))$ 称为曲线在点 P_0 处的**切向量**, 通过点 P_0 而与切线垂直的平面称为曲线在 P_0 处的**法平面**. 由于 $(x'(t_0), y'(t_0), z'(t_0))$ 可作为法平面的法向量, 因此由平面的点法式方程可得法平面方程为
$$x'(t_0)(x - x_0) + y'(t_0)(y - y_0) + z'(t_0)(z - z_0) = 0. \tag{9-1-2}$$

设曲线的方程为
$$\begin{cases} F(x, y, z) = 0, \\ G(x, y, z) = 0, \end{cases} \tag{9-1-3}$$
$P_0(x_0, y_0, z_0)$ 为曲线上一点. 如果 F, G 在 P_0 的某邻域内的各个偏导数存在且连续, 其雅可比行列式在点 P_0 的值不等于零, 即
$$\left. \frac{\partial(F, G)}{\partial(y, z)} \right|_{P_0} \neq 0, \tag{9-1-4}$$

由第八章第六节定理 3 得,方程组在此邻域内确定了一组函数 $y = y(x), z = z(x)$,即以 x 为参数的形式,满足 $y_0 = y(x_0), z_0 = z(x_0)$,并且有

$$\frac{\mathrm{d}y}{\mathrm{d}x} = \frac{\frac{\partial(F,G)}{\partial(z,x)}}{\frac{\partial(F,G)}{\partial(y,z)}}, \quad \frac{\mathrm{d}z}{\mathrm{d}x} = \frac{\frac{\partial(F,G)}{\partial(x,y)}}{\frac{\partial(F,G)}{\partial(y,z)}}.$$

因此,曲线在 P_0 处的切线方程为

$$\frac{x-x_0}{1} = \frac{y-y_0}{y'(x_0)} = \frac{z-z_0}{z'(x_0)}, \tag{9-1-5}$$

即

$$\frac{x-x_0}{\frac{\partial(F,G)}{\partial(y,z)}\bigg|_{P_0}} = \frac{y-y_0}{\frac{\partial(F,G)}{\partial(z,x)}\bigg|_{P_0}} = \frac{z-z_0}{\frac{\partial(F,G)}{\partial(x,y)}\bigg|_{P_0}};$$

曲线在 P_0 处的法平面方程为

$$(x-x_0) + y'(x_0)(y-y_0) + z'(x_0)(z-z_0) = 0. \tag{9-1-6}$$

例 1 求螺旋线

$$x = a\cos t, \quad y = a\sin t, \quad z = amt$$

在 $t = \frac{\pi}{4}$ 处的切线方程与法平面方程.

解 $x' = -a\sin t, \quad y' = a\cos t, \quad z' = am$,

故曲线在 $t = \frac{\pi}{4}$ 处的切线方程为

$$\frac{x - \frac{\sqrt{2}}{2}a}{-1} = \frac{y - \frac{\sqrt{2}}{2}a}{1} = \frac{z - \frac{am\pi}{4}}{\sqrt{2}m};$$

法平面方程为

$$-\left(x - \frac{\sqrt{2}}{2}a\right) + \left(y - \frac{\sqrt{2}}{2}a\right) + \sqrt{2}m\left(z - \frac{am\pi}{4}\right) = 0,$$

即

$$-x + y + \sqrt{2}mz = \frac{\sqrt{2}}{4}am^2\pi.$$

例 2 求曲线

$$\begin{cases} x^2 + y^2 + z^2 = 9, \\ z = xy \end{cases}$$

在点 $M_0(1,2,2)$ 处的切线方程与法平面方程.

解 令

$$F(x,y,z) = x^2 + y^2 + z^2 - 9,$$
$$G(x,y,z) = xy - z,$$

则有

$$\left.\frac{\partial(F,G)}{\partial(y,z)}\right|_{M_0} = \begin{vmatrix} 2y & 2z \\ x & -1 \end{vmatrix}\bigg|_{M_0} = \begin{vmatrix} 4 & 4 \\ 1 & -1 \end{vmatrix} = -8 \neq 0.$$

还可求得

$$\left.\frac{\partial(F,G)}{\partial(z,x)}\right|_{M_0} = 10, \quad \left.\frac{\partial(F,G)}{\partial(x,y)}\right|_{M_0} = -6.$$

故切线方程为

$$\frac{x-1}{-8} = \frac{y-2}{10} = \frac{z-2}{-6};$$

法平面方程为

$$-8(x-1) + 10(y-2) - 6(z-2) = 0,$$

即

$$4x - 5y + 3z = 0.$$

习题 9-1

1. 求下列曲线在给定点的切线方程和法平面方程:
   (1) $x = a\sin^2 t, y = b\sin t\cos t, z = c\cos^2 t$,点 $t = \frac{\pi}{4}$;
   (2) $x^2 + y^2 + z^2 = 6, x + y + z = 0$,点 $M_0(1, -2, 1)$;
   (3) $y^2 = 2mx, z^2 = m - x$,点 $M_0(x_0, y_0, z_0)$.
2. $t(0 < t < 2\pi)$ 为何值时,曲线 $L: x = t - \sin t, y = 1 - \cos t, z = 4\sin\frac{t}{2}$ 在相应点的切线垂直于平面 $x + y + \sqrt{2}z = 0$?并求相应的切线方程和法平面方程.
3. 在曲线 $x = t, y = t^2, z = t^3$ 上求一点 M,使曲线在点 M 处的切线与平面 $x + 2y + z = 4$ 平行.

第二节 空间曲面的切平面与法线

图 9-2

设曲面 Σ 的方程为

$$F(x, y, z) = 0,$$

如图 9-2 所示,点 $M_0(x_0, y_0, z_0)$ 在曲面 Σ 上. 过 M_0 在 Σ 上任作一条曲线 Γ,设 Γ 的参数方程为

$$x = x(t), \quad y = y(t), \quad z = z(t),$$

且 M_0 对应于参数 t_0,假定在 $t = t_0$ 处,$x(t), y(t), z(t)$ 均可导,且导

数不全为零,则
$$F(x(t),y(t),z(t)) \equiv 0.$$
在 t_0 处对上式关于 t 求导,得
$$F'_x(x_0,y_0,z_0)x'(t_0) + F'_y(x_0,y_0,z_0)y'(t_0)$$
$$+ F'_z(x_0,y_0,z_0)z'(t_0) = 0.$$
引入向量
$$\boldsymbol{n} = (F'_x(x_0,y_0,z_0), F'_y(x_0,y_0,z_0), F'_z(x_0,y_0,z_0)),$$
$$\boldsymbol{s} = (x'(t_0), y'(t_0), z'(t_0)).$$
注意到 $\boldsymbol{s}$ 是曲线 Γ 在 M_0 处的切向量,而
$$\boldsymbol{n} \cdot \boldsymbol{s} = 0,$$
即说明不管 Γ 的选取方式如何,它在点 M_0 处的切向量 $\boldsymbol{s}$ 总垂直于定向量 $\boldsymbol{n}$. 所以,曲面 Σ 上通过 M_0 的一切曲线在点 M_0 的切线均在同一个平面内,这个平面称为曲面 Σ 在 M_0 处的**切平面**. 由平面的点法式方程,可知此切平面的方程为
$$F'_x(x_0,y_0,z_0)(x-x_0) + F'_y(x_0,y_0,z_0)(y-y_0)$$
$$+ F'_z(x_0,y_0,z_0)(z-z_0) = 0. \qquad (9\text{-}2\text{-}1)$$
通过点 M_0 且垂直于切平面的直线称为曲面 Σ 在该点的**法线**,而把 $\boldsymbol{n}$ 称为曲面的**法向量**. 由于 $\boldsymbol{n}$ 即为法线的方向向量,因此由直线的标准方程可得出法线方程为
$$\frac{x-x_0}{F'_x(x_0,y_0,z_0)} = \frac{y-y_0}{F'_y(x_0,y_0,z_0)} = \frac{z-z_0}{F'_z(x_0,y_0,z_0)}. \qquad (9\text{-}2\text{-}2)$$
若曲面 Σ 以显函数
$$z = f(x,y)$$
的形式给出,可记
$$F(x,y,z) = f(x,y) - z,$$
则曲面在 M_0 处的法向量为
$$\boldsymbol{n} = (f'_x(x_0,y_0), f'_y(x_0,y_0), -1).$$
由此得出曲面在 M_0 处的切平面方程和法线方程分别为
$$f'_x(x_0,y_0)(x-x_0) + f'_y(x_0,y_0)(y-y_0) - (z-z_0) = 0,$$
$$\frac{x-x_0}{f'_x(x_0,y_0)} = \frac{y-y_0}{f'_y(x_0,y_0)} = \frac{z-z_0}{-1}.$$

例 1 求球面 $x^2+y^2+z^2=14$ 在点 $(1,2,3)$ 处的切平面方程及法线方程.

解 记 $F(x,y,z)=x^2+y^2+z^2-14$,则
$$\boldsymbol{n} = (F'_x, F'_y, F'_z)\Big|_{(1,2,3)} = (2,4,6).$$
所以,在点 $(1,2,3)$ 处的切平面方程为
$$2(x-1) + 4(y-2) + 6(z-3) = 0,$$

即
$$x+2y+3z-14=0;$$

法线方程为
$$\frac{x-1}{1}=\frac{y-2}{2}=\frac{z-3}{3}.$$

空间曲面方程的形式是多种多样的. 下面我们讨论一种较为复杂的形式. 设曲面 Σ 以参数方程形式
$$x=x(u,v), \quad y=y(u,v), \quad z=z(u,v) \quad (9\text{-}2\text{-}3)$$
给出, $M_0(x_0,y_0,z_0)$ 为曲面上一点, 现在我们要求曲面 Σ 在点 M_0 处的切平面方程和法线方程.

显然, 解决这一问题最直接的方法就是在式(9-2-3)中选择两个相对简单的方程组成方程组, 例如
$$\begin{cases} x=x(u,v), \\ y=y(u,v). \end{cases}$$

解此方程组得 $u=u(x,y), v=v(x,y)$, 再将此方程组代入第三个方程, 如 $z=z(u,v)=z(u(x,y),v(x,y))$, 然后用前面的方法求得曲面 Σ 上过 M_0 的切平面方程和法线方程.

然而, 当式(9-2-3)中方程都比较复杂时, 上述做法是很难实现的. 下面我们将介绍一种一般的方法. 基于上面直接方法的思路, 我们现在来推导这一问题的一般公式. 设 $M_0(x_0,y_0,z_0)$ 为曲面上一点, 且对应的参数点为 (u_0,v_0), 首先选取方程组
$$\begin{cases} x=x(u,v), \\ y=y(u,v). \end{cases} \quad (9\text{-}2\text{-}4)$$
这里需特别指出的是, 这个方程组中方程的选择要求其雅可比行列式不为零, 即
$$J=\frac{\partial(x,y)}{\partial(u,v)}\bigg|_{(u_0,v_0)}=\begin{vmatrix} x'_u(u_0,v_0) & y'_u(u_0,v_0) \\ x'_v(u_0,v_0) & y'_v(u_0,v_0) \end{vmatrix}\neq 0.$$

否则, 通过调换方程使得上述条件成立.

在方程组(9-2-4)中, 记
$$F(x,y,u,v)=x-x(u,v)=0,$$
$$G(x,y,u,v)=y-y(u,v)=0.$$

我们假设第八章第六节定理 3 的条件成立. 由此定理有
$$u'_x=\frac{1}{J}y'_v(u_0,v_0); \qquad v'_x=-\frac{1}{J}y'_u(u_0,v_0);$$
$$u'_y=-\frac{1}{J}x'_v(u_0,v_0); \qquad v'_y=\frac{1}{J}x'_u(u_0,v_0),$$

其中 J 为式(9-2-4)在参数点 (u_0,v_0) 处的雅可比行列式.

记

$$H(x,y,z) = z(u,v) - z,$$

则有

$$H'_x = z'_u u'_x + z'_v v'_x = -\frac{1}{J} \cdot \frac{\partial(y,z)}{\partial(u,v)};$$

$$H'_y = z'_u u'_y + z'_v v'_y = -\frac{1}{J} \cdot \frac{\partial(z,x)}{\partial(u,v)};$$

$$H'_z = -1.$$

将对应参数点(u_0, v_0)代入H'_x, H'_y,得曲面Σ在M_0处的切平面方程

$$\frac{\partial(y,z)}{\partial(u,v)}\bigg|_{(u_0,v_0)}(x-x_0) + \frac{\partial(z,x)}{\partial(u,v)}\bigg|_{(u_0,v_0)}(y-y_0)$$
$$+ \frac{\partial(x,y)}{\partial(u,v)}\bigg|_{(u_0,v_0)}(z-z_0) = 0,$$

其行列式形式可表示为

$$\begin{vmatrix} x-x(u_0,v_0) & y-y(u_0,v_0) & z-z(u_0,v_0) \\ x'_u(u_0,v_0) & y'_u(u_0,v_0) & z'_u(u_0,v_0) \\ x'_v(u_0,v_0) & y'_v(u_0,v_0) & z'_v(u_0,v_0) \end{vmatrix} = 0; \quad (9\text{-}2\text{-}5)$$

法线方程为

$$\frac{x-x(u_0,v_0)}{\frac{\partial(y,z)}{\partial(u,v)}\bigg|_{(u_0,v_0)}} = \frac{y-y(u_0,v_0)}{\frac{\partial(z,x)}{\partial(u,v)}\bigg|_{(u_0,v_0)}} = \frac{z-z(u_0,v_0)}{\frac{\partial(x,y)}{\partial(u,v)}\bigg|_{(u_0,v_0)}}. \quad (9\text{-}2\text{-}6)$$

注意 $\frac{\partial(y,z)}{\partial(u,v)}\bigg|_{(u_0,v_0)}, \frac{\partial(z,x)}{\partial(u,v)}\bigg|_{(u_0,v_0)}, \frac{\partial(x,y)}{\partial(u,v)}\bigg|_{(u_0,v_0)}$ 不能全为零.

例 2 曲面的参数方程为

$$\begin{cases} x = u + e^{u+v}, \\ y = u + v, \\ z = e^{u-v}, \end{cases}$$

求曲面在$u=1, v=-1$处的切平面方程及法线方程.

解 $x_0 = 2, \quad y_0 = 0, \quad z_0 = e^2,$

$$\frac{\partial(y,z)}{\partial(u,v)}\bigg|_{(1,-1)} = \begin{vmatrix} 1 & 1 \\ e^{u-v} & -e^{u-v} \end{vmatrix}_{(1,-1)} = -2e^2,$$

$$\frac{\partial(z,x)}{\partial(u,v)}\bigg|_{(1,-1)} = \begin{vmatrix} e^{u-v} & -e^{u-v} \\ 1+e^{u+v} & e^{u+v} \end{vmatrix}_{(1,-1)} = 3e^2,$$

$$\frac{\partial(x,y)}{\partial(u,v)}\bigg|_{(1,-1)} = \begin{vmatrix} 1+e^{u+v} & e^{u+v} \\ 1 & 1 \end{vmatrix}_{(1,-1)} = 1.$$

故在点$M_0(2,0,e^2)$处曲面的切平面方程为

$$-2e^2(x-2) + 3e^2(y-0) + (z-e^2) = 0,$$

即

$$-2e^2 x + 3e^2 y + z + 3e^2 = 0;$$

法线方程为
$$\frac{x-2}{-2e^2} = \frac{y}{3e^2} = \frac{z-e^2}{1}.$$

注意　其实，在本例中我们只要选择好方程，构成方程组，用直接方法简单得多，因为将 $u+v=y$ 代入第一个方程得 $u=x-e^y$，将这一结果回代入第二个方程得 $v=y-x+e^y$，将 u,v 代入第三个方程得
$$\ln z = 2x - y - 2e^y,$$
再令 $F(x,y,z) = 2x - y - 2e^y - \ln z = 0$，即可直接得到上述结果. 但用这种方法只能解决一些相对简单的问题.

习题 9-2

1. 指出曲面 $z=xy$ 上何处的法线垂直于平面 $x-2y+z=6$，并求出该点的法线方程与切平面方程.
2. 求下列曲面在给定点的切平面方程和法线方程：
(1) $z = x^2 + y^2$，点 $M_0(1,2,5)$；
(2) $z = \arctan\dfrac{y}{x}$，点 $M_0\left(1,1,\dfrac{\pi}{4}\right)$.
3. 证明：曲面 $xyz = a^3$ 上任一点的切平面与坐标平面围成的四面体体积一定.
4. 设直线 $l: \begin{cases} x+y+b=0, \\ x+ay-z-3=0 \end{cases}$ 在平面 Π 上，而平面 Π 与曲面 $z = x^2 + y^2$ 相切于点 $(1,-2,5)$，求 a 和 b 的值.

第三节　方向导数

我们称 $\mathbf{R}^n$ 空间中任一单位向量为**方向**. 当 $n=2$ 时，任何方向可表示为 $e = (\cos\theta, \sin\theta)$，其中 θ 为该方向与 x 轴正向的夹角；当 $n=3$ 时，任何方向可表示为 $e = (\cos\alpha, \cos\beta, \cos\gamma)$，其中 α, β, γ 为该方向的方向角. 函数 $u = f(x,y,z)$ 在 $M(x,y,z)$ 处的偏导数 $\dfrac{\partial u}{\partial x}$，$\dfrac{\partial u}{\partial y}$，$\dfrac{\partial u}{\partial z}$ 分别表示函数沿三个坐标轴方向的变化率. 在许多实际问题中，常常需要知道函数在此点沿某个特定方向的变化率，即沿该方向的方向导数.

设函数 $u=f(x,y,z)$ 在开集 $D\subset\mathbf{R}^3$ 内有定义,给定点 $P_0(x_0,y_0,z_0)\in D$ 及向量 l,记 $e_l=(\cos\alpha,\cos\beta,\cos\gamma)$ 为与 l 同方向的单位向量,则过点 $P_0(x_0,y_0,z_0)$、以 e_l 为方向向量的直线 L 的参数方程为

$$x=x_0+t\cos\alpha,\quad y=y_0+t\cos\beta,\quad z=z_0+t\cos\gamma,$$

其中 t 为参数. 在直线 L 上任取一点 $P\in D$,其坐标为

$$(x_0+t\cos\alpha,y_0+t\cos\beta,z_0+t\cos\gamma),$$

即当 $t=0$ 与 $t=\Delta l$ 时,分别对应于 L 上的点 P_0 与 P(见图 9-3).

图 9-3

定义 如果极限

$$\lim_{\Delta l\to 0}\frac{f(x_0+\Delta l\cos\alpha,y_0+\Delta l\cos\beta,z_0+\Delta l\cos\gamma)-f(x_0,y_0,z_0)}{\Delta l}$$

存在,则称这个极限为函数 $u=f(x,y,z)$ 在点 $P_0(x_0,y_0,z_0)$ 沿向量 l 的**方向导数**,并记作 $\left.\dfrac{\partial f}{\partial l}\right|_{P_0}$ 或 $\left.\dfrac{\partial u}{\partial l}\right|_{P_0}$ 或 $f'_l(P_0)$,即

$$\left.\frac{\partial u}{\partial l}\right|_{P_0}=\lim_{\Delta l\to 0}\frac{f(x_0+\Delta l\cos\alpha,y_0+\Delta l\cos\beta,z_0+\Delta l\cos\gamma)-f(x_0,y_0,z_0)}{\Delta l},$$

其中 $\cos\alpha,\cos\beta,\cos\gamma$ 为向量 l 的方向余弦.

若用 $e_x=(1,0,0),e_y=(0,1,0),e_z=(0,0,1)$ 分别表示 x 轴、y 轴、z 轴的正向,如果 $\dfrac{\partial f}{\partial x},\dfrac{\partial f}{\partial y},\dfrac{\partial f}{\partial z}$ 存在,则函数 $u=f(x,y,z)$ 沿 x 轴、y 轴、z 轴的方向导数为 $\dfrac{\partial f}{\partial x},\dfrac{\partial f}{\partial y},\dfrac{\partial f}{\partial z}$. 一般地,我们可以推得以下方向导数的计算公式.

定理 若函数 $u=f(x,y,z)$ 在点 $P_0(x_0,y_0,z_0)$ 处可微,则函数 f 在 P_0 处沿任意方向 e_l 的方向导数存在,且有以下的求导公式:

$$\left.\frac{\partial f}{\partial l}\right|_{P_0}=\left.\frac{\partial u}{\partial x}\right|_{P_0}\cos\alpha+\left.\frac{\partial u}{\partial y}\right|_{P_0}\cos\beta+\left.\frac{\partial u}{\partial z}\right|_{P_0}\cos\gamma,\quad(9\text{-}3\text{-}1)$$

其中 $\cos\alpha,\cos\beta,\cos\gamma$ 为方向 e_l 的方向余弦.

证 当 $u=f(x,y,z)$ 在 P_0 处可微时,u 的全增量可表示成

$$\Delta u=\frac{\partial u}{\partial x}\Delta x+\frac{\partial u}{\partial y}\Delta y+\frac{\partial u}{\partial z}\Delta z+o(\rho),$$

其中 $\rho=\sqrt{(\Delta x)^2+(\Delta y)^2+(\Delta z)^2}$. 于是

$$\frac{\Delta u}{\rho}=\frac{\partial u}{\partial x}\cdot\frac{\Delta x}{\rho}+\frac{\partial u}{\partial y}\cdot\frac{\Delta y}{\rho}+\frac{\partial u}{\partial z}\cdot\frac{\Delta z}{\rho}+\frac{o(\rho)}{\rho}.$$

如果限制点 $P(x_0+\Delta x,y_0+\Delta y,z_0+\Delta z)$ 取在射线 L 上,则

$$\frac{\Delta x}{\rho}=\cos\alpha,\quad\frac{\Delta y}{\rho}=\cos\beta,\quad\frac{\Delta z}{\rho}=\cos\gamma,$$

于是
$$\lim_{\rho \to 0} \frac{\Delta u}{\rho} = \frac{\partial u}{\partial x}\cos\alpha + \frac{\partial u}{\partial y}\cos\beta + \frac{\partial u}{\partial z}\cos\gamma.$$

在空间 $\mathbf{R}^2$ 中，二元函数 $z = f(x,y)$ 在点 (x_0, y_0) 处沿任一给定方向 $\mathbf{l}$ 的方向导数可看作上述情形的特例. 此时，如果 $f(x,y)$ 在点 (x_0, y_0) 处可微，则成立如下公式：

$$\left.\frac{\partial f}{\partial l}\right|_{(x_0,y_0)} = f'_x(x_0,y_0)\cos\alpha + f'_y(x_0,y_0)\cos\beta,$$

其中 $\cos\alpha, \cos\beta$ 为方向 $\mathbf{l}$ 的方向余弦.

例 $u = x^2 + y^2 - z$, $\mathbf{l} = 2\mathbf{i} + \mathbf{j} + 3\mathbf{k}$，试求 $\left.\dfrac{\partial u}{\partial l}\right|_{(1,1,1)}$.

解 先求出 $\mathbf{l}$ 的方向余弦：

$$\cos\alpha = \frac{2}{\sqrt{2^2+1^2+3^2}} = \frac{2}{\sqrt{14}},$$

$$\cos\beta = \frac{1}{\sqrt{2^2+1^2+3^2}} = \frac{1}{\sqrt{14}},$$

$$\cos\gamma = \frac{3}{\sqrt{2^2+1^2+3^2}} = \frac{3}{\sqrt{14}}.$$

再求出偏导数：

$$\frac{\partial u}{\partial x} = 2x, \quad \frac{\partial u}{\partial y} = 2y, \quad \frac{\partial u}{\partial z} = -1.$$

于是

$$\mathbf{e}_l = \left(\frac{2}{\sqrt{14}}, \frac{1}{\sqrt{14}}, \frac{3}{\sqrt{14}}\right),$$

$$\left.\frac{\partial u}{\partial l}\right|_{(1,1,1)} = 2 \cdot \frac{2}{\sqrt{14}} + 2 \cdot \frac{1}{\sqrt{14}} - \frac{3}{\sqrt{14}} = \frac{3}{\sqrt{14}} = \frac{3\sqrt{14}}{14}.$$

习题 9-3

1. 求函数 $u = xy^2 + z^3 - xyz$ 在点 $(1,1,2)$ 处沿方向角为 $\alpha = \dfrac{\pi}{3}, \beta = \dfrac{\pi}{4}, \gamma = \dfrac{\pi}{3}$ 的方向的方向导数.
2. 求函数 $u = xyz$ 在点 $(5,1,2)$ 处沿从点 $A(5,1,2)$ 到 $B(9,4,14)$ 方向的方向导数.
3. 求函数 $z = x^2 + y^2$ 在任意点 $M(x,y)$ 处沿向量 $\mathbf{e} = (-1,-1)$ 所指方向的方向导数.
4. 求函数 $z = x^2 + y^2$ 在点 $(1,2)$ 处沿从该点到点 $(2, 2+\sqrt{3})$ 方向的方向导数.

第四节 多元函数的极值及其求法

在第八章第二节中,我们说明了多元连续函数在有界闭区域上存在最大值和最小值.但在实际应用问题中却要求我们给出求多元函数最大值与最小值的方法.跟一元函数一样,多元函数的最大值与最小值是与多元函数的极值密切相关的.为此,我们先介绍二元函数的极值的定义以及判断极值的必要条件与充分条件,至于自变量多于两个的情形可以类似地加以解决.

一、多元函数的极值及最大值与最小值

定义 设二元函数 $u = f(x, y)$ 定义在开集 $\Omega \subset \mathbf{R}^2$ 上,若存在 $P_0(x_0, y_0)$ 的某个邻域 $U(P_0) \subset \Omega$,对任意 $P(x, y) \in U(P_0)$,有
$$f(x, y) \geqslant f(x_0, y_0),$$
则称点 P_0 为 f 的**极小值点**,$f(x_0, y_0)$ 称为 f 的**极小值**;若存在 $P_0(x_0, y_0)$ 的某个邻域 $U(P_0) \subset \Omega$,使得对任意 $P(x, y) \in U(P_0)$,有
$$f(x, y) \leqslant f(x_0, y_0),$$
则称点 P_0 为 f 的**极大值点**,$f(x_0, y_0)$ 称为 f 的**极大值**.

极大值与极小值统称为极值,极大值点与极小值点统称为极值点.

定理 1(极值点的必要条件) 如果二元函数 $u = f(x, y)$ 在区域 D 内可微,那么函数 $z = f(x, y)$ 在 D 内一点 $P_0(x_0, y_0)$ 取得极值的必要条件是 $f'_x(x_0, y_0) = 0, f'_y(x_0, y_0) = 0$.

证 因为 $f(x, y)$ 在点 $P_0(x_0, y_0)$ 取得极值,于是一元函数 $f(x, y_0)$ 在 $x = x_0$ 处也取得极值,由一元函数取得极值的必要条件,有 $f'_x(x, y_0)\big|_{x=x_0} = 0$,即
$$f'_x(x_0, y_0) = 0.$$
同理可得
$$f'_y(x_0, y_0) = 0.$$

与一元函数类似,我们把 $u = f(x_1, x_2, \cdots, x_n)$ 的一阶偏导数全为 0 的点称为 f 的**驻点**(**稳定点**).定理 1 告诉我们,偏导数存在的函数其极值点必是驻点,但其逆不成立.有些函数偏导数不存在的点,也可能是极值点.一般地,可根据下面定理来判断驻点是否为

函数的极值点.

定理 2（极值点的充分条件） 设二元函数 $z=f(x,y)$ 在开区域 $G \subset \mathbf{R}^2$ 内有二阶连续偏导数，$(x_0,y_0) \in G$ 是 f 的驻点，令
$$f''_{xx}(x_0,y_0) = A,$$
$$f''_{xy}(x_0,y_0) = B,$$
$$f''_{yy}(x_0,y_0) = C,$$
则

(1) 当 $AC-B^2 > 0$ 时，$f(x,y)$ 在点 (x_0,y_0) 取得极值，且当 $A<0$ 时取极大值，当 $A>0$ 时取极小值；

(2) 当 $AC-B^2 < 0$ 时，$f(x,y)$ 在点 (x_0,y_0) 不取极值；

(3) 当 $AC-B^2 = 0$ 时，$f(x,y)$ 在点 (x_0,y_0) 可能有极值，也可能没有极值.

例 1 求 $f(x,y) = x^3 - y^3 + 3x^2 + 3y^2 - 9x$ 的极值点.

解 先求 f 的驻点. 解方程组
$$\begin{cases} \dfrac{\partial f}{\partial x} = 3x^2 + 6x - 9 = 0, \\ \dfrac{\partial f}{\partial y} = -3y^2 + 6y = 0, \end{cases}$$
得四个驻点 $P_1(1,0), P_2(-3,0), P_3(1,2), P_4(-3,2)$. 又
$$f''_{xx} = 6x+6, \quad f''_{xy} = 0, \quad f''_{yy} = -6y+6.$$
对 $P_1(1,0)$，$AC-B^2 > 0$，且 $A>0$，故 P_1 是 f 的极小值点；

对 $P_2(-3,0)$，$AC-B^2 < 0$，故 P_2 不是极值点；

对 $P_3(1,2)$，$AC-B^2 < 0$，故 P_3 不是极值点；

对 $P_4(-3,2)$，$AC-B^2 > 0$，且 $A<0$，故 P_4 是 f 的极大值点.

与一元函数类似，我们可以利用极值来求函数的最值. 如果函数 f 在有界闭集 D 上连续，则最值必存在. 其**一般求法**是：将 f 在 D 内的一切驻点及偏导数不存在的点处的函数值与 D 的边界上的函数值进行比较，最大的即为最大值，最小的即为最小值. 在实际问题中，往往根据问题的实际意义来简化判断过程.

例 2 试在 x 轴、y 轴与直线 $x+y=2\pi$ 围成的三角形闭区域上求函数 $u = \sin x + \sin y - \sin(x+y)$ 的最大值.

解 解方程组
$$\begin{cases} \dfrac{\partial u}{\partial x} = \cos x - \cos(x+y) = 0, \\ \dfrac{\partial u}{\partial y} = \cos y - \cos(x+y) = 0, \end{cases}$$

得
$$\begin{cases} \pm x = x + y + 2k\pi, \\ \pm y = x + y + 2k\pi \end{cases} \quad (k \in \mathbf{N}, \mathbf{N} \text{表示非负整数集}),$$

在区域内部的解只有 $\left(\dfrac{2\pi}{3}, \dfrac{2\pi}{3}\right)$，此点处 $u = \dfrac{3\sqrt{3}}{2}$，而在边界 $x=0, y=0, x+y=2\pi$ 上均有 $u=0$，所以 u 在 $\left(\dfrac{2\pi}{3}, \dfrac{2\pi}{3}\right)$ 处取得最大值 $\dfrac{3\sqrt{3}}{2}$.

* 许多工程问题，常常需要根据两个变量的一些实际数值，来找出这两个变量的函数关系的近似表达式. 这样的近似表达式称为经验公式.

根据二元函数极值的一个实际应用，下面介绍数据处理技术中的一种常见方法——最小二乘法.

设变量 x, y 之间存在某种关系，通过实验找到 n 组相关的数据 (x_1, y_1)，$(x_2, y_2), \cdots, (x_n, y_n)$，这些数据在 xOy 平面上呈现一种直线分布状态. 于是，我们设想应能找到一条直线
$$y = ax + b$$
来刻画变量 x, y 之间的函数关系. 当然，$y = ax + b$ 并不能满足所有的点 (x_i, y_i)，最理想的就是使得 $y = ax + b$ 在 $x_i (i=1, 2, \cdots, n)$ 处的函数值与实际数据的偏差都很小. 记 $\delta_i = y_i - (ax_i + b)$. 显然，用 $\sum\limits_{i=1}^{n} \delta_i$ 来表示误差的总体效果不妥，因为 δ_i 有正、有负，于是想到用 $\sum\limits_{i=1}^{n} \delta_i^2$ 来表示总体误差. 我们的任务即为寻求 $y = ax + b$，使
$$u = \sum_{i=1}^{n} \delta_i^2 = \sum_{i=1}^{n} (y_i - (ax_i + b))^2$$
达到最小，以保证每个偏差的绝对值都很小. 这种根据偏差平方和最小的条件来选择常数 a, b 的方法叫作最小二乘法. 其过程实际上就是求 $u = \sum\limits_{i=1}^{n} \delta_i^2$ 的最小值. 为此，先求驻点：
$$\begin{cases} \dfrac{\partial u}{\partial a} = \sum\limits_{i=1}^{n} 2(y_i - ax_i - b)(-x_i) = 0, \\ \dfrac{\partial u}{\partial b} = \sum\limits_{i=1}^{n} 2(y_i - ax_i - b)(-1) = 0, \end{cases}$$
即
$$\begin{cases} a\sum\limits_{i=1}^{n} x_i^2 + b\sum\limits_{i=1}^{n} x_i = \sum\limits_{i=1}^{n} x_i y_i, \\ a\sum\limits_{i=1}^{n} x_i + nb = \sum\limits_{i=1}^{n} y_i. \end{cases}$$

此方程组的唯一一组解即为 u 的最小值点.

例 3 为了测定刀具的磨损速度，我们做这样的实验：经过一定时间（每隔 1h），测量 1 次刀具

的厚度,得到实验数据如下:

时间 t_i/h	0	1	2	3	4	5	6	7
刀具厚度 y_i/mm	27.0	26.8	26.5	26.3	26.1	25.7	25.3	24.8

试根据上面的数据建立 y 和 t 之间的函数关系.

解 首先,要确定 $y=f(t)$ 的类型. 为此,在直角坐标系下描点. 从图 9-4 中可以看出,这些点大致接近一条直线. 因此,设 $f(t)=at+b$,求 $u=\sum_{i=0}^{7}(y_i-(at_i+b))^2$ 的最小值. 由上面的讨论,只需求解方程组

$$\begin{cases} a\sum_{i=0}^{7} t_i^2 + b\sum_{i=0}^{7} t_i = \sum_{i=0}^{7} y_i t_i, \\ a\sum_{i=0}^{7} t_i + 8b = \sum_{i=0}^{7} y_i. \end{cases}$$

图 9-4

把 (t_i, y_i) 代入方程组,得

$$\begin{cases} 140a + 28b = 717, \\ 28a + 8b = 208.5, \end{cases}$$

解得

$$\begin{cases} a = -0.3036, \\ b = 27.125, \end{cases}$$

即

$$y = -0.3036t + 27.125.$$

二、条件极值

以上讨论的多元函数极值问题,各自变量是相互独立变化的. 然而,更为普遍的是,极值问题常常附加一些约束条件. 附加某些条件的极值称为**条件极值**. 相应地,前面讨论的极值问题叫作**无条件极值**或**普通极值**. 有的条件极值可以化成无条件极值,但更多的条件极值无法化成无条件极值. 条件极值常记作

$$\min(\text{或 max}) u = u(x, y, z), \qquad (9\text{-}4\text{-}1)$$
$$\text{s.t.} \quad \varphi(x, y, z) = 0, \qquad (9\text{-}4\text{-}2)$$

其中式(9-4-1)中的函数 $u(x,y,z)$ 称为**目标函数**,式(9-4-2)中的 $\varphi(x,y,z)=0$ 称为**约束条件**.

求解条件极值问题通常都采用下述的**拉格朗日乘数法**.

定理 3 设 n 元函数 $f(x_1, x_2, \cdots, x_n), \varphi(x_1, x_2, \cdots, x_n)$ 在开区域 $\Omega \subset \mathbf{R}^n$ 内有一阶连续偏导数,且 $\frac{\partial \varphi}{\partial x_i}(i=1,2,\cdots,n)$ 不全为零,则函数 $u = f(x_1, x_2, \cdots, x_n)$ 在条件 $\varphi(x_1, x_2, \cdots, x_n) = 0$ 下的极值

点,必为拉格朗日函数
$$L = f(x_1, x_2, \cdots, x_n) + \lambda \varphi(x_1, x_2, \cdots, x_n) \qquad (9\text{-}4\text{-}3)$$
的驻点,其中 λ 叫作拉格朗日乘数.

证 不妨设 $\dfrac{\partial \varphi}{\partial x_n} \neq 0$,由隐函数存在定理,方程 $\varphi(x_1, x_2, \cdots, x_n) = 0$ 确定了一个函数 $x_n = g(x_1, x_2, \cdots, x_{n-1})$. 于是,函数 $u = f(x_1, x_2, \cdots, x_n)$ 在条件 $\varphi(x_1, x_2, \cdots, x_n) = 0$ 下的条件极值问题,就转化成为 $u = f(x_1, x_2, \cdots, x_{n-1}, g(x_1, x_2, \cdots, x_{n-1}))$ 的无条件极值问题. 由极值的必要条件,得

$$\frac{\partial u}{\partial x_i} = \frac{\partial f}{\partial x_i} + \frac{\partial f}{\partial x_n} \cdot \frac{\partial x_n}{\partial x_i} = 0 \quad (i = 1, 2, \cdots, n-1).$$

再对方程 $\varphi(x_1, x_2, \cdots, x_n) = 0$ 用隐函数求导公式,得

$$\frac{\partial x_n}{\partial x_i} = -\frac{\partial \varphi}{\partial x_i} \Big/ \frac{\partial \varphi}{\partial x_n}.$$

将其代入前式,有

$$\frac{\partial f}{\partial x_i} - \frac{\partial f}{\partial x_n} \cdot \frac{\partial \varphi}{\partial x_i} \Big/ \frac{\partial \varphi}{\partial x_n} = 0,$$

即

$$\frac{\partial f}{\partial x_i} \Big/ \frac{\partial \varphi}{\partial x_i} = \frac{\partial f}{\partial x_n} \Big/ \frac{\partial \varphi}{\partial x_n} \quad (i = 1, 2, \cdots, n-1).$$

令其比值为 $-\lambda$,即得 n 个方程

$$\frac{\partial f}{\partial x_i} + \lambda \frac{\partial \varphi}{\partial x_i} = 0 \quad (i = 1, 2, \cdots, n).$$

构造拉格朗日函数
$$L = f(x_1, x_2, \cdots, x_n) + \lambda \varphi(x_1, x_2, \cdots, x_n).$$
定理 3 得证.

关于条件极值的充分条件,我们不再深入讨论. 在实际问题中,根据问题的实际意义,拉格朗日乘数法求得的唯一驻点常常就是相应的最值点.

定理 3 的结论可以推广到多个约束条件下的条件极值问题,如
$$\min(\text{或 } \max) u = u(x_1, x_2, \cdots, x_n),$$
$$\text{s.t.} \quad \left. \begin{array}{c} \varphi_1(x_1, x_2, \cdots, x_n) = 0 \\ \cdots\cdots \\ \varphi_m(x_1, x_2, \cdots, x_n) = 0 \end{array} \right\} \quad (m < n),$$

其中 $u, \varphi_1, \varphi_2, \cdots, \varphi_m$ 在开区域 $\Omega \subset \mathbf{R}^n$ 内有一阶连续偏导数,约束条件中 m 个函数关于它的其中 m 个变量的雅可比行列式不等于零,

则函数 $u = u(x_1, x_2, \cdots, x_n)$ 在条件 $\varphi_1(x_1, x_2, \cdots, x_n) = 0, \cdots,$
$\varphi_m(x_1, x_2, \cdots, x_n) = 0$ 下的极值点必为拉格朗日函数
$$L = u(x_1, x_2, \cdots, x_n) + \lambda_1 \varphi_1(x_1, x_2, \cdots, x_n) + \cdots$$
$$+ \lambda_m \varphi_m(x_1, x_2, \cdots, x_n)$$
的驻点.

例 4 已知矩形的周长为 24 cm,将它绕其一边旋转而构成一圆柱体,试求所得圆柱体体积最大时的矩形面积.

解 设矩形相邻两边长为 x 和 y,则问题归结为求目标函数 $V = \pi x^2 y (x > 0, y > 0)$ 在约束条件 $x + y = 12$ 下的极值.构造拉格朗日函数
$$L = \pi x^2 y + \lambda(x + y - 12).$$
由方程组
$$\begin{cases} \dfrac{\partial L}{\partial x} = 2\pi xy + \lambda = 0, \\ \dfrac{\partial L}{\partial y} = \pi x^2 + \lambda = 0, \\ x + y = 12, \end{cases}$$
解得
$$x = 8, \quad y = 4.$$
由问题的实际意义,最大体积必存在,即在唯一驻点 $(8,4)$ 处取得最大值,因此矩形面积 $S = 32 (\text{cm}^2)$.

习题 9-4

1. 研究下列函数的极值:
   (1) $z = x^3 + y^3 - 3(x^2 + y^2)$;
   (2) $z = e^{2x}(x + y^2 + 2y)$;
   (3) $z = (6x - x^2)(4y - y^2)$;
   (4) $z = (x^2 + y^2)e^{-(x^2 + y^2)}$;
   (5) $z = xy(a - x - y), a \neq 0$.
2. 设 $2x^2 + 2y^2 + z^2 + 8xz - z + 8 = 0$ 确定函数 $z = z(x, y)$,研究其极值.
3. 在 xOy 平面上求一点,使它到 $x = 0, y = 0$ 及 $x + 2y - 16 = 0$ 三直线距离的平方之和为最小.
4. 求旋转抛物面 $z = x^2 + y^2$ 与平面 $x + y - z = 1$ 之间的最短距离.
5. 抛物面 $z = x^2 + y^2$ 被平面 $x + y + z = 1$ 截成一椭圆,求原点到这一椭圆的最长与最短距离.
6. 在第 Ⅰ 卦限内作椭球面
$$\frac{x^2}{a^2} + \frac{y^2}{b^2} + \frac{z^2}{c^2} = 1$$
的切平面,使切平面与三坐标面所围成的四面体体积最小,求切点坐标.

*7. 设空间有 n 个点,坐标为 $(x_i, y_i, z_i)(i = 1, 2, \cdots, n)$,试在 xOy 平面上找一点,使此点与这 n 个点的距离的平方和最小.

*8. 已知过去几年产量和利润的数据如下:

产量 $x/(10^3$ 件$)$	40	47	55	70	90	100
利润 $y/(10^3$ 元$)$	32	34	43	54	72	85

试求产量和利润的函数关系,并预测当产量达到 120 千件时工厂的利润.

习 题 九

1. 填空题:

(1) 设曲面 $\Sigma: F(x, y, z) = 0$,则坐标原点到 Σ 上点 $P(x_0, y_0, z_0)$ 处的切平面的距离为_____.

(2) 设曲线 $L: \begin{cases} x = x(t), \\ y = y(t), \\ z = z(t), \end{cases} P_0(x_0, y_0, z_0) = (x(t_0), y(t_0), z(t_0))$,则坐标原点到曲线 L 在点 P_0 的切线的距离为_____.

(3) 平面 $2x + 3y - z = \lambda$ 是曲面 $z = 2x^2 + 3y^2$ 在点 $\left(\dfrac{1}{2}, \dfrac{1}{2}, \dfrac{5}{4}\right)$ 处的切平面,则 λ 的值为_____.

(4) 函数 $z(x, y) = \displaystyle\int_0^{xy} \dfrac{\sin t}{t} dt$ 在点 $\left(\dfrac{\sqrt{\pi}}{2}, \dfrac{\sqrt{\pi}}{2}\right)$ 处沿方向 $\boldsymbol{u} = \boldsymbol{i} + \boldsymbol{j}$ 的方向导数为_____.

(5) 若 $f(x, y) = ax^2 + 2bxy + cy^2 + dx + ey + f$ 有极小值,则其系数必须满足条件_____.

2. 选择题:

(1) 若曲面 $F(x, y, z) = 0$ 在 (x_0, y_0, z_0) 的切平面经过坐标原点,那么在点 (x_0, y_0, z_0) 有( ).

A. $x_0 F'_x + y_0 F'_y + z_0 F'_z = 0$ B. $\dfrac{F'_x}{x_0} = \dfrac{F'_y}{y_0} = \dfrac{F'_z}{z_0}$

C. $\dfrac{F'_x}{x_0} + \dfrac{F'_y}{y_0} + \dfrac{F'_z}{z_0} = 1$ D. $(x_0, y_0, z_0) = (0, 0, 0)$

(2) 若曲线 $L: \begin{cases} x = x(t), \\ y = y(t), \\ z = z(t) \end{cases}$ 有经过坐标原点的切线,那么( ).

A. $\dfrac{x(t)}{x'(t)} = \dfrac{y(t)}{y'(t)} = \dfrac{z(t)}{z'(t)}$ 有解   B. $x'(t)x(t) + y'(t)y(t) + z'(t)z(t) = 0$ 有解

C. $(x(t), y(t), z(t)) = (0, 0, 0)$ 有解   D. L 只要不是直线就成立

(3) 设函数 $f(x, y)$ 在点 $(0, 0)$ 附近有定义,且 $f'_x(0, 0) = 3, f'_y(0, 0) = 1$,则( ).

A. $dz\big|_{(0,0)} = 3dx + dy$

B. 曲面 $z = f(x, y)$ 在点 $(0, 0, f(0, 0))$ 的法向量为 $(3, 1, 1)$

C. 曲线 $\begin{cases} z = f(x, y), \\ y = 0 \end{cases}$ 在点 $(0, 0, f(0, 0))$ 的切向量为 $(1, 0, 3)$

D. 曲线 $\begin{cases} z = f(x, y), \\ y = 0 \end{cases}$ 在点 $(0, 0, f(0, 0))$ 的切向量为 $(3, 0, 1)$

(4) 设函数 $f(x)$ 具有二阶连续导数，且 $f(x)>0, f'(0)=0$，则函数 $z=f(x)\ln f(y)$ 在点 $(0,0)$ 处取得极小值的一个充分条件是（　　）.

  A. $f(0)>1, f''(0)>0$ B. $f(0)>1, f''(0)<0$

  C. $f(0)<1, f''(0)>0$ D. $f(0)<1, f''(0)<0$

(5) 设 $f(x,y)$ 与 $\varphi(x,y)$ 均为可微函数，且 $\varphi_y'(x,y) \neq 0$. 已知 (x_0, y_0) 是 $f(x,y)$ 在约束条件 $\varphi(x,y)=0$ 下的一个极值点，下列选项正确的是（　　）.

  A. 若 $f_x'(x_0, y_0) = 0$，则 $f_y'(x_0, y_0) = 0$ B. 若 $f_x'(x_0, y_0) = 0$，则 $f_y'(x_0, y_0) \neq 0$

  C. 若 $f_x'(x_0, y_0) \neq 0$，则 $f_y'(x_0, y_0) = 0$ D. 若 $f_x'(x_0, y_0) \neq 0$，则 $f_y'(x_0, y_0) \neq 0$

3. 证明：螺旋线 $x=a\cos t, y=a\sin t, x=bt$ 的切线与 z 轴形成定角.

4. 求曲面 $x+z=y\cos(x^2-z^2)$ 在 $M_0(1,2,1)$ 处的切平面方程与法线方程.

5. 已知曲面 $z=x^2+y^2+z^2$ 上点 P 处的切平面与平面 $x-2y+2z=0$ 平行，求点 P 的坐标以及曲面在该点处的切平面方程.

6. 求函数 $z=1-\left(\dfrac{x^2}{a^2}+\dfrac{y^2}{b^2}\right)$ 在点 $\left(\dfrac{a}{\sqrt{2}}, \dfrac{b}{\sqrt{2}}\right)$ 处沿曲线 $\dfrac{x^2}{a^2}+\dfrac{y^2}{b^2}=1$ 在这一点的内法线方向的方向导数.

7. 求函数 $f(x,y)=x^3-y^3-3x^2-3y^2+9y$ 的极值.

8. 求函数 $f(x,y)=\left(y+\dfrac{x^3}{3}\right)e^{x+y}$ 的极值.

9. 求二元函数 $f(x,y)=x^2(2+y^2)+y\ln y$ 的极值.

10. 设 $z=z(x,y)$ 是由 $x^2-6xy+10y^2-2yz-z^2+18=0$ 确定的函数，求 $z=z(x,y)$ 的极值点和极值.

11. 已知曲线 $C:\begin{cases} x^2+y^2-2z^2=0, \\ x+y+3z=5, \end{cases}$ 求 C 上距离 xOy 平面最远的点和最近的点.

12. 在某一行星表面安装一个无线电望远镜。为减少干扰，要将望远镜安装在磁场最弱的位置。假设该行星为一球体，其半径为 6 个单位。若以球心为坐标原点建立直角坐标系 $Oxyz$，则行星表面上点 (x,y,z) 处的磁场强度为 $H(x,y,z)=6x-y^2+xz+60$。问：应将望远镜安装在何处？

第十章 多元函数积分学（Ⅰ）

一元函数积分学中，我们曾经用和式的极限来定义一元函数 $f(x)$ 在区间 $[a,b]$ 上的定积分，并已经建立了定积分理论．本章将把这一方法推广到多元函数，建立起多元函数积分学的理论，并把这一类积分统一描述为**黎曼(Riemann)积分**．

第一节 二重积分

一、二重积分的概念

下面我们通过计算曲顶柱体的体积和平面薄片的质量，引出二重积分的定义.

1. 曲顶柱体的体积

曲顶柱体是指这样的立体，它的底是 xOy 平面上的一个有界闭区域 D，其侧面是以 D 的边界为准线、母线平行于 z 轴的柱面，其顶部是在区域 D 上的连续函数 $z = f(x, y)$ $(f(x, y) \geqslant 0)$ 所表示的曲面 S（见图 10-1）.

现在讨论如何求这个曲顶柱体的体积.

分析这个问题，我们看到它与求曲边梯形的面积问题是类似的. 可以用与定积分类似的方法（即分割、近似代替、求和、取极限的方法）来解决（见图 10-2）.

（1）分割闭区域 D 为 n 个小闭区域
$$\Delta\sigma_1, \Delta\sigma_2, \cdots, \Delta\sigma_n,$$
同时也用 $\Delta\sigma_i$ 表示第 i 个小闭区域的面积，用 $d(\Delta\sigma_i)$ 表示区域 $\Delta\sigma_i$ 的直径（一个闭区域的直径是指闭区域上任意两点间距离的最大值）. 相应地，将此曲顶柱体分割为 n 个小曲顶柱体（分别以 n 个小闭区域为底，以小闭区域的边界曲线为准线、母线平行于 z 轴的柱面为侧面）.

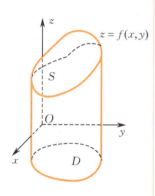

图 10-1

（2）在每个小闭区域上任取一点
$$(\xi_1, \eta_1), (\xi_2, \eta_2), \cdots, (\xi_n, \eta_n),$$
对第 i 个小曲顶柱体的体积，用高为 $f(\xi_i, \eta_i)$，而底面积为 $\Delta\sigma_i$ 的平顶柱体的体积来近似代替.

（3）这 n 个平顶柱体的体积之和
$$V_n = \sum_{i=1}^{n} f(\xi_i, \eta_i) \Delta\sigma_i$$
就是曲顶柱体体积的近似值.

（4）用 λ 表示 n 个小闭区域的直径中的最大值，即
$$\lambda = \max_{1 \leqslant i \leqslant n} d(\Delta\sigma_i).$$

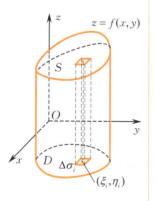

图 10-2

当 $\lambda \to 0$（可理解为 $\Delta\sigma_i$ 收缩为一点）时，上述和式的极限就是曲顶

柱体的体积
$$V = \lim_{\lambda \to 0} \sum_{i=1}^{n} f(\xi_i, \eta_i) \Delta \sigma_i.$$

2. 平面薄片的质量

设薄片在 xOy 平面占有平面闭区域 D,它在点 (x,y) 处的面密度是 $\rho = \rho(x,y)$. 设 $\rho(x,y)$ 是连续的,求薄片的质量(见图 10-3).

先分割闭区域 D 为 n 个小闭区域
$$\Delta\sigma_1, \Delta\sigma_2, \cdots, \Delta\sigma_n,$$
在每个小闭区域上任取一点
$$(\xi_1, \eta_1), (\xi_2, \eta_2), \cdots, (\xi_n, \eta_n).$$

类似地,以点 (ξ_i, η_i) 处的面密度 $\rho(\xi_i, \eta_i)$ 代替小闭区域 $\Delta\sigma_i$ 上各点处的面密度,得到第 i 块小薄片的质量的近似值 $\rho(\xi_i, \eta_i)\Delta\sigma_i$,于是整个薄片质量的近似值是
$$M_n = \sum_{i=1}^{n} \rho(\xi_i, \eta_i) \Delta\sigma_i.$$

用 $\lambda = \max_{1 \leqslant i \leqslant n} d(\Delta\sigma_i)$ 表示 n 个小闭区域 $\Delta\sigma_i$ 的直径的最大值,当 D 无限细分,即 $\lambda \to 0$ 时,M_n 的极限就是薄片的质量 M,即
$$M = \lim_{\lambda \to 0} \sum_{i=1}^{n} \rho(\xi_i, \eta_i) \Delta\sigma_i.$$

以上两个具体问题,虽然背景不同,但所求量都归结为同一形式的和的极限. 抽象出来就得到下述二重积分的定义.

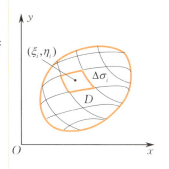

图 10-3

定义 设 D 是 xOy 平面上的有界闭区域,二元函数 $z = f(x,y)$ 在 D 上有界. 将 D 分为 n 个小区域
$$\Delta\sigma_1, \Delta\sigma_2, \cdots, \Delta\sigma_n,$$
同时用 $\Delta\sigma_i$ 表示第 i 个小区域的面积,记小区域 $\Delta\sigma_i$ 的直径为 $d(\Delta\sigma_i)$,并令 $\lambda = \max_{1 \leqslant i \leqslant n} d(\Delta\sigma_i)$.

在 $\Delta\sigma_i$ 上任取一点 $(\xi_i, \eta_i)(i=1,2,\cdots,n)$,作乘积
$$f(\xi_i, \eta_i) \Delta\sigma_i,$$
并作和式
$$S_n = \sum_{i=1}^{n} f(\xi_i, \eta_i) \Delta\sigma_i.$$

若 $\lambda \to 0$ 时,S_n 的极限总存在(即它不依赖于 D 的分法及点 (ξ_i, η_i) 的取法),则称该极限值为函数 $z = f(x,y)$ 在 D 上的**二重积分**,记作 $\iint_D f(x,y) \mathrm{d}\sigma$,即

$$\iint_D f(x,y) \mathrm{d}\sigma = \lim_{\lambda \to 0} \sum_{i=1}^{n} f(\xi_i, \eta_i) \Delta\sigma_i, \qquad (10\text{-}1\text{-}1)$$

其中 D 叫作**积分区域**,$f(x,y)$ 叫作**被积函数**,$\mathrm{d}\sigma$ 叫作**面积元素**,

$f(x,y)\mathrm{d}\sigma$ 叫作**被积表达式**,x 与 y 叫作**积分变量**,$\sum\limits_{i=1}^{n}f(\xi_i,\eta_i)\Delta\sigma_i$ 叫作**积分和**.

在直角坐标系中,我们常用平行于 x 轴和 y 轴的直线($y=$ 常数,$x=$ 常数)把区域 D 分割成小矩形,它的边长是 Δx 和 Δy,从而 $\Delta\sigma=\Delta x\cdot\Delta y$. 因此,在直角坐标系中的面积元素可写成 $\mathrm{d}\sigma=\mathrm{d}x\mathrm{d}y$,二重积分也可记作

$$\iint_D f(x,y)\mathrm{d}x\mathrm{d}y=\lim_{\lambda\to 0}\sum_{i=1}^{n}f(\xi_i,\eta_i)\Delta\sigma_i.$$

有了二重积分的定义,前面的体积和质量都可以用二重积分来表示. 曲顶柱体的体积 V 是函数 $z=f(x,y)$ 在区域 D 上的二重积分

$$V=\iint_D f(x,y)\mathrm{d}\sigma;$$

薄片的质量 M 是面密度 $\rho=\rho(x,y)$ 在区域 D 上的二重积分

$$M=\iint_D \rho(x,y)\mathrm{d}\sigma.$$

因为总可以把被积函数 $z=f(x,y)$ 的图像看作空间的一张曲面,所以当 $f(x,y)$ 为正时,二重积分的几何意义就是曲顶柱体的体积;当 $f(x,y)$ 为负时,柱体就在 xOy 平面下方,二重积分就是曲顶柱体体积的负值. 如果 $f(x,y)$ 在某部分区域上是正的,而在其余的部分区域上是负的,那么 $f(x,y)$ 在 D 上的二重积分就等于各部分区域对应柱体体积的代数和(当柱体位于 xOy 平面上方时,体积取正值;当柱体位于 xOy 平面下方时,体积取负值).

如果 $f(x,y)$ 在区域 D 上的二重积分存在(即和式的极限(10-1-1)存在),则称 $f(x,y)$ **在 D 上可积**. 什么样的函数是可积的呢?与一元函数定积分的情形一样,我们只叙述有关结论,而不作证明.

如果 $f(x,y)$ 是有界闭区域 D 上连续或分块连续的函数,则 $f(x,y)$ 在 D 上可积.

我们总假定 $z=f(x,y)$ 在有界闭区域 D 上连续,所以 $f(x,y)$ 在 D 上的二重积分都是存在的,以后就不再一一加以说明.

二、二重积分的性质

设二元函数 $f(x,y)$,$g(x,y)$ 在有界闭区域 D 上连续,于是这两个函数在 D 上的二重积分存在. 利用二重积分的定义,可以证明它的若干基本性质. 下面列举这些性质,我们只证其中的几个,其余的请读者自己去证明.

性质 1 常数因子可提到积分号外面,即
$$\iint_D kf(x,y)\mathrm{d}\sigma = k\iint_D f(x,y)\mathrm{d}\sigma,$$
其中 k 是常数.

性质 2 函数的代数和的积分等于各函数的积分的代数和,即
$$\iint_D (f(x,y) \pm g(x,y))\mathrm{d}\sigma = \iint_D f(x,y)\mathrm{d}\sigma \pm \iint_D g(x,y)\mathrm{d}\sigma.$$

性质 3 若有界闭区域 D 被有限条曲线分割为有限个部分区域,则 D 上的积分等于各部分区域上的积分和.

例如 D 分为区域 D_1 和 D_2(见图 10-4),则
$$\iint_D f(x,y)\mathrm{d}\sigma = \iint_{D_1} f(x,y)\mathrm{d}\sigma + \iint_{D_2} f(x,y)\mathrm{d}\sigma.$$

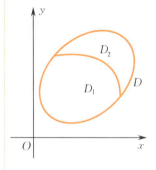

图 10-4

性质 3 表示二重积分对积分区域具有可加性.

性质 4 设在有界闭区域 D 上 $f(x,y) \equiv 1$,σ 为 D 的面积,则
$$\iint_D 1\mathrm{d}\sigma = \iint_D \mathrm{d}\sigma = \sigma.$$

从几何意义上来看,这是很明显的,因为高为 1 的平顶柱体的体积在数值上就等于柱体的底面积.

性质 5 设在有界闭区域 D 上有 $f(x,y) \leqslant g(x,y)$,则
$$\iint_D f(x,y)\mathrm{d}\sigma \leqslant \iint_D g(x,y)\mathrm{d}\sigma.$$

性质 6 $\left|\iint_D f(x,y)\mathrm{d}\sigma\right| \leqslant \iint_D |f(x,y)|\mathrm{d}\sigma.$

证 显然,在 D 上有
$$-|f(x,y)| \leqslant f(x,y) \leqslant |f(x,y)|.$$
由性质 5,得
$$-\iint_D |f(x,y)|\mathrm{d}\sigma \leqslant \iint_D f(x,y)\mathrm{d}\sigma \leqslant \iint_D |f(x,y)|\mathrm{d}\sigma,$$
于是得到
$$\left|\iint_D f(x,y)\mathrm{d}\sigma\right| \leqslant \iint_D |f(x,y)|\mathrm{d}\sigma.$$

这就是说,函数二重积分的绝对值必小于或等于该函数绝对值的二重积分.

性质 7 设函数 $f(x,y)$ 在有界闭区域 D 上连续,σ 是 D 的面积,则在 D 上至少存在一点 (ξ,η),使得下式成立:
$$\iint_D f(x,y)\mathrm{d}\sigma = f(\xi,\eta) \cdot \sigma.$$

这一性质称为二重积分的中值定理.

证 因 $f(x,y)$ 在有界闭区域 D 上连续,根据有界闭区域上连续函数取到最大值、最小值定理,在 D 上必存在一点 (x_1,y_1),使 $f(x_1,y_1)$ 等于最大值 M,又存在一点 (x_2,y_2),使 $f(x_2,y_2)$ 等于最小值 m,那么对于 D 上所有点

(x,y),有
$$m = f(x_2, y_2) \leqslant f(x,y) \leqslant f(x_1, y_1) = M.$$
由性质 1 和 5,可得
$$m\iint_D d\sigma \leqslant \iint_D f(x,y) d\sigma \leqslant M\iint_D d\sigma.$$
再由性质 4,得
$$m\sigma \leqslant \iint_D f(x,y) d\sigma \leqslant M\sigma$$
或
$$m \leqslant \frac{1}{\sigma}\iint_D f(x,y) d\sigma \leqslant M.$$
根据闭区域上连续函数的介值定理知,D 上必存在一点 (ξ, η),使得
$$\frac{1}{\sigma}\iint_D f(x,y) d\sigma = f(\xi, \eta),$$
即
$$\iint_D f(x,y) d\sigma = f(\xi, \eta)\sigma, \quad (\xi, \eta) \in D.$$
证毕.

二重积分中值定理的**几何意义**可叙述如下:

当 $S: z = f(x,y)$ 为空间一连续曲面时,对以 S 为顶、以 D 为底的曲顶柱体,必定存在一个以 D 为底、以 D 内某点 (ξ, η) 的函数值 $f(\xi, \eta)$ 为高的平顶柱体,它的体积 $f(\xi, \eta) \cdot \sigma$ 就等于这个曲顶柱体的体积.

三、二重积分的计算

前面我们已经讨论了二重积分的概念与性质,下面我们将根据二重积分的几何意义来导出二重积分的一种计算方法. 关键问题是如何将二重积分的计算转化为两次定积分的计算,即化二重积分为二次积分.

下面我们考虑利用直角坐标系计算二重积分的问题.

在几何上,当被积函数 $f(x,y) \geqslant 0$ 时,二重积分 $\iint_D f(x,y) d\sigma$ 的值等于以 D 为底、以曲面 $z = f(x,y)$ 为顶的曲顶柱体的体积. 下面我们用第五章第三节中"平行截面面积为已知的立体体积"的计算方法来求曲顶柱体的体积 V.

设积分区域 D 由两条平行直线 $x = a, x = b$ 及两条连续曲线 $y = \varphi_1(x), y = \varphi_2(x)$ (见图 10-5) 所围成,即
$$D = \{(x,y) \mid a \leqslant x \leqslant b, \varphi_1(x) \leqslant y \leqslant \varphi_2(x)\}.$$
用平行于 yOz 坐标面的平面 $x = x_0 (a \leqslant x_0 \leqslant b)$ 去截曲顶柱体,得一截面,它的面积等于 yOz 平面上以区间 $[\varphi_1(x_0), \varphi_2(x_0)]$ 为底、以曲线 $z = f(x_0, y)$ 为曲边的曲边梯形的面积(见图 10-6),

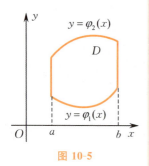

图 10-5

所以这截面的面积为
$$A(x_0) = \int_{\varphi_1(x_0)}^{\varphi_2(x_0)} f(x_0, y) \mathrm{d}y.$$

图 10-6

由此,我们可以看到这个截面面积是 x_0 的函数,为已知. 一般地,过区间 $[a,b]$ 上任一点 x,且平行于 yOz 坐标面的平面,与曲顶柱体相交所得截面的面积为
$$A(x) = \int_{\varphi_1(x)}^{\varphi_2(x)} f(x, y) \mathrm{d}y,$$
其中 y 是积分变量,x 在积分时保持不变. 因此,在区间 $[a,b]$ 上,$A(x)$ 是 x 的函数,为已知. 现在用公式(5-3-1)得曲顶柱体的体积为
$$V = \int_a^b A(x) \mathrm{d}x = \int_a^b \left(\int_{\varphi_1(x)}^{\varphi_2(x)} f(x, y) \mathrm{d}y \right) \mathrm{d}x,$$
即得
$$\iint_D f(x, y) \mathrm{d}\sigma = \int_a^b \left(\int_{\varphi_1(x)}^{\varphi_2(x)} f(x, y) \mathrm{d}y \right) \mathrm{d}x,$$
或记作
$$\iint_D f(x, y) \mathrm{d}\sigma = \int_a^b \mathrm{d}x \int_{\varphi_1(x)}^{\varphi_2(x)} f(x, y) \mathrm{d}y.$$

上式右端是一个先对 y,再对 x 积分的**二次积分**或**累次积分**. 这里应当**注意**的是:做第一次积分时,因为是在求 x 处的截面积 $A(x)$,所以把 x 看作常数,把 $f(x,y)$ 只看作 y 的函数,y 是积分变量;做第二次积分时,是沿着 x 轴累加这些薄片的体积 $A(x)\mathrm{d}x$,所以 x 是积分变量.

在上面的讨论中,假定了 $f(x,y) \geqslant 0$,而事实上,没有这个条件,上面的公式仍然正确. 这里把此结论叙述如下:

若 $z = f(x,y)$ 在有界闭区域 D 上连续,$D: a \leqslant x \leqslant b, \varphi_1(x) \leqslant y \leqslant \varphi_2(x)$,则
$$\iint_D f(x,y) \mathrm{d}x \mathrm{d}y = \int_a^b \mathrm{d}x \int_{\varphi_1(x)}^{\varphi_2(x)} f(x, y) \mathrm{d}y. \tag{10-1-2}$$

类似地,先对 x 积分,再对 y 积分,就有结论:若 $z = f(x,y)$ 在

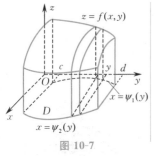

图 10-7

有界闭区域 D 上连续,$D = \{(x,y) \mid c \leqslant y \leqslant d, \psi_1(y) \leqslant x \leqslant \psi_2(y)\}$(见图 10-7),则有

$$\iint_D f(x,y)\mathrm{d}x\mathrm{d}y = \int_c^d \mathrm{d}y \int_{\psi_1(y)}^{\psi_2(y)} f(x,y)\mathrm{d}x. \qquad (10\text{-}1\text{-}3)$$

当我们把二重积分化成二次积分时,需要先画出积分区域 D 的图形,按图形找出区域 D 中点的 x,y 坐标所满足的不等式,然后再来确定两次定积分的上、下限.

例 1 计算二重积分 $\iint_D xy\,\mathrm{d}\sigma$,其中 D 为直线 $y = x$ 与抛物线 $y = x^2$ 所包围的闭区域.

解 先画出区域 D 的图形,再求出 $y = x$ 与 $y = x^2$ 两条曲线的交点,它们是 $(0,0)$ 及 $(1,1)$. 区域 D(见图 10-8)可表示为

$$0 \leqslant x \leqslant 1, \quad x^2 \leqslant y \leqslant x.$$

因此,由公式(10-1-2),得

$$\iint_D xy\,\mathrm{d}\sigma = \int_0^1 x\,\mathrm{d}x \int_{x^2}^x y\,\mathrm{d}y = \int_0^1 \frac{x}{2}(y^2)\Big|_{x^2}^x \mathrm{d}x$$
$$= \frac{1}{2}\int_0^1 (x^3 - x^5)\mathrm{d}x = \frac{1}{24}.$$

图 10-8

也可以化为先对 x,后对 y 的积分,这时区域 D 可表示为 $0 \leqslant y \leqslant 1, y \leqslant x \leqslant \sqrt{y}$. 由公式(10-1-3),得

$$\iint_D xy\,\mathrm{d}\sigma = \int_0^1 y\,\mathrm{d}y \int_y^{\sqrt{y}} x\,\mathrm{d}x.$$

积分后与上面结果相同.

例 2 计算二重积分 $\iint_D y\sqrt{1+x^2-y^2}\,\mathrm{d}\sigma$,其中 D 是由直线 $y = x, x = -1$ 和 $y = 1$ 所围成的闭区域.

解 画出积分区域 D,易知 D 可表示为 $-1 \leqslant x \leqslant 1, x \leqslant y \leqslant 1$ 或 $-1 \leqslant y \leqslant 1$, $-1 \leqslant x \leqslant y$(见图 10-9). 若利用公式(10-1-2),可得

$$\iint_D y\sqrt{1+x^2-y^2}\,\mathrm{d}\sigma = \int_{-1}^1 \left(\int_x^1 y\sqrt{1+x^2-y^2}\,\mathrm{d}y\right)\mathrm{d}x$$
$$= -\frac{1}{3}\int_{-1}^1 (1+x^2-y^2)^{\frac{3}{2}}\Big|_x^1 \mathrm{d}x$$
$$= -\frac{1}{3}\int_{-1}^1 (|x|^3 - 1)\mathrm{d}x$$
$$= -\frac{2}{3}\int_0^1 (x^3 - 1)\mathrm{d}x = \frac{1}{2}.$$

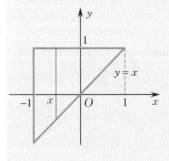

图 10-9

若利用公式(10-1-3),就有

$$\iint_D y\sqrt{1+x^2-y^2}\,\mathrm{d}\sigma = \int_{-1}^1 y\left(\int_{-1}^y \sqrt{1+x^2-y^2}\,\mathrm{d}x\right)\mathrm{d}y,$$

但计算非常麻烦,所以这里用公式(10-1-2)来计算要简单方便得多.

例 3 计算二重积分 $\iint_D \dfrac{x^2}{y^2}\mathrm{d}\sigma$,其中 D 是由直线 $y=2,y=x$ 和双曲线 $xy=1$ 所围成的闭区域.

解 求得三线的三个交点分别是 $\left(\dfrac{1}{2},2\right),(1,1)$ 及 $(2,2)$. 如果先对 y 积分,那么当 $\dfrac{1}{2} \leqslant x \leqslant 1$ 时,y 的下限是双曲线 $y=\dfrac{1}{x}$;而当 $1 \leqslant x \leqslant 2$ 时,y 的下限是直线 $y=x$. 因此,需要用直线 $x=1$ 把区域 D 分为 D_1 和 D_2 两部分(见图10-10),即

$$D_1: \dfrac{1}{2} \leqslant x \leqslant 1, \dfrac{1}{x} \leqslant y \leqslant 2,$$
$$D_2: 1 \leqslant x \leqslant 2, x \leqslant y \leqslant 2.$$

于是

$$\iint_D \dfrac{x^2}{y^2}\mathrm{d}\sigma = \iint_{D_1} \dfrac{x^2}{y^2}\mathrm{d}\sigma + \iint_{D_2} \dfrac{x^2}{y^2}\mathrm{d}\sigma$$
$$= \int_{\frac{1}{2}}^{1} \mathrm{d}x \int_{\frac{1}{x}}^{2} \dfrac{x^2}{y^2}\mathrm{d}y + \int_{1}^{2} \mathrm{d}x \int_{x}^{2} \dfrac{x^2}{y^2}\mathrm{d}y$$
$$= \int_{\frac{1}{2}}^{1} \left(-\dfrac{x^2}{y}\right)\bigg|_{\frac{1}{x}}^{2} \mathrm{d}x + \int_{1}^{2} \left(-\dfrac{x^2}{y}\right)\bigg|_{x}^{2}\mathrm{d}x$$
$$= \int_{\frac{1}{2}}^{1} \left(x^3 - \dfrac{x^2}{2}\right)\mathrm{d}x + \int_{1}^{2}\left(x - \dfrac{x^2}{2}\right)\mathrm{d}x$$
$$= \left(\dfrac{x^4}{4} - \dfrac{x^3}{6}\right)\bigg|_{\frac{1}{2}}^{1} + \left(\dfrac{x^2}{2} - \dfrac{x^3}{6}\right)\bigg|_{1}^{2}$$
$$= \dfrac{81}{192} = \dfrac{27}{64}.$$

图 10-10

如果先对 x 积分,那么 $D: 1 \leqslant y \leqslant 2, \dfrac{1}{y} \leqslant x \leqslant y$,于是

$$\iint_D \dfrac{x^2}{y^2}\mathrm{d}\sigma = \int_{1}^{2}\mathrm{d}y \int_{\frac{1}{y}}^{y} \dfrac{x^2}{y^2}\mathrm{d}x = \int_{1}^{2} \dfrac{x^3}{3y^2}\bigg|_{\frac{1}{y}}^{y}\mathrm{d}y$$
$$= \int_{1}^{2}\left(\dfrac{y}{3} - \dfrac{1}{3y^5}\right)\mathrm{d}y = \left(\dfrac{y^2}{6} + \dfrac{1}{12y^4}\right)\bigg|_{1}^{2}$$
$$= \dfrac{27}{64}.$$

由此可见,对于这种区域 D,如果先对 y 积分,就需要把区域 D 分成几个区域来计算,这比先对 x 积分烦琐多了. 所以,把重积分化为累次积分时,需要根据区域 D 和被积函数的特点,选择适当的次序进行积分. 一般地,若 $D = \{(x,y) \mid a \leqslant x \leqslant b, \varphi_1(x) \leqslant y \leqslant \varphi_2(x)\}$(见图10-5),其中上、下边界 $y = \varphi_2(x), y = \varphi_1(x)$ 为光滑或分段光滑曲线,则称该区域为 x 型区域;若 $D = \{(x,y) \mid c \leqslant y \leqslant d, \psi_1(y) \leqslant x \leqslant \psi_2(y)\}$,其中左、右边界 $x = \psi_1(y), x = \psi_2(y)$ 为光滑或分段光滑曲线,则称该区域为 y 型区域.

现在把计算二重积分的**步骤**小结一下：

(1) 画出积分区域 D 的图形，必要时需要计算某些点的坐标；

(2) 考虑积分区域与被积函数的特点，适当选择积分次序；

(3) 把积分区域按积分次序的要求表示为 x 型区域或 y 型区域，以确定两次积分的上、下限.

在实际应用时，如果发现积分次序选择不当，可换另一种次序重新计算，积分次序可以转化.

例 4 设 $f(x,y)$ 连续，求证：
$$\int_a^b dx \int_a^x f(x,y)dy = \int_a^b dy \int_y^b f(x,y)dx.$$

证 按照公式(10-1-2)，上式左端可表示为
$$\int_a^b dx \int_a^x f(x,y)dy = \iint_D f(x,y)d\sigma,$$

其中 $D: a \leqslant x \leqslant b, a \leqslant y \leqslant x$ (见图 10-11). 区域 D 也可表示为 $a \leqslant y \leqslant b, y \leqslant x \leqslant b$，于是改变积分次序，由公式(10-1-3)可得
$$\iint_D f(x,y)d\sigma = \int_a^b dy \int_y^b f(x,y)dx.$$

由此可得
$$\int_a^b dx \int_a^x f(x,y)dy = \int_a^b dy \int_y^b f(x,y)dx.$$

图 10-11

例 5 计算二重积分 $\iint_D \dfrac{\sin x}{x}d\sigma$，其中 D 是直线 $y=x$ 与抛物线 $y=x^2$ 所围成的闭区域.

解 把区域 D 表示为 x 型区域，即 $D = \{(x,y) \mid 0 \leqslant x \leqslant 1, x^2 \leqslant y \leqslant x\}$ (见图 10-8). 于是

$$\iint_D \frac{\sin x}{x}d\sigma = \int_0^1 dx \int_{x^2}^x \frac{\sin x}{x}dy = \int_0^1 \left(\frac{\sin x}{x}y\right)\bigg|_{x^2}^x dx$$
$$= \int_0^1 (1-x)\sin x dx = (-\cos x + x\cos x - \sin x)\bigg|_0^1$$
$$= 1 - \sin 1 \approx 0.158\,5.$$

注意 如果化为 y 型区域，即先对 x 积分，则有
$$\iint_D \frac{\sin x}{x}d\sigma = \int_0^1 dy \int_y^{\sqrt{y}} \frac{\sin x}{x}dx.$$

由于 $\dfrac{\sin x}{x}$ 的原函数不能由初等函数表示，往下计算就困难了，这也说明计算二重积分时，除了要注意积分区域 D 的特点(区分是 x 型区域，还是 y 型区域)外，还应注意被积函数的特点，并适当选择积分次序.

四、二重积分的换元法

与定积分一样,二重积分也可用换元法求其值,但比定积分复杂得多. 我们知道,对定积分 $\int_a^b f(x) \mathrm{d}x$ 作变量替换 $x = \varphi(t)$ 时,要把 $f(x)$ 变成 $f(\varphi(t))$,$\mathrm{d}x$ 变成 $\varphi'(t)\mathrm{d}t$,积分限 a,b 也要变成对应 t 的值. 同样,对二重积分 $\iint_D f(x,y)\mathrm{d}\sigma$ 作变量替换

$$\begin{cases} x = x(u,v), \\ y = y(u,v) \end{cases}$$

时,既要把 $f(x,y)$ 变成 $f(x(u,v),y(u,v))$,还要把 xOy 平面上的积分区域 D 变成 uOv 平面上的区域 D_{uv},并把 D 中的面积元素 $\mathrm{d}\sigma$ 变成 D_{uv} 中的面积元素 $\mathrm{d}\sigma^*$. 其中,最常用的是极坐标变换.

1. 极坐标变换下二重积分的计算

下面我们讨论利用极坐标变换,得出在极坐标系下二重积分的计算方法. 把极点放在直角坐标系的原点,极轴与 x 轴重合,那么点 P 的极坐标 $P(r,\theta)$ 与该点的直角坐标 $P(x,y)$ 有如下互换公式:

$x = r\cos\theta, \qquad y = r\sin\theta \qquad (0 \leqslant r < +\infty, 0 \leqslant \theta \leqslant 2\pi);$

$r = \sqrt{x^2 + y^2}, \ \theta = \arctan\dfrac{y}{x} \quad (-\infty < x, y < +\infty).$

我们知道,有些曲线方程在极坐标系下比较简单. 因此,有些二重积分

$$\iint_D f(x,y)\mathrm{d}\sigma$$

用极坐标代换后,计算起来比较方便. 这里假设 $z = f(x,y)$ 在区域 D 上连续.

在直角坐标系中,我们是以平行于 x 轴和 y 轴的两族直线分割区域 D 为一系列小矩形,从而得到面积元素 $\mathrm{d}\sigma = \mathrm{d}x\mathrm{d}y$.

在极坐标系中,与此类似,我们用"$r = $ 常数"的一族同心圆,以及"$\theta = $ 常数"的一族过极点的射线,将区域 D 分成 n 个小区域 $\Delta\sigma_{ij}(i = 1, 2, \cdots, l; j = 1, 2, \cdots, m)$,如图 10-12 所示.

小区域面积为

$$\Delta\sigma_{ij} = \frac{1}{2}((r_i + \Delta r_i)^2 \Delta\theta_j - r_i^2 \Delta\theta_j)$$
$$= r_i \Delta r_i \Delta\theta_j + \frac{1}{2}(\Delta r_i)^2 \Delta\theta_j.$$

记

$$\Delta\rho_{ij} = \sqrt{(\Delta r_i)^2 + (\Delta\theta_j)^2} \quad (i = 1, 2, \cdots, l; j = 1, 2, \cdots, m),$$

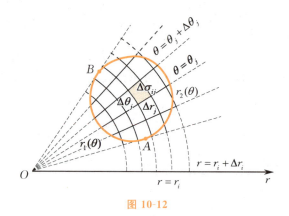

图 10-12

则有
$$\Delta\sigma_{ij} = r_i \Delta r_i \Delta \theta_j + o(\Delta \rho_{ij}),$$
故有
$$d\sigma = r dr d\theta.$$
所以
$$\iint_D f(x,y) d\sigma = \iint_D f(r\cos\theta, r\sin\theta) r dr d\theta. \quad (10\text{-}1\text{-}4)$$

这就是直角坐标二重积分变换到极坐标二重积分的公式. 在作极坐标变换时, 只要将被积函数中的 x,y 分别换成 $r\cos\theta, r\sin\theta$, 并把直角坐标的面积元素 $d\sigma = dxdy$ 换成极坐标的面积元素 $rdrd\theta$ 即可. 但必须指出的是: 变换后的区域 D 必须用极坐标表示.

在极坐标系下的二重积分, 同样也可以化为二次积分计算. 下面分三种情况讨论:

(1) 极点 O 在区域 D 外部, 如图 10-13 所示.

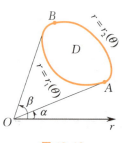

图 10-13

设区域 D 在两条射线 $\theta = \alpha, \theta = \beta$ 之间, 两射线和区域边界的交点分别为 A,B, 它们将区域 D 的边界分为两部分, 其方程分别为 $r = r_1(\theta), r = r_2(\theta)$, 且均为 $[\alpha, \beta]$ 上的连续函数, 此时
$$D = \{(r,\theta) \mid r_1(\theta) \leqslant r \leqslant r_2(\theta), \alpha \leqslant \theta \leqslant \beta\},$$
于是
$$\iint_D f(r\cos\theta, r\sin\theta) r dr d\theta = \int_\alpha^\beta d\theta \int_{r_1(\theta)}^{r_2(\theta)} f(r\cos\theta, r\sin\theta) r dr.$$

(2) 极点 O 在区域 D 内部, 如图 10-14 所示.

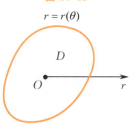

图 10-14

若区域 D 的边界曲线方程为 $r = r(\theta)$, 这时积分区域 D 为
$$D = \{(r,\theta) \mid 0 \leqslant r \leqslant r(\theta), 0 \leqslant \theta \leqslant 2\pi\},$$
且 $r(\theta)$ 在 $[0, 2\pi]$ 上连续, 于是
$$\iint_D f(r\cos\theta, r\sin\theta) r dr d\theta = \int_0^{2\pi} d\theta \int_0^{r(\theta)} f(r\cos\theta, r\sin\theta) r dr.$$

(3) 极点 O 在区域 D 的边界上, 如图 10-15 所示.

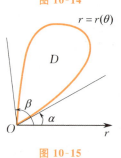

图 10-15

此时
$$D = \{(r,\theta) \mid \alpha \leqslant \theta \leqslant \beta, 0 \leqslant r \leqslant r(\theta)\},$$
且 $r(\theta)$ 在 $[\alpha,\beta]$ 上连续,故有
$$\iint_D f(r\cos\theta, r\sin\theta) r \mathrm{d}r \mathrm{d}\theta = \int_\alpha^\beta \mathrm{d}\theta \int_0^{r(\theta)} f(r\cos\theta, r\sin\theta) r \mathrm{d}r.$$

在计算二重积分时,是否采用极坐标变换,应根据积分区域 D 与被积函数的形式来决定. 一般来说,当积分区域为圆域或部分圆域,被积函数可表示为 $f(x^2+y^2)$ 或 $f\left(\dfrac{y}{x}\right)$ 等形式时,常采用极坐标变换来简化二重积分的计算.

例 6 计算二重积分
$$I = \iint_D \sqrt{\dfrac{1-x^2-y^2}{1+x^2+y^2}} \mathrm{d}x\mathrm{d}y,$$
其中 $D = \{(x,y) \mid x^2+y^2 \leqslant a^2 (0<a<1)\}$.

解 在极坐标系中积分区域 D 为
$$D = \{(r,\theta) \mid 0 \leqslant r \leqslant a, 0 \leqslant \theta \leqslant 2\pi\},$$
故有
$$\begin{aligned}
I &= \iint_D \sqrt{\dfrac{1-x^2-y^2}{1+x^2+y^2}} \mathrm{d}x\mathrm{d}y = \int_0^{2\pi} \mathrm{d}\theta \int_0^a \sqrt{\dfrac{1-r^2}{1+r^2}} r \mathrm{d}r \\
&= 2\pi \int_0^a \sqrt{\dfrac{1-r^2}{1+r^2}} r \mathrm{d}r \xrightarrow{\diamondsuit t=r^2} \pi \int_0^{a^2} \dfrac{1-t}{\sqrt{1-t^2}} \mathrm{d}t \\
&= \pi(\arcsin t + \sqrt{1-t^2}) \Big|_0^{a^2} \\
&= \pi(\arcsin a^2 + \sqrt{1-a^4} - 1).
\end{aligned}$$

例 7 计算二重积分 $\iint_D xy^2 \mathrm{d}\sigma$,其中 D 是单位圆在第一象限的部分.

解 采用极坐标系. D 可表示为 $0 \leqslant \theta \leqslant \dfrac{\pi}{2}, 0 \leqslant r \leqslant 1$(见图 10-16),于是有
$$\begin{aligned}
\iint_D xy^2 \mathrm{d}\sigma &= \int_0^{\frac{\pi}{2}} \mathrm{d}\theta \int_0^1 r\cos\theta \cdot r^2\sin^2\theta \cdot r \mathrm{d}r \\
&= \int_0^{\frac{\pi}{2}} \cos\theta \sin^2\theta \mathrm{d}\theta \int_0^1 r^4 \mathrm{d}r = \dfrac{1}{15}.
\end{aligned}$$

例 8 计算二重积分 $\iint_D x^2 \mathrm{d}\sigma$,其中 D 是两圆 $x^2+y^2=1$ 和 $x^2+y^2=4$ 之间的环形闭区域.

解 区域 D 可表示为 $0 \leqslant \theta \leqslant 2\pi, 1 \leqslant r \leqslant 2$(见图 10-17),所以
$$\iint_D x^2 \mathrm{d}\sigma = \int_0^{2\pi} \mathrm{d}\theta \int_1^2 r^2\cos^2\theta \cdot r \mathrm{d}r = \int_0^{2\pi} \dfrac{1+\cos 2\theta}{2} \mathrm{d}\theta \int_1^2 r^3 \mathrm{d}r = \dfrac{15}{4}\pi.$$

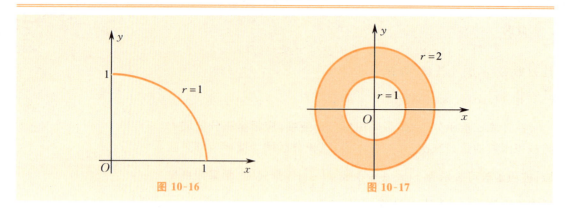

图 10-16　　　　　　　　　　　图 10-17

*2. 一般变量替换下二重积分的计算

我们先来考虑面积元素的变化情况.

设函数组 $x=x(u,v)$, $y=y(u,v)$ 为单值函数，在 D_{uv} 上具有一阶连续偏导数，且其雅可比行列式

$$J=\frac{\partial(x,y)}{\partial(u,v)}\neq 0,$$

则由反函数存在定理，一定存在着 D 上的单值连续反函数

$$u=u(x,y),\quad v=v(x,y).$$

这时 D_{uv} 与 D 之间建立了一一对应关系，uOv 平面上平行于坐标轴的直线在映射之下成为 xOy 平面上的曲线 $u(x,y)=u_0$, $v(x,y)=v_0$. 我们用 uOv 平面上平行于坐标轴的直线

$$u=u_i,\quad v=v_j\quad (i=1,2,\cdots,n; j=1,2,\cdots,m)$$

将区域 D_{uv} 分割成若干个小矩形，则映射将 uOv 平面上的直线网变成 xOy 平面上的曲线网（见图 10-18）.

在 D_{uv} 中任取一个典型的小区域 ΔD_{uv}（面积记为 $\Delta\sigma^*$）及其在 D 中对应的小区域 ΔD（面积记为 $\Delta\sigma$），如图 10-19 所示.

(a)

(b)

图 10-18

(a)　　　　　　　　(b)

图 10-19

设 ΔD 的四条边界线的交点为 $P_1(x_0,y_0)$, $P_2(x_0+\Delta x_1,y_0+\Delta y_1)$, $P_3(x_0+\Delta x_2,y_0+\Delta y_2)$ 和 $P_4(x_0+\Delta x_3,y_0+\Delta y_3)$. 当 $\Delta u,\Delta v$ 很小时，Δx_i, $\Delta y_i (i=1,2,3)$ 也很小，ΔD 的面积可用 $\overrightarrow{P_1P_2}$ 与 $\overrightarrow{P_1P_4}$ 构成的平行四边形面积近似，即

$$\Delta\sigma \approx |\overrightarrow{P_1P_2} \times \overrightarrow{P_1P_4}|.$$

而
$$\begin{aligned}\overrightarrow{P_1P_2} &= (\Delta x_1)\boldsymbol{i} + (\Delta y_1)\boldsymbol{j} \\ &= (x(u_0+\Delta u, v_0) - x(u_0, v_0))\boldsymbol{i} + (y(u_0+\Delta u, v_0) - y(u_0, v_0))\boldsymbol{j} \\ &\approx (x'_u(u_0, v_0)\Delta u)\boldsymbol{i} + (y'_u(u_0, v_0)\Delta u)\boldsymbol{j};\end{aligned}$$

同理
$$\overrightarrow{P_1P_4} \approx (x'_v(u_0, v_0)\Delta v)\boldsymbol{i} + (y'_v(u_0, v_0)\Delta v)\boldsymbol{j}.$$

从而得
$$\Delta\sigma = |\overrightarrow{P_1P_2} \times \overrightarrow{P_1P_4}| = \begin{vmatrix} \dfrac{\partial x}{\partial u}\Delta u & \dfrac{\partial y}{\partial u}\Delta u \\ \dfrac{\partial x}{\partial v}\Delta v & \dfrac{\partial y}{\partial v}\Delta v \end{vmatrix} \text{的绝对值}$$
$$= \left|\dfrac{\partial(x,y)}{\partial(u,v)}\right| \cdot |\Delta u \Delta v| = \left|\dfrac{\partial(x,y)}{\partial(u,v)}\right|\Delta\sigma^*.$$

因此,二重积分作变量替换 $x = x(u,v), y = y(u,v)$ 后,面积元素 $d\sigma$ 与 $d\sigma^*$ 的关系为
$$d\sigma = \left|\dfrac{\partial(x,y)}{\partial(u,v)}\right|d\sigma^* \quad 或 \quad dxdy = \left|\dfrac{\partial(x,y)}{\partial(u,v)}\right|dudv.$$

由此得如下**结论**:

若 $f(x,y)$ 在 xOy 平面上的有界闭区域 D 上连续,变换 $T: x = x(u,v)$, $y = y(u,v)$ 将 uOv 平面上的有界闭区域 D_{uv} 变成 xOy 平面上的 D,且满足

(1) $x(u,v), y(u,v)$ 在 D_{uv} 上具有一阶连续偏导数;

(2) 在 D_{uv} 上,雅可比行列式
$$J = \dfrac{\partial(x,y)}{\partial(u,v)} \neq 0;$$

(3) 变换 $T: D_{uv} \to D$ 是一对一的,

则有
$$\iint_D f(x,y)dxdy = \iint_{D_{uv}} f(x(u,v), y(u,v))|J|dudv. \quad (10\text{-}1\text{-}5)$$

例9 计算二重积分 $\iint_D e^{\frac{y-x}{y+x}}dxdy$,其中 D 是由 x 轴、y 轴和直线 $x+y=2$ 所围成的闭区域.

解 令 $u = y-x, v = y+x$,则
$$x = \dfrac{v-u}{2}, \quad y = \dfrac{v+u}{2}.$$

在此变换下,xOy 平面上闭区域 D 变为 uOv 平面上的对应区域 D'(见图 10-20),雅可比行列式为

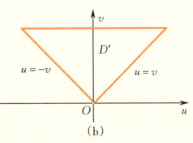

图 10-20

$$J = \frac{\partial(x,y)}{\partial(u,v)} = \begin{vmatrix} -\frac{1}{2} & \frac{1}{2} \\ \frac{1}{2} & \frac{1}{2} \end{vmatrix} = -\frac{1}{2},$$

则得

$$\iint_D e^{\frac{y-x}{y+x}} dxdy = \iint_{D'} e^{\frac{u}{v}} \left|-\frac{1}{2}\right| dudv = \frac{1}{2}\int_0^2 dv \int_{-v}^{v} e^{\frac{u}{v}} du$$
$$= \frac{1}{2}\int_0^2 (e - e^{-1})v dv = e - e^{-1}.$$

例 10 设 D 为 xOy 平面内由以下四条抛物线所围成的闭区域：$x^2 = ay, x^2 = by, y^2 = px, y^2 = qx$，其中 $0 < a < b, 0 < p < q$，求 D 的面积.

解 由 D 的构造特点，引入两族抛物线 $y^2 = ux, x^2 = vy$，则 u 从 p 变到 q，v 从 a 变到 b 时，这两族抛物线交织成区域 D'（见图10-21）.雅可比行列式为

$$J = \frac{\partial(x,y)}{\partial(u,v)} = \frac{1}{\frac{\partial(u,v)}{\partial(x,y)}} = \frac{1}{\begin{vmatrix} -\frac{y^2}{x^2} & \frac{2y}{x} \\ \frac{2x}{y} & -\frac{x^2}{y^2} \end{vmatrix}} = -\frac{1}{3},$$

则所求面积为

$$S = \iint_D dxdy = \iint_{D'} \frac{1}{3} dudv = \frac{1}{3}(b-a)(q-p).$$

图 10-21

习 题 10-1

1. 根据二重积分的性质，比较 $\iint_D \ln(x+y)d\sigma$ 与 $\iint_D (\ln(x+y))^2 d\sigma$ 的大小，其中
   (1) D 表示以 $(0,1),(1,0),(1,1)$ 为顶点的三角形区域；
   (2) D 表示矩形区域 $\{(x,y) \mid 3 \leq x \leq 5, 0 \leq y \leq 2\}$.

2. 根据二重积分的性质，估计下列积分的值：
   (1) $I = \iint_D \sqrt{4+xy}\, d\sigma$，其中 $D = \{(x,y) \mid 0 \leq x \leq 2, 0 \leq y \leq 2\}$；
   (2) $I = \iint_D \sin^2 x \sin^2 y\, d\sigma$，其中 $D = \{(x,y) \mid 0 \leq x \leq \pi, 0 \leq y \leq \pi\}$；
   (3) $I = \iint_D (x^2 + 4y^2 + 9) d\sigma$，其中 $D = \{(x,y) \mid x^2 + y^2 \leq 4\}$.

3. 设 a 为正常数，根据二重积分的几何意义，确定下列积分的值：
   (1) $\iint_D (a - \sqrt{x^2+y^2})d\sigma$，其中 $D = \{(x,y) \mid x^2 + y^2 \leq a^2\}$；
   (2) $\iint_D \sqrt{a^2 - x^2 - y^2}\, d\sigma$，其中 $D = \{(x,y) \mid x^2 + y^2 \leq a^2\}$.

4. 设 $f(x,y)$ 为连续函数，求 $\lim\limits_{r \to 0} \frac{1}{\pi r^2} \iint_D f(x,y)d\sigma$，其中

$$D = \{(x,y) \mid (x-x_0)^2 + (y-y_0)^2 \leqslant r^2\}$$

(提示:利用积分中值定理).

5. 画出积分区域,把 $\iint_D f(x,y)\mathrm{d}\sigma$ 化为累次积分,其中

(1) $D = \{(x,y) \mid x+y \leqslant 1, y-x \leqslant 1, y \geqslant 0\}$;

(2) $D = \{(x,y) \mid y \geqslant x-2, x \geqslant y^2\}$;

(3) $D = \{(x,y) \mid y \geqslant \dfrac{2}{x}, y \leqslant 2x, x \leqslant 2\}$.

6. 画出积分区域,改变累次积分的积分次序:

(1) $\displaystyle\int_0^2 \mathrm{d}y \int_{y^2}^{2y} f(x,y)\mathrm{d}x$; (2) $\displaystyle\int_1^e \mathrm{d}x \int_0^{\ln x} f(x,y)\mathrm{d}y$;

(3) $\displaystyle\int_0^1 \mathrm{d}y \int_{\sqrt{y}}^{3-2y} f(x,y)\mathrm{d}x$; (4) $\displaystyle\int_0^\pi \mathrm{d}x \int_{-\sin\frac{x}{2}}^{\sin x} f(x,y)\mathrm{d}y$;

(5) $\displaystyle\int_0^1 \mathrm{d}y \int_0^{2y} f(x,y)\mathrm{d}x + \int_1^3 \mathrm{d}y \int_0^{3-y} f(x,y)\mathrm{d}x$.

7. 设 $f(x,y)$ 连续,且 $f(x,y) = xy + \iint_D f(x,y)\mathrm{d}\sigma$,其中 D 是由直线 $y=0, x=1$ 及曲线 $y=x^2$ 所围成的闭区域,求 $f(x,y)$.

8. 计算下列二重积分:

(1) $\displaystyle\iint_D \dfrac{x^2}{y^2}\mathrm{d}x\mathrm{d}y$,其中 $D: 1 \leqslant x \leqslant 2, \dfrac{1}{x} \leqslant y \leqslant x$;

(2) $\displaystyle\iint_D \mathrm{e}^{\frac{x}{y}}\mathrm{d}x\mathrm{d}y$,其中 D 由抛物线 $y^2 = x$、直线 $x=0$ 与 $y=1$ 所围成;

(3) $\displaystyle\iint_D \sqrt{x^2-y^2}\mathrm{d}x\mathrm{d}y$,其中 D 是以 $O(0,0), A(1,-1), B(1,1)$ 为顶点的三角形区域;

(4) $\displaystyle\iint_D \cos(x+y)\mathrm{d}x\mathrm{d}y$,其中 $D = \{(x,y) \mid 0 \leqslant x \leqslant \pi, x \leqslant y \leqslant \pi\}$.

9. 计算下列二次积分:

(1) $\displaystyle\int_0^1 \mathrm{d}y \int_y^{\sqrt{y}} \dfrac{\sin x}{x}\mathrm{d}x$; (2) $\displaystyle\int_{\frac{1}{4}}^{\frac{1}{2}} \mathrm{d}y \int_{\frac{1}{2}}^{\sqrt{y}} \mathrm{e}^{\frac{y}{x}}\mathrm{d}x + \int_{\frac{1}{2}}^1 \mathrm{d}y \int_y^{\sqrt{y}} \mathrm{e}^{\frac{y}{x}}\mathrm{d}x$.

10. 在极坐标系下计算下列二重积分:

(1) $\displaystyle\iint_D \sin\sqrt{x^2+y^2}\mathrm{d}x\mathrm{d}y$,其中 $D = \{(x,y) \mid \pi^2 \leqslant x^2+y^2 \leqslant 4\pi^2\}$;

(2) $\displaystyle\iint_D \mathrm{e}^{-(x^2+y^2)}\mathrm{d}x\mathrm{d}y$,其中 D 为圆 $x^2+y^2 = 1$ 所围成的闭区域;

(3) $\displaystyle\iint_D \arctan\dfrac{y}{x}\mathrm{d}x\mathrm{d}y$,其中 D 是由 $x^2+y^2=4, x^2+y^2=1$ 及直线 $y=0, y=x$ 所围成的在第一象限内的闭区域;

(4) $\displaystyle\iint_D (x+y)\mathrm{d}x\mathrm{d}y$,其中 D 是由曲线 $x^2+y^2 = x+y$ 所围成的闭区域.

11. 将下列积分化为极坐标形式,并计算积分值:

(1) $\displaystyle\int_0^{2a} \mathrm{d}x \int_0^{\sqrt{2ax-x^2}} (x^2+y^2)\mathrm{d}y$; (2) $\displaystyle\int_0^a \mathrm{d}x \int_0^x \sqrt{x^2+y^2}\mathrm{d}y$;

(3) $\displaystyle\int_0^1 \mathrm{d}x \int_{x^2}^x (x^2+y^2)^{-1/2}\mathrm{d}y$; (4) $\displaystyle\int_0^a \mathrm{d}y \int_0^{\sqrt{a^2-y^2}} (x^2+y^2)\mathrm{d}x$.

*12. 作适当坐标变换,计算下列二重积分:

(1) $\displaystyle\iint_D x^2 y^2 \mathrm{d}x\mathrm{d}y$,其中 D 是由 $xy=2, xy=4, x=y, y=3x$ 在第一象限所围成的闭区域;

(2) $\iint_D (x^2+y^2)^2 dxdy$,其中 $D=\{(x,y) \mid |x|+|y|\leqslant 1\}$;

(3) $\int_0^1 dx \int_{1-x}^{2-x} (x^2+y^2) dy$ (令 $x=v, x+y=u$);

(4) $\iint_D \left(\dfrac{x^2}{a^2}+\dfrac{y^2}{b^2}\right) dxdy$,其中 $D: \dfrac{x^2}{a^2}+\dfrac{y^2}{b^2}\leqslant 1$;

(5) $\iint_D |x^2+y^2-4| dxdy$,其中 $D=\{(x,y) \mid x^2+y^2\leqslant 9\}$;

(6) $\iint_D |x^2+y^2-2y| dxdy$,其中 $D=\{(x,y) \mid x^2+y^2\leqslant 4\}$.

*第二节　反常二重积分

与一元函数的反常积分一样,二重积分也可以推广到无界区域与无界函数的反常二重积分.下面对这两类反常二重积分的概念和收敛的判别法则作一简单介绍(证明略).

一、无界区域的反常二重积分

定义 1　设 D 是一无界区域,$f(x,y)$ 是定义在 D 上的有界函数,任作一有界闭区域序列 $D_1, D_2, \cdots, D_n, \cdots$,使 $D_n \subset D (n=1,2,\cdots)$,$D_n \subset D_{n+1}$,且当 $n \to +\infty$ 时 D_n 扩张成为 D. 如果不论如何作 D_n,极限

$$\lim_{n \to +\infty} \iint_{D_n} f(x,y) d\sigma$$

均存在,那么称 $f(x,y)$ 在无界区域 D 上的**反常二重积分** $\iint_D f(x,y) d\sigma$ **收敛**,并称此极限值为该**反常二重积分的值**,即 $\iint_D f(x,y) d\sigma = \lim_{n \to +\infty} \iint_{D_n} f(x,y) d\sigma$;否则,称此**反常二重积分发散**.

定理 1（收敛判别法）　设 $f(x,y)$ 在无界区域 D 上连续,若存在 $\rho_0 > 0$,使当 $\rho = \sqrt{x^2+y^2} \geqslant \rho_0$,且 $(x,y) \in D$ 时,有

$$|f(x,y)| \leqslant \dfrac{M}{\rho^\alpha},$$

其中 M 与 α 均为常数,则当 $\alpha > 2$ 时,反常二重积分 $\iint_D f(x,y) d\sigma$ 收敛.

例 1　证明无界区域上的二重积分

$$I = \iint_{\mathbf{R}^2} e^{-x^2-y^2} dxdy$$

收敛,并求其值,其中 $\mathbf{R}^2$ 是全平面.

证 由于对任一常数 $\alpha > 2$ 均有

$$\lim_{\rho \to +\infty} \rho^{\alpha} e^{-\rho^2} = 0 < 1,$$

从而存在常数 $\rho_0 > 0$，使当 $\rho > \rho_0$ 时，有

$$e^{-\rho^2} < \frac{1}{\rho^{\alpha}}.$$

由定理 1，可知反常二重积分 I 收敛.

因此，要求 I 的值只需要选取一组可以扩充到全平面的特殊区域序列去计算就行了. 现取 $R_n^2 = \{(x, y) \mid x^2 + y^2 \leqslant a_n^2\}$，当 $n \to +\infty$ 时，有 $a_n \to +\infty$，于是

$$I = \iint_{\mathbf{R}^2} e^{-(x^2+y^2)} dx dy = \lim_{n \to +\infty} \iint_{R_n^2} e^{-(x^2+y^2)} dx dy$$

$$= \lim_{n \to +\infty} \int_0^{2\pi} d\varphi \int_0^{a_n} e^{-\rho^2} \rho d\rho = \lim_{n \to +\infty} \pi(1 - e^{-a_n^2}) = \pi.$$

如果我们把扩充至全平面的区域序列选作正方形序列

$$D_n = \{(x, y) \mid -n \leqslant x \leqslant n, -n \leqslant y \leqslant n\},$$

那么有

$$I = \iint_{\mathbf{R}^2} e^{-(x^2+y^2)} dx dy = \lim_{n \to +\infty} \iint_{D_n} e^{-(x^2+y^2)} dx dy$$

$$= \lim_{n \to +\infty} \left(\int_{-n}^{n} e^{-y^2} dy \int_{-n}^{n} e^{-x^2} dx \right) = \lim_{n \to +\infty} \left(\int_{-n}^{n} e^{-x^2} dx \right)^2$$

$$= \left(\int_{-\infty}^{+\infty} e^{-x^2} dx \right)^2.$$

由于反常二重积分 I 存在，其值为 π，从而

$$\left(\int_{-\infty}^{+\infty} e^{-x^2} dx \right)^2 = \pi$$

或

$$\frac{1}{\sqrt{\pi}} \int_{-\infty}^{+\infty} e^{-x^2} dx = 1.$$

上式中的反常积分称为**概率积分**，它在概率统计中占有重要的地位.

二、无界函数的反常二重积分

定义 2 设 $f(x, y)$ 在有界闭区域 D 上除一点 $P_0(x_0, y_0)$ 外处处连续，且当 $(x, y) \to (x_0, y_0)$ 时，$f(x, y) \to \infty$. 作点 P_0 的任一 d 邻域 $U(P_0, d)$，记 $N_d = U(P_0, d) \cap D$. 如果不论 $U(P_0, d)$ 如何选取，当 $d \to 0$，即 N_d 缩为点 P_0 时，极限

$$\lim_{d \to 0} \iint_{D-N_d} f(x, y) d\sigma$$

存在，那么称 $f(x, y)$ 在**有界闭区域 D 上的反常二重积分** $\iint_D f(x, y) d\sigma$ **收敛**，并称该极限值为此反常二重积分的值，即 $\iint_D f(x, y) d\sigma = \lim_{d \to 0} \iint_{D-N_d} f(x, y) d\sigma$；否则，称其**发散**.

定理 2（收敛判别法） 设 $f(x, y)$ 在有界闭区域 D 上除 $P_0(x_0, y_0)$ 外处

处连续,且当 $(x,y) \to (x_0, y_0)$ 时, $f(x,y) \to \infty$,若不等式

$$|f(x,y)| \leqslant \frac{M}{\rho^a}$$

在 D 上除点 (x_0, y_0) 外处处成立,其中 M 与 α 均为常数,且

$$\rho = \sqrt{(x-x_0)^2 + (y-y_0)^2},$$

则当 $\alpha < 2$ 时,反常二重积分 $\iint_D f(x,y) \mathrm{d}\sigma$ 收敛.

例 2 证明反常二重积分

$$I = \iint_D \frac{1}{|x|+|y|} \mathrm{d}\sigma$$

收敛,并求其值,其中 $D = \{(x,y) \mid x^2 + y^2 \leqslant 1\}$.

证 由于

$$(|x|+|y|)^2 \geqslant x^2 + y^2,$$

因此在 D 内除点 $(0,0)$ 外有

$$\frac{1}{|x|+|y|} \leqslant \frac{1}{\sqrt{x^2+y^2}} = \frac{1}{\rho}.$$

由定理 2,可知反常二重积分 I 收敛.

在 D 内作 $P_0(0,0)$ 的任一邻域 $U(P_0, d)$,则

$$I = \lim_{d \to 0} \iint_{D-U(P_0,d)} \frac{1}{|x|+|y|} \mathrm{d}\sigma = \lim_{d \to 0} 4 \int_0^{\pi/2} \mathrm{d}\theta \int_d^1 \frac{r \mathrm{d}r}{r\cos\theta + r\sin\theta}$$

$$= 4 \lim_{d \to 0} \int_0^{\pi/2} \frac{\mathrm{d}\theta}{\cos\theta + \sin\theta} \int_d^1 \mathrm{d}r$$

$$= 4\sqrt{2} \ln(\sqrt{2}+1).$$

习 题 10 – 2

*1. 试讨论下列无界区域的二重积分的敛散性:

(1) $\displaystyle\iint_{x^2+y^2 \geqslant 1} \frac{\mathrm{d}x\mathrm{d}y}{(x^2+y^2)^m}$;

(2) $\displaystyle\iint_D \frac{\mathrm{d}x\mathrm{d}y}{(1+|x|^p)(1+|y|^q)}$, D 为全平面;

(3) $\displaystyle\iint_{0 \leqslant y \leqslant 1} \frac{\varphi(x,y)}{(1+x^2+y^2)^p} \mathrm{d}x\mathrm{d}y \quad (0 < m \leqslant |\varphi(x,y)| \leqslant M)$.

*2. 计算积分

$$\int_{-\infty}^{+\infty} \mathrm{d}y \int_{-\infty}^{+\infty} \mathrm{e}^{-(x^2+y^2)} \cos(x^2+y^2) \mathrm{d}x.$$

*3. 试讨论下列无界函数的二重积分的敛散性:

(1) $\displaystyle\iint_{x^2+y^2 \leqslant 1} \frac{\mathrm{d}x\mathrm{d}y}{(x^2+y^2)^m}$;

(2) $\iint\limits_{x^2+y^2\leqslant 1} \dfrac{\varphi(x,y)}{(x^2+xy+y^2)^p}\mathrm{d}x\mathrm{d}y \quad (0<m\leqslant|\varphi(x,y)|\leqslant M).$

第三节 三 重 积 分

一、三重积分的概念

三重积分是二重积分的推广,它在物理和力学中同样有着重要的应用.

在引入二重积分概念时,我们曾考虑过平面薄片的质量,类似地,现在我们考虑求空间物体的质量问题.设一物体占有空间区域 Ω,在 Ω 上每一点 (x,y,z) 处的体密度为 $\rho(x,y,z)$,其中 $\rho(x,y,z)$ 是 Ω 上的正值连续函数.下面我们讨论如何计算该物体的质量.

先将空间区域 Ω 任意分割成 n 个小区域

$$\Delta v_1, \Delta v_2, \cdots, \Delta v_n$$

(同时也用 Δv_i 表示第 i 个小区域的体积),在每个小区域 Δv_i 上任取一点 (ξ_i,η_i,ζ_i). 由于 $\rho(x,y,z)$ 是连续函数,当区域 Δv_i 充分小时,密度可以近似看成不变的,且等于在点 (ξ_i,η_i,ζ_i) 处的密度,因此每一小块 Δv_i 的质量近似等于

$$\rho(\xi_i,\eta_i,\zeta_i)\Delta v_i,$$

物体的质量就近似等于

$$\sum_{i=1}^n \rho(\xi_i,\eta_i,\zeta_i)\Delta v_i.$$

令小区域的个数 n 无限增加,而且每个小区域 Δv_i 无限地收缩为一点,即小区域的最大直径 $\lambda = \max\limits_{1\leqslant i\leqslant n} d(\Delta v_i) \to 0$,取极限即得该物体的质量

$$M = \lim_{\lambda \to 0}\sum_{i=1}^n \rho(\xi_i,\eta_i,\zeta_i)\Delta v_i.$$

仿照二重积分定义可类似给出三重积分定义.

定义 设 Ω 是空间的有界闭区域,$f(x,y,z)$ 是 Ω 上的有界函数,将 Ω 任意分成 n 个小区域 $\Delta v_1, \Delta v_2, \cdots, \Delta v_n$,同时用 Δv_i 表示第 i 个小区域的体积,记 Δv_i 的直径为 $d(\Delta v_i)$,并令 $\lambda = \max\limits_{1\leqslant i\leqslant n} d(\Delta v_i)$. 在 Δv_i 上任取一点 $(\xi_i,\eta_i,\zeta_i)(i=1,2,\cdots,n)$,作乘积 $f(\xi_i,\eta_i,\zeta_i)\Delta v_i$,并作和式

$$\sum_{i=1}^{n} f(\xi_i, \eta_i, \zeta_i) \Delta v_i.$$

若极限

$$\lim_{\lambda \to 0} \sum_{i=1}^{n} f(\xi_i, \eta_i, \zeta_i) \Delta v_i$$

存在(它不依赖于区域 Ω 的分法及点 (ξ_i, η_i, ζ_i) 的取法),则称函数 $f(x, y, z)$ 在区域 Ω 上可积,且称该极限值为函数 $f(x, y, z)$ 在空间区域 Ω 上的**三重积分**,记作

$$\iiint_\Omega f(x, y, z) \mathrm{d}v,$$

即

$$\iiint_\Omega f(x, y, z) \mathrm{d}v = \lim_{\lambda \to 0} \sum_{i=1}^{n} f(\xi_i, \eta_i, \zeta_i) \Delta v_i,$$

其中 $f(x, y, z)$ 叫作**被积函数**,Ω 叫作**积分区域**,$\mathrm{d}v$ 叫作**体积元素**.

在直角坐标系中,若对区域 Ω 用平行于三个坐标面的平面来分割,则把区域分割成一些小长方体.和二重积分完全类似,此时三重积分可用符号

$$\iiint_\Omega f(x, y, z) \mathrm{d}x \mathrm{d}y \mathrm{d}z$$

来表示,即在直角坐标系中体积元素 $\mathrm{d}v$ 可记为 $\mathrm{d}x \mathrm{d}y \mathrm{d}z$.

有了三重积分的定义,物体的质量就可用密度函数 $\rho(x, y, z)$ 在区域 Ω 上的三重积分表示,即

$$M = \iiint_\Omega \rho(x, y, z) \mathrm{d}v.$$

如果在区域 Ω 上 $f(x, y, z) = 1$,并且 Ω 的体积记作 V,那么由三重积分定义可知

$$\iiint_\Omega 1 \mathrm{d}v = \iiint_\Omega \mathrm{d}v = V.$$

这就是说,三重积分 $\iiint_\Omega \mathrm{d}v$ 在数值上等于区域 Ω 的体积.

三重积分的存在性和基本性质,与二重积分相类似,此处不再重述.

二、三重积分的计算

为简单起见,在直角坐标系下,我们采用微元分析法来给出计算三重积分的公式.

把三重积分 $\iiint_\Omega f(x, y, z) \mathrm{d}v$ 想象成占空间区域 Ω 的物体的质量.设 Ω 是柱形区域,其上、下底面分别由连续曲面 $z = z_2(x, y)$,$z = z_1(x, y)$ 所围成,它们在 xOy 平面上的投影(曲面上所有点

在 xOy 平面上的投影点的集合)是有界闭区域 D;Ω 的侧面由柱面所围成,其母线平行于 z 轴,准线是 D 的边界线. 这时,区域 Ω 可表示为

$$\Omega = \{(x,y,z) \mid z_1(x,y) \leqslant z \leqslant z_2(x,y), (x,y) \in D\}.$$

先在区域 D 内点 (x,y) 处取一矩形区域 $d\sigma$,其面积为 $d\sigma = dxdy$,对应地有 Ω 中的一个由以 $d\sigma$ 的边界曲线为准线、母线平行于 z 轴的柱面和曲线 $z = z_2(x,y)$ 及 $z = z_1(x,y)$ 所围成的小柱形条,再用与 xOy 平面平行的平面去截此小条,得到小薄片(见图 10-22). 于是,以 $d\sigma$ 为底,以 dz 为高的小薄片的质量,即质量微元为

$$f(x,y,z)dxdydz.$$

把这些小薄片沿 z 轴方向积分,得小条的质量为

$$\left(\int_{z_1(x,y)}^{z_2(x,y)} f(x,y,z) dz\right) dxdy.$$

然后,在区域 D 上积分,就得到物体的质量为

$$\iint_D \left(\int_{z_1(x,y)}^{z_2(x,y)} f(x,y,z) dz\right) dxdy.$$

也就是说,得到了三重积分的计算公式

$$\iiint_\Omega f(x,y,z) dv = \iint_D \left(\int_{z_1(x,y)}^{z_2(x,y)} f(x,y,z) dz\right) dxdy$$

$$= \iint_D dxdy \int_{z_1(x,y)}^{z_2(x,y)} f(x,y,z) dz. \quad (10\text{-}3\text{-}1)$$

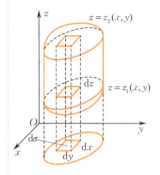

图 10-22

例 1 计算三重积分 $\iiint_\Omega x \, dxdydz$,其中 Ω 是三个坐标面与平面 $x+y+z=1$ 所围成的区域(见图 10-23).

解 积分区域 Ω 在 xOy 平面的投影区域 D(Ω 中所有点在 xOy 平面上的投影点的集合)是由坐标轴与直线 $x+y=1$ 围成的区域:$0 \leqslant x \leqslant 1, 0 \leqslant y \leqslant 1-x$,所以

$$\iiint_\Omega x \, dxdydz = \iint_D dxdy \int_0^{1-x-y} x \, dz = \int_0^1 dx \int_0^{1-x} dy \int_0^{1-x-y} x \, dz$$

$$= \int_0^1 dx \int_0^{1-x} x(1-x-y) dy = \int_0^1 x \frac{(1-x)^2}{2} dx = \frac{1}{24}.$$

图 10-23

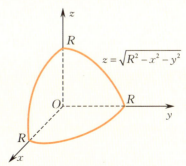

图 10-24

例 2 计算三重积分 $\iiint_{\Omega} z \, dv$,其中 $\Omega: x \geqslant 0, y \geqslant 0, z \geqslant 0, x^2 + y^2 + z^2 \leqslant R^2$(见图 10-24).

解 区域 Ω 在 xOy 平面上的投影区域为 $D:\{(x,y) \mid x^2 + y^2 \leqslant R^2, x \geqslant 0, y \geqslant 0\}$. 对于 D 中任意一点 (x,y),相应地有竖坐标从 $z=0$ 变到 $z=\sqrt{R^2-x^2-y^2}$. 因此,由公式(10-3-1) 得

$$\iiint_{\Omega} z \, dv = \iint_D dx dy \int_0^{\sqrt{R^2-x^2-y^2}} z \, dz = \iint_D \frac{1}{2}(R^2 - x^2 - y^2) dx dy$$

$$= \frac{1}{2} \int_0^{\frac{\pi}{2}} d\theta \int_0^R (R^2 - r^2) r \, dr = \frac{1}{2} \cdot \frac{\pi}{2} \left(R^2 \cdot \frac{r^2}{2} - \frac{r^4}{4} \right) \Big|_0^R$$

$$= \frac{\pi}{16} R^4.$$

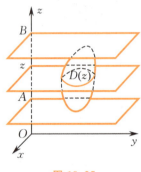

图 10-25

三重积分化为累次积分时,除上面所说的方法外,还可以用先求二重积分再求定积分的方法计算. 若积分区域 Ω 如图 10-25 所示,它在 z 轴的投影区间(Ω 中所有点在 z 轴上的投影点所占据的区间)为 $[A,B]$,对于该区间内的任意一点 z,过 z 作平行于 xOy 平面的平面. 该平面与区域 Ω 相交为一平面区域,记作 $D(z)$. 这时三重积分可化为先对区域 $D(z)$ 求二重积分,再对 z 在 $[A,B]$ 上求定积分,得

$$\iiint_{\Omega} f(x,y,z) dv = \int_A^B dz \iint_{D(z)} f(x,y,z) dx dy. \quad (10\text{-}3\text{-}2)$$

我们可利用公式(10-3-2)重新计算例 2 中的积分:

区域 Ω 在 z 轴上的投影区间为 $[0,R]$,对于该区间中任意一点 z,相应地有一平面区域 $D(z): x \geqslant 0, y \geqslant 0$ 与 $x^2 + y^2 \leqslant R^2 - z^2$ 与之对应. 由公式(10-3-2),得

$$\iiint_{\Omega} z \, dv = \int_0^R dz \iint_{D(z)} z \, dx dy.$$

求内层积分时,z 可以看作常数,并且 $D(z): x^2 + y^2 \leqslant R^2 - z^2$ 是四分之一圆盘,其面积为 $\frac{\pi}{4}(R^2 - z^2)$,所以

$$\iiint_{\Omega} z \, dv = \int_0^R z \cdot \frac{1}{4} \pi (R^2 - z^2) dz = \frac{\pi}{16} R^4.$$

例 3 计算三重积分 $\iiint_{\Omega} z^2 \, dv$,其中 $\Omega: \frac{x^2}{a^2} + \frac{y^2}{b^2} + \frac{z^2}{c^2} \leqslant 1$($a,b,c$ 为正常数).

解 我们利用公式(10-3-2)将三重积分化为累次积分. 区域 Ω 在 z 轴上的投影区间为 $[-c,c]$,对于该区间内任意一点 z,相应地有一平面区域

$$D(z): \frac{x^2}{a^2\left(1 - \frac{z^2}{c^2}\right)} + \frac{y^2}{b^2\left(1 - \frac{z^2}{c^2}\right)} \leqslant 1$$

与之相对应,该区域是一椭圆盘(见图 10-26),其面积为 $\pi ab\left(1-\dfrac{z^2}{c^2}\right)$. 所以

$$\iiint_\Omega z^2 \mathrm{d}v = \int_{-c}^c z^2 \mathrm{d}z \iint_{D(z)} \mathrm{d}x\mathrm{d}y$$
$$= \int_{-c}^c \pi ab z^2 \left(1-\dfrac{z^2}{c^2}\right) \mathrm{d}z$$
$$= \dfrac{4}{15}\pi abc^3.$$

读者若自己用公式(10-3-1)试算一下,便可知此积分利用公式(10-3-2)比利用公式(10-3-1)计算简便得多.

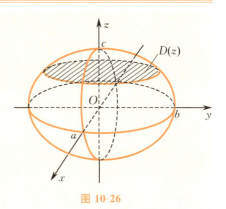

图 10-26

三、三重积分的换元法

对于三重积分 $\iiint_\Omega f(x,y,z)\mathrm{d}v$,作变量替换:

$$\begin{cases} x = x(r,s,t), \\ y = y(r,s,t), \\ z = z(r,s,t), \end{cases}$$

则给出了 $Orst$ 空间到 $Oxyz$ 空间的一个映射. 若 $x(r,s,t)$, $y(r,s,t)$, $z(r,s,t)$ 有连续的一阶偏导数,且 $\dfrac{\partial(x,y,z)}{\partial(r,s,t)} \neq 0$,则建立了 $Orst$ 空间中区域 Ω^* 和 $Oxyz$ 空间中相应区域 Ω 的一一对应关系. 与二重积分换元法类似,我们有

$$\mathrm{d}v = \left|\dfrac{\partial(x,y,z)}{\partial(r,s,t)}\right| \mathrm{d}r\mathrm{d}s\mathrm{d}t.$$

于是,有换元公式

$$\iiint_\Omega f(x,y,z)\mathrm{d}v$$
$$= \iiint_{\Omega^*} f(x(r,s,t),y(r,s,t),z(r,s,t)) \left|\dfrac{\partial(x,y,z)}{\partial(r,s,t)}\right| \mathrm{d}r\mathrm{d}s\mathrm{d}t.$$

作为变量替换的实例,我们给出应用最为广泛的两种变换:柱面坐标变换及球面坐标变换.

1. 柱面坐标变换

设 r,θ 为点 $M(x,y,z)$ 在 xOy 平面上的投影 P 的极坐标,且 $0 \leqslant r < +\infty, 0 \leqslant \theta \leqslant 2\pi, -\infty < z < +\infty$(见图 10-27),变换

$$\begin{cases} x = r\cos\theta, \\ y = r\sin\theta, \\ z = z \end{cases}$$

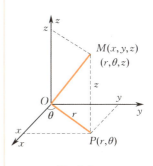

图 10-27

称为**柱面坐标变换**. 这样空间点 $M(x,y,z)$ 与 (r,θ,z) 建立了一一对应关系. 把 (r,θ,z) 称为**点 $M(x,y,z)$ 的柱面坐标**. 不难看出,柱面坐标实际是极坐标的推广.

柱面坐标系的三组坐标面如下:

(1) $r =$ 常数,以 z 轴为轴的圆柱面;

(2) $\theta =$ 常数,过 z 轴的半平面;

(3) $z =$ 常数,平行于 xOy 平面的平面.

由于 $\dfrac{\partial(x,y,z)}{\partial(r,\theta,z)} = \begin{vmatrix} \cos\theta & -r\sin\theta & 0 \\ \sin\theta & r\cos\theta & 0 \\ 0 & 0 & 1 \end{vmatrix} = r$,因此在**柱面坐标变换下体积元素之间的关系式**为

$$\mathrm{d}x\mathrm{d}y\mathrm{d}z = r\mathrm{d}r\mathrm{d}\theta\mathrm{d}z.$$

于是,**柱面坐标变换下三重积分换元公式**为

$$\iiint_\Omega f(x,y,z)\mathrm{d}x\mathrm{d}y\mathrm{d}z = \iiint_{\Omega'} f(r\cos\theta, r\sin\theta, z) r\mathrm{d}r\mathrm{d}\theta\mathrm{d}z. \quad (10\text{-}3\text{-}3)$$

至于变换为柱面坐标后的三重积分计算,则可化为三次积分来进行. 通常,把积分区域 Ω 向 xOy 平面投影得投影区域 D,于是三重积分可化为

$$\iiint_\Omega f(x,y,z)\mathrm{d}x\mathrm{d}y\mathrm{d}z = \iint_D \left(\int_{z_1(x,y)}^{z_2(x,y)} f(x,y,z)\mathrm{d}z \right) \mathrm{d}x\mathrm{d}y.$$

先求定积分

$$\int_{z_1(x,y)}^{z_2(x,y)} f(x,y,z)\mathrm{d}z,$$

然后对区域 D 上关于 x,y 的二重积分作极坐标变换,按极坐标系下二重积分的计算方法计算. 值得一提的是,这些步骤可以合并同时进行,即根据投影区域 D 确定 r,θ 的取值范围,z 的范围确定同直角坐标系情形,直接化为三次积分.

例 4 计算三重积分 $\iiint_\Omega z\sqrt{x^2+y^2}\mathrm{d}x\mathrm{d}y\mathrm{d}z$,其中 Ω 是由锥面 $z = \sqrt{x^2+y^2}$ 与平面 $z=1$ 所围成的区域.

解 在柱面坐标系下,积分区域 Ω 表示为 $r \leqslant z \leqslant 1, 0 \leqslant r \leqslant 1, 0 \leqslant \theta \leqslant 2\pi$(见图 10-28),所以

$$\iiint_\Omega z\sqrt{x^2+y^2}\mathrm{d}x\mathrm{d}y\mathrm{d}z = \int_0^{2\pi}\mathrm{d}\theta \int_0^1 \mathrm{d}r \int_r^1 z \cdot r^2 \mathrm{d}z$$

$$= 2\pi \int_0^1 \frac{1}{2} r^2(1-r^2)\mathrm{d}r$$

$$= \frac{2}{15}\pi.$$

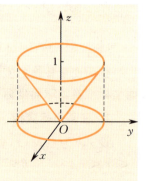

图 10-28

例 5 计算三重积分 $\iiint_\Omega (x^2+y^2)\mathrm{d}x\mathrm{d}y\mathrm{d}z$，其中 Ω 是由曲线 $y^2=2z, x=0$ 绕 z 轴旋转一周而成的曲面与两平面 $z=2, z=8$ 所围成的闭区域.

解 曲线 $y^2=2z, x=0$ 绕 z 旋转，所得旋转曲面方程为
$$x^2+y^2=2z.$$

设由旋转曲面与平面 $z=2$ 所围成的区域为 Ω_1，该区域在 xOy 平面上的投影为 D_1，$D_1=\{(x,y)\mid x^2+y^2\leqslant 4\}$；由旋转曲面与 $z=8$ 所围成的区域为 Ω_2，Ω_2 在 xOy 平面上的投影为 D_2，$D_2=\{(x,y)\mid x^2+y^2\leqslant 16\}$，则有 $\Omega_2=\Omega\bigcup\Omega_1$，如图 10-29 所示. 于是

图 10-29

$$\iiint_\Omega (x^2+y^2)\mathrm{d}x\mathrm{d}y\mathrm{d}z$$
$$=\iiint_{\Omega_2}(x^2+y^2)\mathrm{d}x\mathrm{d}y\mathrm{d}z-\iiint_{\Omega_1}(x^2+y^2)\mathrm{d}x\mathrm{d}y\mathrm{d}z$$
$$=\iint_{D_2}r\mathrm{d}r\mathrm{d}\theta\int_{\frac{r^2}{2}}^{8}r^2\mathrm{d}z-\iint_{D_1}r\mathrm{d}r\mathrm{d}\theta\int_{\frac{r^2}{2}}^{2}r^2\mathrm{d}z$$
$$=\int_0^{2\pi}\mathrm{d}\theta\int_0^4 r^3\left(8-\frac{1}{2}r^2\right)\mathrm{d}r-\int_0^{2\pi}\mathrm{d}\theta\int_0^2 r^3\left(2-\frac{1}{2}r^2\right)\mathrm{d}r=336\pi.$$

2. 球面坐标变换

设 $M(x,y,z)$ 为空间直角坐标系 $Oxyz$ 中任一点，r 为向径 $\overrightarrow{OM}$ 的模，θ 为 $\overrightarrow{OM}$ 在 xOy 平面上的投影与 x 轴正向的夹角，φ 为 $\overrightarrow{OM}$ 与 z 轴正向的夹角，

$$0\leqslant r<+\infty,\quad 0\leqslant\varphi\leqslant\pi,\quad 0\leqslant\theta\leqslant 2\pi.$$

变换
$$\begin{cases} x=r\sin\varphi\cos\theta,\\ y=r\sin\varphi\sin\theta,\\ z=r\cos\varphi \end{cases}$$

称为**球面坐标变换**，它使空间点 $M(x,y,z)$ 与 (r,φ,θ) 建立了一一对应关系. 把 (r,φ,θ) 称为点 $M(x,y,z)$ 的**球面坐标**（见图 10-30）.

球面坐标系的三组坐标面如下：

(1) $r=$ 常数，以原点为中心的球面；

(2) $\varphi=$ 常数，以原点为顶点、z 轴为轴、半顶角为 φ 的圆锥面；

(3) $\theta=$ 常数，过 z 轴的半平面.

由于球面坐标变换的雅可比行列式如下：

$$\frac{\partial(x,y,z)}{\partial(r,\varphi,\theta)}=\begin{vmatrix} \sin\varphi\cos\theta & r\cos\varphi\cos\theta & -r\sin\varphi\sin\theta\\ \sin\varphi\sin\theta & r\cos\varphi\sin\theta & r\sin\varphi\cos\theta\\ \cos\varphi & -r\sin\varphi & 0 \end{vmatrix}=r^2\sin\varphi,$$

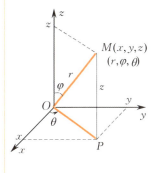

图 10-30

因此在**球面坐标变换下体积元素之间的关系式**为

$$dxdydz = r^2\sin\varphi dr d\varphi d\theta.$$

于是，**球面坐标变换下三重积分换元公式**为

$$\iiint_\Omega f(x,y,z)dxdydz$$
$$=\iiint_{\Omega'} f(r\sin\varphi\cos\theta, r\sin\varphi\sin\theta, r\cos\varphi)\cdot r^2\sin\varphi dr d\varphi d\theta. \quad (10\text{-}3\text{-}4)$$

例 6 计算三重积分 $\iiint_\Omega (x^2+y^2+z^2)dxdydz$，其中 Ω 表示圆锥面 $x^2+y^2=z^2$ 与球面 $x^2+y^2+z^2=2Rz$ 所围的较大部分立体.

解 在球面坐标变换下，球面方程变形为 $r=2R\cos\varphi$，锥面为 $\varphi=\dfrac{\pi}{4}$（见图10-31）. 这时积分区域 Ω 可表示为

$$0\leqslant\theta\leqslant 2\pi, \quad 0\leqslant\varphi\leqslant\frac{\pi}{4}, \quad 0\leqslant r\leqslant 2R\cos\varphi,$$

所以

$$\iiint_\Omega (x^2+y^2+z^2)dxdydz$$
$$=\iiint_{\Omega'} r^2\cdot r^2\sin\varphi dr d\varphi d\theta = \int_0^{2\pi}d\theta\int_0^{\frac{\pi}{4}}d\varphi\int_0^{2R\cos\varphi}r^4\sin\varphi dr$$
$$=\frac{2\pi}{5}\int_0^{\frac{\pi}{4}}\sin\varphi(r^5)\Big|_0^{2R\cos\varphi}d\varphi = \frac{28}{15}\pi R^5.$$

图 10-31

图 10-32

例 7 计算三重积分 $\iiint_\Omega (2y+\sqrt{x^2+z^2})dxdydz$，其中 Ω 是由曲面 $x^2+y^2+z^2=a^2, x^2+y^2+z^2=4a^2, \sqrt{x^2+z^2}=y$ 所围成的闭区域.

解 积分区域显然容易用球面坐标表示，而球面坐标变换应为

$$x=r\sin\varphi\cos\theta, \quad z=r\sin\varphi\sin\theta, \quad y=r\cos\varphi,$$

这时 $dxdydz = r^2\sin\varphi dr d\varphi d\theta$，积分区域 Ω 表示为 $a\leqslant r\leqslant 2a, 0\leqslant\varphi\leqslant\dfrac{\pi}{4}, 0\leqslant\theta\leqslant 2\pi$（见图10-32）. 所以

$$\iiint_\Omega (2y + \sqrt{x^2+z^2})\mathrm{d}x\mathrm{d}y\mathrm{d}z = \int_0^{2\pi}\mathrm{d}\theta\int_0^{\frac{\pi}{4}}\mathrm{d}\varphi\int_a^{2a}(2r\cos\varphi + r\sin\varphi)r^2\sin\varphi\mathrm{d}r$$
$$= \left(\frac{15}{8} + \frac{15}{16}\pi\right)a^4\pi.$$

值得注意的是，三重积分计算是选择直角坐标，还是柱面坐标或球面坐标转化成三次积分，通常要综合考虑积分域和被积函数的特点. 一般说来，积分域 Ω 的边界面中有柱面或圆锥面时，常采用柱面坐标系；有球面或圆锥面时，常采用球面坐标系. 另外，与二重积分类似，三重积分也可利用在对称区域上被积函数关于变量成奇偶函数来简化计算.

习 题 10-3

1. 化三重积分 $I = \iiint_\Omega f(x,y,z)\mathrm{d}x\mathrm{d}y\mathrm{d}z$ 为三次积分，其中积分区域 Ω 分别如下：

(1) 由双曲抛物面 $xy = z$ 及平面 $x + y - 1 = 0, z = 0$ 所围成的闭区域；

(2) 由曲面 $z = x^2 + y^2$ 及平面 $z = 1$ 所围成的闭区域；

(3) 由曲面 $z = x^2 + 2y^2$ 及 $z = 2 - x^2$ 所围成的闭区域；

(4) 由曲面 $cz = xy(c > 0), \dfrac{x^2}{a^2} + \dfrac{y^2}{b^2} = 1$ 及平面 $z = 0$ 所围成的在第 I 卦限内的闭区域.

2. 在直角坐标系下计算下列三重积分：

(1) $\iiint_\Omega xy^2z^3\mathrm{d}x\mathrm{d}y\mathrm{d}z$，其中 Ω 是由曲面 $z = xy$ 与平面 $y = x, x = 1$ 和 $z = 0$ 所围成的闭区域；

(2) $\iiint_\Omega \dfrac{\mathrm{d}x\mathrm{d}y\mathrm{d}z}{(1+x+y+z)^3}$，其中 Ω 是由平面 $x = 0, y = 0, z = 0, x + y + z = 1$ 所围的四面体；

(3) $\iiint_\Omega z^2\mathrm{d}x\mathrm{d}y\mathrm{d}z$，$\Omega$ 是两个球 $x^2 + y^2 + z^2 \leqslant R^2$ 和 $x^2 + y^2 + z^2 \leqslant 2Rz(R > 0)$ 的公共部分；

(4) $\iiint_\Omega xyz\mathrm{d}x\mathrm{d}y\mathrm{d}z$，其中 Ω 由平面 $x = a(a > 0), y = x, z = y, z = 0$ 所围成；

(5) $\iiint_\Omega e^y\mathrm{d}x\mathrm{d}y\mathrm{d}z$，其中 Ω 由曲面 $x^2 + z^2 - y^2 = 1$ 及平面 $y = 0, y = 2$ 所围成；

(6) $\iiint_\Omega \dfrac{y\sin x}{x}\mathrm{d}x\mathrm{d}y\mathrm{d}z$，其中 Ω 由曲面 $y = \sqrt{x}$ 及平面 $y = 0, z = 0, x + z = \dfrac{\pi}{2}$ 所围成.

3. 如果三重积分 $\iiint_\Omega f(x,y,z)\mathrm{d}x\mathrm{d}y\mathrm{d}z$ 的被积函数 $f(x,y,z)$ 是三个函数 $f_1(x), f_2(y), f_3(z)$ 的乘积，即 $f(x,y,z) = f_1(x) \cdot f_2(y) \cdot f_3(z)$，积分区域为 $a \leqslant x \leqslant b, c \leqslant y \leqslant d, l \leqslant z \leqslant m$，证明：这个三重积分等于三个单积分的乘积，即
$$\iiint_\Omega f_1(x)f_2(y)f_3(z)\mathrm{d}x\mathrm{d}y\mathrm{d}z = \int_a^b f_1(x)\mathrm{d}x\int_c^d f_2(y)\mathrm{d}y\int_l^m f_3(z)\mathrm{d}z.$$

4. 利用柱面坐标计算下列三重积分：

(1) $\iiint_\Omega z\mathrm{d}v$,其中 Ω 是由曲面 $z = \sqrt{2-x^2-y^2}$ 及 $z = x^2 + y^2$ 所围成的闭区域;

(2) $\iiint_\Omega (x^2+y^2)\mathrm{d}v$,其中 Ω 是由曲面 $x^2 + y^2 = 2z$ 及平面 $z = 2$ 所围成的闭区域.

5. 利用球面坐标计算下列三重积分:

(1) $\iiint_\Omega (x^2+y^2+z^2)\mathrm{d}v$,其中 Ω 是由球面 $x^2+y^2+z^2=1$ 所围成的闭区域;

(2) $\iiint_\Omega z\mathrm{d}v$,其中 Ω 由不等式 $x^2+y^2+(z-a)^2 \leqslant a^2, x^2+y^2 \leqslant z^2$ 所确定.

6. 选用适当的坐标计算下列三重积分:

(1) $\iiint_\Omega xy\mathrm{d}v$,其中 Ω 为柱面 $x^2+y^2=1$ 及平面 $z=1, z=0, x=0, y=0$ 所围成的在第 Ⅰ 卦限内的闭区域;

(2) $\iiint_\Omega \sqrt{x^2+y^2+z^2}\mathrm{d}v$,其中 Ω 是由球面 $x^2+y^2+z^2=z$ 所围成的闭区域;

(3) $\iiint_\Omega (x^2+y^2)\mathrm{d}v$,其中 Ω 是由曲面 $4z^2 = 25(x^2+y^2)$ 及平面 $z=5$ 所围成的闭区域;

(4) $\iiint_\Omega (x^2+y^2)\mathrm{d}v$,其中 Ω 由不等式 $0 < a \leqslant \sqrt{x^2+y^2+z^2} \leqslant A, z \geqslant 0$ 所确定.

第四节　重积分的应用

我们利用定积分的元素法解决了许多求总量的问题,这种元素法也可以推广到重积分的应用中. 如果所考察的某个量 u 对于闭区域具有可加性(即当闭区域 D 分成许多小闭区域时,所求量 u 相应地分成许多部分量,且 u 等于部分量之和),并且在闭区域 D 内任取一个直径很小的闭区域 $\mathrm{d}\Omega$ 时,相应的部分量可近似地表示为 $f(M)\mathrm{d}\Omega$ 的形式,其中 M 为 $\mathrm{d}\Omega$ 内的某一点,这个 $f(M)\mathrm{d}\Omega$ 称为所求量 u 的微元或元素,记作 $\mathrm{d}u$. 以它为被积表达式在闭区域 D 上积分,得

$$u = \int_D f(M)\mathrm{d}\Omega. \tag{10-4-1}$$

这就是所求量的积分表达式. 显然,当区域 D 为平面闭区域,M 为 D 内点 (x,y) 时,$\mathrm{d}\Omega = \mathrm{d}\sigma$ 即为面积微元,则式(10-4-1)可表示为

$$u = \iint_D f(x,y)\mathrm{d}\sigma.$$

当区域 D 为空间闭区域,M 为 D 内点 (x,y,z) 时,$\mathrm{d}\Omega = \mathrm{d}v$ 即为体积微元,则式(10-4-1)可表示为

$$u = \iiint_D f(x,y,z)\mathrm{d}v.$$

下面仅讨论重积分在几何、物理学上的一些应用.

一、空间曲面的面积

设曲面 S 的方程为 $z = f(x,y)$,曲面 S 在 xOy 坐标面上的投影区域为 D,$f(x,y)$ 在 D 上具有连续偏导数 $f'_x(x,y)$ 和 $f'_y(x,y)$,我们要计算曲面 S 的面积 A.

在 D 上任取一小区域 $\mathrm{d}\sigma$,在 $\mathrm{d}\sigma$ 内任取一点 $P(x,y)$,曲面 S 上对应的点 $M(x,y,f(x,y))$ 在 xOy 平面上的投影即点 P. 点 M 处曲面 S 有切平面,设为 T(见图 10-33). 以小区域 $\mathrm{d}\sigma$ 的边界为准线,作母线平行于 z 轴的柱面,这一柱面在曲面 S 上截下一小片曲面,其面积记为 ΔA;柱面在切平面上截下一小片平面,其面积记为 $\mathrm{d}A$. 由于 $\mathrm{d}\sigma$ 的直径很小,切平面 T 上的那一小片平面的面积 $\mathrm{d}A$ 可近似代替曲面 S 上相应的那一小片曲面的面积 ΔA,即

$$\Delta A \approx \mathrm{d}A.$$

设点 M 处曲面 S 的法线(指向朝上)与 z 轴正向的夹角为 γ,则根据投影定理有

$$\mathrm{d}A = \frac{\mathrm{d}\sigma}{\cos\gamma}.$$

图 10-33

因为

$$\cos\gamma = \frac{1}{\sqrt{1 + f'^2_x(x,y) + f'^2_y(x,y)}},$$

所以

$$\mathrm{d}A = \sqrt{1 + f'^2_x(x,y) + f'^2_y(x,y)}\,\mathrm{d}\sigma.$$

这就是**曲面 S 的面积元素**. 以它为被积表达式在闭区域 D 上积分,得

$$A = \iint_D \sqrt{1 + f'^2_x(x,y) + f'^2_y(x,y)}\,\mathrm{d}\sigma$$

或

$$A = \iint_D \sqrt{1 + \left(\frac{\partial z}{\partial x}\right)^2 + \left(\frac{\partial z}{\partial y}\right)^2}\,\mathrm{d}x\mathrm{d}y,$$

这就是**曲面面积的计算公式**.

设曲面方程为 $x = g(y,z)$(或 $y = h(z,x)$),则可把曲面投影到 yOz 平面上(或 zOx 平面上),得投影区域 D_{yz}(或 D_{zx}),类似可得

$$A = \iint_{D_{yz}} \sqrt{1 + \left(\frac{\partial x}{\partial y}\right)^2 + \left(\frac{\partial x}{\partial z}\right)^2}\,\mathrm{d}y\mathrm{d}z$$

或

$$A = \iint_{D_{zx}} \sqrt{1 + \left(\frac{\partial y}{\partial x}\right)^2 + \left(\frac{\partial y}{\partial z}\right)^2}\,\mathrm{d}z\mathrm{d}x.$$

例 1 求半径为 a 的球的表面积.

解 取上半球面方程为 $z = \sqrt{a^2 - x^2 - y^2}$,则它在 xOy 平面上的投影区域 D 可表示为
$$x^2 + y^2 \leqslant a^2.$$

由
$$\frac{\partial z}{\partial x} = \frac{-x}{\sqrt{a^2 - x^2 - y^2}},$$
$$\frac{\partial z}{\partial y} = \frac{-y}{\sqrt{a^2 - x^2 - y^2}},$$

得
$$\sqrt{1 + \left(\frac{\partial z}{\partial x}\right)^2 + \left(\frac{\partial z}{\partial y}\right)^2} = \frac{a}{\sqrt{a^2 - x^2 - y^2}}.$$

因为这函数在闭区域 D 上无界,不能直接应用曲面面积公式,由反常积分得
$$A = 2\iint_D \frac{a}{\sqrt{a^2 - x^2 - y^2}} \mathrm{d}x\mathrm{d}y.$$

用极坐标,得
$$A = 2a \int_0^{2\pi} \mathrm{d}\theta \int_0^a \frac{r}{\sqrt{a^2 - r^2}} \mathrm{d}r = 4\pi a^2.$$

例 2 求旋转抛物面 $z = \frac{1}{2}(x^2 + y^2)$ 被圆柱面 $x^2 + y^2 = R^2$ 所截下有限部分的曲面面积 S.

解 曲面 S 的图形如图 10-34 所示. 曲面 S 的方程为 $z = \frac{1}{2}(x^2 + y^2)\left(0 \leqslant z \leqslant \frac{R^2}{2}\right)$,它在 xOy 坐标面上的投影区域为 $D: x^2 + y^2 \leqslant R^2$.

由
$$\frac{\partial z}{\partial x} = x, \quad \frac{\partial z}{\partial y} = y,$$

得
$$S = \iint_D \sqrt{1 + \left(\frac{\partial z}{\partial x}\right)^2 + \left(\frac{\partial z}{\partial y}\right)^2} \mathrm{d}x\mathrm{d}y$$
$$= \iint_D \sqrt{1 + x^2 + y^2} \mathrm{d}x\mathrm{d}y.$$

图 10-34

用极坐标,则
$$S = \iint_D \sqrt{1 + r^2} r \mathrm{d}r\mathrm{d}\theta = \int_0^{2\pi} \mathrm{d}\theta \int_0^R r\sqrt{1 + r^2} \mathrm{d}r$$
$$= 2\pi \cdot \frac{1}{2} \int_0^R \sqrt{1 + r^2} \mathrm{d}(1 + r^2) = \frac{2}{3}\pi((1 + R^2)^{\frac{3}{2}} - 1).$$

二、平面薄片的重心

设在 xOy 平面上有 n 个质点,它们分别位于点 (x_1,y_1), $(x_2,y_2),\cdots,(x_n,y_n)$ 处,质量分别为 $m_1,m_2,\cdots,m_n$. 由力学知识知道,该质点系的重心的坐标为

$$\bar{x} = \frac{M_y}{M} = \frac{\sum_{i=1}^{n} m_i x_i}{\sum_{i=1}^{n} m_i}, \qquad \bar{y} = \frac{M_x}{M} = \frac{\sum_{i=1}^{n} m_i y_i}{\sum_{i=1}^{n} m_i},$$

其中 $M = \sum_{i=1}^{n} m_i$ 为该质点系的总质量,$M_y = \sum_{i=1}^{n} m_i x_i$,$M_x = \sum_{i=1}^{n} m_i y_i$ 分别为该质点系对 y 轴和 x 轴的静矩.

设一平面薄片占有 xOy 平面上的闭区域 D,在点 (x,y) 处的面密度为 $\rho(x,y)$,$\rho(x,y)$ 在 D 上连续. 现在要找该薄片的重心坐标.

在闭区域 D 上任取一直径很小的闭区域 $d\sigma$(这个小闭域的面积也记作 $d\sigma$),(x,y) 是这个闭区域上的一个点. 由于 $d\sigma$ 直径很小,且 $\rho(x,y)$ 在 D 上连续,因此薄片中相应于 $d\sigma$ 的部分的质量近似等于 $\rho(x,y)d\sigma$,这部分质量可近似看作集中在点 (x,y) 上,于是可写出静矩元素 dM_y 及 dM_x 分别为

$$dM_y = x\rho(x,y)d\sigma, \quad dM_x = y\rho(x,y)d\sigma.$$

以这些元素为被积表达式,在闭区域 D 上积分,便得

$$M_y = \iint_D x\rho(x,y)d\sigma, \quad M_x = \iint_D y\rho(x,y)d\sigma.$$

又由第一节知道,薄片的质量为

$$M = \iint_D \rho(x,y)d\sigma.$$

所以,薄片的重心坐标为

$$\bar{x} = \frac{M_y}{M} = \frac{\iint_D x\rho(x,y)d\sigma}{\iint_D \rho(x,y)d\sigma}, \qquad \bar{y} = \frac{M_x}{M} = \frac{\iint_D y\rho(x,y)d\sigma}{\iint_D \rho(x,y)d\sigma}.$$

如果薄片是均匀的,即面密度为常量,则上式中可把 ρ 提到积分号外面并从分子、分母中约去,于是便得到**均匀薄片的重心坐标**为

$$\bar{x} = \frac{1}{A}\iint_D x\,d\sigma, \qquad \bar{y} = \frac{1}{A}\iint_D y\,d\sigma, \qquad (10\text{-}4\text{-}2)$$

其中 $A = \iint_D d\sigma$ 为闭区域 D 的面积. 这时,薄片的重心完全由闭区域 D 的形状所决定. 我们把均匀平面薄片的重心叫作这平面薄片所占的平面图形的*形心*. 因此平面图形 D 的形心,就可用公式(10-4-2)计算.

例 3 求位于 $r=1, r=2$ 之间的均匀上半圆环（$y \geqslant 0$ 部分）薄片的重心（见图 10-35）.

解 因薄片所占闭区域 D 对称于 y 轴，故重心 $(\bar{x}, \bar{y})$ 位于 y 轴上，于是 $\bar{x}=0$. D 的面积为

$$A = \frac{1}{2} \times 2^2 \pi - \frac{1}{2} \times 1^2 \pi = \frac{3}{2}\pi.$$

而

$$\iint_D y \, d\sigma = \int_0^\pi \sin\theta \, d\theta \int_1^2 r^2 \, dr$$

$$= (-\cos\theta)\Big|_0^\pi \left(\frac{1}{3}r^3\right)\Big|_1^2 = \frac{14}{3},$$

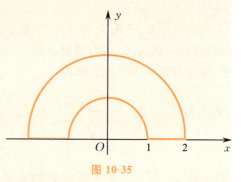

图 10-35

所以由公式(10-4-2)得

$$\bar{y} = \frac{1}{A}\iint_D y \, d\sigma = \frac{1}{\frac{3}{2}\pi} \cdot \frac{14}{3} = \frac{28}{9\pi},$$

即重心坐标为 $\left(0, \dfrac{28}{9\pi}\right)$.

三、平面薄片的转动惯量

设在 xOy 平面上有 n 个质点，它们分别位于点 (x_1, y_1)，$(x_2, y_2), \cdots, (x_n, y_n)$ 处，质量分别为 $m_1, m_2, \cdots, m_n$. 由力学知识知道，该质点系对于 x 轴和 y 轴的转动惯量依次为

$$I_x = \sum_{i=1}^n y_i^2 m_i, \quad I_y = \sum_{i=1}^n x_i^2 m_i.$$

设有一薄片，占有 xOy 平面上的闭区域 D，在点 (x,y) 处的面密度为 $\rho(x,y)$，假定 $\rho(x,y)$ 在 D 上连续. 现在要求该薄片对于 x 轴的转动惯量 I_x 和对于 y 轴的转动惯量 I_y.

应用元素法. 在闭区域 D 上任取一直径很小的闭区域 $d\sigma$（这个小闭区域的面积也记作 $d\sigma$），(x,y) 是这小闭区域上的一个点. 因为 $d\sigma$ 的直径很小，且 $\rho(x,y)$ 在 D 上连续，所以薄片中相应于 $d\sigma$ 部分的质量近似等于 $\rho(x,y)d\sigma$，这部分质量可近似看作集中在点 (x,y) 上. 于是，可写出薄片对于 x 轴和 y 轴的转动惯量元素分别为

$$dI_x = y^2 \rho(x,y) d\sigma, \quad dI_y = x^2 \rho(x,y) d\sigma.$$

以这些元素为被积表达式，在闭区域 D 上积分，便得

$$I_x = \iint_D y^2 \rho(x,y) d\sigma, \quad I_y = \iint_D x^2 \rho(x,y) d\sigma. \quad (10\text{-}4\text{-}3)$$

例 4 求由 $y^2 = 4ax, y = 2a$ 及 y 轴所围成的均质薄片（面密度为 1）关于 y 轴的转动惯量（见图 10-36）.

解 薄片所占区域 D 由不等式 $0 \leqslant y \leqslant 2a, 0 \leqslant x \leqslant \dfrac{y^2}{4a}$ 确定. 根据转动惯量 I_y 的计算公式，得

$$I_y = \iint_D x^2 \mathrm{d}\sigma = \int_0^{2a} \mathrm{d}y \int_0^{\frac{y^2}{4a}} x^2 \mathrm{d}x = \frac{1}{192a^3} \int_0^{2a} y^6 \mathrm{d}y$$

$$= \frac{1}{192a^3} \cdot \frac{1}{7} y^7 \Big|_0^{2a} = \frac{2}{21} a^4.$$

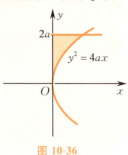

图 10-36

四、平面薄片对质点的引力

设有一平面薄片，占有 xOy 平面上的闭区域 D，在点 (x,y) 处的面密度为 $\rho(x,y)$，假定 $\rho(x,y)$ 在 D 上连续. 现在要计算该薄片对位于 z 轴上的点 $M_0(0,0,a)(a > 0)$ 处的质量为 m 的质点的引力.

我们应用元素法来求引力 $\boldsymbol{F} = (F_x, F_y, F_z)$. 在闭区域 D 上任取一直径很小的闭区域 $\mathrm{d}\sigma$（这小闭区域的面积也记作 $\mathrm{d}\sigma$），(x,y) 是 $\mathrm{d}\sigma$ 上的一个点. 薄片中相应于 $\mathrm{d}\sigma$ 的部分的质量近似等于 $\rho(x,y)\mathrm{d}\sigma$，这部分质量可近似看作集中在点 (x,y) 处. 于是，按两质点间的引力公式，可得出薄片中相应于 $\mathrm{d}\sigma$ 的部分对该质点的引力的大小近似为 $Gm \dfrac{\rho(x,y)\mathrm{d}\sigma}{r^2}$，引力的方向与 $(x, y, 0-a)$ 一致，其中 $r = \sqrt{x^2 + y^2 + a^2}$，$G$ 为引力常数. 因此，薄片对该质点的引力在三个坐标轴上的投影 F_x, F_y, F_z 的元素分别为

$$\mathrm{d}F_x = Gm \frac{\rho(x,y)x\mathrm{d}\sigma}{r^3},$$

$$\mathrm{d}F_y = Gm \frac{\rho(x,y)y\mathrm{d}\sigma}{r^3},$$

$$\mathrm{d}F_z = Gm \frac{\rho(x,y)(0-a)\mathrm{d}\sigma}{r^3}.$$

以这些元素为被积表达式，在闭区域 D 上积分，便得到

$$F_x = G \iint_D \frac{m\rho(x,y)x}{(x^2+y^2+a^2)^{\frac{3}{2}}} \mathrm{d}\sigma,$$

$$F_y = G \iint_D \frac{m\rho(x,y)y}{(x^2+y^2+a^2)^{\frac{3}{2}}} \mathrm{d}\sigma, \quad (10\text{-}4\text{-}4)$$

$$F_z = -Ga \iint_D \frac{m\rho(x,y)}{(x^2+y^2+a^2)^{\frac{3}{2}}} \mathrm{d}\sigma.$$

例 5 求面密度为常量、半径为 R 的匀质圆形薄片: $x^2+y^2 \leqslant R^2, z=0$ 对位于 z 轴上点 $M_0(0,0,a)(a>0)$ 处单位质量的质点的引力.

解 由题设, $m=1$, 且由薄片所占区域的对称性, 易知 $F_x=F_y=0$. 记面密度为常量 ρ, 这时

$$F_z=-Ga\rho\iint_D \frac{\mathrm{d}\sigma}{(x^2+y^2+a^2)^{\frac{3}{2}}}=-Ga\rho\int_0^{2\pi}\mathrm{d}\theta\int_0^R \frac{r\mathrm{d}r}{(r^2+a^2)^{\frac{3}{2}}}$$

$$=-\pi Ga\rho\int_0^R \frac{\mathrm{d}(r^2+a^2)}{(r^2+a^2)^{\frac{3}{2}}}=2\pi Ga\rho\left(\frac{1}{\sqrt{R^2+a^2}}-\frac{1}{a}\right),$$

故所求引力 $\boldsymbol{F}=\left(0,0,2\pi Ga\rho\left(\frac{1}{\sqrt{R^2+a^2}}-\frac{1}{a}\right)\right)$.

习 题 10-4

1. 球心在原点、半径为 R 的球体, 其上任意一点的密度的大小与这一点到球心的距离成正比, 求这个球体的质量.

2. 求球面 $x^2+y^2+z^2=a^2$ 含在圆柱面 $x^2+y^2=ax$ 内部的那部分面积.

3. 求锥面 $z=\sqrt{x^2+y^2}$ 被柱面 $z^2=2x$ 所割下部分的曲面面积.

4. 求底圆半径相等的两个直交圆柱面 $x^2+y^2=R^2$ 及 $x^2+z^2=R^2$ 所围立体的表面积.

5. 设薄片所占的闭区域 D 如下, 求均匀薄片的重心:

(1) D 由 $y=\sqrt{2px}, x=x_0, y=0$ 所围成;

(2) D 是半椭圆形闭区域: $\frac{x^2}{a^2}+\frac{y^2}{b^2}\leqslant 1, y\geqslant 0$;

(3) D 是介于两个圆 $r=a\cos\theta, r=b\cos\theta(0<a<b)$ 之间的闭区域.

6. 设平面薄片所占的闭区域 D 由抛物线 $y=x^2$ 及直线 $y=x$ 所围成, 它在点 (x,y) 处的面密度 $\rho(x,y)=x^2y$, 求该薄片的重心.

7. 设有一等腰直角三角形薄片, 腰长为 a, 各点处的面密度等于该点到直角顶点的距离的平方, 求这一薄片的重心.

8. 设均匀薄片(面密度为常数 1)所占闭区域 D 如下, 求指定的转动惯量:

(1) $D: \frac{x^2}{a^2}+\frac{y^2}{b^2}\leqslant 1$, 求 I_y;

(2) D 由抛物线 $y^2=\frac{9}{2}x$ 与直线 $x=2$ 所围成, 求 I_x 和 I_y;

(3) D 为矩形闭区域: $0\leqslant x\leqslant a, 0\leqslant y\leqslant b$, 求 I_x 和 I_y.

9. 已知均匀矩形板(面密度为常量 ρ)的长和宽分别为 b 和 h, 计算此矩形板对于通过其形心, 且分别与一边平行的两轴的转动惯量.

10. 求直线 $\frac{x}{a}+\frac{y}{b}=1$ 与坐标轴围成的三角形区域 $(a>0, b>0)$ 对 x 轴及坐标原点的转动惯量(面密度 ρ 为常数).

11. 求由抛物线 $y = x^2$ 及直线 $y = 1$ 所围成的均匀薄片（面密度为常数 ρ）对于直线 $y = -1$ 的转动惯量．

第五节 对弧长的曲线积分

一、对弧长的曲线积分的概念

前面所考虑的积分，其积分区域是区间、平面区域或空间区域．现在我们将把积分概念推广到积分范围为一段曲线的情形，即所谓的 曲线积分．

例 1 设有平面上一段光滑曲线 L，它的两端点是 A, B，其上分布有质量；L 上任意一点 $M(x, y)$ 处的线密度为 $\rho(x, y)$，当点 M 在 L 上连续移动时，$\rho(x, y)$ 的变化是连续的，即 $\rho(x, y)$ 在 L 上连续．求此曲线弧的质量 M．

解 用任意分点

$$A = M_0, M_1, \cdots, M_{n-1}, M_n = B,$$

将曲线 L 分成 n 小段（见图 10-37）

$$\widehat{M_0 M_1}, \widehat{M_1 M_2}, \cdots, \widehat{M_{n-1} M_n},$$

每小段 $\widehat{M_{i-1} M_i}$ 的弧长记作

$$\Delta s_i \quad (i = 1, 2, \cdots, n).$$

图 10-37

当 Δs_i 很小时，$\widehat{M_{i-1} M_i}$ 上的线密度可以近似看作是常量，它近似等于 $\widehat{M_{i-1} M_i}$ 上某点 $K_i(\xi_i, \eta_i)$ 处的值，于是这一小段的质量

$$\Delta M_i \approx \rho(\xi_i, \eta_i) \Delta s_i.$$

将它们求和，可得此曲线弧总质量的近似值：

$$M = \sum_{i=1}^{n} \Delta M_i \approx \sum_{i=1}^{n} \rho(\xi_i, \eta_i) \Delta s_i.$$

记 $\lambda = \max\limits_{1 \leqslant i \leqslant n} \Delta s_i$．当 L 无限细分，即 $\lambda \to 0$ 时，上式右边和式的极限就是此曲线弧的质量 M，即

$$M = \lim_{\lambda \to 0} \sum_{i=1}^{n} \rho(\xi_i, \eta_i) \Delta s_i.$$

当求质量分布不均匀的曲线弧的重心、转动惯量时,也会遇到与上式类似的极限. 为此,我们引进对弧长的曲线积分的定义.

定义 设函数 $f(x,y)$ 在分段光滑曲线 L 上有定义,A,B 是 L 的端点. 依次用分点 $A = M_0, M_1, \cdots, M_{n-1}, M_n = B$ 把 L 分成 n 个小弧段

$$\overparen{M_0 M_1}, \overparen{M_1 M_2}, \cdots, \overparen{M_{n-1} M_n},$$

每小段的弧长记为 Δs_i. 在 $\overparen{M_{i-1} M_i}$ 上任取一点 $K_i(\xi_i, \eta_i)$,若 $\lambda = \max_{1 \leqslant i \leqslant n} \Delta s_i \to 0$ 时,和式 $\sum_{i=1}^{n} f(\xi_i, \eta_i) \Delta s_i$ 的极限存在(它不依赖于曲线 L 的分法及点 (ξ_i, η_i) 的取法),则称函数 $f(x,y)$ 在曲线 L 上可积,且称该极限值为函数 $f(x,y)$ 沿曲线 L 对弧长的曲线积分,记作 $\int_L f(x,y) \mathrm{d}s$,即

$$\int_L f(x,y) \mathrm{d}s = \lim_{\lambda \to 0} \sum_{i=1}^{n} f(\xi_i, \eta_i) \Delta s_i.$$

由定义可知,曲线弧的质量 M 等于线密度 $\rho(x,y)$ 沿曲线 L 对弧长的曲线积分,即

$$M = \int_L \rho(x,y) \mathrm{d}s.$$

特别地,当 $\rho(x,y) \equiv 1$ 时,$M = \int_L \mathrm{d}s = s$($s$ 为 L 的弧长).

二、对弧长的曲线积分的性质

根据定义可以证明(证明从略),若函数 $f(x,y)$ 在 L 上连续(或除去个别点外,$f(x,y)$ 在 L 上连续,有界),L 是逐段光滑曲线,则 $f(x,y)$ 在 L 上对弧长的曲线积分一定存在(即 $f(x,y)$ 在 L 上可积).

设 $f(x,y), g(x,y)$ 在 L 上可积,则有以下**性质**:

(1) $\int_L k f(x,y) \mathrm{d}s = k \int_L f(x,y) \mathrm{d}s$ (k 为常数);

(2) $\int_L [f(x,y) \pm g(x,y)] \mathrm{d}s = \int_L f(x,y) \mathrm{d}s \pm \int_L g(x,y) \mathrm{d}s$;

(3) 如果曲线 L 由 $L_1, L_2, \cdots, L_n$ 几部分组成,则在 L 上的积分等于在各部分上积分之和,即

$$\int_L f(x,y) \mathrm{d}s = \int_{L_1} f(x,y) \mathrm{d}s + \int_{L_2} f(x,y) \mathrm{d}s + \cdots + \int_{L_n} f(x,y) \mathrm{d}s.$$

三、对弧长的曲线积分的计算法

定理 设曲线 L 由参数方程 $x = x(t), y = y(t)$ ($\alpha \leqslant t \leqslant \beta$)

表示，$x(t),y(t)$ 在 $[\alpha,\beta]$ 上有一阶连续导数，且 $x'^2(t)+y'^2(t)\neq 0$（即曲线 L 是光滑的简单曲线），函数 $f(x,y)$ 在曲线上连续，则

$$\int_L f(x,y)\mathrm{d}s=\int_\alpha^\beta f(x(t),y(t))\sqrt{x'^2(t)+y'^2(t)}\mathrm{d}t. \quad (10\text{-}5\text{-}1)$$

证 如图 10-38 所示，设曲线 L 以 A,B 为端点，弧 $\overset{\frown}{AB}$ 的长度为 l，L 上任一点 M 可由弧 $\overset{\frown}{AM}$ 的长 s 来确定．以 s 为曲线 L 的参数，不妨设其参数方程为

$$x=\varphi(s),\quad y=\psi(s),\quad 0\leqslant s\leqslant l.$$

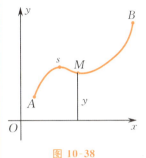

图 10-38

对区间 $[0,l]$ 作分割，其分点为 $0=s_0,s_1,\cdots,s_{n-1},s_n=l$，令 $\Delta s_i=s_i-s_{i-1}$，$i=1,2,\cdots,n$．对应于区间 $[s_{i-1},s_i]$，在弧 $\overset{\frown}{AB}$ 上有一小弧段 $\overset{\frown}{M_{i-1}M_i}(i=1,2,\cdots,n)$，该弧段的长即为 Δs_i．任取 $\tau_i\in[s_{i-1},s_i]$，τ_i 在弧段 $\overset{\frown}{M_{i-1}M_i}$ 上的对应点为 $K_i(\xi_i,\eta_i)$．作和式

$$\sum_{i=1}^n f(\varphi(\tau_i),\psi(\tau_i))\Delta s_i.$$

设 $\lambda=\max\limits_{1\leqslant i\leqslant n}\Delta s_i$，则

$$\lim_{\lambda\to 0}\sum_{i=1}^n f(\varphi(\tau_i),\psi(\tau_i))\Delta s_i=\int_0^l f(\varphi(s),\psi(s))\mathrm{d}s,$$

而

$$\sum_{i=1}^n f(\varphi(\tau_i),\psi(\tau_i))\Delta s_i=\sum_{i=1}^n f(\xi_i,\eta_i)\Delta s_i.$$

于是根据定义有

$$\int_L f(x,y)\mathrm{d}s=\lim_{\lambda\to 0}\sum_{i=1}^n f(\xi_i,\eta_i)\Delta s_i=\lim_{\lambda\to 0}\sum_{i=1}^n f(\varphi(\tau_i),\psi(\tau_i))\Delta s_i$$

$$=\int_0^l f(\varphi(s),\psi(s))\mathrm{d}s. \quad (10\text{-}5\text{-}2)$$

假设曲线 L 由参数方程

$$x=x(t),\quad y=y(t)\quad (\alpha\leqslant t\leqslant\beta)$$

表示，$x'(t),y'(t)$ 在 $[\alpha,\beta]$ 上连续，弧长 s 随 t 的增大而增大，于是由第三章第七节二中的弧微分公式或由第五章第四节中的弧微分公式(5-4-3)有

$$s'(t)=\sqrt{x'^2(t)+y'^2(t)}.$$

将式(10-5-2)右端作变量代换，并注意 $t=\alpha$ 时 $s=0$，$t=\beta$ 时 $s=l$，于是得

$$\int_L f(x,y)\mathrm{d}s=\int_\alpha^\beta f(x(t),y(t))\sqrt{x'^2(t)+y'^2(t)}\mathrm{d}t.$$

证毕.

定理告诉我们，曲线积分可化为定积分来进行计算．由公式(10-5-1)可知，计算曲线积分时，必须将被积函数中的变量 x 和 y

用坐标的参数式代入,同时将 ds 化为弧长微分的参数形式;并且积分限对应于端点的参数值,下限 α 必须小于上限 β.

若曲线 L 由方程 $y = y(x)(a \leqslant x \leqslant b)$ 给出,$y(x)$ 在 $[a,b]$ 上有一阶连续导数,$f(x,y)$ 在曲线 L 上连续,则

$$\int_L f(x,y)\mathrm{d}s = \int_a^b f(x,y(x))\sqrt{1+y'^2(x)}\,\mathrm{d}x. \quad (10\text{-}5\text{-}3)$$

类似地,若曲线 L 由方程 $x = x(y)(c \leqslant y \leqslant d)$ 给出,$x(y)$ 在 $[c,d]$ 上有一阶连续导数,$f(x,y)$ 在曲线 L 上连续,则

$$\int_L f(x,y)\mathrm{d}s = \int_c^d f(x(y),y)\sqrt{x'^2(y)+1}\,\mathrm{d}y. \quad (10\text{-}5\text{-}4)$$

例 2 计算曲线积分 $I = \int_L xy\,\mathrm{d}s$,其中 L 是圆 $x^2+y^2 = a^2 (a>0)$ 在第一象限中的部分.

解 由圆的参数方程

$$x = a\cos t, \quad y = a\sin t, \quad 0 \leqslant t \leqslant \frac{\pi}{2}$$

可得

$$x'_t = -a\sin t, \quad y'_t = a\cos t,$$
$$\mathrm{d}s = \sqrt{x'^2_t + y'^2_t}\,\mathrm{d}t = \sqrt{a^2\sin^2 t + a^2\cos^2 t}\,\mathrm{d}t = a\,\mathrm{d}t.$$

按公式(10-5-1),得

$$I = \int_L xy\,\mathrm{d}s = \int_0^{\frac{\pi}{2}} a\cos t \cdot a\sin t \cdot a\,\mathrm{d}t$$
$$= \frac{a^3}{2}\int_0^{\frac{\pi}{2}} \sin 2t\,\mathrm{d}t = \frac{a^3}{2}.$$

例 3 计算曲线积分 $\int_L \sqrt{y}\,\mathrm{d}s$,其中 L 是抛物线 $y = \frac{1}{4}x^2$ 自点 $(0,0)$ 到点 $(2,1)$ 的一段弧.

解 因为 $\mathrm{d}s = \sqrt{1+y'^2}\,\mathrm{d}x = \sqrt{1+\left(\frac{x}{2}\right)^2}\,\mathrm{d}x$,而 x 的变化区间是 $[0,2]$,由公式 (10-5-3) 得

$$\int_L \sqrt{y}\,\mathrm{d}s = \int_0^2 \frac{1}{2}x\sqrt{1+\frac{x^2}{4}}\,\mathrm{d}x = \frac{2}{3}\left(1+\frac{x^2}{4}\right)^{\frac{3}{2}}\bigg|_0^2 = \frac{2}{3}(2\sqrt{2}-1).$$

以上我们讨论了平面上对弧长的曲线积分.完全类似地,可以建立空间对弧长的曲线积分的定义,并讨论其性质与计算方法.设给定空间曲线积分

$$\int_\Gamma f(x,y,z)\,\mathrm{d}s,$$

空间曲线 Γ 的参数方程为
$$x = x(t), \quad y = y(t), \quad z = z(t) \quad (\alpha \leqslant t \leqslant \beta),$$
则
$$\int_\Gamma f(x,y,z)\,\mathrm{d}s$$
$$= \int_\alpha^\beta f(x(t),y(t),z(t))\sqrt{x'^2(t)+y'^2(t)+z'^2(t)}\,\mathrm{d}t. \quad (10\text{-}5\text{-}5)$$

例 4 计算曲线积分
$$\int_\Gamma \frac{\mathrm{d}s}{x^2+y^2+z^2},$$
其中 Γ 是螺旋线 $x = a\cos t, y = a\sin t, z = bt$ 上相应于 t 从 0 到 2π 的一段弧.

解 因为
$$\mathrm{d}s = \sqrt{x'^2(t)+y'^2(t)+z'^2(t)}\,\mathrm{d}t$$
$$= \sqrt{(-a\sin t)^2 + (a\cos t)^2 + b^2}\,\mathrm{d}t$$
$$= \sqrt{a^2+b^2}\,\mathrm{d}t,$$
t 的变化区间是 $[0, 2\pi]$, 由公式 (10-5-5) 即得
$$\int_\Gamma \frac{\mathrm{d}s}{x^2+y^2+z^2} = \sqrt{a^2+b^2}\int_0^{2\pi} \frac{\mathrm{d}t}{a^2+b^2t^2} = \frac{\sqrt{a^2+b^2}}{ab}\arctan\frac{bt}{a}\bigg|_0^{2\pi}$$
$$= \frac{\sqrt{a^2+b^2}}{ab}\arctan\frac{2\pi b}{a}.$$

习题 10-5

计算下列对弧长的曲线积分：

(1) $\oint_L (x^2+y^2)^n \mathrm{d}s$, 其中 L 为圆周 $x = a\cos t, y = a\sin t (0 \leqslant t \leqslant 2\pi)$;

(2) $\int_L (x+y)\mathrm{d}s$, 其中 L 为连接 $(1,0)$ 及 $(0,1)$ 两点的直线段;

(3) $\oint_L x\,\mathrm{d}s$, 其中 L 为由直线 $y = x$ 及抛物线 $y = x^2$ 所围成的区域的整个边界;

(4) $\oint_L e^{\sqrt{x^2+y^2}}\,\mathrm{d}s$, 其中 L 为圆周 $x^2+y^2 = a^2$, 直线 $y = x$ 及 x 轴在第一象限内所围成的扇形的整个边界;

(5) $\int_\Gamma \frac{1}{x^2+y^2+z^2}\,\mathrm{d}s$, 其中 Γ 为曲线 $x = e^t\cos t, y = e^t\sin t, z = e^t$ 上相应于 t 从 0 变到 2 的这段弧.

第六节 对面积的曲面积分

在本节里,我们将积分概念推广到积分范围为一片曲面的情形,即曲面积分.曲面积分的积分区域是空间的曲面,这里我们所讨论的曲面都是光滑的或分片光滑的.如果曲面 Σ 上每点 M 都有切平面,而且当 M 沿曲面连续变动时,切平面的法向量在曲面上连续变化,就称曲面 Σ 是光滑的;如果曲面 Σ 是由几块光滑曲面组成的连续曲面,就称 Σ 是分片光滑的.

一、对面积的曲面积分的概念

类似于对弧长的曲线积分的引入,我们从求曲面壳的质量(即曲面 Σ 上分布有质量)问题入手,得到对面积的曲面积分的概念.

类似于第五节中求曲线形物体的质量,只需把曲线改为曲面,并相应地把曲线段分成 n 小段改为曲面分成 n 小块,线密度 $\rho(x,y)$ 改为面密度 $\rho(x,y,z)$,小段曲线的弧长 Δs_i 改为小块曲面的面积 ΔS_i,第 i 小段曲线上的一点 $K_i(\xi_i,\eta_i)$ 改为第 i 小块曲面上的一点 $K_i(\xi_i,\eta_i,\zeta_i)$.于是,在面密度 $\rho(x,y,z)$ 连续的前提下,所求曲面壳的质量 M 就是下列和式极限:

$$M = \lim_{\lambda \to 0} \sum_{i=1}^{n} \rho(\xi_i,\eta_i,\zeta_i) \Delta S_i,$$

其中 λ 表示 n 小块曲面的直径(曲面上两点的最大距离)的最大值.

在一些其他问题中,也会遇到与上式类似的极限,于是我们将其抽象出来引进对面积的曲面积分的定义.

定义 设函数 $f(x,y,z)$ 在分片光滑曲面 Σ 上有界.任意分割 Σ 成 n 小片 ΔS_i,第 i 小片的面积也记作 $\Delta S_i (i=1,2,\cdots,n)$.在 ΔS_i 上任取一点 (ξ_i,η_i,ζ_i),作和式

$$\sum_{i=1}^{n} f(\xi_i,\eta_i,\zeta_i) \Delta S_i.$$

当 $\Delta S_i (i=1,2,\cdots,n)$ 的最大直径 $\lambda \to 0$ 时,如果上述和式的极限存在(极限值不依赖于曲面 Σ 的分法及 (ξ_i,η_i,ζ_i) 的取法),则称函数 $f(x,y,z)$ 在曲面 Σ 上可积,且称此极限值为函数 $f(x,y,z)$ 在曲面 Σ 上对面积的曲面积分,记作

$$\iint_{\Sigma} f(x,y,z) \mathrm{d}S = \lim_{\lambda \to 0} \sum_{i=1}^{n} f(\xi_i,\eta_i,\zeta_i) \Delta S_i,$$

其中 $f(x,y,z)$ 称为**被积函数**，Σ 称为**积分曲面**.

显然，如果曲面壳 Σ 的面密度是 $\rho(x,y,z)$，则 Σ 的质量 M 可表示为对面积的曲面积分，即

$$M = \iint_\Sigma \rho(x,y,z)\mathrm{d}S.$$

特别地，当 $\rho(x,y,z) \equiv 1$ 时，$M = \iint_\Sigma \mathrm{d}S = S$（$S$ 为 Σ 的面积）.

可以证明，当函数 $f(x,y,z)$ 在分段光滑曲面 Σ 上连续，或除有限条逐段光滑的曲线外在 Σ 上连续，且在 Σ 上有界，则 $f(x,y,z)$ 在 Σ 上对面积的曲面积分存在（不再证明）.

对面积的曲面积分，有类似于第五节中的对弧长的曲线积分的一些性质.

二、对面积的曲面积分的计算法

对面积的曲面积分可以化为二重积分来计算. 设曲面 Σ 的方程是

$$z = z(x,y),$$

于是由第四节可知，曲面 S 的面积元素为

$$\mathrm{d}S = \sqrt{1 + \left(\frac{\partial z}{\partial x}\right)^2 + \left(\frac{\partial z}{\partial y}\right)^2}\,\mathrm{d}x\mathrm{d}y.$$

所以

$$\iint_\Sigma f(x,y,z)\mathrm{d}S = \iint_D f(x,y,z(x,y))\sqrt{1 + \left(\frac{\partial z}{\partial x}\right)^2 + \left(\frac{\partial z}{\partial y}\right)^2}\,\mathrm{d}x\mathrm{d}y, \tag{10-6-1}$$

其中 D 为曲面 Σ 在 xOy 平面上的投影.

例 1 计算曲面积分

$$\iint_\Sigma (x^2 + y^2 + z^2)\mathrm{d}S,$$

其中 Σ 是球面 $x^2 + y^2 + z^2 = a^2$.

解 由被积函数与曲面的对称性，所求积分等于两倍上半球面 Σ_1 上的积分，即

$$\iint_\Sigma (x^2 + y^2 + z^2)\mathrm{d}S = 2\iint_{\Sigma_1} (x^2 + y^2 + z^2)\mathrm{d}S.$$

Σ_1 的方程为 $z = \sqrt{a^2 - x^2 - y^2}$，从而

$$\frac{\partial z}{\partial x} = \frac{-x}{\sqrt{a^2 - x^2 - y^2}},\quad \frac{\partial z}{\partial y} = \frac{-y}{\sqrt{a^2 - x^2 - y^2}},$$

所以

$$dS = \sqrt{1 + \left(\frac{\partial z}{\partial x}\right)^2 + \left(\frac{\partial z}{\partial y}\right)^2}dxdy = \frac{a}{\sqrt{a^2 - x^2 - y^2}}dxdy.$$

曲面 Σ_1 在 xOy 平面的投影区域 D 为 $x^2 + y^2 \leqslant a^2$. 由公式(10-6-1) 得

$$\iint_{\Sigma_1}(x^2 + y^2 + z^2)dS = \iint_D (x^2 + y^2 + a^2 - x^2 - y^2)\frac{a}{\sqrt{a^2 - x^2 - y^2}}dxdy$$

$$= \iint_D \frac{a^3}{\sqrt{a^2 - x^2 - y^2}}dxdy = \int_0^{2\pi}d\theta \int_0^a \frac{a^3 r}{\sqrt{a^2 - r^2}}dr$$

$$= -2\pi a^3 \sqrt{a^2 - r^2}\Big|_0^a = 2\pi a^4,$$

故有

$$\iint_\Sigma (x^2 + y^2 + z^2)dS = 4\pi a^4.$$

然而,如果我们利用曲面的方程先将被积函数化简,并运用球面的面积公式,立即可得上面积分的值,即

$$\iint_\Sigma (x^2 + y^2 + z^2)dS = a^2 \iint_\Sigma dS = 4\pi a^4.$$

例 2 计算半径为 R 的均匀球壳对于对称轴的转动惯量.

解 不妨设面密度 $\rho_0 = 1$,取球心为坐标原点,则球面 Σ 的方程是 $x^2 + y^2 + z^2 = R^2$. 结合物理学中有关知识,易证所求转动惯量为

$$I = \iint_\Sigma (x^2 + y^2)dS.$$

由上例知,球面的面积元素为

$$dS = \frac{R}{\sqrt{R^2 - x^2 - y^2}}dxdy.$$

代入上面的积分,并利用对称性得

$$I = 2\iint_D \frac{R(x^2 + y^2)}{\sqrt{R^2 - x^2 - y^2}}dxdy = 2R\int_0^{2\pi}d\theta \int_0^R \frac{r^3 dr}{\sqrt{R^2 - r^2}}$$

$$= 4\pi R\int_0^R \frac{r^3 dr}{\sqrt{R^2 - r^2}} \xrightarrow{r = R\sin t} 4\pi R^4 \int_0^{\frac{\pi}{2}} \sin^3 t dt = \frac{8}{3}\pi R^4.$$

因为球壳质量 $M = 4\pi R^2 \cdot \rho_0 = 4\pi R^2$,所以

$$I = \frac{2}{3}4\pi R^2 \cdot R^2 = \frac{2}{3}MR^2.$$

习 题 10-6

1. 计算曲面积分 $\iint_\Sigma f(x,y,z)dS$,其中 Σ 为抛物面 $z = 2 - (x^2 + y^2)$ 在 xOy 平面上方的部分,$f(x,y,z)$ 分别如下:

(1) $f(x,y,z) = 1$; (2) $f(x,y,z) = x^2 + y^2$;
(3) $f(x,y,z) = 3z$.

2. 计算 $\iint_\Sigma (x^2 + y^2) dS$,其中 Σ 分别为

(1) 锥面 $z = \sqrt{x^2 + y^2}$ 及平面 $z = 1$ 所围成的区域的整个边界曲面;
(2) 锥面 $z^2 = 3(x^2 + y^2)$ 被平面 $z = 0$ 和 $z = 3$ 所截得的部分.

3. 计算下列对面积的曲面积分:

(1) $\iint_\Sigma \left(z + 2x + \dfrac{4}{3}y\right) dS$,其中 Σ 为平面 $\dfrac{x}{2} + \dfrac{y}{3} + \dfrac{z}{4} = 1$ 在第 I 卦限中的部分;

(2) $\iint_\Sigma (2xy - 2x^2 - x + z) dS$,其中 Σ 为平面 $2x + 2y + z = 6$ 在第 I 卦限中的部分;

(3) $\iint_\Sigma (x + y + z) dS$,其中 Σ 为球面 $x^2 + y^2 + z^2 = a^2$ 上 $z \geqslant h(0 < h < a)$ 的部分;

(4) $\iint_\Sigma (xy + yz + zx) dS$,其中 Σ 为锥面 $z = \sqrt{x^2 + y^2}$ 被柱面 $x^2 + y^2 = 2ax$ 所截得的有限部分;

(5) $\iint_\Sigma \sqrt{R^2 - x^2 - y^2} dS$,其中 Σ 为上半球面 $z = \sqrt{R^2 - x^2 - y^2}$.

4. 求抛物面壳 $z = \dfrac{1}{2}(x^2 + y^2)(0 \leqslant z \leqslant 1)$ 的质量,此壳的面密度大小为 $\rho = z$.

5. 求面密度为 ρ_0 的均匀半球壳 $x^2 + y^2 + z^2 = a^2(z \geqslant 0)$ 对于 z 轴的转动惯量.

*第七节 黎曼积分小结

在前面二重积分、三重积分、对弧长的曲线积分、对面积的曲面积分的定义,以及一些物理、几何等具体量的计算中,都提出了类似和的极限问题,虽然各种形式和的具体对象不同,但归根到底总是要处理同一形式的和的极限. 这里我们可以概括地给出下面的定义.

数学家简介

几何形体 Ω 上**黎曼**(Riemann)**积分**的定义:设 Ω 为一几何形体(它或是线段,或是曲线段,或是平面区域、一块曲面、一块空间区域,等等),这个几何形体是可以度量的(也就是说,它或是可以求长的,或是可以求面积、体积的,等等),在这个几何形体 Ω 上定义了一个有界函数 $f(M), M \in \Omega$. 将此几何形体 Ω 分为若干可以度量的小部分 $\Delta\Omega_1, \Delta\Omega_2, \cdots, \Delta\Omega_n$. 既然每一小部分都可以度量,故它们皆有度量大小可言,把它们的度量大小仍记为 $\Delta\Omega_i (i = 1, 2, \cdots, n)$,并令

$$\lambda = \max_{1 \leqslant i \leqslant n}\{\Delta\Omega_i \text{ 的直径}\},$$

在每一小部分 $\Delta\Omega_i$ 中任意取一点 M_i,作下列和式(也称为**黎曼和数**或**积分和数**)

$$\sum_{i=1}^n f(M_i) \Delta\Omega_i.$$

如果这个和式不论对于 Ω 的如何分法,以及 M_i 在 $\Delta\Omega_i$ 上如何取法,只要当

$\lambda \to 0$ 时恒有同一极限 I,则称函数 $f(M)$ 在 Ω 上**黎曼可积**(简称可积),且称此极限为 $f(M)$ **在几何形体 Ω 上的黎曼积分(简称积分)**,记为

$$I = \int_\Omega f(M) \mathrm{d}\Omega,$$

也就是

$$I = \lim_{\lambda \to 0} \sum_{i=1}^n f(M_i) \Delta \Omega_i.$$

这个极限是与 Ω 的分法及 M_i 的取法无关的.

根据几何形体 Ω 的不同形态,我们不难得出 Ω 上积分的具体表达式及名称.

(1) 如果几何形体 Ω 是实轴上的一个区间 $[a,b]$,那么 $[a,b]$ 上的积分就是定积分,记为

$$\int_a^b f(x) \mathrm{d}x = \lim_{\lambda \to 0} \sum_{i=1}^n f(\xi_i) \Delta x_i.$$

(2) 如果几何形体 Ω 是一块可求面积的平面区域 D,那么 D 上的积分就是二重积分,记为

$$\iint_D f(x,y) \mathrm{d}\sigma = \lim_{\lambda \to 0} \sum_{i=1}^n f(\xi_i, \eta_i) \Delta \sigma_i.$$

(3) 如果几何形体 Ω 是一块可求体积的空间几何体,那么 Ω 上的积分就是三重积分,记为

$$\iiint_\Omega f(x,y,z) \mathrm{d}v = \lim_{\lambda \to 0} \sum_{i=1}^n f(\xi_i, \eta_i, \zeta_i) \Delta v_i.$$

(4) 如果几何形体 Ω 是一可求长的空间曲线段 L,那么 L 上的积分就是对弧长的曲线积分,记为

$$\int_L f(x,y) \mathrm{d}s = \lim_{\lambda \to 0} \sum_{i=1}^n f(\xi_i, \eta_i) \Delta s_i.$$

(5) 如果几何形体 Ω 是一可求面积的曲面片 Σ,那么 Σ 上的积分就是对面积的曲面积分,记为

$$\iint_\Sigma f(x,y,z) \mathrm{d}S = \lim_{\lambda \to 0} \sum_{i=1}^n f(\xi_i, \eta_i, \zeta_i) \Delta S_i.$$

特别地,如果被积函数 $f(M) \equiv 1$,由定义知 $\int_\Omega \mathrm{d}\Omega$ 就是几何形体 Ω 的度量,亦即

$$\int_\Omega \mathrm{d}\Omega = \sum_{i=1}^n \Delta \Omega_i = \Omega \text{ 的度量}.$$

关于这几种积分中函数 $f(M)$ 可积的充分条件,我们这里不作深入探讨,只指出:若 $f(M)$ 在所讨论的可度量的几何体 Ω 上连续,那么 $f(M)$ 在 Ω 上一定可积.

由黎曼积分的定义,我们不难得出黎曼积分的以下**性质**:

(1) 若函数 $f(M)$ 在 Ω 上可积,则 $kf(M)$ 在 Ω 上也可积,且有

$$\int_\Omega kf(M) \mathrm{d}\Omega = k \int_\Omega f(M) \mathrm{d}\Omega \quad (k \text{ 为常数}).$$

(2) 若函数 $f(M)$ 和 $g(M)$ 都在 Ω 上可积,则其和、差 $f(M) \pm g(M)$,积 $f(M)g(M)$ 也在 Ω 上可积.

(3) 若函数 $f(M)$ 在 Ω 上可积,将 Ω 任意分为两个可度量的部分 Ω_1 和 Ω_2,并且 Ω_1 的每一个内点都不在 Ω_2 中,那么 $f(M)$ 在 Ω_1 和 Ω_2 上都可积,且

$$\int_\Omega f(M)\mathrm{d}\Omega = \int_{\Omega_1} f(M)\mathrm{d}\Omega + \int_{\Omega_2} f(M)\mathrm{d}\Omega;$$

反之,若 $f(M)$ 在 Ω_1 和 Ω_2 上可积,则 $f(M)$ 也在 Ω 上可积,并且上述等式成立.

(4) 若函数 $f(M)$ 和 $g(M)$ 都在 Ω 上可积,且在 Ω 上成立着 $f(M) \leqslant g(M)$,则

$$\int_\Omega f(M)\mathrm{d}\Omega \leqslant \int_\Omega g(M)\mathrm{d}\Omega.$$

(5) 若 $f(M)$ 在 Ω 上可积,则 $|f(M)|$ 也在 Ω 上可积,且

$$\left|\int_\Omega f(M)\mathrm{d}\Omega\right| \leqslant \int_\Omega |f(M)|\mathrm{d}\Omega;$$

但若 $|f(M)|$ 在 Ω 上可积,不能断定 $f(M)$ 在 Ω 上也可积.

(6)(积分中值定理) 若 $f(M)$ 在 Ω 上可积,则存在常数 c,使得

$$\int_\Omega f(M)\mathrm{d}\Omega = c \cdot (\Omega \text{ 的度量});$$

若 $f(M)$ 在 Ω 上连续、可积,记 $c = \dfrac{1}{\Omega \text{ 的度量}} \iint_\Omega f(M)\mathrm{d}\Omega$,则至少存在 Ω 上的一点 M_0,使得

$$c = f(M_0).$$

习 题 十

1. 填空题:

(1) 二次积分 $\displaystyle\int_1^{e^2}\mathrm{d}x\int_x^{e^2}\dfrac{\mathrm{d}y}{x\ln y}$ 的值等于_____.

(2) 设 $D: x^2+y^2 \leqslant 1(y\geqslant 0)$,则二重积分 $\displaystyle\iint_D\sqrt{1-x^2-y^2}\,\mathrm{d}x\mathrm{d}y$ 的值是_____.

(3) 设 $\Omega = \{(x,y,z) \mid x^2+y^2+z^2 \leqslant 1\}$,则 $\displaystyle\iiint_\Omega z^2\,\mathrm{d}x\mathrm{d}y\mathrm{d}z = $ _____.

(4) 已知曲线 $L: y = x^2(0\leqslant x\leqslant \sqrt{2})$,则 $\displaystyle\int_L x\,\mathrm{d}s = $ _____.

(5) 设 $\Sigma = \{(x,y,z) \mid x+y+z = 1, x\geqslant 0, y\geqslant 0, z\geqslant 0\}$,则 $\displaystyle\iint_\Sigma y^2\,\mathrm{d}S = $ _____.

2. 选择题:

(1) 设 $f(x,y)$ 在矩形区域 $D = \{(x,y) \mid a\leqslant x\leqslant b, c\leqslant y\leqslant d\}$ 上有二阶连续偏导数,则二重积分 $\displaystyle\iint_D \dfrac{\partial^2 f(x,y)}{\partial x\partial y}\,\mathrm{d}x\mathrm{d}y$ 的值为( ).

A. $f(a,d) - f(b,d) - f(b,c) + f(a,c)$ B. $f(b,d) - f(a,d) - f(b,c) + f(a,c)$

C. $f(b,d) - f(a,d) - f(a,c) + f(b,c)$ D. $f(a,d) - f(b,d) - f(a,c) + f(b,c)$

(2) 如图所示,正方形区域 $\{(x,y) \mid |x|\leqslant 1, |y|\leqslant 1\}$ 被其对角线划分为四个区域 $D_k(k=1,2,3,4)$,$I_k = \displaystyle\iint_{D_k} y\cos x\,\mathrm{d}x\mathrm{d}y$,则 $\displaystyle\max_{1\leqslant k\leqslant 4}\{I_k\} = $ ( ).

A. I_1 B. I_2
C. I_3 D. I_4

(3) 设 $f(x,y,z)$ 为 $\mathbf{R}^3$ 上的连续函数,$I = \int_0^1 dy \int_y^1 dx \int_0^y f(x,y,z) dz$,则有( ).

A. $I = \int_0^1 dx \int_x^1 dy \int_0^y f(x,y,z) dz$

B. $I = \int_0^1 dz \int_z^1 dy \int_0^y f(x,y,z) dx$

C. $I = \int_0^1 dz \int_z^1 dx \int_z^x f(x,y,z) dy$

D. $I = \int_0^1 dx \int_x^1 dz \int_0^z f(x,y,z) dy$

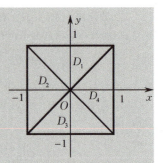

选择题(2)图

(4) 设 $f(x,y)$ 为连续函数,则 $\int_0^{\frac{\pi}{4}} d\theta \int_0^1 f(r\cos\theta, r\sin\theta) r dr$ 等于( ).

A. $\int_0^{\frac{\sqrt{2}}{2}} dx \int_x^{\sqrt{1-x^2}} f(x,y) dy$ B. $\int_0^{\frac{\sqrt{2}}{2}} dx \int_0^{\sqrt{1-x^2}} f(x,y) dy$

C. $\int_0^{\frac{\sqrt{2}}{2}} dy \int_y^{\sqrt{1-y^2}} f(x,y) dx$ D. $\int_0^{\frac{\sqrt{2}}{2}} dy \int_0^{\sqrt{1-y^2}} f(x,y) dx$

(5) 设 $f(x)$ 为连续函数,$F(t) = \int_1^t dy \int_y^t f(x) dx$,则 $F'(2)$ 等于( ).

A. $2f(2)$ B. $f(2)$ C. $-f(2)$ D. 0

3. 设区域 $D = \{(x,y) \mid x^2 + y^2 \leqslant 1, x \geqslant 0\}$,计算二重积分 $I = \iint_D \frac{1+xy}{1+x^2+y^2} dxdy$.

4. 计算二次积分 $\int_0^8 dx \int_{\sqrt[3]{x}}^2 \frac{dy}{1+y^4}$.

5. 设 $D = \{(x,y) \mid 0 \leqslant y < x \leqslant 1\}$,计算二重积分 $I = \iint_D \frac{1}{\sqrt{x^2+y^2}} dxdy$.

6. 已知函数 $f(x,y)$ 具有二阶连续偏导数,且 $f(1,y) = 0, f(x,1) = 0, \iint_D f(x,y) dxdy = a$,其中 $D = \{(x,y) \mid 0 \leqslant x \leqslant 1, 0 \leqslant y \leqslant 1\}$,计算二重积分 $I = \iint_D xy f''_{xy}(x,y) dxdy$.

7. 设 $D = \{(x,y) \mid x^2 + y^2 \leqslant \sqrt{2}, x \geqslant 0, y \geqslant 0\}$,$[1+x^2+y^2]$ 表示不超过 $1+x^2+y^2$ 的最大整数,计算二重积分

$$\iint_D xy[1+x^2+y^2] dxdy.$$

8. 求由下列曲线所围成的闭区域的面积:

(1) 曲线 $y^2 = \frac{b^2}{a}x, y = \frac{b}{a}x$ 所围 $(a > 0, b > 0)$;

(2) 曲线 $xy = a^2, xy = 2a^2, y = x, y = 2x$ 所围 $(x > 0, y > 0)$.

9. 证明:

(1) $\int_a^b dy \int_a^y (y-x)^n f(x) dx = \int_a^b \frac{1}{n+1} f(x)(b-x)^{n+1} dx$;

(2) $\iint_D f(x+y) dxdy = \int_{-1}^1 f(u) du$,其中 D 为 $|x| + |y| \leqslant 1$;

(3) $\iint_D f(ax+by+c) dxdy = 2\int_{-1}^1 \sqrt{1-u^2} f(u\sqrt{a^2+b^2}+c) du$,其中 D 为 $x^2+y^2 \leqslant 1$,且 $a^2+b^2 \neq 0$.

10. 计算三重积分 $I = \iiint_\Omega (x+y+z)\mathrm{d}v$,其中 Ω 为曲面 $z = \sqrt{x^2+y^2}$ 与平面 $z = h(h>0)$ 所围成的闭区域.

11. 利用三重积分,计算由下列曲面所围成的立体的体积:

(1) $z = 6 - x^2 - y^2$ 及 $z = \sqrt{x^2+y^2}$;

(2) $x^2 + y^2 + z^2 = 2az(a>0)$ 及 $x^2 + y^2 = z^2$(含有 z 轴的部分);

(3) $z = \sqrt{x^2+y^2}$ 及 $z = x^2 + y^2$;

(4) $z = \sqrt{5-x^2-y^2}$ 及 $x^2 + y^2 = 4z$.

*12. 选择坐标变换计算下列各题:

(1) $\iiint_\Omega \sqrt{1 - \dfrac{x^2}{a^2} - \dfrac{y^2}{b^2} - \dfrac{z^2}{c^2}}\, \mathrm{d}v$,其中 $\Omega = \left\{(x,y,z)\,\Big|\,\dfrac{x^2}{a^2} + \dfrac{y^2}{b^2} + \dfrac{z^2}{c^2} \leqslant 1\right\}$;

(2) $\iiint_\Omega \exp\{\sqrt{x^2/a^2 + y^2/b^2 + z^2/c^2}\}\mathrm{d}v$,其中 $\Omega = \left\{(x,y,z)\,\Big|\,\dfrac{x^2}{a^2} + \dfrac{y^2}{b^2} + \dfrac{z^2}{c^2} \leqslant 1\right\}$,这里记号 $\exp\{F\}$ 表示 e^F.

13. 设 S 为旋转抛物面 $z = 4 - x^2 - y^2$,π 为其在 $M(1,1,2)$ 处的切平面.

(1) 求 S 在 $z \geqslant 0$ 部分的曲面面积;

(2) 求在第 I 卦限介于 S 与 π 之间部分的体积.

14. 计算下列对弧长的曲线积分:

(1) $\int_\Gamma x^2 yz\,\mathrm{d}s$,其中 Γ 为折线 $ABCD$,这里 A,B,C,D 依次为点 $(0,0,0),(0,0,2),(1,0,2),(1,3,2)$;

(2) $\int_L y^2\,\mathrm{d}s$,其中 L 为摆线的一拱 $x = a(t - \sin t), y = a(1 - \cos t)(0 \leqslant t \leqslant 2\pi)$;

(3) $\int_L (x^2 + y^2)\,\mathrm{d}s$,其中 L 为曲线 $x = a(\cos t + t\sin t), y = a(\sin t - t\cos t)(0 \leqslant t \leqslant 2\pi)$;

(4) $\int_\Gamma \dfrac{z^2}{x^2+y^2}\,\mathrm{d}s$,其中 Γ 为螺旋线 $x = a\cos t, y = a\sin t, z = at(0 \leqslant t \leqslant \pi)$.

15. 设 Σ 是平面 $x + y + z = 3$ 被柱面 $x^2 + y^2 = 1$ 所截的部分,求曲面积分 $\iint_\Sigma (x^2 + y^2)\,\mathrm{d}S$.

第十一章 多元函数积分学（Ⅱ）

上一章已介绍了对弧长的曲线积分和对面积的曲面积分，我们将这两种积分分别称为**第一类曲线积分**和**第一类曲面积分**. 本章将讨论第二类曲线积分和曲面积分，即对坐标的曲线积分和曲面积分，并讨论两类曲线积分、曲面积分之间的联系.

第一节 对坐标的曲线积分的概念与性质

一、引例

变力沿曲线所做的功 设质点受力
$$\boldsymbol{F}(x,y) = P(x,y)\boldsymbol{i} + Q(x,y)\boldsymbol{j}$$
的作用沿平面光滑曲线 L 从点 A 运动到点 B，其中 $P(x,y),Q(x,y)$ 在 L 上连续，要计算在上述移动过程中变力 $\boldsymbol{F}(x,y)$ 所做的功（见图 11-1）.

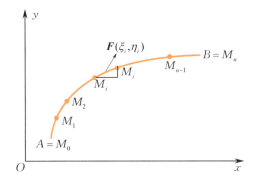

图 11-1

我们知道，如果 $\boldsymbol{F}$ 是常力，且质点沿直线从 A 运动到 B，那么常力 $\boldsymbol{F}$ 所做的功 W 等于两个向量 $\boldsymbol{F}$ 与 $\overrightarrow{AB}$ 的数量积，即
$$W = \boldsymbol{F} \cdot \overrightarrow{AB}.$$

现在 $\boldsymbol{F}(x,y)$ 是变力，且质点沿曲线 L 运动，功 W 不能直接按以上公式计算. 我们仍采用"分割、近似、求和、取极限"的办法来处理这个问题.

在曲线弧 L 上取点 $M_1(x_1,y_1), M_2(x_2,y_2), \cdots, M_{n-1}(x_{n-1},y_{n-1})$，将 L 分成 n 段小弧段，并设 $M_0 = A, M_n = B$. 取其中一段有向小弧段 $\widehat{M_{i-1}M_i}$ $(i=1,2,\cdots,n)$ 来分析. 由于 $\widehat{M_{i-1}M_i}$ 光滑，而且很短，可用有向线段
$$\overrightarrow{M_{i-1}M_i} = (\Delta x_i)\boldsymbol{i} + (\Delta y_i)\boldsymbol{j}$$
来近似代替它，其中 $\Delta x_i = x_i - x_{i-1}, \Delta y_i = y_i - y_{i-1}$. 又由于 $P(x,y)$，$Q(x,y)$ 在 L 上连续，因此可以用在 $\widehat{M_{i-1}M_i}$ 上任意取定的一点 (ξ_i, η_i) 处的力

$$F(\xi_i,\eta_i) = P(\xi_i,\eta_i)\boldsymbol{i} + Q(\xi_i,\eta_i)\boldsymbol{j}$$

来近似代替这一小弧段上各点处的力. 于是,变力 $F(x,y)$ 沿有向小弧段 $\widehat{M_{i-1}M_i}$ 所做的功,近似地等于常力 $F(\xi_i,\eta_i)$ 沿有向线段 $\overline{M_{i-1}M_i}$ 所做的功

$$\Delta W_i \approx F(\xi_i,\eta_i) \cdot \overline{M_{i-1}M_i} = P(\xi_i,\eta_i)\Delta x_i + Q(\xi_i,\eta_i)\Delta y_i.$$

所以

$$W = \sum_{i=1}^{n} \Delta W_i \approx \sum_{i=1}^{n} (P(\xi_i,\eta_i)\Delta x_i + Q(\xi_i,\eta_i)\Delta y_i).$$

用 λ 表示 n 段小弧段的最大长度,令 $\lambda \to 0$,取上述和的极限,所得极限应该就是功 W 的精确值,即

$$W = \lim_{\lambda \to 0} \sum_{i=1}^{n} (P(\xi_i,\eta_i)\Delta x_i + Q(\xi_i,\eta_i)\Delta y_i).$$

这类和式的极限在研究一些其他物理、力学问题时也会遇到. 现在我们将其抽象出来,引入下面的定义.

二、对坐标的曲线积分的定义

定义 设 L 为 xOy 平面内从点 A 到点 B 的一条有向光滑曲线弧,函数 $P(x,y),Q(x,y)$ 在 L 上有界. 在 L 上沿 L 的方向任意插入一点列 $M_1(x_1,y_1),M_2(x_2,y_2),\cdots,M_{n-1}(x_{n-1},y_{n-1})$,把 L 分成 n 段有向小弧段

$$\widehat{M_{i-1}M_i} \quad (i=1,2,\cdots,n;M_0=A,M_n=B).$$

设 $\Delta x_i = x_i - x_{i-1}, \Delta y_i = y_i - y_{i-1}$,点 (ξ_i,η_i) 为 $\widehat{M_{i-1}M_i}$ 上任意取定的一点. 如果无论怎样将 L 划分为 n 段小弧段,也无论 (ξ_i,η_i) 在小弧段 $\widehat{M_{i-1}M_i}$ 上怎样取定,当各小弧段长度的最大值 $\lambda \to 0$ 时,和式 $\sum_{i=1}^{n} P(\xi_i,\eta_i)\Delta x_i$ 的极限总存在,则称此极限值为**函数 $P(x,y)$ 在有向曲线弧 L 上对坐标 x 的曲线积分**,记作 $\int_L P(x,y)\mathrm{d}x$. 类似地,如果 $\lim_{\lambda \to 0} \sum_{i=1}^{n} Q(\xi_i,\eta_i)\Delta y_i$ 总存在,则称此极限值为**函数 $Q(x,y)$ 在有向曲线弧 L 上对坐标 y 的曲线积分**,记作 $\int_L Q(x,y)\mathrm{d}y$. 所以,有

$$\int_L P(x,y)\mathrm{d}x = \lim_{\lambda \to 0} \sum_{i=1}^{n} P(\xi_i,\eta_i)\Delta x_i \quad (11\text{-}1\text{-}1)$$

和

$$\int_L Q(x,y)\mathrm{d}y = \lim_{\lambda \to 0} \sum_{i=1}^{n} Q(\xi_i,\eta_i)\Delta y_i. \quad (11\text{-}1\text{-}2)$$

其中 $P(x,y),Q(x,y)$ 叫作**被积函数**,L 叫作**积分弧段**.

对坐标 x 或 y 的曲线积分,统称为**对坐标的曲线积分**,或称为**第二类曲线积分**.

应用上经常出现的是

$$\int_L P(x,y)\mathrm{d}x + \int_L Q(x,y)\mathrm{d}y$$

这种合并起来的形式.为简便起见,把它写成

$$\int_L P(x,y)\mathrm{d}x + Q(x,y)\mathrm{d}y.$$

例如,前面讨论过的变力 $\boldsymbol{F}=P(x,y)\boldsymbol{i}+Q(x,y)\boldsymbol{j}$ 沿 L 从 A 到 B 所做的功,可以表示成

$$W = \int_L P(x,y)\mathrm{d}x + Q(x,y)\mathrm{d}y.$$

我们指出,当 $P(x,y),Q(x,y)$ 在有向光滑曲线弧 L 上连续时,对坐标的曲线积分都存在.以后我们总假定 $P(x,y),Q(x,y)$ 在 L 上连续.

上述定义可以类似地推广到积分弧段为空间有向曲线弧 Γ 的情形,即

$$\int_\Gamma P(x,y,z)\mathrm{d}x = \lim_{\lambda\to 0}\sum_{i=1}^n P(\xi_i,\eta_i,\zeta_i)\Delta x_i,$$

$$\int_\Gamma Q(x,y,z)\mathrm{d}y = \lim_{\lambda\to 0}\sum_{i=1}^n Q(\xi_i,\eta_i,\zeta_i)\Delta y_i,$$

$$\int_\Gamma R(x,y,z)\mathrm{d}z = \lim_{\lambda\to 0}\sum_{i=1}^n R(\xi_i,\eta_i,\zeta_i)\Delta z_i,$$

合并起来的形式是

$$\int_L P(x,y,z)\mathrm{d}x + Q(x,y,z)\mathrm{d}y + R(x,y,z)\mathrm{d}z.$$

三、对坐标的曲线积分的性质

根据上述对坐标的曲线积分的定义,可以导出这类曲线积分的一些性质.为了简便起见,我们省略了一些积分共有的性质.

性质 1 把有向光滑曲线弧 L 分成 L_1 和 L_2,则

$$\int_L P\mathrm{d}x + Q\mathrm{d}y = \int_{L_1} P\mathrm{d}x + Q\mathrm{d}y + \int_{L_2} P\mathrm{d}x + Q\mathrm{d}y. \quad (11\text{-}1\text{-}3)$$

公式(11-1-3)可以推广到 L 由 $L_1,L_2,\cdots,L_k$ 组成的情形.所以,如果 L 是分段光滑的,我们规定函数在有向曲线弧 L 上对坐标的曲线积分等于它在光滑的各段上对坐标的曲线积分之和.

性质 2 设 L 是有向曲线弧,$-L$ 是与 L 方向相反的有向曲线弧,则有

$$\int_{-L} P(x,y)\mathrm{d}x = -\int_L P(x,y)\mathrm{d}x, \qquad (11\text{-}1\text{-}4)$$

$$\int_{-L} Q(x,y)\mathrm{d}y = -\int_L Q(x,y)\mathrm{d}y. \qquad (11\text{-}1\text{-}5)$$

证 注意到在前面对坐标的曲线积分的定义中，$\Delta x_i = x_i - x_{i-1}$ 和 $\Delta y_i = y_i - y_{i-1}$ 是有向小弧段 $\widehat{M_{i-1}M_i}$ 分别在 x 轴和 y 轴上的投影. 把 L 分成 n 小段，相应地 $-L$ 也分成 n 小段，对于每一个小弧段来说，当弧段的方向改变时，有向弧段在坐标轴上的投影的绝对值不变但要改变符号，因此由式(11-1-1) 和式(11-1-2) 分别易知式(11-1-4) 和式(11-1-5) 成立.

式(11-1-4) 和式(11-1-5) 表明，当积分弧段的方向改变时，对坐标的曲线积分要改变符号. 因此关于对坐标的曲线积分，我们必须注意积分弧段的方向，而对弧长的曲线积分则与积分弧段的方向无关. 这是两类曲线积分的一个重要差别.

第二节 对坐标的曲线积分的计算

与对弧长的曲线积分的计算方法类似，我们将对坐标的曲线积分的计算转化为定积分来计算. 这里必须**强调**的是：这一转化与对弧长的曲线积分的计算的转化有着本质的区别.

定理 设 $P(x,y), Q(x,y)$ 在有向光滑曲线弧 L 上有定义且连续，L 的参数方程为
$$x = \varphi(t), \quad y = \psi(t).$$
当参数 t 单调地由 α 变到 β 时，点 $M(x,y)$ 从 L 的起点 A 沿 L 运动到终点 B，$\varphi(t), \psi(t)$ 在以 α 及 β 为端点的闭区间上具有一阶连续导数，且 $\varphi'^2(t) + \psi'^2(t) \neq 0$，则曲线积分
$$\int_L P(x,y)\mathrm{d}x + Q(x,y)\mathrm{d}y$$
存在，且
$$\int_L P(x,y)\mathrm{d}x + Q(x,y)\mathrm{d}y$$
$$= \int_\alpha^\beta (P(\varphi(t),\psi(t))\varphi'(t) + Q(\varphi(t),\psi(t))\psi'(t))\mathrm{d}t. \qquad (11\text{-}2\text{-}1)$$

证 在 L 上取一点列
$$A = M_0, M_1, M_2, \cdots, M_{n-1}, M_n = B,$$

它们对应于一列单调变化的参数值
$$\alpha = t_0, t_1, t_2, \cdots, t_{n-1}, t_n = \beta.$$
根据对坐标的曲线积分的定义,有
$$\int_L P(x,y)\mathrm{d}x = \lim_{\lambda \to 0} \sum_{i=1}^n P(\xi_i, \eta_i)\Delta x_i.$$

设点 (ξ_i, η_i) 对应于参数值 τ_i,即 $\xi_i = \varphi(\tau_i), \eta_i = \psi(\tau_i)$,其中 τ_i 在 t_{i-1} 与 t_i 之间. 由于
$$\Delta x_i = x_i - x_{i-1} = \varphi(t_i) - \varphi(t_{i-1}),$$
应用微分中值定理,有
$$\Delta x_i = \varphi'(\tau_i')\Delta t_i,$$
其中 $\Delta t_i = t_i - t_{i-1}, \tau_i'$ 在 t_{i-1} 与 t_i 之间,于是
$$\int_L P(x,y)\mathrm{d}x = \lim_{\lambda \to 0} \sum_{i=1}^n P(\varphi(\tau_i), \psi(\tau_i))\varphi'(\tau_i')\Delta t_i.$$
利用 $\varphi'(t)$ 在闭区间 $[\alpha, \beta]$(或 $[\beta, \alpha]$)上的连续性可以证明(在此从略):上式中的点 τ_i' 可换成 τ_i. 从而
$$\int_L P(x,y)\mathrm{d}x = \lim_{\lambda \to 0} \sum_{i=1}^n P(\varphi(\tau_i), \psi(\tau_i))\varphi'(\tau_i)\Delta t_i.$$
上式右端和式的极限就是定积分 $\int_\alpha^\beta P(\varphi(t), \psi(t))\varphi'(t)\mathrm{d}t$. 由于函数 $P(\varphi(t), \psi(t))\varphi'(t)$ 连续,这个定积分存在,因此 $\int_L P(x,y)\mathrm{d}x$ 也存在,并且有
$$\int_L P(x,y)\mathrm{d}x = \int_\alpha^\beta P(\varphi(t), \psi(t))\varphi'(t)\mathrm{d}t.$$
同理,可证
$$\int_L Q(x,y)\mathrm{d}y = \int_\alpha^\beta Q(\varphi(t), \psi(t))\psi'(t)\mathrm{d}t.$$
两式相加,得到
$$\int_L P(x,y)\mathrm{d}x + Q(x,y)\mathrm{d}y$$
$$= \int_\alpha^\beta (P(\varphi(t), \psi(t))\varphi'(t) + Q(\varphi(t), \psi(t))\psi'(t))\mathrm{d}t,$$
这里下限 α 对应于 L 的起点,上限 β 对应于 L 的终点.

公式(11-2-1)表明,计算对坐标的曲线积分
$$\int_L P(x,y)\mathrm{d}x + Q(x,y)\mathrm{d}y$$
时,只要把 $x, y, \mathrm{d}x, \mathrm{d}y$ 依次换为 $\varphi(t), \psi(t), \varphi'(t)\mathrm{d}t, \psi'(t)\mathrm{d}t$,然后从 L 的起点所对应的参数值 α 到 L 的终点所对应的参数值 β 作定积分就行了. 这里必须注意,下限 α 对应于 L 的起点,上限 β 对应于 L 的终点,α 不一定小于 β.

如果 L 是一闭曲线,即起点和终点位置相同,则对坐标的曲线

积分记为
$$\oint_L P(x,y)dx + Q(x,y)dy.$$

如果 L 由方程 $y = y(x)$ 给出,可视 x 为参数,则
$$\int_L P(x,y)dx + Q(x,y)dy$$
$$= \int_a^b (P(x,y(x)) + Q(x,y(x))y'(x))dx;$$

如果 L 由方程 $x = x(y)$ 给出,可视 y 为参数,则
$$\int_L P(x,y)dx + Q(x,y)dy$$
$$= \int_a^b (P(x(y),y)x'(y) + Q(x(y),y))dy.$$

这里下限 a 对应于 L 的起点,上限 b 对应于 L 的终点.

公式(11-2-1)可推广到空间曲线 Γ 由参数方程
$$x = \varphi(t), \quad y = \psi(t), \quad z = \omega(t)$$
给出的情形,这样便得到
$$\int_\Gamma P(x,y,z)dx + Q(x,y,z)dy + R(x,y,z)dz$$
$$= \int_\alpha^\beta (P(\varphi(t),\psi(t),\omega(t))\varphi'(t) + Q(\varphi(t),\psi(t),\omega(t))\psi'(t)$$
$$+ R(\varphi(t),\psi(t),\omega(t))\omega'(t))dt, \qquad (11\text{-}2\text{-}2)$$
这里下限 α 对应于 Γ 的起点,上限 β 对应于 Γ 的终点.

例 1 计算 $\int_L xy\,dx$,其中 L 为抛物线 $y^2 = x$ 上从点 $A(1,-1)$ 到点 $B(1,1)$ 的一段弧(见图 11-2).

解 方法 1 将所给积分化为对 y 的定积分来计算.将 L 的方程写成
$$x = y^2, \quad -1 \leqslant y \leqslant 1,$$
故
$$\int_L xy\,dx = \int_{-1}^1 y^2 \cdot y(y^2)'dy = \int_{-1}^1 2y^4 dy = \frac{4}{5}.$$

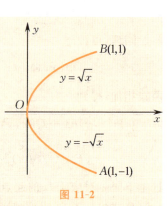

图 11-2

方法 2 将所给积分化为对 x 的定积分来计算.由于 $y = \pm\sqrt{x}$ 不是单值函数,因此要把 L 分为 $\widehat{AO}$ 和 $\widehat{OB}$ 两部分.

在 AO 上 $y = -\sqrt{x}$,x 从 1 变到 0;在 OB 上 $y = \sqrt{x}$,x 从 0 变到 1.因此
$$\int_L xy\,dx = \int_{\widehat{AO}} xy\,dx + \int_{\widehat{OB}} xy\,dx = \int_1^0 x(-\sqrt{x})dx + \int_0^1 x\sqrt{x}\,dx$$
$$= 2\int_0^1 x^{\frac{3}{2}}dx = \frac{4}{5}.$$

显然,本题中的积分化为对 y 的定积分来计算要简便得多.

例 2 计算 $\int_L y^2 dx$，其中 L（见图 11-3）分别为

(1) 半径为 a、圆心在原点、按逆时针方向绕行的上半圆周；

(2) 从点 $A(a,0)$ 沿 x 轴到点 $B(-a,0)$ 的直线段.

图 11-3

解 (1) L 的参数方程为

$$x = a\cos\theta, \quad y = a\sin\theta,$$

θ 从 0 变到 π，因此有

$$\int_L y^2 dx = \int_0^\pi (a\sin\theta)^2(-a\sin\theta)d\theta = a^3\int_0^\pi (1-\cos^2\theta)d\cos\theta$$

$$= a^3\left(\cos\theta - \frac{1}{3}\cos^3\theta\right)\bigg|_0^\pi = -\frac{4}{3}a^3.$$

(2) L 的方程为 $y = 0$，x 从 a 变到 $-a$，所以

$$\int_L y^2 dx = \int_a^{-a} 0 dx = 0.$$

从例 2 看出，虽然两个曲线积分的被积函数相同，起点和终点也相同，但沿不同路径得出的值并不相等.

图 11-4

例 3 计算 $\int_L (x+y)dx + (x-y)dy$，其中 L（见图 11-4）分别为

(1) 抛物线 $y = x^2$ 上从 $O(0,0)$ 到 $B(1,1)$ 的一段弧；

(2) 抛物线 $x = y^2$ 上从 $O(0,0)$ 到 $B(1,1)$ 的一段弧；

(3) 有向折线 $\overparen{OAB}$，这里 O, A, B 依次是点 $(0,0), (0,1), (1,1)$.

解 (1) $L: y = x^2$，x 从 0 变到 1，故

$$\int_L (x+y)dx + (x-y)dy = \int_0^1 ((x+x^2) + (x-x^2)\cdot 2x)dx$$

$$= \int_0^1 (x + 3x^2 - 2x^3)dx = 1.$$

(2) $L: x = y^2$，y 从 0 变到 1，故

$$\int_L (x+y)dx + (x-y)dy = \int_0^1 ((y^2+y)\cdot 2y + (y^2-y))dy$$

$$= \int_0^1 (2y^3 + 3y^2 - y)dy = 1.$$

(3) $\int_L (x+y)dx + (x-y)dy = \int_{\overline{OA}} (x+y)dx + (x-y)dy$

$$+ \int_{\overline{AB}} (x+y)dx + (x-y)dy.$$

在 $\overline{OA}$ 上，$x = 0$，y 从 0 变到 1，所以

$$\int_{\overline{OA}} (x+y)dx + (x-y)dy = \int_0^1 (y\cdot 0 + (-y))dy = -\frac{1}{2}.$$

在 $\overline{AB}$ 上,$y=1$,x 从 0 变到 1,所以
$$\int_{\overline{AB}}(x+y)\mathrm{d}x+(x-y)\mathrm{d}y=\int_0^1((x+1)+(x-1)\cdot 0)\mathrm{d}x=\frac{3}{2}.$$
从而
$$\int_L(x+y)\mathrm{d}x+(x-y)\mathrm{d}y=-\frac{1}{2}+\frac{3}{2}=1.$$

从例 3 可以看出,虽然三条路径各不相同,但对应曲线积分的值相等.

例 4 计算 $\int_L xy\mathrm{d}x+(x-y)\mathrm{d}y+x^2\mathrm{d}z$,其中 L 为螺旋线 $x=a\cos t$,$y=a\sin t$,$z=bt$,$0\leqslant t\leqslant\pi$ 上从点 $A(a,0,0)$ 到点 $B(-a,0,b\pi)$ 的一段弧.

解 由公式(11-2-2),得
$$\int_L xy\mathrm{d}x+(x-y)\mathrm{d}y+x^2\mathrm{d}z$$
$$=\int_0^\pi(-a^3\cos t\sin^2 t+a^2(\cos t-\sin t)\cos t+a^2\cos^2 t\cdot b)\mathrm{d}t$$
$$=\int_0^\pi(-a^3\cos t\sin^2 t+a^2(1+b)\cos^2 t-a^2\sin t\cos t)\mathrm{d}t$$
$$=\left(-\frac{1}{3}a^3\sin^3 t+\frac{1}{2}a^2(1+b)\left(t+\frac{1}{2}\sin 2t\right)+\frac{a^2}{4}\cos 2t\right)\Big|_0^\pi$$
$$=\frac{1}{2}a^2(1+b)\pi.$$

例 5 计算 $\int_L x\mathrm{d}x+y\mathrm{d}y+(x+y-1)\mathrm{d}z$,其中 L 是从点 $A(1,1,1)$ 到点 $B(2,3,4)$ 的直线段.

解 线段 $\overline{AB}$ 的方程是 $\dfrac{x-1}{1}=\dfrac{y-1}{2}=\dfrac{z-1}{3}$,化为参数方程得
$$x=1+t,\quad y=1+2t,\quad z=1+3t,\quad t\text{ 从 0 到 1}.$$
于是得
$$\int_L x\mathrm{d}x+y\mathrm{d}y+(x+y-1)\mathrm{d}z$$
$$=\int_0^1((1+t)\times 1+(1+2t)\times 2+(1+t+1+2t-1)\times 3)\mathrm{d}t$$
$$=\int_0^1(6+14t)\mathrm{d}t=13.$$

例 6 设有一质量为 m 的质点受重力的作用在垂直平面沿某一光滑曲线弧从点 A 移动到点 B,求重力所做的功.

解 取水平直线为 x 轴,y 轴垂直向上(见图 11-5),则重力在两坐标轴上的投影分别为 $P(x,y)=0$,$Q(x,y)=-mg$,其中 g 为重力加速度,于是当质点从 $A(x_0,y_0)$ 移动到 $B(x_1,y_1)$ 时,重力做功为
$$W=\int_{\widehat{AB}}P\mathrm{d}x+Q\mathrm{d}y=\int_{\widehat{AB}}(-mg)\mathrm{d}y$$

图 11-5

$$= \int_{y_0}^{y_1}(-mg)\mathrm{d}y = mg(y_0 - y_1).$$

此结果表明，这里重力所做的功与路径无关，且仅取决于下降的高度.

习题 11-2

1. 设 L 为 xOy 平面内直线 $x=a$ 上的一段，证明：$\int_L P(x,y)\mathrm{d}x = 0$，其中 $P(x,y)$ 在 L 上连续.

2. 设 L 为 xOy 平面内 x 轴上从点 $(a,0)$ 到点 $(b,0)$ 的一段直线，证明：
$$\int_L P(x,y)\mathrm{d}x = \int_a^b P(x,0)\mathrm{d}x,$$
其中 $P(x,y)$ 在 L 上连续.

3. 计算下列对坐标的曲线积分：

(1) $\int_L (x^2-y^2)\mathrm{d}x$，其中 L 是抛物线 $y=x^2$ 上从点 $(0,0)$ 到点 $(2,4)$ 的一段弧；

(2) $\oint_L xy\mathrm{d}x$，其中 L 为圆周 $(x-a)^2+y^2=a^2(a>0)$ 及 x 轴所围成的在第一象限内的区域的整个边界（按逆时针方向绕行）；

(3) $\int_L y\mathrm{d}x+x\mathrm{d}y$，其中 L 为圆周 $x=R\cos t, y=R\sin t$ 上对应 t 从 0 到 $\frac{\pi}{2}$ 的一段弧；

(4) $\oint_L \frac{(x+y)\mathrm{d}x-(x-y)\mathrm{d}y}{x^2+y^2}$，其中 L 为圆周 $x^2+y^2=a^2$（按逆时针方向绕行）；

(5) $\int_\Gamma x^2\mathrm{d}x+z\mathrm{d}y-y\mathrm{d}z$，其中 Γ 为曲线 $x=k\theta, y=a\cos\theta, z=a\sin\theta$ 上对应 θ 从 0 到 π 的一段弧；

(6) $\int_\Gamma x^3\mathrm{d}x+3zy^2\mathrm{d}y+(-x^2y)\mathrm{d}z$，其中 Γ 是从点 $(3,2,1)$ 到点 $(0,0,0)$ 的直线段；

(7) $\oint_\Gamma \mathrm{d}x-\mathrm{d}y+y\mathrm{d}z$，其中 Γ 为有向闭折线 $\widehat{ABCA}$，这里 A,B,C 依次为点 $(1,0,0),(0,1,0),(0,0,1)$；

(8) $\int_L (x^2-2xy)\mathrm{d}x+(y^2-2xy)\mathrm{d}y$，其中 L 是抛物线 $y=x^2$ 上从点 $(-1,1)$ 到点 $(1,1)$ 的一段弧.

4. 计算 $\int_L (x+y)\mathrm{d}x+(y-x)\mathrm{d}y$，其中 L 分别为

(1) 抛物线 $y^2=x$ 上从点 $(1,1)$ 到点 $(4,2)$ 的一段弧；

(2) 从点 $(1,1)$ 到点 $(4,2)$ 的直线段；

(3) 先沿直线从点 $(1,1)$ 到点 $(1,2)$，然后再沿直线到点 $(4,2)$ 的折线；

(4) 曲线 $x=2t^2+t+1, y=t^2+1$ 上从点 $(1,1)$ 到点 $(4,2)$ 的一段弧.

5. 设质点受力作用，力的反方向指向原点，大小与质点离原点的距离成正比. 若质点由 $(a,0)$ 沿椭圆移动到 $B(0,b)$，求力所做的功.

6. 计算对坐标的曲线积分：

(1) $\int_\Gamma xyz\mathrm{d}z$，其中 Γ 为 $x^2+y^2+z^2=1$ 与 $y=z$ 的交线，方向按交线依次经过第 Ⅰ，Ⅱ，Ⅶ，Ⅷ卦限；

(2) $\int_\Gamma (y^2-z^2)dx + (z^2-x^2)dy + (x^2-y^2)dz$,其中 Γ 为 $x^2+y^2+z^2=1$ 在第 I 卦限部分的边界曲线,方向按曲线依次经过 xOy 平面部分、yOz 平面部分和 zOx 平面部分.

第三节 曲线积分与路径无关的条件

一、格林公式

在一元函数积分学中,牛顿-莱布尼茨(Newton-Leibniz)公式
$$\int_a^b F'(x)dx = F(b) - F(a)$$
表示:$F'(x)$ 在区间 $[a,b]$ 上的定积分,可以通过它的原函数 $F(x)$ 在这个区间的端点上的值来表达.

下面要介绍的格林(Green)公式告诉我们,在平面闭区域 D 上的二重积分,可以通过闭区域 D 的边界曲线 L 上的曲线积分来表达.

现在先介绍平面单连通区域的概念.设 D 为平面区域,如果 D 内任一闭曲线所围的部分都属于 D,则称 D 为**单连通区域**;否则,称为**多连通区域**.通俗地说,单连通区域就是不含有"洞"(包括点"洞")的区域,多连通区域是含有"洞"(包括点"洞")的区域.

例如,平面上的圆形区域 $\{(x,y) \mid x^2+y^2<1\}$,上半平面 $\{(x,y) \mid y>0\}$ 都是单连通区域,圆环域 $\{(x,y) \mid 1<x^2+y^2<4\}$,$\{(x,y) \mid 0<x^2+y^2<2\}$ 都是多连通区域.

此外,我们还需要平面区域边界线的正向的概念.对于平面区域 D 的边界曲线 L,我们规定 L 的正向如下:当观察者沿 L 的这个方向行走时,区域 D 始终在它的左边;相反的方向,则为负方向.曲线 L 取负方向,则记作 $-L$.例如,D 是边界曲线 L 及 l 所围成的多连通区域(见图 11-6),作为 D 的正向边界,L 的正向是逆时针方向,而 l 的正向是顺时针方向.

图 11-6

数学家简介

定理 1 设有界闭区域 D 由分段光滑的曲线 L 所围成,函数 $P(x,y)$ 及 $Q(x,y)$ 在 D 上具有一阶连续偏导数,则有
$$\iint_D \left(\frac{\partial Q}{\partial x} - \frac{\partial P}{\partial y}\right)dxdy = \oint_L Pdx + Qdy, \qquad (11\text{-}3\text{-}1)$$
其中 L 是 D 的取正向的边界曲线.公式(11-3-1)称为格林公式.

证 根据 D 的不同形式,分三种情形证明.

(1) 若区域 D 既是 x 型,又是 y 型的区域(见图 11-7),即平行于坐标轴的直线和边界曲线 L 至多交于两点.

设 $D = \{(x,y) \mid \varphi_1(x) \leqslant y \leqslant \varphi_2(x), a \leqslant x \leqslant b\}$,因为 $\dfrac{\partial P}{\partial y}$ 连续,所以由二重积分的计算法,有

$$\iint_D \frac{\partial P}{\partial y} dx dy = \int_a^b dx \int_{\varphi_1(x)}^{\varphi_2(x)} \frac{\partial P(x,y)}{\partial y} dy$$
$$= \int_a^b (P(x, \varphi_2(x)) - P(x, \varphi_1(x))) dx.$$

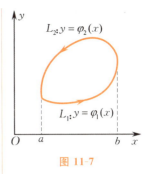

图 11-7

另一方面,由对坐标的曲线积分的性质及计算法,有

$$\oint_L P dx = \int_{L_1} P dx + \int_{L_2} P dx$$
$$= \int_a^b P(x, \varphi_1(x)) dx + \int_b^a P(x, \varphi_2(x)) dx$$
$$= \int_a^b (P(x, \varphi_1(x)) - P(x, \varphi_2(x))) dx.$$

因此

$$-\iint_D \frac{\partial P}{\partial y} dx dy = \oint_L P dx. \qquad (11\text{-}3\text{-}2)$$

设 $D = \{(x,y) \mid \psi_1(y) \leqslant x \leqslant \psi_2(y), c \leqslant y \leqslant d\}$,类似可证

$$\iint_D \frac{\partial Q}{\partial x} dx dy = \oint_L Q dy. \qquad (11\text{-}3\text{-}3)$$

由于 D 既是 x 型,又是 y 型的区域,式(11-3-2)和式(11-3-3)同时成立,合并后即得公式(11-3-1).

(2) 若 D 是一般单连通区域,可用几段光滑曲线将 D 分成若干个既是 x 型,又是 y 型的区域.

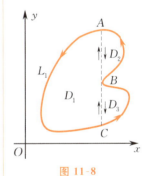

图 11-8

如图 11-8 所示,将 D 分成三个既是 x 型,又是 y 型的区域 D_1, D_2, D_3. 由式(11-3-1)得,在这三个区域上格林公式成立. 将三个等式相加,注意到

$$\int_{CA} P dx + Q dy + \int_{AB} P dx + Q dy + \int_{BC} P dx + Q dy = 0,$$

即可证得区域 D 上格林公式成立.

(3) 若 D 为多连通区域,可用光滑曲线将 D 分成若干个单连通区域,从而变成(2)的情形(见图 11-9).

注意 对于多连通区域 D,格林公式(11-3-1)右端应包括沿区域 D 的全部边界的曲线积分,且边界的方向对于区域 D 来说都是正向.

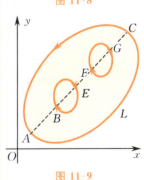

图 11-9

例 1 计算 $\oint_L (5 - xy - y^2) dx - (2xy - x^2) dy$,其中 L 是以 $(0,0)$,$(1,0)$,$(1,1)$,$(0,1)$ 为顶点的正方形的正向边界.

解 $P(x,y) = 5 - xy - y^2$，$Q(x,y) = -2xy + x^2$ 及其偏导数均在以 L 为边界的区域 D 内及其边界 L 上连续，且

$$\frac{\partial Q}{\partial x} - \frac{\partial P}{\partial y} = 3x,$$

于是由格林公式，得

$$\oint_L (5 - xy - y^2)\mathrm{d}x - (2xy - x^2)\mathrm{d}y = \iint_D 3x\mathrm{d}x\mathrm{d}y = 3\int_0^1 \mathrm{d}x \int_0^1 x\mathrm{d}y = \frac{3}{2}.$$

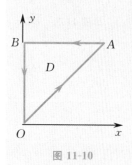

图 11-10

例 2 计算 $\iint_D \mathrm{e}^{-y^2}\mathrm{d}x\mathrm{d}y$，其中 D 是以 $O(0,0)$，$A(1,1)$，$B(0,1)$ 为顶点的三角形闭区域（见图 11-10）。

解 令 $P = 0$，$Q = x\mathrm{e}^{-y^2}$，则

$$\frac{\partial Q}{\partial x} - \frac{\partial P}{\partial y} = \mathrm{e}^{-y^2}.$$

由公式(11-3-1)，有

$$\iint_D \mathrm{e}^{-y^2}\mathrm{d}x\mathrm{d}y = \int_{\overline{OA}+\overline{AB}+\overline{BO}} x\mathrm{e}^{-y^2}\mathrm{d}y = \int_{\overline{OA}} x\mathrm{e}^{-y^2}\mathrm{d}y$$

$$= \int_0^1 x\mathrm{e}^{-x^2}\mathrm{d}x = \frac{1}{2}(1 - \mathrm{e}^{-1}).$$

若 L 不是闭曲线，但比较复杂，在计算时我们可以引入简单的有向辅助线段 L'，使得 $L + L'$ 构成闭曲线，再利用格林公式计算在 $L + L'$ 上的曲线积分值。由于辅助线段 L' 上的对坐标的曲线积分一般比较简单，由性质 1 即可计算出结果。

例 3 计算 $\int_{\widehat{AB}} x\mathrm{d}y$，其中 $\widehat{AB}$ 是半径为 r 的圆在第一象限的部分，方向为从 A 到 B（见图 11-11）。

图 11-11

解 引入有向线段 $\overline{OA}$，$\overline{BO}$，令 $L = \overline{OA} + \widehat{AB} + \overline{BO}$，设 $P = 0$，$Q = x$，则 $\frac{\partial Q}{\partial x} - \frac{\partial P}{\partial y} = 1$。应用格林公式有

$$\iint_D \mathrm{d}x\mathrm{d}y = \int_{-L} x\mathrm{d}y = -\int_L x\mathrm{d}y.$$

而

$$\int_L x\mathrm{d}y = \int_{\overline{OA}} x\mathrm{d}y + \int_{\widehat{AB}} x\mathrm{d}y + \int_{\overline{BO}} x\mathrm{d}y,$$

又由于

$$\int_{\overline{OA}} x\mathrm{d}y = 0, \qquad \int_{\overline{BO}} x\mathrm{d}y = 0,$$

因此

$$\int_{\widehat{AB}} x\mathrm{d}y = -\iint_D \mathrm{d}x\mathrm{d}y = -\frac{1}{4}\pi r^2.$$

例 4 计算 $\oint_L \dfrac{x\mathrm{d}y - y\mathrm{d}x}{x^2 + y^2}$,其中 L 为一条无重点、分段光滑,且不经过原点的连续闭曲线,L 的方向为逆时针方向.

解 令
$$P = \dfrac{-y}{x^2 + y^2}, \quad Q = \dfrac{x}{x^2 + y^2},$$
则当 $x^2 + y^2 \neq 0$ 时,有
$$\dfrac{\partial Q}{\partial x} = \dfrac{y^2 - x^2}{(x^2 + y^2)^2} = \dfrac{\partial P}{\partial y}.$$

记 L 所围闭区域为 D. 当 $(0,0) \notin D$ 时,由公式(11-3-1)便得 $\oint_L \dfrac{x\mathrm{d}y - y\mathrm{d}x}{x^2 + y^2} = 0$. 当 $(0,0) \in D$ 时,选取适当小的 $r > 0$,作位于 D 内的圆周 $l: x^2 + y^2 = r^2$.

记 L 和 l 所围成的闭区域为 D_1(见图 11-12). 对于多连通区域 D_1,应用公式(11-3-1),得
$$\oint_L \dfrac{x\mathrm{d}y - y\mathrm{d}x}{x^2 + y^2} - \oint_l \dfrac{x\mathrm{d}y - y\mathrm{d}x}{x^2 + y^2} = 0,$$
其中 l 的方向为逆时针方向. 于是
$$\oint_L \dfrac{x\mathrm{d}y - y\mathrm{d}x}{x^2 + y^2} = \oint_l \dfrac{x\mathrm{d}y - y\mathrm{d}x}{x^2 + y^2}$$
$$= \int_0^{2\pi} \dfrac{r^2\cos^2\theta + r^2\sin^2\theta}{r^2} \mathrm{d}\theta$$
$$= 2\pi.$$

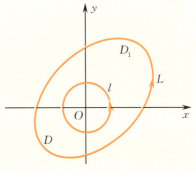

图 11-12

下面说明格林公式的一个简单应用.

在公式(11-3-1)中,取 $P = -y, Q = x$,即得
$$2\iint_D \mathrm{d}x\mathrm{d}y = \oint_L x\mathrm{d}y - y\mathrm{d}x.$$
所以区域 D 的面积 A 为
$$A = \dfrac{1}{2}\oint_L x\mathrm{d}y - y\mathrm{d}x. \tag{11-3-4}$$
若令 $P = 0, Q = x$,则得
$$A = \oint_L x\mathrm{d}y. \tag{11-3-5}$$

例 5 求椭圆 $x = a\cos\theta, y = b\sin\theta$ 所围成图形的面积 A.

解 根据公式(11-3-4),有
$$A = \dfrac{1}{2}\oint_L x\mathrm{d}y - y\mathrm{d}x = \dfrac{1}{2}\int_0^{2\pi}(ab\cos^2\theta + ab\sin^2\theta)\mathrm{d}\theta$$
$$= \dfrac{1}{2}ab\int_0^{2\pi}\mathrm{d}\theta = \pi ab.$$

二、平面上曲线积分与路径无关的条件

一般来说,给定函数的曲线积分与路径和路径的起点、终点均有关系.但在一定条件下,也可与路径无关,而只决定于积分路径的起点和终点.在第二节例 3 中,我们已遇到过这种情况.在物理学中,如重力做功、保守力场中场力做功等,均属于与路径无关的曲线积分情形.由格林公式,我们可以推得曲线积分与路径无关的条件.

定理 2 设 $P(x,y),Q(x,y)$ 在单连通区域 D 内有连续偏导数,则下列条件相互等价:

(1) 沿 D 中任一分段光滑的闭曲线 L,有
$$\oint_L P\mathrm{d}x + Q\mathrm{d}y = 0;$$

(2) 对 D 中任一分段光滑曲线 L,曲线积分 $\int_L P\mathrm{d}x + Q\mathrm{d}y$ 与路径无关,只与 L 的起点与终点有关;

(3) 在 D 内 $P\mathrm{d}x + Q\mathrm{d}y$ 是 D 内某一函数 u 的全微分,即在 D 内存在函数 $u(x,y)$,使得
$$\mathrm{d}u = P\mathrm{d}x + Q\mathrm{d}y;$$

(4) 在 D 内每点处有 $\dfrac{\partial P}{\partial y} = \dfrac{\partial Q}{\partial x}$.

在定理 2 中,四个条件相互等价的意思是指它们之间互为充分与必要条件.例如,从定理中得出结论"曲线积分 $\int_L P\mathrm{d}x + Q\mathrm{d}y$ 与路径无关的充要条件是: $\dfrac{\partial P}{\partial y} = \dfrac{\partial Q}{\partial x}$ 在 D 内恒成立".下面我们来证明这个定理.

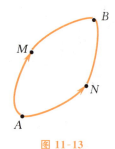

图 11-13

证 (1)⇒(2) 设 A,B 为 L 的起点和终点,任取两条路线 $\overparen{AMB}$ 和 $\overparen{ANB}$(见图 11-13),由(1) 得
$$\oint_{\overparen{AMBNA}} P\mathrm{d}x + Q\mathrm{d}y = 0.$$
所以
$$\int_{\overparen{AMB}} P\mathrm{d}x + Q\mathrm{d}y + \int_{\overparen{BNA}} P\mathrm{d}x + Q\mathrm{d}y = 0,$$
即
$$\int_{\overparen{AMB}} P\mathrm{d}x + Q\mathrm{d}y = -\int_{\overparen{BNA}} P\mathrm{d}x + Q\mathrm{d}y = \int_{\overparen{ANB}} P\mathrm{d}x + Q\mathrm{d}y.$$
这说明积分值与路径无关.

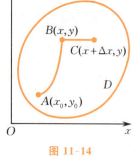

图 11-14

(2)⇒(3) 设 $A(x_0,y_0)$ 为 D 内某一定点,$B(x,y)$ 为任意一点(见图 11-14).

由(2)知 $\int_{\widehat{AB}} P\mathrm{d}x + Q\mathrm{d}y$ 的值仅与点 B 有关,而与积分路径无关. 当 $B(x,y)$ 在 D 内变动时,上述积分是点 $B(x,y)$ 的函数,设为

$$u(x,y) = \int_{\widehat{AB}} P\mathrm{d}x + Q\mathrm{d}y = \int_{(x_0,y_0)}^{(x,y)} P\mathrm{d}x + Q\mathrm{d}y. \quad (11\text{-}3\text{-}6)$$

下面证明 $u(x,y)$ 的全微分就是 $P\mathrm{d}x + Q\mathrm{d}y$. 因为 $P(x,y)$,$Q(x,y)$ 在 D 内都是连续的,所以只要证明

$$\frac{\partial u}{\partial x} = P(x,y), \quad \frac{\partial u}{\partial y} = Q(x,y).$$

按偏导数定义,有

$$\frac{\partial u}{\partial x} = \lim_{\Delta x \to 0} \frac{u(x+\Delta x, y) - u(x,y)}{\Delta x}.$$

由式(11-3-6),得

$$u(x+\Delta x, y) = \int_{(x_0,y_0)}^{(x+\Delta x,y)} P(x,y)\mathrm{d}x + Q(x,y)\mathrm{d}y.$$

这里的曲线积分与路径无关,可以取先从 $A(x_0,y_0)$ 到 $B(x,y)$,然后沿平行于 x 轴的直线从 B 到 $C(x+\Delta x, y)$ 作为上式右端的曲线积分的路径,这样就有

$$u(x+\Delta x, y) = u(x,y) + \int_{(x,y)}^{(x+\Delta x,y)} P\mathrm{d}x + Q\mathrm{d}y,$$

从而

$$u(x+\Delta x, y) - u(x,y) = \int_{(x,y)}^{(x+\Delta x,y)} P\mathrm{d}x + Q\mathrm{d}y.$$

因为直线段 BC 的方程为 $y=$ "常数",按对坐标的曲线积分的计算法,上式成为

$$u(x+\Delta x, y) - u(x,y) = \int_{x}^{x+\Delta x} P(x,y)\mathrm{d}x.$$

应用定积分中值定理,得

$$u(x+\Delta x, y) - u(x,y) = P(x+\theta \Delta x, y)\Delta x \quad (0 \leqslant \theta \leqslant 1).$$

上式两边除以 Δx,并令 $\Delta x \to 0$,由于 $P(x,y)$ 的偏导数在 D 内连续,$P(x,y)$ 本身也一定连续,于是得

$$\frac{\partial u}{\partial x} = P(x,y).$$

类似可证

$$\frac{\partial u}{\partial y} = Q(x,y).$$

所以

$$\mathrm{d}u = P\mathrm{d}x + Q\mathrm{d}y.$$

(3)$\Rightarrow$(4) 设存在函数 $u(x,y)$,使得

$$\mathrm{d}u = P\mathrm{d}x + Q\mathrm{d}y,$$

那么有

$$\frac{\partial u}{\partial x} = P, \quad \frac{\partial u}{\partial y} = Q,$$

所以

$$\frac{\partial P}{\partial y} = \frac{\partial^2 u}{\partial x \partial y}, \quad \frac{\partial Q}{\partial x} = \frac{\partial^2 u}{\partial y \partial x}.$$

因为 $\frac{\partial P}{\partial y}$ 与 $\frac{\partial Q}{\partial x}$ 连续,所以

$$\frac{\partial^2 u}{\partial x \partial y} = \frac{\partial^2 u}{\partial y \partial x},$$

从而有

$$\frac{\partial P}{\partial y} = \frac{\partial Q}{\partial x}.$$

(4)⇒(1) 设 L 为 D 中任一分段光滑的封闭曲线,记 L 围成的区域为 D_1. 由于 D 是单连通区域,因此 D_1 完全在 D 内,应用格林公式及条件(4),可得

$$\oint_L P dx + Q dy = \iint_{D_1} \left(\frac{\partial Q}{\partial x} - \frac{\partial P}{\partial y} \right) dx dy = 0.$$

在定理 2 中,要求区域 D 为单连通区域,且函数 $P(x,y), Q(x,y)$ 在 D 内具有一阶连续偏导数. 如果这两个条件之一不能满足,那么定理的结论不能保证成立. 例如,在例 4 中我们已经看到,当 L 所围成的区域含有原点时,虽然除去原点外,恒有 $\frac{\partial Q}{\partial x} = \frac{\partial P}{\partial y}$,但沿闭曲线的积分 $\oint_L P dx + Q dy \neq 0$,其原因在于区域内含有破坏函数 $P(x,y), Q(x,y)$ 及 $\frac{\partial Q}{\partial x}, \frac{\partial P}{\partial y}$ 连续性条件的点 O. 这种点通常称为奇点.

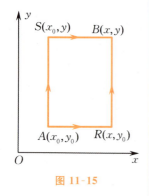

图 11-15

如图 11-15 所示,在公式(11-3-6) 中,取 $\overparen{ARB}$ 为积分路径,得

$$u(x,y) = \int_{x_0}^{x} P(x, y_0) dx + \int_{y_0}^{y} Q(x, y) dy.$$

在公式(11-3-6) 中,取 $\overparen{ASB}$ 为积分路径,得

$$u(x,y) = \int_{y_0}^{y} Q(x_0, y) dy + \int_{x_0}^{x} P(x, y) dx.$$

例 6 计算 $\int_L (1 + xy^2) dx + x^2 y dy$,其中 L 是椭圆 $\frac{x^2}{4} + y^2 = 1$ 在第一、第二象限的部分,方向为从点 A 到点 B(见图 11-16).

解 在此椭圆曲线上进行积分计算较繁,能否换一条路径呢?由于 $P(x,y) = 1 + xy^2, Q(x,y) = x^2 y$,得 $\frac{\partial P}{\partial y} = 2xy = \frac{\partial Q}{\partial x}$ 在整个 xOy 平面上(单连

图 11-16

通区域)成立,所以该曲线积分与路径无关,故我们取 x 轴上线段 AB 作为积分路径.

AB 的方程为 $y=0$,且 x 从 -2 变到 2,从而

$$\int_L (1+xy^2)\mathrm{d}x + x^2 y\mathrm{d}y = \int_{\overline{AB}} (1+xy^2)\mathrm{d}x + x^2 y\mathrm{d}y = \int_{-2}^{2} 1\mathrm{d}x = 4.$$

例 7 验证:$\dfrac{x\mathrm{d}y - y\mathrm{d}x}{x^2 + y^2}$ 在右半平面($x>0$)内是某个函数的全微分,并求出一个这样的函数.

解 记

$$P = \frac{-y}{x^2+y^2}, \quad Q = \frac{x}{x^2+y^2},$$

有

$$\frac{\partial P}{\partial y} = \frac{y^2 - x^2}{(x^2+y^2)^2} = \frac{\partial Q}{\partial x}$$

在右半平面内恒成立,因此在右半平面内,$\dfrac{x\mathrm{d}y - y\mathrm{d}x}{x^2+y^2}$ 是某个函数的全微分.

取积分路径如图 11-17 所示,利用公式(11-3-6),得

$$\begin{aligned} u(x,y) &= \int_{(1,0)}^{(x,y)} \frac{x\mathrm{d}y - y\mathrm{d}x}{x^2+y^2} \\ &= \int_{AB} \frac{x\mathrm{d}y - y\mathrm{d}x}{x^2+y^2} + \int_{BC} \frac{x\mathrm{d}y - y\mathrm{d}x}{x^2+y^2} \\ &= 0 + \int_0^y \frac{x\mathrm{d}y}{x^2+y^2} = \left(\arctan\frac{y}{x}\right)\Big|_0^y \\ &= \arctan\frac{y}{x}. \end{aligned}$$

图 11-17

例 8 设曲线积分 $\int_L xy^2\mathrm{d}x + y\varphi(x)\mathrm{d}y$ 与路径无关,其中 $\varphi(x)$ 具有连续的导数,且 $\varphi(0)=0$,计算 $\int_{(0,0)}^{(1,1)} xy^2\mathrm{d}x + y\varphi(x)\mathrm{d}y$.

解 $P(x,y) = xy^2$, $Q(x,y) = y\varphi(x)$, $\dfrac{\partial P}{\partial y} = 2xy$, $\dfrac{\partial Q}{\partial x} = y\varphi'(x)$.

由曲线积分与路径无关的条件,有 $\dfrac{\partial P}{\partial y} = \dfrac{\partial Q}{\partial x}$,所以有

$$y\varphi'(x) = 2xy,$$

因此

$$\varphi(x) = x^2 + C.$$

由 $\varphi(0) = 0$,得 $C = 0$,即 $\varphi(x) = x^2$,故

$$\int_{(0,0)}^{(1,1)} xy^2\mathrm{d}x + y\varphi(x)\mathrm{d}y = \int_0^1 0\mathrm{d}x + \int_0^1 y\mathrm{d}y = \frac{1}{2}.$$

三、全微分方程

如果对于一阶微分方程的微分形式

$$P(x,y)dx + Q(x,y)dy = 0, \quad (11\text{-}3\text{-}7)$$

存在二元函数 $u(x,y)$，使得

$$du = P(x,y)dx + Q(x,y)dy,$$

则称方程(11-3-7)为**全微分方程**.

一方面，如果方程(11-3-7)是全微分方程，则存在二元函数 $u(x,y)$，使得

$$du = P(x,y)dx + Q(x,y)dy.$$

故方程(11-3-7)可化简为

$$du = 0.$$

因此，$u(x,y) = C$ 是方程(11-3-7)的通解，并且满足

$$\frac{\partial u}{\partial x} = P(x,y), \quad \frac{\partial u}{\partial y} = Q(x,y).$$

若 $P(x,y), Q(x,y)$ 有连续的一阶偏导数，则有

$$\frac{\partial P}{\partial y} = \frac{\partial Q}{\partial x}. \quad (11\text{-}3\text{-}8)$$

另一方面，由定理2知：在平面单连通区域 G 内，$P(x,y)dx + Q(x,y)dy$ 是某个函数 $u(x,y)$ 的全微分的**充要条件**是 $\frac{\partial P}{\partial y} = \frac{\partial Q}{\partial x}$.

因此，若 $P(x,y), Q(x,y)$ 在单连通区域 G 内具有一阶连续偏导数，则条件

$$\frac{\partial P}{\partial y} = \frac{\partial Q}{\partial x}$$

是式(11-3-7)为全微分方程的**充要条件**，其通解为

$$u(x,y) = \int_{x_0}^{x} P(x,y_0)dx + \int_{y_0}^{y} Q(x,y)dy = C \quad (11\text{-}3\text{-}9)$$

或

$$u(x,y) = \int_{x_0}^{x} P(x,y)dx + \int_{y_0}^{y} Q(x_0,y)dy = C, \quad (11\text{-}3\text{-}10)$$

其中 x_0, y_0 分别是区域 G 内适当选定的点 $M_0(x_0, y_0)$ 的横坐标和纵坐标.

例9 求解方程 $(2xy - y^2 - 1)dx + (x^2 - 2xy + 1)dy = 0$.

解 方法1 令 $P(x,y) = 2xy - y^2 - 1, Q(x,y) = x^2 - 2xy + 1$，则

$$\frac{\partial P}{\partial y} = 2x - 2y = \frac{\partial Q}{\partial x},$$

可知该方程为全微分方程. 由式(11-3-9), 取$(x_0, y_0) = (0, 0)$, 得
$$u(x,y) = \int_0^x P(x,0)\mathrm{d}x + \int_0^y Q(x,y)\mathrm{d}y$$
$$= \int_0^x (-1)\mathrm{d}x + \int_0^y (x^2 - 2xy + 1)\mathrm{d}y$$
$$= -x + x^2 y - xy^2 + y,$$
故方程的通解为
$$-x + x^2 y - xy^2 + y = C.$$

方法 2 用凑微分的办法求解.

原方程可化为
$$(2xy\mathrm{d}x + x^2 \mathrm{d}y) - (y^2 \mathrm{d}x + 2xy\mathrm{d}y) - \mathrm{d}x + \mathrm{d}y = 0,$$
即
$$\mathrm{d}(x^2 y) - \mathrm{d}(xy^2) - \mathrm{d}x + \mathrm{d}y = \mathrm{d}(x^2 y - xy^2 - x + y) = 0,$$
从而方程的通解为
$$x^2 y - xy^2 - x + y = C.$$

我们知道, 一阶齐线性微分方程
$$\frac{\mathrm{d}y}{\mathrm{d}x} + P(x)y = 0,$$
当 $P(x)$ 不为常值函数时, 它不是全微分方程. 但在第六章第二节求解一阶线性微分方程时, 我们曾指出: 若对一阶线性微分方程两边同乘以因子 $\mathrm{e}^{\int P(x)\mathrm{d}x}$, 则方程的右端可简化为 $\frac{\mathrm{d}}{\mathrm{d}x}(y\mathrm{e}^{\int P(x)\mathrm{d}x})$, 即
$$\mathrm{e}^{\int P(x)\mathrm{d}x} \mathrm{d}y + \mathrm{e}^{\int P(x)\mathrm{d}x} P(x) y \mathrm{d}x = \mathrm{d}(y\mathrm{e}^{\int P(x)\mathrm{d}x}).$$
这说明, 当微分方程(11-3-7)中二元函数 $P(x,y), Q(x,y)$ 不满足条件(11-3-8), 即 $\frac{\partial P}{\partial y} \neq \frac{\partial Q}{\partial x}$ 时, 也可能有一个适当函数 $\mu = \mu(x,y)$, 使式(11-3-7)乘以 $\mu(x,y)$ 后变为全微分方程. 我们通常称这样的函数 $\mu(x,y)$ 为微分方程(11-3-7)的**积分因子**.

一般积分因子不好求, 我们只有通过观察找到积分因子.

例 10 方程 $y\mathrm{d}x - x\mathrm{d}y = 0$ 不是全微分方程, 但
$$\mathrm{d}\left(\frac{x}{y}\right) = \frac{y\mathrm{d}x - x\mathrm{d}y}{y^2},$$
于是将方程乘以 $\frac{1}{y^2}$, 则有
$$\frac{y\mathrm{d}x - x\mathrm{d}y}{y^2} = 0,$$

即 $d\left(\dfrac{x}{y}\right)=0$,从而 $\dfrac{x}{y}=C$ 为其通解,此时 $\dfrac{1}{y^2}$ 为其积分因子.

注意 积分因子一般不唯一. 如上述方程,若同乘以 $\dfrac{1}{xy}$,有 $\dfrac{\mathrm{d}x}{x}-\dfrac{\mathrm{d}y}{y}=0$,于是
$$d(\ln x-\ln y)=0,$$
即 $\dfrac{x}{y}=C$ 为其通解,$\dfrac{1}{xy}$ 是其积分因子.

习题 11-3

1. 应用格林公式计算下列积分:

(1) $\oint_L (2x-y+4)\mathrm{d}x+(3x+5y-6)\mathrm{d}y$,其中 L 为三顶点分别为 $(0,0),(3,0)$ 和 $(3,2)$ 的三角形正向边界;

(2) $\oint_L (x^2 y\cos x+2xy\sin x-y^2\mathrm{e}^x)\mathrm{d}x+(x^2\sin x-2y\mathrm{e}^x)\mathrm{d}y$,其中 L 为正向星形线 $x^{\frac{2}{3}}+y^{\frac{2}{3}}=a^{\frac{2}{3}}\;(a>0)$;

(3) $\int_L (2xy^3-y^2\cos x)\mathrm{d}x+(1-2y\sin x+3x^2 y^2)\mathrm{d}y$,其中 L 为抛物线 $2x=\pi y^2$ 上由点 $(0,0)$ 到点 $\left(\dfrac{\pi}{2},1\right)$ 的一段弧;

(4) $\int_L (x^2-y)\mathrm{d}x-(x+\sin^2 y)\mathrm{d}y$,其中 L 是圆周 $y=\sqrt{2x-x^2}$ 上由点 $(0,0)$ 到点 $(1,1)$ 的一段弧;

(5) $\int_L (\mathrm{e}^x\sin y-my)\mathrm{d}x+(\mathrm{e}^x\cos y-m)\mathrm{d}y$,其中 m 为常数,L 为由点 $(a,0)$ 到点 $(0,0)$ 经过圆 $x^2+y^2=ax$ 上半部分的路线(a 为正数).

2. 设 a 为正常数,利用曲线积分,求下列曲线所围成的图形的面积:

(1) 星形线 $x=a\cos^3 t,y=a\sin^3 t$;

(2) 双纽线 $r^2=a^2\cos 2\theta$;

(3) 圆 $x^2+y^2=2ax$.

3. 证明下列曲线积分与路径无关,并计算积分值:

(1) $\int_{(0,0)}^{(1,1)}(x-y)(\mathrm{d}x-\mathrm{d}y)$;

(2) $\int_{(1,2)}^{(3,4)}(6xy^2-y^3)\mathrm{d}x+(6x^2 y-3xy^2)\mathrm{d}y$;

(3) $\int_{(1,1)}^{(1,2)}\dfrac{y\mathrm{d}x-x\mathrm{d}y}{x^2}$,沿在右半平面的路径;

(4) $\int_{(1,0)}^{(6,8)}\dfrac{x\mathrm{d}x+y\mathrm{d}y}{\sqrt{x^2+y^2}}$,沿不通过原点的路径.

4. 验证下列 $P(x,y)\mathrm{d}x+Q(x,y)\mathrm{d}y$ 在整个 xOy 平面内是某一函数 $u(x,y)$ 的全微分,并求这样的一个函数 $u(x,y)$:

(1) $(x+2y)dx+(2x+y)dy$;

(2) $2xydx+x^2dy$;

(3) $(3x^2y+8xy^2)dx+(x^3+8x^2y+12ye^y)dy$;

(4) $(2x\cos y+y^2\cos x)dx+(2y\sin x-x^2\sin y)dy$.

5. 证明:$\dfrac{xdx+ydy}{x^2+y^2}$ 在整个 xOy 平面内除 y 轴的负半轴及原点外的开区域 G 内是某个二元函数的全微分,并求出这样的一个二元函数.

6. 设在半平面 $x>0$ 中有力 $\boldsymbol{F}=-\dfrac{k}{r^3}(x\boldsymbol{i}+y\boldsymbol{j})$ 构成力场,其中 k 为常数,$r=\sqrt{x^2+y^2}$,证明:在此力场中场力所做的功与所取的路径无关.

7. 求下列方程的通解:

(1) $(x^2-3xy^2)dx+(y^3-3x^2y)dy=0$;   (2) $(x+y)(dx-dy)=dx+dy$;

(3) $(x\cos y+\cos x)\dfrac{dy}{dx}-y\sin x+\sin y=0$;   (4) $(x^2+y^2)\dfrac{dy}{dx}+2x(y+2x)=0$.

第四节 对坐标的曲面积分的概念

一、有向曲面的概念

为了给曲面确定方向,先要说明曲面的侧的概念.设曲面 Σ 为光滑曲面,即曲面 Σ 上到处都有切平面(或法线),且当点在曲面 Σ 上连续变动时,该点处的切平面(或法线)也是连续变动的;M 为曲面 Σ 上的一点.曲面在点 M 处的法线有两个方向:当指定一个方向为正向时,则另一个方向被认定为负向.设 M_0 为 Σ 上任一点,L 为 Σ 上任一经过点 M_0,且不超出 Σ 的边界的闭曲线.又设 M 为动点,它在 M_0 处与 M_0 有相同的法方向,且有如下特性:当 M 从 M_0 出发沿 L 连续移动时,作为曲面上的点 M,该点处的法线方向也会连续变动.最后,当 M 沿 L 回到 M_0 时,若这时 M 处的法线方向仍与 M_0 处的法线方向一致,则称曲面 Σ 是**双侧曲面**;若与 M_0 处的法线方向相反,则称 Σ 为**单侧曲面**.我们遇到的曲面绝大部分都是双侧的.例如,由方程 $z=z(x,y)$ 表示的曲面,有**上侧**与**下侧**之分.又如,一张包围某一空间区域的闭曲面,有**外侧**与**内侧**之分.以后,我们总假定所考虑的曲面是双侧的.

在讨论对坐标的曲面积分时,需要指定曲面的侧.我们可以通过曲面上法向量的指向来定出曲面的侧. 例如,对于曲面 $z=z(x,y)$,如果取定的法向量 $\boldsymbol{n}$ 的指向朝上(与 z 轴正方向成锐角的方向),我们就认为取定曲面的上侧. 又如,对于闭曲面,如果取定的法向量的指向朝外,我们就认为取定曲面的外侧. 这种取定了法向量,亦即取定了侧的曲面就称为**有向曲面**.

设 Σ 为有向曲面. 在 Σ 上取一小块曲面 ΔS, 把 ΔS 投影到 xOy 平面上得一投影区域, 这投影区域的面积记为 $(\Delta\sigma)_{xy}$. 假定 ΔS 上各点处的法向量与 z 轴正向的夹角 γ 的余弦 $\cos\gamma$ 有相同的符号(即 $\cos\gamma$ 都是正的,或都是负的), 并假定 ΔS 在 xOy 平面上的投影 $(\Delta S)_{xy}$ 为

$$(\Delta S)_{xy} = \begin{cases} (\Delta\sigma)_{xy}, & \cos\gamma > 0, \\ -(\Delta\sigma)_{xy}, & \cos\gamma < 0, \\ 0, & \cos\gamma \equiv 0, \end{cases}$$

其中 $\cos\gamma \equiv 0$ 也就是 $(\Delta\sigma)_{xy} = 0$ 的情形,那么 ΔS 在 xOy 平面上的投影 $(\Delta S)_{xy}$ 实际就是 ΔS 在 xOy 平面上的投影区域的面积附以一个正、负号.

类似地,可以定义 ΔS 在 yOz 平面及 zOx 平面上的投影 $(\Delta S)_{yz}$ 及 $(\Delta S)_{zx}$.

二、引例——流向曲面一侧的流量

设某流体以一定的速度

$$\boldsymbol{u}(x,y,z) = P(x,y,z)\boldsymbol{i} + Q(x,y,z)\boldsymbol{j} + R(x,y,z)\boldsymbol{k}$$

从给定有向曲面 Σ 的下(内)侧流向上(外)侧,函数 $P(x,y,z)$, $Q(x,y,z)$, $R(x,y,z)$ 都在 Σ 上连续, 求单位时间内流向 Σ 指定侧的流体的质量, 即流量 Φ (假定流体密度为 1).

如果流体流过平面上面积为 A 的一个闭区域(记为 A),且流体在闭区域上各点处的流速为常向量 $\boldsymbol{u}$, 又设 $\boldsymbol{n}$ 为该平面的单位法向量(见图 11-18(a)), 那么在单位时间内流过这个闭区域的流体组成一个底面积为 A、斜高为 $|\boldsymbol{u}|$ 的斜柱体(见图 11-18(b)).

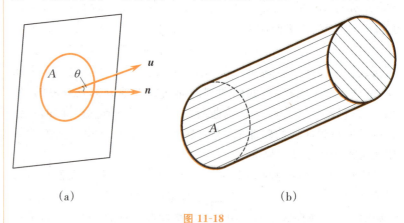

(a)   (b)

图 11-18

当 $(\widehat{\boldsymbol{u},\boldsymbol{n}}) = \theta < \dfrac{\pi}{2}$ 时，这个斜柱体体积为
$$A|\boldsymbol{u}|\cos\theta = A\boldsymbol{u}\cdot\boldsymbol{n},$$
这也就是通过闭区域 A 流向 $\boldsymbol{n}$ 所指一侧的流量；

当 $(\widehat{\boldsymbol{u},\boldsymbol{n}}) = \dfrac{\pi}{2}$ 时，显然流体通过闭区域 A 流向 $\boldsymbol{n}$ 所指一侧的流量 Φ 为零，而 $A\boldsymbol{u}\cdot\boldsymbol{n} = 0$，故 $\Phi = A\boldsymbol{u}\cdot\boldsymbol{n}$；

当 $(\widehat{\boldsymbol{u},\boldsymbol{n}}) > \dfrac{\pi}{2}$ 时，$A\boldsymbol{u}\cdot\boldsymbol{n} < 0$，这时我们仍把 $A\boldsymbol{u}\cdot\boldsymbol{n}$ 称为流体通过闭区域 A 流向 $\boldsymbol{n}$ 所指一侧的流量，它表示流体通过闭区域 A 实际上流向 $-\boldsymbol{n}$ 所指一侧，流量为 $-A\boldsymbol{u}\cdot\boldsymbol{n}$.

因此，不论 $(\widehat{\boldsymbol{u},\boldsymbol{n}})$ 为何值，总有 $\Phi = A\boldsymbol{u}\cdot\boldsymbol{n}$.

由于现在所考虑的不是平面闭区域，而是一片曲面，且流速 $\boldsymbol{u}$ 也不是常向量，因此所求流量不能直接用上述方法计算. 但过去在引出各类积分概念的例子中一再使用过的方法，也可用来解决目前的问题.

把曲面 Σ 分成 n 小块 ΔS_i（ΔS_i 同时也代表第 i 小块曲面的面积）. 在 Σ 光滑和 $\boldsymbol{u}$ 连续的前提下，只要 ΔS_i 的直径很小，我们就可以用 ΔS_i 上任一点 (ξ_i,η_i,ζ_i) 处的流速
$$\boldsymbol{u}_i = \boldsymbol{u}(\xi_i,\eta_i,\zeta_i) = P(\xi_i,\eta_i,\zeta_i)\boldsymbol{i} + Q(\xi_i,\eta_i,\zeta_i)\boldsymbol{j} + R(\xi_i,\eta_i,\zeta_i)\boldsymbol{k}$$
代替 ΔS_i 上其他各点处的流速，以该点 (ξ_i,η_i,ζ_i) 处曲面 Σ 的单位法向量
$$\boldsymbol{n}_i = \cos\alpha_i\boldsymbol{i} + \cos\beta_i\boldsymbol{j} + \cos\gamma_i\boldsymbol{k}$$
代替 ΔS_i 上其他各点处的单位法向量（见图 11-19），从而得到通过 ΔS_i 流向指定侧的流量近似为
$$\boldsymbol{u}_i\cdot\boldsymbol{n}_i\Delta S_i \quad (i = 1,2,\cdots,n).$$
于是，通过 Σ 流向指定侧的流量

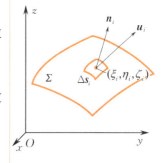

图 11-19

$$\begin{aligned}\Phi &\approx \sum_{i=1}^{n} \boldsymbol{u}_i\cdot\boldsymbol{n}_i\Delta S_i\\ &= \sum_{i=1}^{n}(P(\xi_i,\eta_i,\zeta_i)\cos\alpha_i + Q(\xi_i,\eta_i,\zeta_i)\cos\beta_i\\ &\quad + R(\xi_i,\eta_i,\zeta_i)\cos\gamma_i)\Delta S_i.\end{aligned}$$

而
$$\cos\alpha_i\Delta S_i \approx (\Delta S_i)_{yz},\ \cos\beta_i\Delta S_i \approx (\Delta S_i)_{zx},\ \cos\gamma_i\Delta S_i \approx (\Delta S)_{xy},$$
因此上述和式可以写成
$$\begin{aligned}\Phi &\approx \sum_{n=1}^{n}(P(\xi_i,\eta_i,\zeta_i)(\Delta S_i)_{yz} + Q(\xi_i,\eta_i,\zeta_i)(\Delta S_i)_{zx}\\ &\quad + R(\xi_i,\eta_i,\zeta_i)(\Delta S_i)_{xy}).\end{aligned}$$
设 λ 表示 n 小块曲面直径的最大值，令 $\lambda \to 0$，取上式右端和式的极

限,就得到 Φ 的精确值.

三、对坐标的曲面积分的概念

上面讨论的这种形式的和式极限还会在其他一些问题中遇到,抽去它们的具体意义,就得出下列**对坐标的曲面积分**的概念.

定义 设 Σ 为光滑的有向曲面,函数 $R(x,y,z)$ 在 Σ 上有界.把 Σ 任意分成 n 块小曲面 $\Delta S_i (i=1,2,\cdots,n)$, ΔS_i 同时又表示第 i 块小曲面的面积. 设 ΔS_i 在 xOy 平面上的投影为 $(\Delta S_i)_{xy}$, (ξ_i,η_i,ζ_i) 是 ΔS_i 上任意取定的一点. 如果当各小块曲面的直径的最大值 $\lambda \to 0$ 时,有

$$\lim_{\lambda \to 0} \sum_{i=1}^{n} R(\xi_i,\eta_i,\zeta_i)(\Delta S_i)_{xy}$$

总存在,且其极限值与 Σ 的分划和点 (ξ_i,η_i,ζ_i) 的取法无关,则称此极限为函数 $R(x,y,z)$ 在有向曲面 Σ 上**对坐标 x,y 的曲面积分**,记作 $\iint_{\Sigma} R(x,y,z)\mathrm{d}x\mathrm{d}y$,即

$$\iint_{\Sigma} R(x,y,z)\mathrm{d}x\mathrm{d}y = \lim_{\lambda \to 0} \sum_{i=1}^{n} R(\xi_i,\eta_i,\zeta_i)(\Delta S_i)_{xy},$$

其中 $R(x,y,z)$ 叫作**被积函数**,Σ 叫作**积分曲面**.

类似地,可定义函数 $P(x,y,z)$ 在有向光滑曲面 Σ 上**对坐标 y,z 的曲面积分** $\iint_{\Sigma} P(x,y,z)\mathrm{d}y\mathrm{d}z$ 及函数 $Q(x,y,z)$ 在有向光滑曲面 Σ 上**对坐标 z,x 的曲面积分** $\iint_{\Sigma} Q(x,y,z)\mathrm{d}z\mathrm{d}x$,分别为

$$\iint_{\Sigma} P(x,y,z)\mathrm{d}y\mathrm{d}z = \lim_{\lambda \to 0} \sum_{i=1}^{n} P(\xi_i,\eta_i,\zeta_i)(\Delta S_i)_{yz},$$

$$\iint_{\Sigma} Q(x,y,z)\mathrm{d}z\mathrm{d}x = \lim_{\lambda \to 0} \sum_{i=1}^{n} Q(\xi_i,\eta_i,\zeta_i)(\Delta S_i)_{zx}.$$

以上三个曲面积分也称为**第二类曲面积分**.

我们指出,当 $P(x,y,z)$, $Q(x,y,z)$, $R(x,y,z)$ 在有向光滑曲面 Σ 上连续时,对坐标的曲面积分总是存在的. 以后总假设 P,Q,R 在 Σ 上连续.

在应用上出现较多的是

$$\iint_{\Sigma} P(x,y,z)\mathrm{d}y\mathrm{d}z + \iint_{\Sigma} Q(x,y,z)\mathrm{d}z\mathrm{d}x + \iint_{\Sigma} R(x,y,z)\mathrm{d}x\mathrm{d}y$$

这种合并起来的形式. 为简便起见,把它写成

$$\iint_{\Sigma} P(x,y,z)\mathrm{d}y\mathrm{d}z + Q(x,y,z)\mathrm{d}z\mathrm{d}x + R(x,y,z)\mathrm{d}x\mathrm{d}y.$$

例如,上述通过 Σ 流向指定侧的流量 Φ 可表示为

$$\Phi = \iint_\Sigma P(x,y,z)\mathrm{d}y\mathrm{d}z + Q(x,y,z)\mathrm{d}z\mathrm{d}x + R(x,y,z)\mathrm{d}x\mathrm{d}y.$$

与第二类曲线积分一样,第二类曲面积分也有如下性质:

性质1 如果把有向光滑曲面 Σ 分成 Σ_1 和 Σ_2,则

$$\iint_\Sigma P\mathrm{d}y\mathrm{d}z + Q\mathrm{d}z\mathrm{d}x + R\mathrm{d}x\mathrm{d}y$$
$$= \iint_{\Sigma_1} P\mathrm{d}y\mathrm{d}z + Q\mathrm{d}z\mathrm{d}x + R\mathrm{d}x\mathrm{d}y + \iint_{\Sigma_2} P\mathrm{d}y\mathrm{d}z + Q\mathrm{d}z\mathrm{d}x + R\mathrm{d}x\mathrm{d}y.$$
(11-4-1)

公式(11-4-1)可以推广到 Σ 分成 $\Sigma_1,\Sigma_2,\cdots,\Sigma_n$ 的情形. 所以,如果 Σ 是分片光滑的有向曲面,我们规定函数在 Σ 上对坐标的曲面积分等于函数在各片光滑曲面上对坐标的曲面积分之和.

性质2 设 Σ 是有向光滑曲面,$-\Sigma$ 表示取 Σ 相反方向的有向曲面,则

$$\iint_{-\Sigma} P(x,y,z)\mathrm{d}y\mathrm{d}z = -\iint_\Sigma P(x,y,z)\mathrm{d}y\mathrm{d}z,$$
$$\iint_{-\Sigma} Q(x,y,z)\mathrm{d}z\mathrm{d}x = -\iint_\Sigma Q(x,y,z)\mathrm{d}z\mathrm{d}x, \quad (11\text{-}4\text{-}2)$$
$$\iint_{-\Sigma} R(x,y,z)\mathrm{d}x\mathrm{d}y = -\iint_\Sigma R(x,y,z)\mathrm{d}x\mathrm{d}y.$$

公式(11-4-2)表示,当积分曲面改变为相反侧时,对坐标的曲面积分要改变符号. 因此关于对坐标的曲面积分,我们要注意积分曲面所取的侧.

这些性质的证明从略.

第五节 对坐标的曲面积分的计算

对坐标的曲面积分也是通过化为二重积分来计算. 设积分曲面 Σ 是由方程 $z = z(x,y)$ 所给出的曲面上侧,Σ 在 xOy 平面上的投影区域为 D_{xy},函数 $z = z(x,y)$ 在 D_{xy} 上具有一阶连续偏导数,被积函数 $R(x,y,z)$ 在 Σ 上连续.

按对坐标的曲面积分的定义,有

$$\iint_\Sigma R(x,y,z)\mathrm{d}x\mathrm{d}y = \lim_{\lambda \to 0} \sum_{i=1}^n R(\xi_i,\eta_i,\zeta_i)(\Delta S_i)_{xy}.$$

因为 Σ 取上侧,$\cos\gamma > 0$,所以

$$(\Delta S_i)_{xy} = (\Delta\sigma_i)_{xy}.$$

又因 (ξ_i, η_i, ζ_i) 是 Σ 上的一点，故 $\zeta_i = z(\xi_i, \eta_i)$，从而有

$$\sum_{i=1}^{n} R(\xi_i, \eta_i, \zeta_i)(\Delta S_i)_{xy} = \sum_{i=1}^{n} R(\xi_i, \eta_i, z(\xi_i, \eta_i))(\Delta \sigma_i)_{xy}.$$

令 $\lambda \to 0$，取上式两端的极限，就得到

$$\iint_{\Sigma} R(x,y,z)\mathrm{d}x\mathrm{d}y = \iint_{D_{xy}} R(x,y,z(x,y))\mathrm{d}x\mathrm{d}y. \quad (11\text{-}5\text{-}1)$$

这就是把**对坐标的曲面积分化为二重积分的公式**. 公式(11-5-1)表明，计算曲面积分 $\iint_{\Sigma} R(x,y,z)\mathrm{d}x\mathrm{d}y$ 时，只要把其中变量 z 换为表示 Σ 的函数 $z(x,y)$，然后在 Σ 的投影区域 D_{xy} 上计算二重积分就成了.

必须注意，公式(11-5-1)的曲面积分是取在曲面 Σ 上侧的. 如果曲面积分取在 Σ 的下侧，这时 $\cos \gamma < 0$，那么

$$(\Delta S_i)_{xy} = -(\Delta \sigma_i)_{xy},$$

从而有

$$\iint_{\Sigma} R(x,y,z)\mathrm{d}x\mathrm{d}y = -\iint_{D_{xy}} R(x,y,z(x,y))\mathrm{d}x\mathrm{d}y. \quad (11\text{-}5\text{-}1')$$

类似地，如果 Σ 由 $x = x(y,z)$ 给出，则有

$$\iint_{\Sigma} P(x,y,z)\mathrm{d}y\mathrm{d}z = \pm \iint_{D_{yz}} P(x(y,z),y,z)\mathrm{d}y\mathrm{d}z. \quad (11\text{-}5\text{-}2)$$

等式右端的符号这样决定：如果积分曲面 Σ 是由方程 $x = x(y,z)$ 所给的曲面前侧，即 $\cos \alpha > 0$，应取正号；反之，如果 Σ 取后侧，即 $\cos \alpha < 0$，应取负号.

如果 Σ 由 $y = y(z,x)$ 给出，则有

$$\iint_{\Sigma} Q(x,y,z)\mathrm{d}z\mathrm{d}x = \pm \iint_{D_{zx}} Q(x,y(z,x),z)\mathrm{d}z\mathrm{d}x. \quad (11\text{-}5\text{-}3)$$

等式右端的符号这样决定：如果积分曲面 Σ 是由方程 $y = y(z,x)$ 所给出的曲面右侧，即 $\cos \beta > 0$，应取正号；反之，如果 Σ 取左侧，即 $\cos \beta < 0$，应取负号.

例1 计算 $\iint_{\Sigma} x\mathrm{d}y\mathrm{d}z + y\mathrm{d}z\mathrm{d}x + z\mathrm{d}x\mathrm{d}y$，其中 Σ 为平面 $x+y+z=a(a>0)$ 在第 Ⅰ 卦限的部分，取上侧.

解 如图 11-20 所示，为了方便，首先计算 $\iint_{\Sigma} z\mathrm{d}x\mathrm{d}y$. 易知 Σ 的法向量与 z 轴正向的夹角为锐角，故二重积分取正号. Σ 在 xOy 平面上的投影为三角形区域 AOB，其中

$$D_{xy}: 0 \leqslant y \leqslant a-x, \ 0 \leqslant x \leqslant a.$$

所以

$$\iint_{\Sigma} z\mathrm{d}x\mathrm{d}y = \iint_{D_{xy}} (a-x-y)\mathrm{d}x\mathrm{d}y$$

图 11-20

$$= \int_0^a dx \int_0^{a-x} (a-x-y) dy = \frac{1}{6}a^3.$$

由于在此曲面积分中，x, y, z 是对称的，从而有

$$\iint_\Sigma x\,dydz = \iint_\Sigma y\,dzdx = \frac{1}{6}a^3.$$

因此，得到

$$\iint_\Sigma x\,dydz + y\,dzdx + z\,dxdy = \frac{3}{6}a^3 = \frac{1}{2}a^3.$$

例 2 计算曲面积分 $\iint_\Sigma xyz\,dxdy$，其中 Σ 是球面 $x^2+y^2+z^2=1$ 外侧在 $x \geq 0, y \geq 0$ 的部分.

解 把 Σ 分为 Σ_1 和 Σ_2 两部分，如图 11-21 所示，Σ_1 的方程为

$$z_1 = -\sqrt{1-x^2-y^2},$$

Σ_2 的方程为

$$z_2 = \sqrt{1-x^2-y^2},$$

所以

$$\iint_\Sigma xyz\,dxdy = \iint_{\Sigma_2} xyz\,dxdy + \iint_{\Sigma_1} xyz\,dxdy.$$

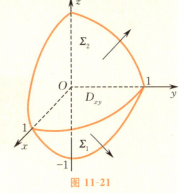

图 11-21

上式右端的第一个积分曲面 Σ_2 取上侧，第二个积分曲面 Σ_1 取下侧. 因此，分别应用公式 (11-5-1) 及 (11-5-1′)，就有

$$\iint_\Sigma xyz\,dxdy = \iint_{D_{xy}} xy\sqrt{1-x^2-y^2}\,dxdy - \iint_{D_{xy}} xy(-\sqrt{1-x^2-y^2})\,dxdy$$

$$= 2\iint_{D_{xy}} xy\sqrt{1-x^2-y^2}\,dxdy = 2\iint_{D_{xy}} r^2\sin\theta\cos\theta\sqrt{1-r^2}\cdot r\,drd\theta$$

$$= \int_0^{\frac{\pi}{2}} \sin 2\theta\,d\theta \int_0^1 r^3\sqrt{1-r^2}\,dr = 1 \cdot \frac{2}{15} = \frac{2}{15}.$$

习 题 11-5

1. 当 Σ 为 xOy 平面内的一个闭区域时，曲面积分 $\iint_\Sigma R(x,y,z)\,dxdy$ 与二重积分有什么关系？

2. 计算下列对坐标的曲面积分：

(1) $\iint_\Sigma x^2y^2z\,dxdy$，其中 Σ 是球面 $x^2+y^2+z^2=R^2$ 下半部分的下侧；

(2) $\iint_\Sigma z\,dxdy + x\,dydz + y\,dzdx$，其中 Σ 是柱面 $x^2+y^2=1$ 被平面 $z=0$ 及 $z=3$ 所截得在第 I 卦限内部分的前侧；

(3) $\iint_\Sigma (f(x,y,z)+x)dydz + (2f(x,y,z)+y)dzdx + (f(x,y,z)+z)dxdy$,其中$f(x,y,z)$为连续函数,$\Sigma$是平面$x-y+z=1$在第 Ⅳ 卦限部分的上侧;

(4) $\oiint_\Sigma xzdxdy + xydydz + yzdzdx$,其中$\Sigma$是平面$x=0,y=0,z=0,x+y+z=1$所围成空间区域的整个边界曲面的外侧;

(5) $\oiint_\Sigma (y-z)dydz + (z-x)dzdx + (x-y)dxdy$,其中$\Sigma$为曲面$z=\sqrt{x^2+y^2}$与平面$z=h(h>0)$所围成的立体的整个边界曲面,取外侧;

(6) $\oiint_\Sigma y(x-z)dydz + x^2dzdx + (y^2+xz)dxdy$,其中$\Sigma$为平面$x=y=z=0,x=y=z=a$所围成的正方体表面,取外侧.

第六节 高斯公式与斯托克斯公式

数学家简介

一、高斯公式

格林公式揭示了平面闭区域上的二重积分与围成该区域的闭曲线上的第二类曲线积分之间的关系,而这里所提出的高斯(Gauss)公式,则揭示了空间闭区域上的三重积分与围成该区域的边界闭曲面上的第二类曲面积分之间的联系,可以认为高斯公式是格林公式在三维空间的一个推广.

定理 1 设空间闭区域 Ω 是由分片光滑的闭曲面 Σ 所围成,函数 $P(x,y,z),Q(x,y,z),R(x,y,z)$ 在 Ω 及 Σ 上具有关于 x,y,z 的连续偏导数,则有

$$\iiint_\Omega \left(\frac{\partial P}{\partial x} + \frac{\partial Q}{\partial y} + \frac{\partial R}{\partial z}\right)dxdydz = \oiint_\Sigma Pdydz + Qdzdx + Rdxdy,$$

(11-6-1)

这里 Σ 是 Ω 整个边界曲面的外侧.公式(11-6-1)称为高斯公式.

证 首先证明如下情形,任一平行于坐标轴的直线和边界曲面 Σ 至多只有两个交点,这时 Σ 可分成下部 Σ_1、上部 Σ_2 两部分(见图 11-22),其中 Σ_1 和 Σ_2 分别由 $z=z_1(x,y)$ 和 $z=z_2(x,y)$ 给定.这里 $z_1(x,y) \leqslant z_2(x,y)$.

由三重积分的计算法,有

$$\iiint_\Omega \frac{\partial R}{\partial z}dv = \iint_{D_{xy}} \left(\int_{z_1(x,y)}^{z_2(x,y)} \frac{\partial R}{\partial z}dz\right)dxdy$$

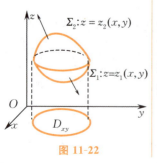

图 11-22

$$= \iint_{D_{xy}} (R(x,y,z_2(x,y)) - R(x,y,z_1(x,y))) \mathrm{d}x\mathrm{d}y. \quad (11\text{-}6\text{-}2)$$

根据曲面积分的计算法，有

$$\iint_{\Sigma_1} R(x,y,z) \mathrm{d}x\mathrm{d}y = -\iint_{D_{xy}} R(x,y,z_1(x,y)) \mathrm{d}x\mathrm{d}y,$$

$$\iint_{\Sigma_2} R(x,y,z) \mathrm{d}x\mathrm{d}y = \iint_{D_{xy}} R(x,y,z_2(x,y)) \mathrm{d}x\mathrm{d}y.$$

把以上两式相加，得

$$\oiint_{\Sigma} R(x,y,z) \mathrm{d}x\mathrm{d}y = \iint_{D_{xy}} (R(x,y,z_2(x,y)) - R(x,y,z_1(x,y))) \mathrm{d}x\mathrm{d}y.$$

$$(11\text{-}6\text{-}3)$$

由式(11-6-2)和式(11-6-3)，得

$$\iiint_{\Omega} \frac{\partial R}{\partial z} \mathrm{d}v = \oiint_{\Sigma} R \mathrm{d}x\mathrm{d}y.$$

类似地，可证

$$\iiint_{\Omega} \frac{\partial P}{\partial x} \mathrm{d}v = \oiint_{\Sigma} P \mathrm{d}y\mathrm{d}z, \quad \iiint_{\Omega} \frac{\partial Q}{\partial y} \mathrm{d}v = \oiint_{\Sigma} Q \mathrm{d}z\mathrm{d}x.$$

以上三式相加，即得高斯公式(11-6-1).

若曲面 Σ 与平行于坐标轴的某些直线相交的交点多于两点，可以用光滑曲面将有界闭区域分割成若干个小区域，使围成每个小区域的闭曲面与平行于坐标轴的直线的交点最多两个. 要做到这点，我们只需在曲面 Σ 的基础上，再增加若干个曲面块，增加的曲面块我们称之为辅助曲面块. 这些辅助曲面块有一个共同的特点，即曲面的每一侧既是某个区域的内侧，又是另一个区域的外侧. 注意到沿辅助曲面的相反两侧的两个曲面积分的和为零，因此高斯公式(11-6-1)仍然是成立的.

例 1 利用高斯公式计算

$$\oiint_{\Sigma} x\mathrm{d}y\mathrm{d}z + y\mathrm{d}z\mathrm{d}x + z\mathrm{d}x\mathrm{d}y,$$

其中 Σ 为球面 $x^2 + y^2 + z^2 = R^2$ 的外侧.

解 由高斯公式，得

$$\oiint_{\Sigma} x\mathrm{d}y\mathrm{d}z + y\mathrm{d}z\mathrm{d}x + z\mathrm{d}x\mathrm{d}y = \iiint_{x^2+y^2+z^2 \leqslant R^2} (1+1+1) \mathrm{d}x\mathrm{d}y\mathrm{d}z = 4\pi R^3.$$

例 2 计算 $\iint_{\Sigma} (z^2 - y) \mathrm{d}z\mathrm{d}x + (x^2 - z) \mathrm{d}x\mathrm{d}y$，其中 Σ 为旋转抛物面 $z = 1 - x^2 - y^2$ 在 $0 \leqslant z \leqslant 1$ 部分的外侧.

解 作辅助平面 $z=0$，则平面 $z=0$ 与旋转抛物面 $z = 1 - x^2 - y^2$ 围成空间有界闭区域 Ω，如图 11-23 所示，Ω 的底面为 $S_1 : z = 0, x^2 + y^2 \leqslant 1$，取下侧 S_1^-.

图 11-23

由高斯公式,得

$$\iint_{\Sigma}(z^2-y)\mathrm{d}z\mathrm{d}x+(x^2-z)\mathrm{d}x\mathrm{d}y$$
$$=\oiint_{\Sigma\cup S_1^-}(z^2-y)\mathrm{d}z\mathrm{d}x+(x^2-z)\mathrm{d}x\mathrm{d}y-\iint_{S_1^-}(z^2-y)\mathrm{d}z\mathrm{d}x+(x^2-z)\mathrm{d}x\mathrm{d}y$$
$$=\iiint_{\Omega}(-2)\mathrm{d}v+\iint_{D_{xy}}x^2\mathrm{d}x\mathrm{d}y=-2\int_0^{2\pi}\mathrm{d}\theta\int_0^1 r\mathrm{d}r\int_0^{1-r^2}r\mathrm{d}z+\int_0^{2\pi}\mathrm{d}\theta\int_0^1 r^2\cos^2\theta r\mathrm{d}r$$
$$=-\pi+\frac{\pi}{4}=-\frac{3\pi}{4}.$$

二、斯托克斯公式

高斯公式揭示了闭曲面 Σ 上的第二类曲面积分与该曲面所围成的闭区域 Ω 上的三重积分之间的内在联系,是格林公式在三维空间的一种推广. 而格林公式还可以从另一方面进行推广,就是将曲面积分与沿该曲面的边界闭曲线的积分联系起来.

设 Σ 为分片光滑的有向曲面,其边界是分段光滑的空间有向曲线 Γ,这里规定曲面 Σ 的正向与闭曲线 Γ 的正向符合右手法则,即右手的四指按 Γ 的正向弯曲时,大拇指则指向曲面 Σ 的正向;反之亦然.

定理 2 设分片光滑的曲面 Σ 的边界是分段光滑闭曲线 Γ,函数 $P(x,y,z),Q(x,y,z),R(x,y,z)$ 及其偏导数在曲面 Σ 上连续,则

$$\oint_{\Gamma}P\mathrm{d}x+Q\mathrm{d}y+R\mathrm{d}z$$
$$=\iint_{\Sigma}\left(\frac{\partial R}{\partial y}-\frac{\partial Q}{\partial z}\right)\mathrm{d}y\mathrm{d}z+\left(\frac{\partial P}{\partial z}-\frac{\partial R}{\partial x}\right)\mathrm{d}z\mathrm{d}x+\left(\frac{\partial Q}{\partial x}-\frac{\partial P}{\partial y}\right)\mathrm{d}x\mathrm{d}y,$$

(11-6-4)

这里有向曲面 Σ 的正向与曲线 Γ 的正向符合右手法则. 公式(11-6-4) 称为斯托克斯(Stokes) 公式.

数学家简介

为了便于记忆,利用行列式记号,可把公式(11-6-4) 写成

$$\oint_{\Gamma}P\mathrm{d}x+Q\mathrm{d}y+R\mathrm{d}z=\iint_{\Sigma}\begin{vmatrix}\mathrm{d}y\mathrm{d}z & \mathrm{d}z\mathrm{d}x & \mathrm{d}x\mathrm{d}y \\ \dfrac{\partial}{\partial x} & \dfrac{\partial}{\partial y} & \dfrac{\partial}{\partial z} \\ P & Q & R\end{vmatrix}.$$

如果 Σ 是 xOy 平面上的一块平面闭区域,斯托克斯公式就变成格林公式,因此格林公式是斯托克斯公式的一个特殊情形.

在此不证公式(11-6-4),下面仅举例说明其应用.

例 3 利用斯托克斯公式计算曲线积分 $\oint_\Gamma z\mathrm{d}x + x\mathrm{d}y + y\mathrm{d}z$,其中 Γ 为平面 $x+y+z=1$ 被三个坐标面所截成的三角形区域的整个边界,它的正向与这个三角形区域上侧的法向量之间符合右手法则(见图 11-24).

解 按斯托克斯公式,有
$$\oint_\Gamma z\mathrm{d}x + x\mathrm{d}y + y\mathrm{d}z = \iint_\Sigma \mathrm{d}y\mathrm{d}z + \mathrm{d}z\mathrm{d}x + \mathrm{d}x\mathrm{d}y.$$
由于 Σ 的法向量的三个方向余弦都为正,又由于对称性,上式右端等于
$$3\iint_{D_{xy}} \mathrm{d}\sigma,$$
其中 D_{xy} 为 xOy 平面上由直线 $x+y=1$ 及两条坐标轴围成的三角形闭区域,如图 11-24 所示.因此
$$\oint_\Gamma z\mathrm{d}x + x\mathrm{d}y + y\mathrm{d}z = \frac{3}{2}.$$

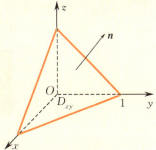

图 11-24

习题 11-6

1. 设某流体的流速 $\boldsymbol{v} = (k, y, 0)$,求单位时间内从球面 $x^2 + y^2 + z^2 = 4$ 的内部流过球面的流量.

2. 利用高斯公式,计算下列曲面积分:

(1) $\oiint_\Sigma x^2\mathrm{d}y\mathrm{d}z + y^2\mathrm{d}z\mathrm{d}x + z^2\mathrm{d}x\mathrm{d}y$,其中 Σ 为平面 $x=0, y=0, z=0, x=a, y=a, z=a$ 所围成立体表面的外侧;

(2) $\oiint_\Sigma x^3\mathrm{d}y\mathrm{d}z + y^3\mathrm{d}z\mathrm{d}x + z^3\mathrm{d}x\mathrm{d}y$,其中 Σ 为球面 $x^2+y^2+z^2=a^2$ 的外侧;

(3) $\oiint_\Sigma xz^2\mathrm{d}y\mathrm{d}z + (x^2y - z^3)\mathrm{d}z\mathrm{d}x + (2xy + y^2z)\mathrm{d}x\mathrm{d}y$,其中 Σ 为上半球体 $x^2+y^2 \leqslant a^2, 0 \leqslant z \leqslant \sqrt{a^2-x^2-y^2}$ 的表面外侧;

(4) $\oiint_\Sigma x\mathrm{d}y\mathrm{d}z + y\mathrm{d}z\mathrm{d}x + z\mathrm{d}x\mathrm{d}y$,其中 Σ 是介于 $z=0$ 和 $z=3$ 之间的圆柱体 $x^2+y^2=9$ 整个表面的外侧.

3. 利用斯托克斯公式,计算下列曲线积分:

(1) $\oint_\Gamma y\mathrm{d}x + z\mathrm{d}y + x\mathrm{d}z$,其中 Γ 为圆周 $x^2+y^2+z^2=a^2, x+y+z=0$,若从 x 轴的正向看去,该圆周取逆时针方向;

(2) $\oint_\Gamma (y^2-z^2)\mathrm{d}x + (z^2-x^2)\mathrm{d}y + (x^2-y^2)\mathrm{d}z$,其中 Γ 是用平面 $x+y+z=\frac{3}{2}$ 截立方体 $0 \leqslant x \leqslant 1, 0 \leqslant y \leqslant 1, 0 \leqslant z \leqslant 1$ 的表面所得的截痕,若从 x 轴的正向看去,取逆时针方向;

(3) $\oint_\Gamma 3y\mathrm{d}x - xz\mathrm{d}y + yz^2\mathrm{d}z$,其中 Γ 是圆周 $x^2+y^2=2z, z=2$,若从 z 轴正向看去,该圆周取逆时

(4) $\oint_\Gamma 2y\mathrm{d}x + 3x\mathrm{d}y - z^2\mathrm{d}z$,其中 Γ 是圆周 $x^2 + y^2 + z^2 = 9, z = 0$,若从 z 轴正向看去,该圆周取逆时针方向.

第七节 两类曲线积分、曲面积分的联系

一、两类曲线积分之间的联系

对弧长的曲线积分与对坐标的曲线积分的定义是不同的,但由于都是沿曲线的积分,两者之间又有密切关系. 我们可以将一个对坐标的曲线积分化为对弧长的曲线积分,反之也一样. 下面讨论这两类积分的转换关系. 设有向曲线弧 L 的参数方程为

$$\begin{cases} x = \varphi(t), \\ y = \psi(t). \end{cases}$$

设 L 的起点 A、终点 B 分别对应参数 t 的值 $\alpha, \beta, \alpha < \beta$,函数 $\varphi(t)$, $\psi(t)$ 在 $[\alpha, \beta]$ 上具有一阶连续导数,且 $\varphi'^2(t) + \psi'^2(t) \neq 0$,又设 $P(x,y), Q(x,y)$ 为定义在曲线 L 上的连续函数,则根据对坐标的曲线积分计算公式(11-2-1),有

$$\int_L P(x,y)\mathrm{d}x + Q(x,y)\mathrm{d}y$$
$$= \int_\alpha^\beta (P(\varphi(t), \psi(t))\varphi'(t) + Q(\varphi(t), \psi(t))\psi'(t))\mathrm{d}t.$$

注意到有向曲线 L 的切向量为 $\boldsymbol{t} = (\varphi'(t), \psi'(t))$,它的方向指向 t 增大的方向,其方向余弦为

$$\cos\alpha = \frac{\varphi'(t)}{\sqrt{\varphi'^2(t) + \psi'^2(t)}},$$
$$\cos\beta = \frac{\psi'(t)}{\sqrt{\varphi'^2(t) + \psi'^2(t)}}.$$

由对弧长的曲线积分的计算公式,可得

$$\int_L (P(x,y)\cos\alpha + Q(x,y)\cos\beta)\mathrm{d}s$$
$$= \int_\alpha^\beta \left(P(\varphi(t), \psi(t)) \frac{\varphi'(t)}{\sqrt{\varphi'^2(t) + \psi'^2(t)}} \right.$$
$$\left. + Q(\varphi(t), \psi(t)) \frac{\psi'(t)}{\sqrt{\varphi'^2(t) + \psi'^2(t)}} \right) \sqrt{\varphi'^2(t) + \psi'^2(t)}\,\mathrm{d}t$$

$$= \int_\alpha^\beta (P(\varphi(t),\psi(t))\varphi'(t) + Q(\varphi(t),\psi(t))\psi'(t)) dt.$$

因此，一般地，平面曲线 L 上的两类曲线积分之间有如下**联系**：

$$\int_L P dx + Q dy = \int_L (P\cos\alpha + Q\cos\beta) ds, \quad (11\text{-}7\text{-}1)$$

其中 $\alpha = \alpha(x,y), \beta = \beta(x,y)$ 为有向曲线弧 L 上点 (x,y) 处的**切向量的方向角**.

类似地可知，空间曲线 Γ 上的两类曲线积分之间有如下**联系**：

$$\int_\Gamma P dx + Q dy + R dz = \int_\Gamma (P\cos\alpha + Q\cos\beta + R\cos\gamma) ds,$$

$$(11\text{-}7\text{-}2)$$

其中 $\alpha = \alpha(x,y,z), \beta = \beta(x,y,z), \gamma = \gamma(x,y,z)$ 为有向曲线弧 Γ 上点 (x,y,z) 处的切向量的方向角.

二、两类曲面积分之间的联系

与曲线积分一样，两类曲面积分也有密切关系，我们可将一个对坐标的曲面积分化为对面积的曲面积分，反之也一样. 仍然用显式方程 $z = z(x,y)$ 表示的有向曲面 Σ 来说明. 设 Σ 在 xOy 平面上的投影区域为 D_{xy}，函数 $z = z(x,y)$ 在 D_{xy} 上具有一阶连续偏导数，$R(x,y,z)$ 在 Σ 上连续，Σ 取上侧，则由对坐标的曲面积分的计算公式，有

$$\iint_\Sigma R(x,y,z) dx dy = \iint_{D_{xy}} R(x,y,z(x,y)) dx dy.$$

另一方面，曲面 Σ 的法向量的方向余弦为

$$\cos\alpha = \frac{-z_x}{\sqrt{1+z_x^2+z_y^2}},$$

$$\cos\beta = \frac{-z_y}{\sqrt{1+z_x^2+z_y^2}},$$

$$\cos\gamma = \frac{1}{\sqrt{1+z_x^2+z_y^2}}.$$

由对面积的曲面积分计算公式，有

$$\iint_\Sigma R(x,y,z)\cos\gamma dS = \iint_{D_{xy}} R(x,y,z(x,y)) dx dy,$$

于是有

$$\iint_\Sigma R(x,y,z) dx dy = \iint_\Sigma R(x,y,z)\cos\gamma dS. \quad (11\text{-}7\text{-}3)$$

如果 Σ 取下侧，则有

$$\iint_\Sigma R(x,y,z) dx dy = -\iint_{D_{xy}} R(x,y,z(x,y)) dx dy.$$

而此时 $\cos\gamma = \dfrac{-1}{\sqrt{1+z_x^2+z_y^2}}$,因此(11-7-3)式仍然成立.

类似地,有

$$\iint_\Sigma P(x,y,z)\mathrm{d}y\mathrm{d}z = \iint_\Sigma P(x,y,z)\cos\alpha \mathrm{d}S, \quad (11\text{-}7\text{-}4)$$

$$\iint_\Sigma Q(x,y,z)\mathrm{d}z\mathrm{d}x = \iint_\Sigma Q(x,y,z)\cos\beta \mathrm{d}S. \quad (11\text{-}7\text{-}5)$$

合并(11-7-3)、(11-7-4)、(11-7-5)三式,得两类曲面积分之间的如下联系:

$$\iint_\Sigma P\mathrm{d}y\mathrm{d}z + Q\mathrm{d}z\mathrm{d}x + R\mathrm{d}x\mathrm{d}y$$
$$= \iint_\Sigma (P\cos\alpha + Q\cos\beta + R\cos\gamma)\mathrm{d}S, \quad (11\text{-}7\text{-}6)$$

其中 $\cos\alpha,\cos\beta,\cos\gamma$ 是有向曲面 Σ 上点 (x,y,z) 处**法向量的方向余弦**.

例1 计算曲面积分 $\iint_\Sigma (z^2+x)\mathrm{d}y\mathrm{d}z - z\mathrm{d}x\mathrm{d}y$,其中 Σ 是旋转抛物面 $z = \dfrac{1}{2}(x^2+y^2)$ 介于平面 $z=0$ 及 $z=2$ 之间的部分的下侧.

解 由两类曲线积分之间的联系式(11-7-6),可得

$$\iint_\Sigma (z^2+x)\mathrm{d}y\mathrm{d}z = \iint_\Sigma (z^2+x)\cos\alpha\mathrm{d}S = \iint_\Sigma (z^2+x)\dfrac{\cos\alpha}{\cos\gamma}\mathrm{d}x\mathrm{d}y.$$

在曲面 Σ 上,有

$$\cos\alpha = \dfrac{x}{\sqrt{1+x^2+y^2}}, \quad \cos\gamma = \dfrac{-1}{\sqrt{1+x^2+y^2}}.$$

故

$$\iint_\Sigma (z^2+x)\mathrm{d}y\mathrm{d}z - z\mathrm{d}x\mathrm{d}y$$
$$= \iint_\Sigma ((z^2+x)(-x) - z)\mathrm{d}x\mathrm{d}y$$
$$= -\iint_{D_{xy}} \left(\left(\dfrac{1}{4}(x^2+y^2)^2 + x\right)(-x) - \dfrac{1}{2}(x^2+y^2)\right)\mathrm{d}x\mathrm{d}y.$$

注意到 $\iint_{D_{xy}} \dfrac{x}{4}(x^2+y^2)^2 \mathrm{d}x\mathrm{d}y = 0$,故

$$\iint_\Sigma (z^2+x)\mathrm{d}y\mathrm{d}z - z\mathrm{d}x\mathrm{d}y = \iint_{D_{xy}} \left(x^2 + \dfrac{1}{2}(x^2+y^2)\right)\mathrm{d}x\mathrm{d}y$$
$$= \int_0^{2\pi}\mathrm{d}\theta\int_0^2 \left(r^2\cos^2\theta + \dfrac{1}{2}r^2\right)r\mathrm{d}r$$
$$= 8\pi.$$

例2 计算曲线积分

$$I = \oint_\Gamma (y^2-z^2)\mathrm{d}x + (z^2-x^2)\mathrm{d}y + (x^2-y^2)\mathrm{d}z,$$

其中 Γ 是用平面 $x+y+z=\dfrac{3}{2}$ 截立方体 $0\leqslant x\leqslant 1,0\leqslant y\leqslant 1,0\leqslant z\leqslant 1$ 的表面所得的截痕,若从 Ox 轴的正向看去,取逆时针方向,如图 11-25(a) 所示.

图 11-25

解 取 Σ 为平面 $x+y+z=\dfrac{3}{2}$ 的上侧被 Γ 所围成的部分,Σ 的单位法向量 $\boldsymbol{n}=\dfrac{1}{\sqrt{3}}(1,1,1)$,即 $\cos\alpha=\cos\beta=\cos\gamma=\dfrac{1}{\sqrt{3}}$.按斯托克斯公式,有

$$I=\iint_{\Sigma}\begin{vmatrix}\dfrac{1}{\sqrt{3}} & \dfrac{1}{\sqrt{3}} & \dfrac{1}{\sqrt{3}}\\ \dfrac{\partial}{\partial x} & \dfrac{\partial}{\partial y} & \dfrac{\partial}{\partial z}\\ y^2-z^2 & z^2-x^2 & x^2-y^2\end{vmatrix}\mathrm{d}S=-\dfrac{4}{\sqrt{3}}\iint_{\Sigma}(x+y+z)\mathrm{d}S.$$

因为在 Σ 上 $x+y+z=\dfrac{3}{2}$,所以

$$I=-\dfrac{4}{\sqrt{3}}\cdot\dfrac{3}{2}\iint_{\Sigma}\mathrm{d}S=-2\sqrt{3}\iint_{D_{xy}}\sqrt{3}\,\mathrm{d}x\mathrm{d}y=-6\sigma_{xy},$$

其中 D_{xy} 为 Σ 在 xOy 平面上的投影区域(见图 11-25(b)),σ_{xy} 为 D_{xy} 的面积.因

$$\sigma_{xy}=1-2\times\dfrac{1}{8}=\dfrac{3}{4},$$

故

$$I=-\dfrac{9}{2}.$$

*三、高斯公式、斯托克斯公式的另一种表示

在上一节里,我们得到了三重积分与对坐标的曲面积分之间的关系,即高斯公式.根据两类曲面积分之间的联系,可以得到高斯公式的另一种表示.

定理 设空间闭区域 Ω 是由分片光滑的闭曲面 Σ 所围成,函数 $P(x,y,z),Q(x,y,z),R(x,y,z)$ 在 Ω 上具有一阶连续偏导数,则有

$$\iiint_{\Omega}\left(\dfrac{\partial P}{\partial x}+\dfrac{\partial Q}{\partial y}+\dfrac{\partial R}{\partial z}\right)\mathrm{d}v=\oiint_{\Sigma}(P\cos\alpha+Q\cos\beta+R\cos\gamma)\mathrm{d}S,\quad(11\text{-}7\text{-}7)$$

这里 Σ 是 Ω 的整个边界曲面的外侧，$\cos\alpha,\cos\beta,\cos\gamma$ 是 Σ 上点 (x,y,z) 处的法向量的方向余弦．

证 下面仅就任一平行于坐标轴的直线和边界曲面 Σ 至多只有两个交点的情形进行证明，其他情形的讨论同第六节定理 1．

曲面 Σ 可分成上部和下部（见图 11-26），分别记为 Σ_2 和 Σ_1，Σ_2 的方程设为 $z = z_2(x,y)$，Σ_1 的方程设为 $z = z_1(x,y)$．又设 Ω 在 xOy 平面上的投影区域为 D_{xy}，那么

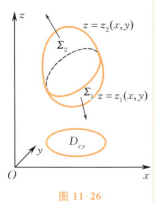

图 11-26

$$\iiint_\Omega \frac{\partial R}{\partial z} dv = \iiint_\Omega \frac{\partial R}{\partial z} dx dy dz$$

$$= \iint_{D_{xy}} \left(\int_{z_1(x,y)}^{z_2(x,y)} \frac{\partial R}{\partial z} dz \right) dx dy$$

$$= \iint_{D_{xy}} (R(x,y,z_2(x,y)) - R(x,y,z_1(x,y))) dx dy$$

$$= \iint_{D_{xy}} R(x,y,z_2(x,y)) dx dy - \iint_{D_{xy}} R(x,y,z_1(x,y)) dx dy.$$

由于 Σ_2 取上侧，Σ_1 取下侧，由两类曲面积分之间的联系，得

$$\iiint_\Omega \frac{\partial R}{\partial z} dv = \iint_{\Sigma_2} R\cos\gamma dS + \iint_{\Sigma_1} R\cos\gamma dS = \iint_\Sigma R\cos\gamma dS.$$

同理，可以证明

$$\iiint_\Omega \frac{\partial P}{\partial x} dv = \iint_\Sigma P\cos\alpha dS, \quad \iiint_\Omega \frac{\partial Q}{\partial y} dv = \iint_\Sigma Q\cos\beta dS.$$

我们根据两类曲线积分之间的联系，同样可得出**斯托克斯公式的另一种表示**，即对坐标的曲线积分与对面积的曲面积分的联系．其联系可表述如下：

若分片光滑曲面 Σ 的边界为分段光滑曲线 Γ，函数 $P(x,y,z)$，$Q(x,y,z)$，$R(x,y,z)$ 在曲面 Σ 上及曲线 Γ 上具有对 x,y,z 的连续偏导数，则成立以下公式：

$$\oint_\Gamma P dx + Q dy + R dz = \iint_\Sigma \left(\left(\frac{\partial R}{\partial y} - \frac{\partial Q}{\partial z}\right)\cos\alpha + \left(\frac{\partial P}{\partial z} - \frac{\partial R}{\partial x}\right)\cos\beta \right.$$

$$\left. + \left(\frac{\partial Q}{\partial x} - \frac{\partial P}{\partial y}\right)\cos\gamma \right) dS, \tag{11-7-8}$$

其中 $\cos\alpha,\cos\beta,\cos\gamma$ 是 Σ 上点 (x,y,z) 处的法向量的方向余弦，曲线积分的方向与曲面的侧符合右手法则．

习 题 11-7

1. 把对坐标的曲线积分 $\int_L P(x,y)dx + Q(x,y)dy$ 化成对弧长的曲线积分，其中 L 分别为

   (1) 在 xOy 平面内沿直线从点 $(0,0)$ 到点 $(1,1)$；

   (2) 沿抛物线 $y = x^2$ 从点 $(0,0)$ 到点 $(1,1)$；

   (3) 沿上半圆周 $x^2 + y^2 = 2x$ 从点 $(0,0)$ 到点 $(1,1)$．

2. 设 Γ 为曲线 $x=t, y=t^2, z=t^3$ 上相应于 t 从 0 变到 1 的曲线弧,把对坐标的曲线积分 $\int_\Gamma P\mathrm{d}x + Q\mathrm{d}y + R\mathrm{d}z$ 化成对弧长的曲线积分.

3. 把对坐标的曲面积分
$$\iint_\Sigma P(x,y,z)\mathrm{d}y\mathrm{d}z + Q(x,y,z)\mathrm{d}z\mathrm{d}x + R(x,y,z)\mathrm{d}x\mathrm{d}y$$
化成对面积的曲面积分,其中:

(1) Σ 是平面 $3x+2y+2\sqrt{3}z=6$ 在第 I 卦限部分的上侧;

(2) Σ 是抛物面 $z=8-(x^2+y^2)$ 在 xOy 平面上方部分的上侧.

习 题 十 一

1. 填空题:

(1) 已知曲线 L 的方程为 $y=1-|x|(x\in[-1,1])$,起点为 $(-1,0)$,终点为 $(1,0)$,则曲线积分 $\int_L xy\mathrm{d}x + x^2\mathrm{d}y = $ _____.

(2) 设 L 是柱面 $x^2+y^2=1$ 与平面 $z=x+y$ 的交线,从 z 轴正向看去为逆时针方向,则曲线积分 $\oint_L xz\mathrm{d}x + x\mathrm{d}y + \dfrac{y^2}{2}\mathrm{d}z = $ _____.

(3) 设 L 为正向圆周 $x^2+y^2=2$ 在第一象限中的部分,则曲线积分 $\int_L x\mathrm{d}y - 2y\mathrm{d}x$ 的值为 _____.

(4) 设曲面 Σ 是 $z=\sqrt{4-x^2-y^2}$ 的上侧,则 $\iint_\Sigma xy\mathrm{d}y\mathrm{d}z + x\mathrm{d}z\mathrm{d}x + x^2\mathrm{d}x\mathrm{d}y = $ _____.

(5) 设 Σ 是锥面 $z=\sqrt{x^2+y^2}(0\leqslant z\leqslant 1)$ 的下侧,则 $\iint_\Sigma x\mathrm{d}y\mathrm{d}z + 2y\mathrm{d}z\mathrm{d}x + 3(z-1)\mathrm{d}x\mathrm{d}y = $ _____.

2. 选择题:

(1) 设 L 为从 $A(0,0)$ 到 $B(4,3)$ 的直线,则 $\int_L (x-y)\mathrm{d}s = ($ \quad $)$.

A. $\int_0^4 \left(x-\dfrac{3}{4}x\right)\mathrm{d}x$ \qquad B. $\int_0^4 \left(x-\dfrac{3}{4}x\right)\sqrt{1+\dfrac{9}{16}}\mathrm{d}x$

C. $\int_0^3 \left(\dfrac{4}{3}y-y\right)\mathrm{d}y$ \qquad D. $\int_0^3 \left(\dfrac{4}{3}y-y\right)\sqrt{1+\dfrac{9}{16}}\mathrm{d}y$

(2) 平面上所有简单光滑正向闭曲线中,使积分 $\oint_L (y^3-y)\mathrm{d}x - 2x^3\mathrm{d}y$ 值最大的曲线 L 是(\quad).

A. $6x^2+3y^2=1$ \qquad B. $3x^2+6y^2=1$

C. $2x^2+3y^2=1$ \qquad D. $3x^2+2y^2=1$

(3) 设 $L_1:x^2+y^2=1, L_2:x^2+y^2=2, L_3:2x^2+y^2=2, L_4:2x^2+y^2=2$ 为四条逆时针方向的平面曲线,记 $I_i = \oint_{L_i} \left(y+\dfrac{y^3}{6}\right)\mathrm{d}x + \left(2x-\dfrac{x^3}{3}\right)\mathrm{d}y (i=1,2,3,4)$,则 $\max\{I_1,I_2,I_3,I_4\} = ($ \quad $)$.

A. I_1 B. I_2 C. I_3 D. I_4

(4) 设曲线 $L:f(x,y)=1(f(x,y)$ 具有一阶连续偏导数)过第二象限内的点 M 和第四象限内的点 N, Γ 为 L 上从点 M 到点 N 的一段弧,则下列积分小于零的是( ).

A. $\int_\Gamma f(x,y)\mathrm{d}x$ B. $\int_\Gamma f(x,y)\mathrm{d}y$

C. $\int_\Gamma f(x,y)\mathrm{d}s$ D. $\int_\Gamma f'_x(x,y)\mathrm{d}x+f'_y(x,y)\mathrm{d}y$

(5) 曲面积分 $\iint_\Sigma (x^2+y^2)\mathrm{d}x\mathrm{d}y$ 在数值上等于( ).

A. 面密度为 $\rho=x^2+y^2$ 的曲面 Σ 的质量

B. 均匀曲面 $(\rho=1)$ 关于 z 轴的转动惯量

C. 流体以速度 $\boldsymbol{v}=(x^2+y^2)\boldsymbol{k}$ 穿过曲面 Σ 的流量

D. 流体以速度 $\boldsymbol{v}=(x^2+y^2)\boldsymbol{i}$ 穿过曲面 Σ 的流量

3. 计算变力 $\boldsymbol{F}=(y^2-x,x^2-y)$ 沿曲线 L 所做的功,其中 L 为从点 $A(0,0)$ 沿抛物线 $y=x^2$ 到点 $B(1,1)$,再从点 B 沿直线段 $y=2-x$ 到点 $C(0,2)$ 的路径.

4. 已知 L 是第一象限中从点 $(0,0)$ 沿圆周 $x^2+y^2=2x$ 到点 $(2,0)$,再沿圆周 $x^2+y^2=4$ 到点 $(0,2)$ 的曲线段,计算曲线积分

$$J=\int_L 3x^2 y\mathrm{d}x+(x^3+x-2y)\mathrm{d}y.$$

5. 设在上半平面 $D=\{(x,y)\mid y>0\}$ 内,函数 $f(x,y)$ 具有连续偏导数,且对任意的 $t>0$ 都有 $f(tx,ty)=t^{-2}f(x,y)$,证明:对 D 内的任意分段光滑的有向简单闭曲线 L,都有

$$\oint_L yf(x,y)\mathrm{d}x-xf(x,y)\mathrm{d}y=0.$$

6. 计算曲线积分 $\int_L \sin2x\mathrm{d}x+2(x^2-1)y\mathrm{d}y$,其中 L 是曲线 $y=\sin x$ 上从点 $(0,0)$ 到点 $(\pi,0)$ 的一段.

7. 设函数 $\varphi(y)$ 具有连续导数,在围绕原点的任意分段光滑简单闭曲线 L 上,曲线积分 $\oint_L \dfrac{\varphi(y)\mathrm{d}x+2xy\mathrm{d}y}{2x^2+y^4}$ 的值恒为同一常数.

(1) 证明:对右半平面 $x>0$ 内的任意分段光滑简单闭曲线 C,有

$$\oint_C \frac{\varphi(y)\mathrm{d}x+2xy\mathrm{d}y}{2x^2+y^4}=0;$$

(2) 求函数 $\varphi(y)$ 的表达式.

8. 计算曲线积分 $\oint_L \left(x-\dfrac{y}{x^2+y^2}\right)\mathrm{d}x+\left(y+\dfrac{x}{x^2+y^2}\right)\mathrm{d}y$,其中 $L:\dfrac{x^2}{9}+\dfrac{y^2}{4}=1$ 为逆时针方向.

9. 设曲线 Γ 是柱面 $x^2+y^2=1$ 与平面 $z=x+y$ 的交线,从 z 轴正向看去为逆时针方向,计算曲线积分 $\oint_\Gamma z\mathrm{d}x+x\mathrm{d}y+y\mathrm{d}z$.

10. 设函数 $f(x,y)$ 和 $g(x,y)$ 在闭区域 D 上有二阶连续偏导数,L 为闭区域 D 的正向边界.

(1) 证明:

$$\iint_D f\frac{\partial g}{\partial x}\mathrm{d}x\mathrm{d}y=\oint_L fg\mathrm{d}y-\iint_D g\frac{\partial f}{\partial x}\mathrm{d}x\mathrm{d}y \quad \text{和} \quad \iint_D f\frac{\partial g}{\partial y}\mathrm{d}x\mathrm{d}y=-\oint_L fg\mathrm{d}x-\iint_D g\frac{\partial f}{\partial y}\mathrm{d}x\mathrm{d}y;$$

(2) 若 D 为圆域 $x^2+y^2\leqslant 1$,且在 D 上恒有 $\dfrac{\partial^2 f}{\partial x^2}+\dfrac{\partial^2 f}{\partial y^2}=\mathrm{e}^{-(x^2+y^2)}$,求

$$\iint_D \left(x\frac{\partial f}{\partial x}+y\frac{\partial f}{\partial y}\right)\mathrm{d}x\mathrm{d}y.$$

11. 求方程 $\dfrac{2x}{y^3}dx + \dfrac{y^2-3x^2}{y^4}dy = 0$ 的通解.

12. 计算 $I = \iint_{\Sigma} xz\,dy\,dz + yz\,dz\,dx$,其中 Σ 是 yOz 平面上抛物线 $z=2y^2$ 绕 z 轴旋转得到的旋转曲面和平面 $z=2$ 所围封闭曲面的外侧.

13. 计算曲面积分
$$I = \iint_{\Sigma} 2x^3\,dy\,dz + 2y^3\,dz\,dx + 3(z^2-1)\,dx\,dy,$$
其中 Σ 是曲面 $z = 1-x^2-y^2(z \geqslant 0)$ 的上侧.

14. 计算曲面积分 $I = \oiint_{\Sigma} \dfrac{x\,dy\,dz + y\,dz\,dx + z\,dx\,dy}{(x^2+y^2+z^2)^{\frac{3}{2}}}$,其中 Σ 是曲面 $2x^2 + 2y^2 + z^2 = 4$ 的外侧.

15. 设 S 为上半球面 $z = \sqrt{1-x^2-y^2}$ 的下侧,计算曲面积分 $\iint_{S}(z-1)\,dx\,dy$.

16. 求曲面积分 $\iint_{\Sigma} xz\,dy\,dz + x^2 y\,dz\,dx + y^2 z\,dx\,dy$,其中 Σ 是由曲线 $\begin{cases} y^2 = 2z, \\ x = 0 \end{cases}(0 \leqslant z \leqslant 4)$ 绕 z 轴旋转一周而成的曲面,其法向量与 z 轴正向成锐角.

17. 计算曲面面积
$$I = \iint_{S}(x^3-z)\,dy\,dz + (y^3-x)\,dz\,dx + (x-y^3)\,dx\,dy,$$
其中 S 是锥面 $x^2+y^2=z^2$ 在 $0 \leqslant z \leqslant 1$ 部分的外侧.

18. 证明:存在区域 $D = \{(x,y) \mid x>0, y>0\}$ 内的函数 $u(x,y)$,满足
$$du(x,y) = \left(\dfrac{y}{x} + \dfrac{2x}{y}\right)dx + \left(\ln x - \dfrac{x^2}{y^2}\right)dy,$$
并求出满足 $u(1,1) = 0$ 的函数 $u(x,y)$.

19. 计算曲面积分
$$I = \iint_{\Sigma} xz\,dy\,dz + 2zy\,dz\,dx + 3xy\,dx\,dy,$$
其中 Σ 为曲面 $z = 1 - x^2 - \dfrac{y^2}{4}(0 \leqslant z \leqslant 1)$ 的上侧.

第十二章

无穷级数

无穷级数是数学分析的一个重要工具,也是高等数学的重要组成部分.本章首先讨论常数项级数,然后研究函数项级数,最后研究把函数展开为幂级数和三角级数的问题.我们只介绍两种最常用的级数展开式——泰勒级数展开式和傅里叶级数展开式.

第一节 常数项级数的概念和性质

一、常数项级数的概念

在中学课程中,我们就已经遇到过"无穷项之和"的运算,比如等比级数
$$a + ar + ar^2 + \cdots + ar^n + \cdots.$$
另外,无限小数其实也是"无穷项的和",比如
$$\sqrt{2} = 1.414\,2\cdots = 1 + \frac{4}{10} + \frac{1}{10^2} + \frac{4}{10^3} + \frac{2}{10^4} + \cdots.$$

对于有限项之和,我们在初等数学里已经详尽地研究了;对于"无穷项之和",因它是一个未知的新概念,不能简单地引用有限项相加的概念,而必须建立一套严格的理论.

定义 1 给定一个数列 $\{u_n\}$,将它的各项依次用"+"号连接起来的表达式
$$u_1 + u_2 + u_3 + \cdots + u_n + \cdots \tag{12-1-1}$$
称为(常数项)无穷级数,简称(常数项)级数,记为 $\sum\limits_{n=1}^{\infty} u_n$,即
$$\sum_{n=1}^{\infty} u_n = u_1 + u_2 + u_3 + \cdots + u_n + \cdots,$$
其中 $u_1, u_2, \cdots, u_n, \cdots$ 都称为级数 (12-1-1) 的项,u_n 称为级数 (12-1-1) 的一般项或通项.

级数 $\sum\limits_{n=1}^{\infty} u_n$ 是"无限多个数的和". 但怎样由我们熟知的"有限多个数的和"的计算转化到"无限多个数的和"的计算呢?我们借助极限这个工具来实现.

设级数 $\sum\limits_{n=1}^{\infty} u_n$ 的前 n 项的和为 s_n,即
$$s_n = u_1 + u_2 + \cdots + u_n \tag{12-1-2}$$
或
$$s_n = \sum_{k=1}^{n} u_k.$$
我们称 s_n 为级数 $\sum\limits_{n=1}^{\infty} u_n$ 的前 n 项部分和,简称部分和. 显然,这个级

数的所有前 n 项部分和 s_n 构成一个数列 $\{s_n\}$,我们称此数列为级数 $\sum\limits_{n=1}^{\infty} u_n$ 的**部分和数列**.

定义 2 若级数 $\sum\limits_{n=1}^{\infty} u_n$ 的部分和数列 $\{s_n\}$ 收敛于 s(即 $\lim\limits_{n\to\infty} s_n = s$),则称级数 $\sum\limits_{n=1}^{\infty} u_n$ **收敛**,或称 $\sum\limits_{n=1}^{\infty} u_n$ 为**收敛级数**,称 s 为这个级数的**和**,记作

$$s = u_1 + u_2 + u_3 + \cdots + u_n + \cdots = \sum_{n=1}^{\infty} u_n.$$

而

$$r_n = s - s_n = u_{n+1} + u_{n+2} + \cdots$$

称为级数的**余项**. 显然有

$$\lim_{n\to\infty} r_n = \lim_{n\to\infty}(s - s_n) = 0.$$

若 $\{s_n\}$ 是发散数列,则称级数 $\sum\limits_{n=1}^{\infty} u_n$ **发散**,此时这个级数没有和.

由此可知,级数的收敛与发散是借助于级数的部分和数列的收敛与发散定义的. 于是,研究级数及其和,只不过是研究与其相对应的一个数列及其极限.

例 1 设 a, q 为非零常数,无穷级数

$$\sum_{n=0}^{\infty} aq^n = a + aq + aq^2 + \cdots + aq^n + \cdots \tag{12-1-3}$$

称为**等比级数**(又称为**几何级数**),q 称为**级数的公比**. 试讨论级数(12-1-3)的敛散性.

解 若 $q \neq 1$,则

$$s_n = a + aq + \cdots + aq^{n-1} = \frac{a - aq^n}{1 - q} = \frac{a}{1-q} - \frac{aq^n}{1-q}.$$

当 $|q| < 1$ 时,由于 $\lim\limits_{n\to\infty} q^n = 0$,从而 $\lim\limits_{n\to\infty} s_n = \frac{a}{1-q}$,因此这时级数(12-1-3)收敛,其和为 $\frac{a}{1-q}$. 当 $|q| > 1$ 时,由于 $\lim\limits_{n\to\infty} q^n = \infty$,从而 $\lim\limits_{n\to\infty} s_n = \infty$,因此这时级数(12-1-3)发散. 当 $|q| = 1$ 时,若 $q = 1$,这时 $s_n = na \to \infty (n \to \infty)$,因此级数(12-1-3)发散;若 $q = -1$,这时级数(12-1-3)成为

$$a - a + a - a + \cdots,$$

显然 s_n 随着 n 为奇数或为偶数,而等于 a 或等于零,从而 s_n 的极限不存在,因此级数(12-1-3)发散.

综上所述,对于等比级数(12-1-3),当公比 q 的绝对值 $|q| < 1$ 时,级数收敛;当 $|q| \geq 1$ 时,级数发散.

例 2 证明级数
$$\frac{1}{1 \cdot 3} + \frac{1}{3 \cdot 5} + \cdots + \frac{1}{(2n-1) \cdot (2n+1)} + \cdots$$
收敛,并求其和.

证 由于
$$u_n = \frac{1}{(2n-1) \cdot (2n+1)} = \frac{1}{2}\left(\frac{1}{2n-1} - \frac{1}{2n+1}\right),$$
因此
$$s_n = \frac{1}{1 \cdot 3} + \frac{1}{3 \cdot 5} + \cdots + \frac{1}{(2n-1) \cdot (2n+1)}$$
$$= \frac{1}{2}\left(1 - \frac{1}{3}\right) + \frac{1}{2}\left(\frac{1}{3} - \frac{1}{5}\right) + \cdots + \frac{1}{2}\left(\frac{1}{2n-1} - \frac{1}{2n+1}\right) = \frac{1}{2}\left(1 - \frac{1}{2n+1}\right).$$
从而 $\lim\limits_{n\to\infty} s_n = \frac{1}{2}$,所以该级数收敛,它的和为 $\frac{1}{2}$.

例 3 证明调和级数
$$\sum_{n=1}^{\infty} \frac{1}{n} = 1 + \frac{1}{2} + \frac{1}{3} + \cdots + \frac{1}{n} + \cdots$$
是发散的.

证 该级数的部分和为
$$s_n = 1 + \frac{1}{2} + \frac{1}{3} + \cdots + \frac{1}{n}.$$
我们已在第一章第二节的例 6 中证明此部分和数列是发散的,因此调和级数是发散的.

我们也可用下面方法证明调和级数的发散性.

显然,部分和数列 $\{s_n\}$ 是单调增加的数列,要证明调和级数发散,仅需证明其部分和数列 $\{s_n\}$ 无上界即可.事实上,
$$s_2 = 1 + \frac{1}{2}; \quad s_4 \geqslant 1 + \frac{1}{2} \times 2; \quad s_8 \geqslant 1 + \frac{1}{2} \times 3.$$
假设
$$s_{2^k} \geqslant 1 + \frac{1}{2}k,$$
而
$$s_{2^{k+1}} - s_{2^k} = \frac{1}{2^k+1} + \frac{1}{2^k+2} + \cdots + \frac{1}{2^{k+1}} \geqslant \frac{1}{2^{k+1}} \cdot 2^k = \frac{1}{2},$$
于是
$$s_{2^{k+1}} \geqslant s_{2^k} + \frac{1}{2} \geqslant 1 + \frac{1}{2}(k+1).$$
由归纳法,对一切正整数 n,有
$$s_{2^n} \geqslant 1 + \frac{n}{2},$$
由极限的性质,有
$$\lim_{n\to\infty} s_n = \infty.$$
故调和级数发散.

二、常数项级数的性质

性质 1 若级数 $\sum_{n=1}^{\infty} u_n$ 收敛于和 s，k 为任意常数，则 $\sum_{n=1}^{\infty} k u_n$ 也收敛，且其和为 ks.

证 设级数 $\sum_{n=1}^{\infty} u_n$ 与级数 $\sum_{n=1}^{\infty} k u_n$ 的部分和分别为 s_n 与 s_n^*，显然有 $s_n^* = k s_n$. 于是
$$\lim_{n\to\infty} s_n^* = \lim_{n\to\infty} k s_n = k \lim_{n\to\infty} s_n = ks.$$
这表明级数 $\sum_{n=1}^{\infty} k u_n$ 收敛，且和为 ks.

需要指出，若级数 $\sum_{n=1}^{\infty} u_n$ 发散，即 $\{s_n\}$ 无极限，且 k 为非零常数，那么 $\{s_n^*\}$ 也不可能存在极限，即 $\sum_{n=1}^{\infty} k u_n$ 也发散. 因此可以得出如下结论：级数的每一项同乘以一个不为零的常数后，其敛散性不变.

上述性质的结果可以改写为
$$\sum_{n=1}^{\infty} k u_n = k \sum_{n=1}^{\infty} u_n \quad (k \neq 0 \text{ 为常数}),$$
即 收敛级数满足分配律.

性质 2 若级数 $\sum_{n=1}^{\infty} u_n$，$\sum_{n=1}^{\infty} v_n$ 分别收敛于 s_1, s_2，则级数 $\sum_{n=1}^{\infty} (u_n \pm v_n)$ 也收敛，且其和为 $s_1 \pm s_2$.

可以利用数列极限的运算法则给出证明.

性质 2 的结果表明：两个收敛级数可以逐项相加或逐项相减.

性质 3 在级数中去掉、增加或改变有限项，不会改变级数的敛散性.

证 只需证明"去掉、改变级数前面的有限项，或在级数前面增加有限项，不会改变级数的敛散性".

设将级数 $\sum_{n=1}^{\infty} u_n = u_1 + u_2 + \cdots + u_n + \cdots$ 的前 k 项去掉，得新的级数
$$u_{k+1} + u_{k+2} + \cdots + k_{k+n} + \cdots.$$
此级数的前 n 项部分和为
$$A_n = u_{k+1} + u_{k+2} + \cdots + u_{k+n} = s_{k+n} - s_k,$$
其中 s_{k+n} 是原来级数的前 $k+n$ 项的和. 因为 s_k 是常数，所以当 $n \to \infty$ 时，A_n 与 s_{k+n} 或同时存在极限，或同时不存在极限.

类似地，可以证明改变级数前面的有限项，或在级数的前面加上有限项，不会改变级数的敛散性.

性质 4 收敛级数加括弧后所成的级数仍收敛，且其和不变.

证 设级数 $\sum_{n=1}^{\infty} u_n$ 的部分和为 s_n，加括弧后的级数（把每一括弧内的项之和视为一项）为

$$(u_1 + u_2 + \cdots + u_{n_1}) + (u_{n_1+1} + u_{n_1+2} + \cdots + u_{n_2}) + \cdots + (u_{n_{k-1}+1} + u_{n_{k-1}+2} + \cdots + u_{n_k}) + \cdots.$$

设其前 k 项之和为 A_k，则有

$A_1 = u_1 + u_2 + \cdots + u_{n_1} = s_{n_1}$,

$A_2 = (u_1 + u_2 + \cdots + u_{n_1}) + (u_{n_1+1} + u_{n_1+2} + \cdots + u_{n_2}) = s_{n_2}$,

……

$A_k = (u_1 + u_2 + \cdots + u_{n_1}) + (u_{n_1+1} + u_{n_1+2} + \cdots + u_{n_2}) + \cdots + (u_{n_{k-1}+1} + u_{n_{k-1}+2} + \cdots + u_{n_k}) = s_{n_k}$,

……

可见数列 $\{A_k\}$ 是数列 $\{s_n\}$ 的一个子列. 由收敛数列与其子列的关系可知，数列 $\{A_k\}$ 必定收敛，且有 $\lim_{k\to\infty} A_k = \lim_{n\to\infty} s_n$，即加括弧后所成的级数收敛，且其和不变.

注意 若加括弧后所成的级数收敛，不能断定原来的级数也收敛.

例如，$(1-1) + (1-1) + \cdots$ 收敛于零，但级数 $\sum_{n=1}^{\infty} (-1)^{n-1} = 1 - 1 + 1 - 1 + \cdots$ 却是发散的.

推论 若加括弧后所成的级数发散，则原来的级数也发散.

性质 5（级数收敛的必要条件） 若级数 $\sum_{n=1}^{\infty} u_n$ 收敛，则它的一般项 u_n 趋于零，即 $\lim_{n\to\infty} u_n = 0$.

证 设级数 $\sum_{n=1}^{\infty} u_n$ 的部分和为 s_n，且 $s_n \to s(n \to \infty)$，则

$$\lim_{n\to\infty} u_n = \lim_{n\to\infty}(s_n - s_{n-1}) = \lim_{n\to\infty} s_n - \lim_{n\to\infty} s_{n-1}$$
$$= s - s = 0.$$

由性质 5 可知，若 $n \to \infty$ 时，级数的一般项不趋于零，则该级数必定发散. 例如，级数

$$\sum_{n=1}^{\infty} \frac{n}{3n+1} = \frac{1}{4} + \frac{2}{7} + \frac{3}{10} + \cdots + \frac{n}{3n+1} + \cdots$$

的一般项 $u_n = \dfrac{n}{3n+1}$，当 $n \to \infty$ 时，不趋于零，因此该级数是发散的.

注意 级数的一般项趋于零，并不是级数收敛的充分条件.

例如，在例 3 中讨论的调和级数 $\sum_{n=1}^{\infty} \frac{1}{n}$，虽然它的一般项 $u_n = \frac{1}{n} \to 0$，但它是发散的.

*三、柯西收敛准则

因为级数 $\sum_{n=1}^{\infty} u_n$ 的敛散性与它的部分和数列 $\{s_n\}$ 的敛散性是等价的，所以由数列的柯西收敛准则可得下面的定理.

定理（柯西收敛准则） 级数 $\sum_{n=1}^{\infty} u_n$ 收敛的充分必要条件为：$\forall \varepsilon > 0$，总存在自然数 N，使得当 $n > N$ 时，对于任意的自然数 p，都有
$$|u_{n+1} + u_{n+2} + \cdots + u_{n+p}| < \varepsilon$$
成立.

证 设级数 $\sum_{n=1}^{\infty} u_n$ 的部分和为 s_n，因为
$$|u_{n+1} + u_{n+2} + \cdots + u_{n+p}| = |s_{n+p} - s_n|,$$
所以由数列的柯西收敛准则，即得本定理结论.

例 4 利用柯西收敛准则证明级数 $\sum_{n=1}^{\infty} \frac{\cos 2^n}{2^n}$ 收敛.

证 对任意自然数 p，都有
$$|s_{n+p} - s_n| = \left| \frac{\cos 2^{n+1}}{2^{n+1}} + \frac{\cos 2^{n+2}}{2^{n+2}} + \cdots + \frac{\cos 2^{n+p}}{2^{n+p}} \right|$$
$$\leq \frac{1}{2^{n+1}} + \frac{1}{2^{n+2}} + \cdots + \frac{1}{2^{n+p}} = \frac{\frac{1}{2^{n+1}}\left(1 - \frac{1}{2^p}\right)}{1 - \frac{1}{2}}$$
$$= \frac{1}{2^n}\left(1 - \frac{1}{2^p}\right) < \frac{1}{2^n}.$$

于是，对 $\forall \varepsilon > 0 (0 < \varepsilon < 1)$，$\exists N = \left[\log_2 \frac{1}{\varepsilon}\right]$，当 $n > N$ 时，对任意的自然数 p，都有 $|s_{n+p} - s_n| < \frac{1}{2^n} < \varepsilon$，从而该级数收敛.

例 5 证明级数 $\sum_{n=1}^{\infty} \frac{1}{\sqrt{n}}$ 发散.

证 对任意自然数 p，都有
$$|s_{n+p} - s_n| = \left| \frac{1}{\sqrt{n+1}} + \frac{1}{\sqrt{n+2}} + \cdots + \frac{1}{\sqrt{n+p}} \right| > \frac{p}{\sqrt{n+p}}.$$

特别地，取 $p = n$，得 $|s_{2n} - s_n| > \frac{\sqrt{n}}{2}$，故级数 $\sum_{n=1}^{\infty} \frac{1}{\sqrt{n}}$ 发散.

习 题 12-1

1. 写出下列级数的一般项:

(1) $1 + \dfrac{1}{3} + \dfrac{1}{5} + \dfrac{1}{7} + \cdots$;

(2) $\dfrac{\sqrt{x}}{2} + \dfrac{x}{2 \cdot 4} + \dfrac{x \cdot \sqrt{x}}{2 \cdot 4 \cdot 6} + \dfrac{x^2}{2 \cdot 4 \cdot 6 \cdot 8} + \cdots$;

(3) $\dfrac{a^3}{3} - \dfrac{a^5}{5} + \dfrac{a^7}{7} - \dfrac{a^9}{9} + \cdots$.

2. 求下列级数的和:

(1) $\dfrac{1}{5} + \dfrac{1}{5^2} + \dfrac{1}{5^3} + \cdots$;

(2) $\sum\limits_{n=1}^{\infty} \dfrac{1}{n(n+1)(n+2)}$;

(3) $\sum\limits_{n=1}^{\infty} (\sqrt{n+2} - 2\sqrt{n+1} + \sqrt{n})$.

3. 判定下列级数的敛散性:

(1) $\sum\limits_{n=1}^{\infty} (\sqrt{n+1} - \sqrt{n})$;

(2) $\dfrac{1}{1 \cdot 6} + \dfrac{1}{6 \cdot 11} + \dfrac{1}{11 \cdot 16} + \cdots + \dfrac{1}{(5n-4) \cdot (5n+1)} + \cdots$;

(3) $\dfrac{2}{3} - \dfrac{2^2}{3^2} + \dfrac{2^3}{3^3} - \cdots + (-1)^{n-1} \dfrac{2^n}{3^n} + \cdots$;

(4) $\dfrac{1}{5} + \dfrac{1}{\sqrt{5}} + \dfrac{1}{\sqrt[3]{5}} + \cdots + \dfrac{1}{\sqrt[n]{5}} + \cdots$.

*4. 利用柯西收敛准则判别下列级数的敛散性:

(1) $\sum\limits_{n=1}^{\infty} \dfrac{(-1)^{n+1}}{n}$;

(2) $\sum\limits_{n=1}^{\infty} \dfrac{\cos nx}{2^n}$;

(3) $\sum\limits_{n=0}^{\infty} \left(\dfrac{1}{3n+1} + \dfrac{1}{3n+2} - \dfrac{1}{3n+3} \right)$.

第二节 正项级数敛散性判别法

本节我们讨论各项都是非负数的级数,这种级数称为**正项级数**. 研究正项级数的敛散性十分重要,因为许多其他级数的敛散性问题都可归结为正项级数的敛散性问题.

设级数

$$u_1 + u_2 + \cdots + u_n + \cdots \tag{12-2-1}$$

是一个正项级数($u_n \geqslant 0, n=1,2,3,\cdots$),它的部分和为 s_n. 显然,数列 $\{s_n\}$ 满足

$$s_1 \leqslant s_2 \leqslant \cdots \leqslant s_n \leqslant \cdots,$$

即 $\{s_n\}$ 是单调增加的数列. 而单调增加的数列收敛的充要条件是该数列有上界,于是可以得到下面的定理.

定理 1 正项级数 $\sum_{n=1}^{\infty} u_n$ 收敛的充分必要条件是:它的部分和数列 $\{s_n\}$ 有上界.

以此定理为基础,可以导出判断正项级数敛散性的几种方法.

定理 2(比较判别法) 设 $\sum_{n=1}^{\infty} u_n$ 和 $\sum_{n=1}^{\infty} v_n$ 都是正项级数,且存在自然数 N 和正常数 k,当 $n \geqslant N$ 时,有 $u_n \leqslant k v_n$,则

(1) 若级数 $\sum_{n=1}^{\infty} v_n$ 收敛,则级数 $\sum_{n=1}^{\infty} u_n$ 也收敛;

(2) 若级数 $\sum_{n=1}^{\infty} u_n$ 发散,则级数 $\sum_{n=1}^{\infty} v_n$ 也发散.

证 根据级数的性质,改变级数的前面有限项,并不改变级数的敛散性. 因此,不妨设对任意自然数 n 都有 $u_n \leqslant k v_n (n=1,2,3,\cdots)$. 设级数 $\sum_{n=1}^{\infty} u_n$ 与 $\sum_{n=1}^{\infty} v_n$ 的部分和分别为 A_n 与 B_n,由上面的不等式有

$$A_n = u_1 + u_2 + \cdots + u_n \leqslant k v_1 + k v_2 + \cdots + k v_n = k B_n.$$

(1) 若级数 $\sum_{n=1}^{\infty} v_n$ 收敛,根据定理 1 的必要性,数列 $\{B_n\}$ 有上界. 由不等式 $A_n \leqslant k B_n$ 知,数列 $\{A_n\}$ 也有上界,于是 $\sum_{n=1}^{\infty} u_n$ 收敛.

(2) 采用反证法. 若 $\sum_{n=1}^{\infty} v_n$ 收敛,则由(1)知 $\sum_{n=1}^{\infty} u_n$ 收敛,与已知矛盾,因此 $\sum_{n=1}^{\infty} v_n$ 发散.

推论 设 $\sum_{n=1}^{\infty} u_n$ 和 $\sum_{n=1}^{\infty} v_n$ 都是正项级数,且

$$\lim_{n \to \infty} \frac{u_n}{v_n} = k \quad (0 \leqslant k \leqslant +\infty, v_n \neq 0),$$

则

(1) 若 $0 < k < +\infty$,则级数 $\sum_{n=1}^{\infty} u_n$ 与 $\sum_{n=1}^{\infty} v_n$ 同时收敛或同时发散;

(2) 若 $k=0$,则当 $\sum\limits_{n=1}^{\infty}v_n$ 收敛时, $\sum\limits_{n=1}^{\infty}u_n$ 收敛;

(3) 若 $k=+\infty$,则当 $\sum\limits_{n=1}^{\infty}v_n$ 发散时, $\sum\limits_{n=1}^{\infty}u_n$ 发散.

证 (1) 由极限定义,对 $\varepsilon=\dfrac{k}{2}$,存在自然数 N,当 $n>N$ 时,有不等式

$$k-\dfrac{k}{2}<\dfrac{u_n}{v_n}<k+\dfrac{k}{2},$$

即

$$\dfrac{k}{2}v_n<u_n<\dfrac{3k}{2}v_n.$$

再根据比较判别法,即得所要证的结论.

(2) 当 $k=0$ 时,对 $\varepsilon=1$,由极限的定义,存在自然数 N,当 $n>N$ 时,有 $0\leqslant\dfrac{u_n}{v_n}<1$,从而 $u_n<v_n$. 再根据比较判别法,当 $\sum\limits_{n=1}^{\infty}v_n$ 收敛时, $\sum\limits_{n=1}^{\infty}u_n$ 收敛.

(3) 当 $k=+\infty$ 时,由极限的定义,存在自然数 N,当 $n>N$ 时,有 $\dfrac{u_n}{v_n}>1$,从而 $u_n>v_n$. 再根据比较判别法,当 $\sum\limits_{n=1}^{\infty}v_n$ 发散时, $\sum\limits_{n=1}^{\infty}u_n$ 发散.

例 1 讨论 p 级数

$$\sum_{n=1}^{\infty}\dfrac{1}{n^p}=1+\dfrac{1}{2^p}+\dfrac{1}{3^p}+\cdots+\dfrac{1}{n^p}+\cdots \tag{12-2-2}$$

的敛散性,其中 $p>0$ 为常数.

解 先考虑 $p>1$ 的情形. 因为当 $n-1\leqslant x\leqslant n$ 时,有 $\dfrac{1}{n^p}\leqslant\dfrac{1}{x^p}$,所以

$$\dfrac{1}{n^p}=\int_{n-1}^{n}\dfrac{1}{n^p}\mathrm{d}x\leqslant\int_{n-1}^{n}\dfrac{1}{x^p}\mathrm{d}x=\dfrac{1}{p-1}\left(\dfrac{1}{(n-1)^{p-1}}-\dfrac{1}{n^{p-1}}\right)\quad(n=2,3,\cdots).$$

考虑级数

$$\sum_{n=2}^{\infty}\left(\dfrac{1}{(n-1)^{p-1}}-\dfrac{1}{n^{p-1}}\right), \tag{12-2-3}$$

其部分和为

$$s_n=\left(1-\dfrac{1}{2^{p-1}}\right)+\left(\dfrac{1}{2^{p-1}}-\dfrac{1}{3^{p-1}}\right)+\cdots+\left(\dfrac{1}{n^{p-1}}-\dfrac{1}{(n+1)^{p-1}}\right)$$

$$=1-\dfrac{1}{(n+1)^{p-1}}.$$

因为 $\lim\limits_{n\to\infty}s_n=\lim\limits_{n\to\infty}\left(1-\dfrac{1}{(n+1)^{p-1}}\right)=1$,故级数 (12-2-3) 收敛. 根据定理 2,原级数收敛.

当 $0 < p \leqslant 1$ 时,有 $\dfrac{1}{n^p} \geqslant \dfrac{1}{n}$,而 $\sum\limits_{n=1}^{\infty} \dfrac{1}{n}$ 发散,根据定理 2,原级数发散.

例 2 判别下列正项级数的敛散性:

(1) $\sum\limits_{n=1}^{\infty} \sin\dfrac{1}{n}$;   (2) $\sum\limits_{n=1}^{\infty} \ln\left(1+\dfrac{1}{n^2}\right).$

解 (1) 因为 $\lim\limits_{n\to\infty} \dfrac{\sin\dfrac{1}{n}}{\dfrac{1}{n}} = 1$,而 $\sum\limits_{n=1}^{\infty} \dfrac{1}{n}$ 发散,根据推论,该级数发散;

(2) 考察 $\lim\limits_{n\to\infty} \dfrac{\ln\left(1+\dfrac{1}{n^2}\right)}{\dfrac{1}{n^2}}$.用实变量 x 代替 $\dfrac{1}{n^2}$,并应用洛必达法则,有

$$\lim_{x\to 0} \dfrac{\ln(1+x)}{x} = \lim_{x\to 0} \dfrac{1}{1+x} = 1.$$

因此 $\lim\limits_{n\to\infty} \dfrac{\ln\left(1+\dfrac{1}{n^2}\right)}{\dfrac{1}{n^2}} = 1.$ 而 $\sum\limits_{n=1}^{\infty} \dfrac{1}{n^2}$ 收敛,故该级数收敛.

数学家简介

定理 3(比值判别法,达朗贝尔(D'Alembert)判别法) 若对正项级数 $\sum\limits_{n=1}^{\infty} u_n$ 有

$$\lim_{n\to\infty} \dfrac{u_{n+1}}{u_n} = \rho,$$

则

(1) 当 $\rho < 1$ 时,级数收敛;

(2) 当 $\rho > 1 \left(\text{或} \lim\limits_{n\to\infty} \dfrac{u_{n+1}}{u_n} = +\infty\right)$ 时,级数发散;

(3) 当 $\rho = 1$ 时,级数可能收敛,也可能发散.

证 (1) 当 $\rho < 1$ 时,取一个适当小的正数 ε,使得 $\rho + \varepsilon = \gamma < 1$.根据极限定义,存在自然数 N,当 $n \geqslant N$ 时,有

$$\dfrac{u_{n+1}}{u_n} < \rho + \varepsilon = \gamma.$$

由此并利用归纳法,容易证明

$$u_{N+k} \leqslant \gamma^k u_N, \quad k = 1, 2, \cdots.$$

而 $\gamma < 1$ 时,等比级数 $\sum\limits_{k=1}^{\infty} \gamma^k u_N$ 是收敛的,所以 $\sum\limits_{k=1}^{\infty} u_{N+k}$ 也收敛.由于级数 $\sum\limits_{n=1}^{\infty} u_n$ 只比 $\sum\limits_{n=1}^{\infty} u_{N+k}$ 多前 N 项,因此级数 $\sum\limits_{n=1}^{\infty} u_n$ 也收敛.

(2) 当 $\rho > 1$ 时,取一个适当小的正数 ε,使得 $\rho - \varepsilon > 1$.根据极限定义,存在自然数 N,当 $n \geqslant N$ 时,有

$$\frac{u_{n+1}}{u_n} > \rho - \varepsilon > 1,$$

也就是 $u_{n+1} > u_n$. 所以，当 $n \geqslant N$ 时，级数的一般项 u_n 是逐渐增大的，从而 $\lim\limits_{n\to\infty} u_n \neq 0$. 根据级数收敛的必要条件，可知级数 $\sum\limits_{n=1}^{\infty} u_n$ 发散.

类似地，可以证明当 $\lim\limits_{n\to\infty}\dfrac{u_{n+1}}{u_n} = +\infty$ 时，级数 $\sum\limits_{n=1}^{\infty} u_n$ 发散.

(3) 当 $\rho = 1$ 时，级数可能收敛，也可能发散. 例如，对于 p 级数 $\sum\limits_{n=1}^{\infty}\dfrac{1}{n^p}$，不论 p 为何值都有

$$\lim_{n\to\infty}\frac{u_{n+1}}{u_n} = \lim_{n\to\infty}\frac{\dfrac{1}{(n+1)^p}}{\dfrac{1}{n^p}} = 1.$$

但我们知道，当 $p > 1$ 时，级数收敛；当 $p \leqslant 1$ 时，级数发散.

例 3 判断下列正项级数的敛散性.

(1) $\sum\limits_{n=1}^{\infty}\dfrac{n}{2^{n-1}}$；　　(2) $\sum\limits_{n=1}^{\infty}\dfrac{n!}{n^n}$；　　(3) $\sum\limits_{n=1}^{\infty}\dfrac{6^n}{n^6}$.

解 (1) $\lim\limits_{n\to\infty}\dfrac{u_{n+1}}{u_n} = \lim\limits_{n\to\infty}\dfrac{\dfrac{n+1}{2^n}}{\dfrac{n}{2^{n-1}}} = \lim\limits_{n\to\infty}\dfrac{n+1}{2n} = \dfrac{1}{2} < 1,$

故级数收敛.

(2) $\lim\limits_{n\to\infty}\dfrac{u_{n+1}}{u_n} = \lim\limits_{n\to\infty}\dfrac{\dfrac{(n+1)!}{(n+1)^{n+1}}}{\dfrac{n!}{n^n}} = \lim\limits_{n\to\infty}\left(\dfrac{n}{n+1}\right)^n = \dfrac{1}{e} < 1,$

故级数收敛.

(3) $\lim\limits_{n\to\infty}\dfrac{u_{n+1}}{u_n} = \lim\limits_{n\to\infty}\dfrac{\dfrac{6^{n+1}}{(n+1)^6}}{\dfrac{6^n}{n^6}} = \lim\limits_{n\to\infty} 6 \cdot \left(\dfrac{n}{n+1}\right)^6 = 6 > 1,$

故级数发散.

定理 4（根值判别法，柯西判别法） 若对正项级数 $\sum\limits_{n=1}^{\infty} u_n$ 有

$$\lim_{n\to\infty}\sqrt[n]{u_n} = \rho,$$

则

(1) 当 $\rho < 1$ 时，级数收敛；

(2) 当 $\rho > 1$ (或 $\lim\limits_{n\to\infty} \sqrt[n]{u_n} = +\infty$) 时,级数发散;

(3) 当 $\rho = 1$ 时,级数可能收敛,也可能发散.

证 (1) $\rho < 1$ 时,我们总可取到适当小的正数 ε,使 $\rho + \varepsilon < 1$. 根据极限定义,对于该正数 ε,存在自然数 N,当 $n \geqslant N$ 时,有 $\sqrt[n]{u_n} < \rho + \varepsilon = r < 1$,即 $u_n < r^n$. 由于等比级数 $\sum\limits_{n=1}^{\infty} r^n$ (公比 $|r| < 1$) 收敛,由比较判别法知级数 $\sum\limits_{n=1}^{\infty} u_n$ 收敛.

(2) $\rho > 1$ 时,我们总可取到正数 ε,使 $\rho - \varepsilon > 1$. 根据极限定义,对于该正数 ε,存在自然数 N,当 $n \geqslant N$ 时,有
$$\sqrt[n]{u_n} > \rho - \varepsilon > 1,$$
即 $u_n > 1$. 于是 $\lim\limits_{n\to\infty} u_n \neq 0$,故级数 $\sum\limits_{n=1}^{\infty} u_n$ 发散.

(3) $\rho = 1$ 时,仍可用 p 级数作为例子说明.

例 4 判断下列正项级数的敛散性:

(1) $\sum\limits_{n=1}^{\infty} \left(\dfrac{3n}{2n+1}\right)^n$; (2) $\sum\limits_{n=2}^{\infty} \dfrac{1}{(\ln n)^n}$; (3) $\sum\limits_{n=1}^{\infty} \dfrac{5^n}{3^{\ln n}}$.

解 (1) $\lim\limits_{n\to\infty} \sqrt[n]{u_n} = \lim\limits_{n\to\infty} \dfrac{3n}{2n+1} = \dfrac{3}{2} > 1$,故级数发散.

(2) $\lim\limits_{n\to\infty} \sqrt[n]{u_n} = \lim\limits_{n\to\infty} \dfrac{1}{\ln n} = 0 < 1$,故级数收敛.

(3) $\lim\limits_{n\to\infty} \sqrt[n]{u_n} = \lim\limits_{n\to\infty} \dfrac{5}{3^{\frac{\ln n}{n}}} = 5 > 1$,故级数发散.

*定理 5(积分判别法) 设 $f(x)$ 为定义在 $[1, +\infty)$ 上的非负单调递减函数,那么正项级数 $\sum\limits_{n=1}^{\infty} f(n)$ 与反常积分 $\int_1^{+\infty} f(x)\mathrm{d}x$ 具有相同的敛散性.

证 由于 $f(x)$ 为 $[1, +\infty)$ 上的非负单调减函数,因此对任何正数 A,$f(x)$ 在 $[1, A]$ 上可积,且有
$$f(k) \leqslant \int_{k-1}^{k} f(x)\mathrm{d}x \leqslant f(k-1), \qquad k = 2, 3, \cdots.$$
依次相加,可得
$$\sum_{k=2}^{n} f(k) \leqslant \int_1^n f(x)\mathrm{d}x \leqslant \sum_{k=2}^{n} f(k-1) = \sum_{k=1}^{n-1} f(k). \qquad (12\text{-}2\text{-}4)$$
若反常积分 $\int_1^{+\infty} f(x)\mathrm{d}x$ 收敛,则由 (12-2-4) 式知,对任何自然数 n,有
$$s_n = \sum_{k=1}^{n} f(k) \leqslant f(1) + \int_1^n f(x)\mathrm{d}x \leqslant f(1) + \int_1^{+\infty} f(x)\mathrm{d}x.$$
根据定理 1,级数 $\sum\limits_{n=1}^{\infty} f(n)$ 收敛.

反之，若 $\sum_{n=1}^{\infty} f(n)$ 为收敛级数，则由式(12-2-4)知：对任一自然数 n ($n>1$)，有

$$\int_1^n f(x)\mathrm{d}x \leqslant s_{n-1} \leqslant \sum_{k=1}^{\infty} f(k) = s. \tag{12-2-5}$$

因为 $f(x)$ 为非负单调减函数，所以对任何正数 $A \in [n, n+1]$，都有

$$0 \leqslant \int_1^A f(x)\mathrm{d}x \leqslant s_n \leqslant s, \qquad n \leqslant A \leqslant n+1.$$

因此，关于 A 的函数 $\int_1^A f(x)\mathrm{d}x$ 在 $[1, +\infty)$ 上单调有界，从而 $\lim_{A \to +\infty} \int_1^A f(x)\mathrm{d}x$ 存在. 由此可知反常积分 $\int_1^{+\infty} f(x)\mathrm{d}x$ 收敛.

例 5 讨论下列级数的敛散性：

(1) $\sum_{n=2}^{\infty} \dfrac{1}{n(\ln n)^p}$； (2) $\sum_{n=3}^{\infty} \dfrac{1}{n\ln n(\ln\ln n)^p}$.

解 (1) 考虑反常积分 $\int_2^{+\infty} \dfrac{\mathrm{d}x}{x(\ln x)^p}$，有

$$\int_2^{+\infty} \frac{\mathrm{d}x}{x(\ln x)^p} = \int_2^{+\infty} \frac{\mathrm{d}(\ln x)}{(\ln x)^p} = \int_{\ln 2}^{+\infty} \frac{\mathrm{d}u}{u^p}.$$

上式右端的反常积分，当 $p>1$ 时，收敛；当 $p \leqslant 1$ 时，发散. 根据积分判别法知，级数当 $p>1$ 时，收敛；当 $p \leqslant 1$ 时，发散.

(2) 考察反常积分 $\int_3^{+\infty} \dfrac{1}{x(\ln x)(\ln\ln x)^p} \mathrm{d}x$，类似可推出：当 $p>1$ 时，收敛；当 $p \leqslant 1$ 时，发散.

习 题 12 - 2

1. 用比较判别法判别下列级数的敛散性：

(1) $\dfrac{1}{4 \cdot 6} + \dfrac{1}{5 \cdot 7} + \cdots + \dfrac{1}{(n+3) \cdot (n+5)} + \cdots$；

(2) $1 + \dfrac{1+2}{1+2^2} + \dfrac{1+3}{1+3^2} + \cdots + \dfrac{1+n}{1+n^2} + \cdots$；

(3) $\sum_{n=1}^{\infty} \sin \dfrac{\pi}{3^n}$； (4) $\sum_{n=1}^{\infty} \dfrac{1}{\sqrt{2+n^3}}$；

(5) $\sum_{n=1}^{\infty} \dfrac{1}{1+a^n} \quad (a>0)$； (6) $\sum_{n=1}^{\infty} (2^{\frac{1}{n}} - 1)$.

2. 用比值判别法判别下列级数的敛散性：

(1) $\sum_{n=1}^{\infty} \dfrac{n^2}{3^n}$； (2) $\sum_{n=1}^{\infty} \dfrac{n!}{3^n + 1}$；

(3) $\dfrac{3}{1 \cdot 2} + \dfrac{3^2}{2 \cdot 2^2} + \dfrac{3^3}{3 \cdot 2^3} + \cdots + \dfrac{3^n}{n \cdot 2^n} + \cdots$；

(4) $\sum_{n=1}^{\infty} \dfrac{2^n \cdot n!}{n^n}$.

3. 用根值判别法判别下列级数的敛散性:

(1) $\sum_{n=1}^{\infty} \left(\frac{5n}{3n+1}\right)^n$;

(2) $\sum_{n=1}^{\infty} \frac{1}{(\ln(n+1))^n}$;

(3) $\sum_{n=1}^{\infty} \left(\frac{n}{3n-1}\right)^{2n-1}$;

(4) $\sum_{n=1}^{\infty} \left(\frac{b}{a_n}\right)^n$,其中 $a_n \to a(n \to \infty)$,a_n, b, a 均为正数.

第三节 任意项级数敛散性判别法

上一节,我们讨论了正项级数的敛散性判别问题.对于任意项级数的敛散性判别要比正项级数复杂,这里先讨论一种特殊的非正项级数的收敛性问题.

一、交错级数收敛性判别法

定义 1 如果一级数各项的符号是正、负交错的,即

$$\sum_{n=1}^{\infty} (-1)^{n-1} u_n = u_1 - u_2 + u_3 - u_4 + \cdots \quad (12\text{-}3\text{-}1)$$

或

$$\sum_{n=1}^{\infty} (-1)^n u_n = -u_1 + u_2 - u_3 + u_4 - \cdots, \quad (12\text{-}3\text{-}2)$$

其中 $u_n > 0$ $(n=1,2,\cdots)$,则称此级数为**交错级数**.

定理 1(莱布尼茨(Leibniz)判别法) 设 $u_n > 0$ $(n=1,2,3,\cdots)$,如果交错级数 $\sum_{n=1}^{\infty}(-1)^{n-1}u_n$ 满足条件:

(1) $u_n \geqslant u_{n+1}$ $(n=1,2,3,\cdots)$;

(2) $\lim_{n \to \infty} u_n = 0$,

则交错级数收敛,且其和 $s \leqslant u_1$,其余项 r_n 的绝对值 $|r_n| \leqslant u_{n+1}$.

证 先证明级数前 $2n$ 项的和 s_{2n} 的极限存在.为此,把 s_{2n} 写成两种形式:

$$s_{2n} = (u_1 - u_2) + (u_3 - u_4) + \cdots + (u_{2n-1} - u_{2n})$$

及

$$s_{2n} = u_1 - (u_2 - u_3) - (u_4 - u_5) - \cdots - (u_{2n-2} - u_{2n-1}) - u_{2n}.$$

根据条件(1),知道所有括号中的差都是非负的,由第一种形式可

见数列 $\{s_{2n}\}$ 是单调增加的,由第二种形式可见 $s_{2n} \leqslant u_1$. 于是由"单调有界数列必有极限"的准则,知 $\lim\limits_{n\to\infty} s_{2n}$ 存在,记为 s,则有
$$\lim_{n\to\infty} s_{2n} = s \leqslant u_1.$$

下面证明级数的前 $2n+1$ 项的和 s_{2n+1} 的极限也是 s. 事实上,我们有
$$s_{2n+1} = s_{2n} + u_{2n+1}.$$
由条件(2),知 $\lim\limits_{n\to\infty} u_{2n+1} = 0$,因此
$$\lim_{n\to\infty} s_{2n+1} = \lim_{n\to\infty} (s_{2n} + u_{2n+1}) = s.$$

由数列 $\{s_{2n}\}$ 与 $\{s_{2n+1}\}$ 趋于同一极限 s,不难证明级数 $\sum\limits_{n=1}^{\infty}(-1)^{n-1}u_n$ 的部分和数列 $\{s_n\}$ 收敛,且其极限为 s. 因此,级数 $\sum\limits_{n=1}^{\infty}(-1)^{n-1}u_n$ 收敛于和 s,并且有 $s \leqslant u_1$.

最后,由于
$$r_n = u_{n+1} - u_{n+2} + \cdots \quad \text{或} \quad r_n = -u_{n+1} + u_{n+2} - \cdots,$$
从而
$$|r_n| = u_{n+1} - u_{n+2} + \cdots.$$
这也是一个满足定理条件的交错级数,根据上面所证,有
$$|r_n| \leqslant u_{n+1}.$$

例 1 判别下列交错级数的收敛性:

(1) $\sum\limits_{n=1}^{\infty}(-1)^{n-1}\dfrac{1}{n}$;   (2) $\sum\limits_{n=1}^{\infty}(-1)^{n-1}\dfrac{n}{10^n}$.

解 (1) 因为 $\dfrac{1}{n} > \dfrac{1}{n+1}\ (n=1,2,\cdots)$,$\lim\limits_{n\to\infty}\dfrac{1}{n} = 0$,根据莱布尼茨判别法,级数收敛,其和 $s \leqslant 1$.

(2) 易证 $\dfrac{n}{10^n} > \dfrac{n+1}{10^{n+1}}$(利用 $10 \cdot n > n+1$),且 $\lim\limits_{n\to\infty}\dfrac{n}{10^n} = 0$,根据莱布尼茨判别法,级数收敛,其和 $s \leqslant \dfrac{1}{10}$.

二、绝对收敛与条件收敛

现在讨论任意项级数 $\sum\limits_{n=1}^{\infty} u_n$ 的敛散性.

定义 2 如果级数 $\sum_{n=1}^{\infty}|u_n|$ 收敛,则称级数 $\sum_{n=1}^{\infty}u_n$ **绝对收敛**;如果级数 $\sum_{n=1}^{\infty}u_n$ 收敛,而级数 $\sum_{n=1}^{\infty}|u_n|$ 发散,则称级数 $\sum_{n=1}^{\infty}u_n$ **条件收敛**.

定理 2 如果级数 $\sum_{n=1}^{\infty}|u_n|$ 收敛,则级数 $\sum_{n=1}^{\infty}u_n$ 必定收敛.

证 设级数 $\sum_{n=1}^{\infty}|u_n|$ 收敛,令 $v_n=\frac{1}{2}(u_n+|u_n|)(n=1,2,3,\cdots)$. 显然 $v_n\geqslant 0$,且 $v_n\leqslant|u_n|$ $(n=1,2,3,\cdots)$. 由比较判别法,知级数 $\sum_{n=1}^{\infty}v_n$ 收敛,从而级数 $\sum_{n=1}^{\infty}2v_n$ 也收敛. 而 $u_n=2v_n-|u_n|$,由收敛级数的性质,可知

$$\sum_{n=1}^{\infty}u_n=\sum_{n=1}^{\infty}2v_n-\sum_{n=1}^{\infty}|u_n|$$

收敛,定理证毕.

注意 上述定理的逆定理不成立.

定理 2 说明,对于任意项级数 $\sum_{n=1}^{\infty}u_n$,若用正项级数收敛性判别法判定出级数 $\sum_{n=1}^{\infty}|u_n|$ 收敛,则 $\sum_{n=1}^{\infty}u_n$ 亦收敛,这就使得一大类级数的收敛性判别问题可以转化为正项级数的收敛性判别问题.

一般说来,如果级数 $\sum_{n=1}^{\infty}|u_n|$ 发散,不能推断级数 $\sum_{n=1}^{\infty}u_n$ 一定发散. 但是,如果级数 $\sum_{n=1}^{\infty}|u_n|$ 的一般项数列 $\{|u_n|\}$ 不收敛于零,即 $|u_n|\not\to 0(n\to\infty)$,则我们必定可以得到 $u_n\not\to 0(n\to\infty)$. 由级数收敛的必要条件,则一定可以断定 $\sum_{n=1}^{\infty}u_n$ 发散. 而由正项级数的比值判别法和根值判别法中结论(2)的证明可知,当用此两种判别法判定级数 $\sum_{n=1}^{\infty}|u_n|$ 发散时,必有 $\lim_{n\to\infty}u_n\neq 0$,从而 $\sum_{n=1}^{\infty}u_n$ 也必发散.

例 2 判别级数 $\sum_{n=1}^{\infty}\frac{\cos nx}{n^2}$ 的敛散性.

解 因为 $\left|\frac{\cos nx}{n^2}\right|\leqslant\frac{1}{n^2}$,而级数 $\sum_{n=1}^{\infty}\frac{1}{n^2}$ 收敛,所以级数 $\sum_{n=1}^{\infty}\left|\frac{\cos nx}{n^2}\right|$ 也收敛. 由定理 2 知,级数 $\sum_{n=1}^{\infty}\frac{\cos nx}{n^2}$ 绝对收敛.

例 3 判别级数 $\sum_{n=1}^{\infty}(-1)^n \frac{1}{2^n}\left(1+\frac{1}{n}\right)^{n^2}$ 的敛散性.

解 由 $u_n=(-1)^n \frac{1}{2^n}\left(1+\frac{1}{n}\right)^{n^2}$,则有

$$\sqrt[n]{|u_n|}=\frac{1}{2}\left(1+\frac{1}{n}\right)^n,$$

$$\lim_{n\to\infty}\sqrt[n]{|u_n|}=\frac{1}{2}\lim_{n\to\infty}\left(1+\frac{1}{n}\right)^n=\frac{1}{2}\mathrm{e}>1.$$

故由正项级数的根值判别法知级数 $\sum_{n=1}^{\infty}\frac{1}{2^n}\left(1+\frac{1}{n}\right)^{n^2}$ 发散,而且

$$\lim_{n\to\infty}(-1)^n\frac{1}{2^n}\left(1+\frac{1}{n}\right)^{n^2}\neq 0,$$

因此原级数发散.

绝对收敛级数有一些很好的性质,这是条件收敛级数所不具备的.

*定理 3 绝对收敛级数经任意交换项的位置后,构成的级数也绝对收敛,且与原级数有相同的和(即绝对收敛级数具有可交换性).

证 先证定理对于收敛的正项级数是正确的.

设级数 $\sum_{n=1}^{\infty} u_n$ 为收敛的正项级数,其部分和为 s_n,和为 s;并设级数 $\sum_{n=1}^{\infty} u_n^*$ 为 $\sum_{n=1}^{\infty} u_n$ 任意交换项的位置后构成的级数,其部分和为 s_n^*.

对于任何正整数 n,我们总可取 m 足够大,使 $u_1^*, u_2^*, \cdots, u_n^*$ 各项都出现在 $s_m=u_1+u_2+\cdots+u_m$ 中.于是得 $s_n^* \leqslant s_m \leqslant s$,所以单调增加的数列 $\{s_n^*\}$ 有上界.根据极限存在的准则,可知 $\lim_{n\to\infty} s_n^*$ 存在,即级数 $\sum_{n=1}^{\infty} u_n^*$ 收敛,且

$$\lim_{n\to\infty} s_n^* = s^* \leqslant s.$$

另一方面,原来的级数 $\sum_{n=1}^{\infty} u_n$ 也可看成是级数 $\sum_{n=1}^{\infty} u_n^*$ 交换项的位置后所成的级数,故应用上面的结论,又有 $s \leqslant s^*$.

注意到上面已有 $s^* \leqslant s$,因此必定有 $s=s^*$.

下面证明,定理对一般的绝对收敛级数是正确的.

设级数 $\sum_{n=1}^{\infty}|u_n|$ 收敛,$v_n=\frac{1}{2}(u_n+|u_n|)$.在定理 2 的证明中,已知 $\sum_{n=1}^{\infty} v_n$ 是收敛的正项级数,故有

$$\sum_{n=1}^{\infty} u_n = \sum_{n=1}^{\infty}(2v_n-|u_n|) = \sum_{n=1}^{\infty} 2v_n - \sum_{n=1}^{\infty}|u_n|.$$

设级数 $\sum_{n=1}^{\infty} u_n$ 任意交换项的位置后的级数为 $\sum_{n=1}^{\infty} u_n^*$,$\sum_{n=1}^{\infty} v_n$ 相应地改变为 $\sum_{n=1}^{\infty} v_n^*$,$\sum_{n=1}^{\infty}|u_n|$ 相应地改变为 $\sum_{n=1}^{\infty}|u_n^*|$,由上面证得的结论可知

$$\sum_{n=1}^{\infty} v_n = \sum_{n=1}^{\infty} v_n^*, \quad \sum_{n=1}^{\infty} |u_n| = \sum_{n=1}^{\infty} |u_n^*|,$$

所以

$$\sum_{n=1}^{\infty} u_n^* = \sum_{n=1}^{\infty} 2v_n^* - \sum_{n=1}^{\infty} |u_n^*|$$

$$= \sum_{n=1}^{\infty} 2v_n - \sum_{n=1}^{\infty} |u_n| = \sum_{n=1}^{\infty} u_n.$$

在给出绝对收敛级数的另一性质之前,我们先来讨论级数的乘法运算.

设级数 $\sum_{n=1}^{\infty} u_n$ 和 $\sum_{n=1}^{\infty} v_n$ 都收敛,仿照有限项之和相乘的规则,写出从这两个级数中各取一项所有可能的乘积 $u_i v_k (i, k = 1, 2, 3, \cdots)$ 如下:

$$u_1 v_1, \quad u_1 v_2, \quad u_1 v_3, \quad \cdots, \quad u_1 v_n, \quad \cdots;$$
$$u_2 v_1, \quad u_2 v_2, \quad u_2 v_3, \quad \cdots, \quad u_2 v_n, \quad \cdots;$$
$$u_3 v_1, \quad u_3 v_2, \quad u_3 v_3, \quad \cdots, \quad u_3 v_n, \quad \cdots;$$
$$\cdots\cdots$$
$$u_n v_1, \quad u_n v_2, \quad u_n v_3, \quad \cdots, \quad u_n v_n, \quad \cdots;$$
$$\cdots\cdots$$

这些乘积可以用很多的方式将它们排成一个数列.例如,可以按"对角线法"或按"正方形法"将它们排成下面形状的数列.

对角线法排列为:$u_1 v_1 ; u_1 v_2, u_2 v_1 ; u_1 v_3, u_2 v_2, u_3 v_1 ; \cdots$.

正方形法排列为:$u_1 v_1 ; u_1 v_2, u_2 v_2, u_2 v_1 ; u_1 v_3, u_2 v_3, u_3 v_3, u_3 v_2, u_3 v_1 ; \cdots$.

把上面排列好的数列用加号相连,就得到无穷级数.我们称按"对角线法"排列所组成的级数

$$u_1 v_1 + (u_1 v_2 + u_2 v_1) + \cdots + (u_1 v_n + u_2 v_{n-1} + \cdots + u_n v_1) + \cdots$$

为两级数 $\sum_{n=1}^{\infty} u_n$ 和 $\sum_{n=1}^{\infty} v_n$ 的**柯西乘积**.

定理 4（绝对收敛级数的乘法） 设级数 $\sum_{n=1}^{\infty} u_n$ 和 $\sum_{n=1}^{\infty} v_n$ 都绝对收敛，其和分别为 u 和 v，则它们的柯西乘积

$$u_1 v_1 + (u_1 v_2 + u_2 v_1) + \cdots + (u_1 v_n + u_2 v_{n-1} + \cdots + u_n v_1) + \cdots$$

也是绝对收敛的，且其和为 uv．

证明从略．

由定理 4，我们利用收敛级数可以构造出另外一些非常有用的收敛级数．

如当 $|r| < 1$ 时，几何级数 $\sum_{n=1}^{\infty} r^{n-1}$ 是绝对收敛的，且

$$\frac{1}{1-r} = 1 + r + r^2 + \cdots + r^n + \cdots.$$

将 $\left(\sum_{n=1}^{\infty} r^{n-1}\right)^2 (|r| < 1)$ 按对角线法的顺序排列，则得到

$$\frac{1}{(1-r)^2} = 1 + (r+r) + (r^2 + r^2 + r^2) + \cdots$$

$$+ \underbrace{(r^n + r^n + \cdots + r^n)}_{n+1 \text{ 个}} + \cdots$$

$$= 1 + 2r + 3r^2 + \cdots + (n+1)r^n + \cdots$$

$$= \sum_{n=1}^{\infty} n r^{n-1} \quad (|r| < 1),$$

即 $\sum_{n=1}^{\infty} n r^{n-1} (|r| < 1)$ 也是绝对收敛的，其和为 $\frac{1}{(1-r)^2}$．

习　题　12-3

1. 判定下列级数是否收敛．若收敛，是绝对收敛还是条件收敛？

(1) $1 - \frac{1}{\sqrt{2}} + \frac{1}{\sqrt{3}} - \frac{1}{\sqrt{4}} + \cdots$；

(2) $\sum_{n=1}^{\infty} (-1)^{n-1} \frac{1}{\ln(n+1)}$；

(3) $\frac{1}{5} \cdot \frac{1}{3} - \frac{1}{5} \cdot \frac{1}{3^2} + \frac{1}{5} \cdot \frac{1}{3^3} - \frac{1}{5} \cdot \frac{1}{3^4} + \cdots$；

(4) $\sum_{n=1}^{\infty} (-1)^{n+1} \frac{2^n}{n!}$；

(5) $\sum_{n=1}^{\infty} (-1)^{n-1} \frac{\ln n}{n}$；

(6) $\sum_{n=1}^{\infty} (-1)^{n-1} \frac{n}{3^{n-1}}$．

2. 如果级数

$$\frac{1}{2} + \frac{1}{2!}\left(\frac{1}{2}\right)^2 + \frac{1}{3!}\left(\frac{1}{2}\right)^3 + \cdots + \frac{1}{n!}\left(\frac{1}{2}\right)^n + \cdots$$

的和用前 n 项的和代替，试估计其误差．

3. 若 $\lim_{n \to \infty} n^2 u_n$ 存在，证明：级数 $\sum_{n=1}^{\infty} u_n$ 收敛．

*4. 证明：若 $\sum_{n=1}^{\infty} u_n^2$ 收敛，则 $\sum_{n=1}^{\infty} \frac{u_n}{n}$ 绝对收敛．

第四节 函数项级数

本节中我们研究级数的各项都是某一个变量的函数的情形,即函数项级数.

一、函数项级数的概念

定义 设 $\{u_n(x)\}(n=1,2,3,\cdots)$ 为定义在数集 I 上的一个函数列,则由此函数列构成的表达式

$$\sum_{n=1}^{\infty} u_n(x) = u_1(x) + u_2(x) + u_3(x) + u_4(x) + \cdots + u_n(x) + \cdots$$

(12-4-1)

称为定义在数集 I 上的**(函数项)无穷级数**,简称**(函数项)级数**.

对于每一个确定的值 $x_0 \in I$,函数项级数(12-4-1)成为常数项级数

$$\sum_{n=1}^{\infty} u_n(x_0) = u_1(x_0) + u_2(x_0) + u_3(x_0) + \cdots + u_n(x_0) + \cdots.$$

(12-4-2)

若级数(12-4-2)收敛,则称点 x_0 是函数项级数(12-4-1)的**收敛点**;若级数(12-4-2)发散,则称点 x_0 为函数项级数(12-4-1)的**发散点**.函数项级数(12-4-1)的收敛点的全体构成的集合称为其**收敛域**,发散点的全体构成的集合称为**发散域**.

对应于收敛域内的任意一个数 x,函数项级数成为一个收敛的常数项级数,因而有一确定的和,记为 $s(x)$.于是,在收敛域上,函数项级数的和 $s(x)$ 是 x 的函数,通常称 $s(x)$ 为函数项级数的**和函数**.和函数的定义域是级数的收敛域,在收敛域内有

$$s(x) = u_1(x) + u_2(x) + u_3(x) + \cdots + u_n(x) + \cdots = \sum_{n=1}^{\infty} u_n(x).$$

把函数项级数(12-4-1)的前 n 项的部分和记作 $s_n(x)$,$\{s_n(x)\}$ 称为函数项级数的**部分和函数列**.在函数项级数的收敛域上有

$$\lim_{n \to \infty} s_n(x) = s(x).$$

我们仍把 $r_n(x) = s(x) - s_n(x)$ 称为函数项级数的**余项**(当然,只有 x 在收敛域上 $r_n(x)$ 才有意义).显然有

$$\lim_{n \to \infty} r_n(x) = 0.$$

与常数项级数一样,函数项级数的敛散性就是指它的部分和函数列的敛散性.

例 1 判断下列级数的收敛性,并求其收敛域与和函数:

(1) $\sum_{n=1}^{\infty} x^{n-1}$;   (2) $\sum_{n=1}^{\infty} \left(\frac{1}{x}\right)^n$ $(x \neq 0)$.

解 (1) 此级数为几何级数(即等比级数),由第一节例 1 知 $|x| < 1$ 时,级数收敛;$|x| \geqslant 1$ 时,级数发散.故其收敛域为 $(-1,1)$,和函数为

$$s(x) = \lim_{n \to \infty} s_n(x) = \lim_{n \to \infty} \sum_{n=1}^{n} x^{n-1}$$
$$= \lim_{n \to \infty} \frac{1-x^n}{1-x} = \frac{1}{1-x} \quad (-1 < x < 1).$$

(2) 此级数也为几何级数,公比为 $\frac{1}{x}$,由(1)知 $\left|\frac{1}{x}\right| < 1$ 时,级数收敛;$\left|\frac{1}{x}\right| \geqslant 1$ 时,级数发散.故其收敛域为 $(-\infty,-1) \cup (1,+\infty)$,和函数为

$$s(x) = \frac{1}{x} \Big/ \left(1 - \frac{1}{x}\right) = \frac{1}{x-1} \quad (|x| > 1)$$

二、幂级数及其收敛性

函数项级数中,简单而应用广泛的一类级数就是各项都是幂函数的级数,称为**幂级数**.它的形式为

$$\sum_{n=0}^{\infty} a_n x^n = a_0 + a_1 x + a_2 x^2 + \cdots + a_n x^n + \cdots \tag{12-4-3}$$

或

$$\sum_{n=0}^{\infty} a_n (x-x_0)^n = a_0 + a_1(x-x_0) + a_2(x-x_0)^2$$
$$+ \cdots + a_n(x-x_0)^n + \cdots, \tag{12-4-4}$$

其中 $a_n (n=0,1,2,\cdots)$ 是常数,称为**幂级数的系数**,x_0 也为常数.

对于第二种形式的幂级数,只需作代换 $t = x - x_0$,就可以化为第一种形式的幂级数.因此,我们主要讨论第一种形式的幂级数.

显然,$x = 0$ 时幂级数 $\sum_{n=0}^{\infty} a_n x^n$ 收敛于 a_0,因此幂级数 $\sum_{n=0}^{\infty} a_n x^n$ 至少有一个收敛点 $x=0$.除 $x=0$ 以外,幂级数在数轴上其他的点的收敛性如何呢?

先看下面的例子:

考虑幂级数 $\sum_{n=0}^{\infty} x^n = 1 + x + x^2 + \cdots + x^n + \cdots$.由本节例 1 可

知,该级数的收敛域是开区间$(-1,1)$,发散域是$(-\infty,-1] \cup [1,+\infty)$.

从这个例子可以看到,这个幂级数的收敛域是一个区间. 事实上,这个结论对于一般的幂级数也是成立的.

数学家简介

定理 1(阿贝尔(Abel)定理) 若幂级数 $\sum\limits_{n=0}^{\infty} a_n x^n$ 在 $x = x_0 (x_0 \neq 0)$ 处收敛,则对满足 $|x| < |x_0|$ 的一切 x,该级数绝对收敛;反之,若级数 $\sum\limits_{n=0}^{\infty} a_n x^n$ 在 $x = x_0$ 处发散,则对满足 $|x| > |x_0|$ 的一切 x,该级数也发散.

证 先证第一部分,即要证明:若幂级数在 $x = x_0 \neq 0$ 收敛,则对满足 $|x| < |x_0|$ 的每一个固定的 x 都有 $\sum\limits_{n=0}^{\infty} |a_n x^n|$ 收敛. 因为

$$|a_n x^n| = |a_n x_0^n| \cdot \left|\frac{x}{x_0}\right|^n, \text{且} \left|\frac{x}{x_0}\right| < 1,$$

而由 $\sum\limits_{n=0}^{\infty} a_n x_0^n$ 收敛可知 $\lim\limits_{n \to \infty} a_n x_0^n = 0$,根据极限的性质,存在 $M > 0$,使得 $|a_n x_0^n| \leqslant M (n = 0,1,2,\cdots)$,因此,对 $n = 0,1,2,\cdots$ 有

$$|a_n x^n| = |a_n x_0^n| \cdot \left|\frac{x}{x_0}\right|^n \leqslant M \cdot \left|\frac{x}{x_0}\right|^n.$$

因为 $\sum\limits_{n=0}^{\infty} \left|\frac{x}{x_0}\right|^n$ 是收敛的等比级数$\left(\text{公比为} \left|\frac{x}{x_0}\right| < 1\right)$,根据比较判别法知 $\sum\limits_{n=0}^{\infty} |a_n x^n|$ 收敛,也就是 $\sum\limits_{n=0}^{\infty} a_n x^n$ 绝对收敛.

定理的第二部分可用反证法证明. 若幂级数在 $x = x_0$ 发散,而有一点 x_1 使 $|x_1| > |x_0|$,且幂级数在 x_1 处收敛,则根据本定理的第一部分,级数在 $x = x_0$ 应收敛. 这与所设矛盾,定理得证.

阿贝尔定理告诉我们,若幂级数在 $x = x_0 (x_0 \neq 0)$ 处收敛,则对于开区间 $(-|x_0|,|x_0|)$ 内的任何 x,幂级数都收敛;若级数在 $x = x_1$ 处发散,则对于区间 $(-\infty,-|x_1|) \cup (|x_1|,+\infty)$ 上的任何 x,幂级数都发散.

我们知道,幂函数在整个数轴上有定义,对于给定的幂级数 $\sum\limits_{n=0}^{\infty} a_n x^n$ 而言,数轴上所有的点都可归为其收敛点和发散点这两类中的一类,而且仅属于其中一类. 因此,幂级数的收敛域必为以原点为中心的区间,该区间包含所有的收敛点. 在前面的讨论中,我们假设幂级数在 $x = x_1$ 处发散,故 x_1 不属于收敛域. 因而,收敛域包含在区间 $(-|x_1|,|x_1|)$ 内,故幂级数如果既有非零的收敛点,又有发散点,则其收敛域是以原点为中心的由 P' 与 P 所确定的有

界区间,其中 $-|x_1|<P'\leqslant-|x_0|$,$|x_0|\leqslant P<|x_1|$,如图 12-1 所示.

图 12-1

从上面的几何说明可得以下推论.

推论 若幂级数 $\sum\limits_{n=0}^{\infty}a_n x^n$ 在 $(-\infty,+\infty)$ 内既有异于零的收敛点,也有发散点,则必有一个确定的正数 R 存在,使得

(1) 当 $|x|<R$ 时,幂级数在 x 处绝对收敛;

(2) 当 $|x|>R$ 时,幂级数在 x 处发散;

(3) 当 $|x|=R$ 时,幂级数在 x 处可能收敛,也可能发散.

我们称上述的正数 R 为幂级数的**收敛半径**,称 $(-R,R)$ 为幂级数的**收敛区间**. 幂级数的收敛区间加上它的收敛端点,就是幂级数的**收敛域**.

若幂级数仅在 $x=0$ 收敛,为方便计算,规定这时收敛半径 $R=0$,并说收敛区间只有一点 $x=0$;若幂级数对一切 $x\in(-\infty,+\infty)$ 都收敛,则规定收敛半径 $R=+\infty$,这时收敛区间为 $(-\infty,+\infty)$.

关于幂级数的收敛半径的求法,有下面的定理.

定理 2 若 $\lim\limits_{n\to\infty}\left|\dfrac{a_{n+1}}{a_n}\right|=\rho$,则幂级数 $\sum\limits_{n=0}^{\infty}a_n x^n$ 的收敛半径

$$R=\begin{cases}\dfrac{1}{\rho}, & \rho\neq 0,\\ +\infty, & \rho=0,\\ 0, & \rho=+\infty.\end{cases}$$

证 考察 $\sum\limits_{n=0}^{\infty}a_n x^n$ 的各项取绝对值所成的级数

$$|a_0|+|a_1 x|+|a_2 x^2|+\cdots+|a_n x^n|+\cdots. \quad (12\text{-}4\text{-}5)$$

该级数相邻两项之比为

$$\left|\dfrac{a_{n+1}x^{n+1}}{a_n x^n}\right|=\left|\dfrac{a_{n+1}}{a_n}\right|\cdot|x|.$$

(1) 若 $\lim\limits_{n\to\infty}\left|\dfrac{a_{n+1}}{a_n}\right|=\rho\ (\rho\neq 0)$ 存在,根据正项级数的比值判别法,当 $\rho|x|<1$,即 $|x|<\dfrac{1}{\rho}$ 时,级数 (12-4-5) 收敛,从而 $\sum\limits_{n=0}^{\infty}a_n x^n$ 绝对收敛;当 $\rho|x|>1$,即 $|x|>\dfrac{1}{\rho}$ 时,级数 (12-4-5) 发散. 故

$\sum_{n=0}^{\infty} a_n x^n$ 发散. 这是因为此时有: 当 $n \to \infty$ 时, $|a_n x^n|$ 不收敛于 0, 从而 $a_n x^n$ 亦不收敛于 0.

(2) 若 $\rho = 0$, 则对任何 $x \neq 0$, 有 $\left|\dfrac{a_{n+1} x^{n+1}}{a_n x^n}\right| \to 0 \ (n \to \infty)$, 所以级数(12-4-5)收敛, 从而级数 $\sum_{n=0}^{\infty} a_n x^n$ 绝对收敛, 于是 $R = +\infty$.

(3) 若 $\rho = +\infty$, 则除掉 $x = 0$ 外, 对任意 $x \neq 0$ 都有 $\lim_{n \to \infty} \dfrac{|a_{n+1} x^{n+1}|}{|a_n x^n|} = \lim_{n \to \infty} \left|\dfrac{a_{n+1}}{a_n}\right| \cdot |x| = +\infty$, 即对一切 $x \neq 0$, 级数 $\sum_{n=0}^{\infty} a_n x^n$ 都发散, 于是 $R = 0$.

例 2 求幂级数

$$\sum_{n=0}^{\infty} (-1)^n \frac{x^{n+1}}{n+1} = x - \frac{x^2}{2} + \frac{x^3}{3} + \cdots + (-1)^{n-1} \frac{x^n}{n} + \cdots$$

的收敛半径与收敛域.

解 因为

$$\rho = \lim_{n \to \infty} \left|\frac{a_{n+1}}{a_n}\right| = \lim_{n \to \infty} \frac{\frac{1}{n+1}}{\frac{1}{n}} = 1,$$

所以收敛半径为 $R = \dfrac{1}{\rho} = 1$, 于是在区间 $(-1, 1)$ 内收敛. 对于端点 $x = 1$, 级数成为交错级数 $\sum_{n=1}^{\infty} (-1)^{n-1} \dfrac{1}{n}$, 它是收敛的; 对于端点 $x = -1$, 级数成为 $\sum_{n=1}^{\infty} \dfrac{-1}{n} = -\sum_{n=1}^{\infty} \dfrac{1}{n}$, 它是发散的. 因此, 原幂级数的收敛域为 $(-1, 1]$.

例 3 求幂级数 $\sum_{n=0}^{\infty} n! x^n$ 的收敛半径(这里 $0! = 1$).

解 因为

$$\rho = \lim_{n \to \infty} \left|\frac{a_{n+1}}{a_n}\right| = \lim_{n \to \infty} \frac{(n+1)!}{n!} = +\infty,$$

所以收敛半径 $R = 0$, 即级数仅在 $x = 0$ 收敛.

例 4 求幂级数 $1 + x + \dfrac{1}{2!} x^2 + \cdots + \dfrac{1}{n!} x^n + \cdots$ 的收敛区间以及收敛域.

解 因为

$$\rho = \lim_{n \to \infty} \left|\frac{a_{n+1}}{a_n}\right| = \lim_{n \to \infty} \left(\frac{1}{(n+1)!} \bigg/ \frac{1}{n!}\right) = \lim_{n \to \infty} \frac{1}{n+1} = 0,$$

所以收敛半径 $R = +\infty$, 从而收敛区间为 $(-\infty, +\infty)$, 收敛域也是 $(-\infty, +\infty)$.

例 5 求幂级数 $\sum_{n=0}^{\infty} (-1)^n \dfrac{x^{2n}}{2^n}$ 的收敛区间以及收敛域.

解 级数缺少奇次幂的项,定理 2 不能直接应用,我们根据比值判别法求收敛半径. 因为

$$\lim_{n\to\infty}\left|\frac{(-1)^{n+1}\frac{x^{2n+2}}{2^{n+1}}}{(-1)^n\frac{x^{2n}}{2^n}}\right|=\lim_{n\to\infty}\frac{x^2}{2}=\frac{x^2}{2},$$

所以当 $\frac{x^2}{2}<1$ 时,级数收敛;当 $\frac{x^2}{2}>1$ 时,级数发散.也就是说,$|x|<\sqrt{2}$ 时收敛,$|x|>\sqrt{2}$ 时发散,收敛半径为 $R=\sqrt{2}$.

$x=\pm\sqrt{2}$ 时,级数均为 $\sum_{n=0}^{\infty}(-1)^n$,发散,故原幂级数的收敛区间与收敛域均为 $(-\sqrt{2},\sqrt{2})$.

例 6 求幂级数 $\sum_{n=1}^{\infty}\frac{(x+1)^n}{2^n\cdot n}$ 的收敛区间以及收敛域.

解 令 $t=x+1$,上述级数成为 $\sum_{n=1}^{\infty}\frac{t^n}{2^n\cdot n}$. 因为

$$\rho=\lim_{n\to\infty}\left|\frac{a_{n+1}}{a_n}\right|=\lim_{n\to\infty}\frac{2^n\cdot n}{2^{n+1}\cdot(n+1)}=\frac{1}{2},$$

所以收敛半径为 $R=2$.

当 $t=2$ 时,级数成为 $\sum_{n=1}^{\infty}\frac{1}{n}$,发散;当 $t=-2$ 时,级数成为 $\sum_{n=1}^{\infty}\frac{(-1)^n}{n}$,收敛. 因此收敛区间为 $-2<t<2$,即 $-2<x+1<2$ 或 $-3<x<1$. 所以,原级数的收敛区间为 $(-3,1)$,收敛域为 $[-3,1)$.

三、幂级数的和函数的性质

我们看到,幂级数在其收敛区间内任一点都是绝对收敛的,因而本章第一节中常数项级数的运算性质在收敛点都是行得通的. 在收敛区间上定义的和函数有下面的性质.

定理 3 设幂级数 $\sum_{n=0}^{\infty}a_n x^n$ 的收敛域为 I,则其和函数 $s(x)$ 在区间 I 上连续.

由函数在区间上连续的定义,我们知道如果收敛域 I 包含左(右)端点,则和函数 $s(x)$ 在区间 I 的左(右)端点的连续性相应意指右(左)连续.

在讨论幂级数的逐项求导与逐项求积之前,我们先说明这样一个事实,即幂级数(12-4-3)在收敛区间 $(-R,R)$ 内逐项求导与逐项求积之后所得到的幂级数

$$a_1+2a_2x+\cdots+na_n x^{n-1}+\cdots \tag{12-4-6}$$

与

$$a_0 x + \frac{a_1}{2}x^2 + \cdots + \frac{a_n}{n+1}x^{n+1} + \cdots \qquad (12\text{-}4\text{-}7)$$

的收敛区间也是 $(-R, R)$.

事实上,设 x_0 是幂级数(12-4-3)的收敛区间 $(-R, R)$ 内的任意非零点,则必存在 $x_1 \in (-R, R)$,满足

$$|x_0| < |x_1| < R.$$

由于级数 $\sum_{n=0}^{\infty} |a_n x_1^n|$ 收敛,有

$$\lim_{n \to \infty} |a_n x_1^n| = 0,$$

即 $\{|a_n x_1^n|\}$ 为有界数列. 而

$$|a_n x_0^n| = \left| a_n x_1^n \cdot \left(\frac{x_0}{x_1} \right)^n \right| = |a_n x_1^n| \left| \frac{x_0}{x_1} \right|^n,$$

因此,存在正数 M(可取为数列 $\{|a_n x_1^n|\}$ 的上界)及 $r < 1$ $\left(\text{可取 } r = \dfrac{|x_0|}{|x_1|}\right)$,使得对一切正整数 n,有

$$|a_n x_0^n| \leqslant M r^n.$$

而

$$|n a_n x_0^{n-1}| = \left| \frac{n}{x_0} \right| |a_n x_0^n| \leqslant \frac{M}{|x_0|} n r^n,$$

由级数的比值判别法知 $\sum_{n=1}^{\infty} n r^n$ 收敛,故 x_0 也是级数(12-4-6)的绝对收敛点.

下面证明幂级数(12-4-6)的收敛区间中的点也必是幂级数(12-4-3)的收敛点.

设 x_0 是幂级数(12-4-6)的收敛区间内的任意非零点,则 $\sum_{n=1}^{\infty} |n a_n x_0^{n-1}|$ 收敛,且 $\exists N > 0$,使 $n > N$ 时,$\dfrac{|x_0|}{n} < 1$,从而有

$$|a_n x_0^n| = |n a_n x_0^{n-1}| \left| \frac{x_0}{n} \right| \leqslant |n a_n x_0^{n-1}|.$$

由正项级数的比较判别法知 $\sum_{n=1}^{\infty} |a_n x_0^n|$ 收敛,即 x_0 是级数(12-4-3)的绝对收敛点.

因此幂级数(12-4-6)与(12-4-3)有相同的收敛区间.

同理也可以得到幂级数(12-4-7)与(12-4-3)有相同的收敛区间.

定理 4 设幂级数 $\sum_{n=0}^{\infty} a_n x^n$ 在收敛区间 $(-R, R)$ 上的和函数为 $s(x)$,若 x 为 $(-R, R)$ 内任意一点,则

(1) $s(x)$ 在 x 可导,且

$$s'(x) = \sum_{n=1}^{\infty} n a_n x^{n-1};$$

(2) $s(x)$ 在 0 与 x 构成的区间上可积，且

$$\int_0^x s(t) dt = \sum_{n=0}^{\infty} \frac{a_n}{n+1} x^{n+1}.$$

定理 4 指出幂级数在收敛区间内可逐项求导与逐项求积.

例 7 在区间 $(-1,1)$ 内求幂级数 $\sum_{n=1}^{\infty} \frac{x^{n-1}}{n+1}$ 的和函数.

解 由于 $\lim_{n\to\infty} \left(\frac{1}{n+2} \bigg/ \frac{1}{n+1} \right) = 1$，因此此幂级数的收敛半径为 1，收敛区间为 $(-1,1)$. 设和函数为 $s(x)$，则

$$s(x) = \sum_{n=1}^{\infty} \frac{x^{n-1}}{n+1}, \quad s(0) = \frac{1}{2}.$$

对 $x^2 s(x) = \sum_{n=1}^{\infty} \frac{x^{n+1}}{n+1}$ 逐项求导，得

$$(x^2 s(x))' = \sum_{n=1}^{\infty} \left(\frac{x^{n+1}}{n+1} \right)' = \sum_{n=1}^{\infty} x^n = \frac{x}{1-x} \quad (-1 < x < 1).$$

对上式从 0 到 x 积分，得

$$x^2 s(x) = \int_0^x \frac{x}{1-x} dx = -x - \ln(1-x).$$

于是当 $x \neq 0$ 时，有

$$s(x) = -\frac{x + \ln(1-x)}{x^2},$$

从而

$$s(x) = \begin{cases} -\dfrac{x + \ln(1-x)}{x^2}, & 0 < |x| < 1, \\ \dfrac{1}{2}, & x = 0. \end{cases}$$

由幂级数的和函数的连续性可知，这个和函数 $s(x)$ 在 $x=0$ 处是连续的. 事实上，我们有

$$\lim_{x \to 0} s(x) = \lim_{x \to 0} \frac{-x - \ln(1-x)}{x^2} = \frac{1}{2} = s(0).$$

四、幂级数的运算

设幂级数

$$\sum_{n=0}^{\infty} a_n x^n = a_0 + a_1 x + a_2 x^2 + \cdots + a_n x^n + \cdots \quad (12\text{-}4\text{-}8)$$

及
$$\sum_{n=0}^{\infty} b_n x^n = b_0 + b_1 x + b_2 x^2 + \cdots + b_n x^n + \cdots \quad (12\text{-}4\text{-}9)$$
分别在区间 $(-R_1, R_1)$ 及 $(-R_2, R_2)$ 内收敛.

令 $R = \min\{R_1, R_2\}$，则根据收敛级数的性质，我们在区间 $(-R, R)$ 上对幂级数(12-4-8)和(12-4-9)可进行下面的加法、减法、乘法和除法运算.

1. 加法
$$\sum_{n=0}^{\infty} a_n x^n + \sum_{n=0}^{\infty} b_n x^n = \sum_{n=0}^{\infty} (a_n + b_n) x^n, \quad x \in (-R, R).$$

2. 减法
$$\sum_{n=0}^{\infty} a_n x^n - \sum_{n=0}^{\infty} b_n x^n = \sum_{n=0}^{\infty} (a_n - b_n) x^n, \quad x \in (-R, R).$$

3. 乘法
$$\left(\sum_{n=0}^{\infty} a_n x^n\right) \cdot \left(\sum_{n=0}^{\infty} b_n x^n\right) = \sum_{n=0}^{\infty} c_n x^n, \quad x \in (-R, R),$$
其中 $c_n = \sum_{k=0}^{n} a_k b_{n-k}$.

4. 除法
$$\frac{\sum_{n=0}^{\infty} a_n x^n}{\sum_{n=0}^{\infty} b_n x^n} = \sum_{n=0}^{\infty} c_n x^n,$$

这里假设 $b_0 \neq 0$. 为了决定系数 $c_0, c_1, c_2, \cdots, c_n, \cdots$，可以将级数 $\sum_{n=0}^{\infty} b_n x^n$ 与 $\sum_{n=0}^{\infty} c_n x^n$ 相乘(柯西乘积)，并令乘积中各项的系数分别等于级数 $\sum_{n=0}^{\infty} a_n x^n$ 中同次幂的系数，即得
$$a_0 = b_0 c_0,$$
$$a_1 = b_1 c_0 + b_0 c_1,$$
$$a_2 = b_2 c_0 + b_1 c_1 + b_0 c_2,$$
$$\cdots\cdots$$
由这些方程就可以顺次地求出 $c_0, c_1, c_2, \cdots, c_n, \cdots$.

值得注意的是，幂级数(12-4-8)与(12-4-9)相除后所得的幂级数 $\sum_{n=0}^{\infty} c_n x^n$ 的收敛区间，可能比原来两级数的收敛区间小得多.

习 题 12-4

1. 求下列函数项级数的收敛域：

(1) $\sum_{n=1}^{\infty} \frac{1}{n^x}$;

(2) $\sum_{n=1}^{\infty} (-1)^{n+1} \frac{1}{n^x}$.

2. 求下列幂级数的收敛半径及收敛域：

(1) $x + 2x^2 + 3x^3 + \cdots + nx^n + \cdots$;

(2) $\sum_{n=1}^{\infty} \frac{n!}{n^n} x^n$;

(3) $\sum_{n=1}^{\infty} \frac{x^{2n-1}}{2n-1}$;

(4) $\sum_{n=1}^{\infty} \frac{(x-1)^n}{n^2 \cdot 2n}$.

3. 利用幂级数的性质，求下列级数的和函数：

(1) $\sum_{n=1}^{\infty} nx^{n-1}$;

(2) $\sum_{n=0}^{\infty} \frac{x^{2n+2}}{2n+1}$.

第五节　函数展开成幂级数

一、泰勒级数

由上一节的讨论我们知道，幂级数及其收敛域内的和函数有许多非常好的性质，比如和函数的连续性，在收敛区间内逐项微分以及逐项积分等. 因此，把一个函数展开成幂级数，对于函数性质的研究是有帮助的. 在本节中，我们研究如下问题：对已给定的函数 $f(x)$，是否可以在一个给定的区间上"展开"为幂级数？即是否能找到这样一个幂级数，它在某区间内收敛，且其和函数恰好就是 $f(x)$？

我们已经知道，若函数 $f(x)$ 在点 x_0 的某一邻域内具有直到 $(n+1)$ 阶的导数，则在该邻域内 $f(x)$ 的 n 阶泰勒公式为

$$f(x) = f(x_0) + f'(x_0)(x-x_0) + \frac{f''(x_0)}{2!}(x-x_0)^2 + \cdots$$
$$+ \frac{f^{(n)}(x_0)}{n!}(x-x_0)^n + R_n(x), \quad (12\text{-}5\text{-}1)$$

其中 $R_n(x)$ 为拉格朗日型余项

$$R_n(x) = \frac{f^{(n+1)}(\xi)}{(n+1)!}(x-x_0)^{n+1},$$

ξ 是 x 与 x_0 之间的某个值. 此时,在该邻域内 $f(x)$ 可以用 n 次多项式

$$P_n(x) = f(x_0) + f'(x_0)(x-x_0) + \frac{f''(x_0)}{2!}(x-x_0)^2$$

$$+ \cdots + \frac{f^{(n)}(x_0)}{n!}(x-x_0)^n \qquad (12\text{-}5\text{-}2)$$

来近似表达,并且误差随着 n 的增大而减小. 这样,我们一般可以用增加多项式(12-5-2)的项数的办法来提高精确度.

若 $f(x)$ 在点 x_0 处存在各阶导数 $f^{(n)}(x_0)(n=1,2,3,\cdots)$,则我们可以构造下面的幂级数:

$$f(x_0) + f'(x_0)(x-x_0) + \frac{f''(x_0)}{2!}(x-x_0)^2 + \cdots$$

$$+ \frac{f^{(n)}(x_0)}{n!}(x-x_0)^n + \cdots. \qquad (12\text{-}5\text{-}3)$$

幂级数(12-5-3)称为函数 $f(x)$ 在 x_0 处的**泰勒级数**. 显然,当 $x = x_0$ 时,$f(x)$ 的泰勒级数收敛于 $f(x_0)$. 但在 $x \neq x_0$ 处,它是否一定收敛?如果收敛,它是否一定收敛于 $f(x)$?关于这些问题,有下列定理.

定理 1 设函数 $f(x)$ 在点 x_0 的某一邻域 $U(x_0)$ 内具有各阶导数,则 $f(x)$ 在该邻域内能展开成泰勒级数的充分必要条件是:$f(x)$ 的泰勒公式中的余项 $R_n(x)$ 当 $n \to \infty$ 时的极限为零,即

$$\lim_{n \to \infty} R_n(x) = 0, \quad x \in U(x_0).$$

证 先证必要性.

设 $f(x)$ 在点 x_0 的某一邻域内能展开为泰勒级数,即

$$f(x) = f(x_0) + f'(x_0)(x-x_0) + \frac{f''(x_0)}{2!}(x-x_0)^2 + \cdots$$

$$+ \frac{f^{(n)}(x_0)}{n!}(x-x_0)^n + \cdots \qquad (12\text{-}5\text{-}4)$$

对一切 $x \in U(x_0)$ 成立. 把 $f(x)$ 的 n 阶泰勒公式(12-5-1)写成

$$f(x) = s_{n+1}(x) + R_n(x), \qquad (12\text{-}5\text{-}5)$$

其中 $s_{n+1}(x)$ 是 $f(x)$ 的泰勒级数(12-5-3)的前 $(n+1)$ 项之和. 由式(12-5-4),有 $\lim_{n \to \infty} s_{n+1}(x) = f(x)$,于是

$$\lim_{n \to \infty} R_n(x) = \lim_{n \to \infty} (f(x) - s_{n+1}(x)) = f(x) - f(x) = 0.$$

这就证明了条件是必要的.

再证充分性.

设 $\lim_{n \to \infty} R_n(x) = 0$ 对一切 $x \in U(x_0)$ 成立. 由 $f(x)$ 的 n 阶泰勒公式(12-5-5),有

$$s_{n+1}(x) = f(x) - R_n(x).$$

令 $n \to \infty$,取上式的极限,得
$$\lim_{n\to\infty} s_{n+1}(x) = \lim_{n\to\infty}(f(x) - R_n(x)) = f(x),$$
即 $f(x)$ 的泰勒级数(12-5-3)在 $U(x_0)$ 内收敛,并且收敛于 $f(x)$. 充分性获证.

在式(12-5-3)中取 $x_0 = 0$,得
$$f(0) + f'(0)x + \frac{f''(0)}{2!}x^2 + \cdots + \frac{f^{(n)}(0)}{n!}x^n + \cdots. \quad (12\text{-}5\text{-}6)$$
级数(12-5-6)称为函数 $f(x)$ 的 **麦克劳林级数**.

下面我们证明,如果 $f(x)$ 在某点 x_0 处能展开成幂级数,那么这种展开式是唯一的.

我们仅对 $x_0 = 0$ 的情形给出证明,因为 $x_0 \ne 0$ 时可转化为此情形考虑. 若 $f(x)$ 在点 $x_0 = 0$ 的某邻域 $(-R, R)$ 内能展开成 x 的幂级数,即
$$f(x) = a_0 + a_1 x + a_2 x^2 + \cdots + a_n x^n + \cdots \quad (12\text{-}5\text{-}7)$$
对一切 $x \in (-R, R)$ 成立. 根据幂级数的性质,在收敛区间内逐项求导,得
$$f'(x) = a_1 + 2a_2 x + 3a_3 x^2 + \cdots + na_n x^{n-1} + \cdots,$$
$$f''(x) = 2!a_2 + 3 \cdot 2a_3 x + \cdots + n(n-1)a_n x^{n-2} + \cdots,$$
$$f'''(x) = 3!a_3 + \cdots + n(n-1)(n-2)a_n x^{n-3} + \cdots,$$
……
$$f^{(n)}(x) = n!a_n + (n+1) \cdot n \cdot (n-1) \cdot \cdots \cdot 2 a_{n+1} x + \cdots.$$
把 $x = 0$ 代入以上各式,得
$$a_0 = f(0),\, a_1 = f'(0),\, a_2 = \frac{f''(0)}{2!},\, \cdots,\, a_n = \frac{f^{(n)}(0)}{n!},\, \cdots.$$

于是我们证明了这样的论断:若函数能够展开为 x 的幂级数,则它的展开式是唯一的,即这个幂级数就是 $f(x)$ 的麦克劳林级数.

二、函数展开成幂级数

1. 直接方法

设 $f(x)$ 在 x_0 处存在各阶导数(否则 $f(x)$ 在 x_0 处不能展开为幂级数),要把 $f(x)$ 在 x_0 处展开为幂级数,可以按照下列步骤进行:

第一步 求出 $f(x)$ 的各阶导数
$$f^{(n)}(x) \quad (n = 1, 2, 3, \cdots).$$

第二步 求 $f(x)$ 及其各阶导数 $f^{(n)}(x)$ 在 $x = x_0$ 处的值
$$f(x_0),\quad f^{(n)}(x_0) \quad (n = 1, 2, 3, \cdots).$$

第三步 写出幂级数

$$f(x_0) + f'(x_0)(x-x_0) + \frac{f''(x_0)}{2!}(x-x_0)^2 + \cdots$$
$$+ \frac{f^{(n)}(x_0)}{n!}(x-x_0)^n + \cdots,$$

并求出其收敛半径 R.

第四步 考察当 x 在区间 (x_0-R, x_0+R) 内时,余项 $R_n(x)$ 的极限 $\lim\limits_{n\to\infty} R_n(x) = \lim\limits_{n\to\infty} \frac{f^{(n+1)}(\xi)}{(n+1)!}(x-x_0)^{n+1}$ (ξ 在 x_0 与 x 之间) 是否为零. 如果为零,则函数 $f(x)$ 在 x_0 处的幂级数展开式为

$$f(x) = f(x_0) + f'(x_0)(x-x_0) + \frac{f''(x_0)}{2!}(x-x_0)^2 + \cdots$$
$$+ \frac{f^{(n)}(x_0)}{n!}(x-x_0)^n + \cdots \quad (-R < x-x_0 < R);$$

否则,说明第三步求出的幂级数虽然在其收敛区间上收敛,但它的和并不是函数 $f(x)$.

上述这种直接计算 $f(x)$ 在 x_0 处各阶导数的幂级数展开方法,我们将其称为**直接方法**.

例 1 将函数 $f(x) = e^x$ 展开成 x 的幂级数.

解 $f(x)$ 的各阶导数为

$$f^{(n)}(x) = e^x \quad (n = 1, 2, \cdots),$$

故

$$f(0) = 1, \quad f^{(n)}(0) = 1 \quad (n = 1, 2, \cdots).$$

于是得级数

$$1 + x + \frac{x^2}{2!} + \frac{x^3}{3!} + \cdots + \frac{x^n}{n!} + \cdots,$$

它的收敛半径 $R = +\infty$.

对于任何有限的数 x,余项的绝对值为

$$|R_n(x)| = \left|\frac{e^\xi}{(n+1)!}x^{n+1}\right| < e^{|x|} \cdot \frac{|x|^{n+1}}{(n+1)!}, \quad \xi \text{ 在 } 0 \text{ 与 } x \text{ 之间}.$$

因为 $e^{|x|}$ 有限,而 $\frac{|x|^{n+1}}{(n+1)!}$ 为收敛级数 $\sum\limits_{n=0}^{\infty} \frac{|x|^{n+1}}{(n+1)!}$ 的一般项,所以当 $n \to \infty$ 时,有 $e^{|x|} \cdot \frac{|x|^{n+1}}{(n+1)!} \to 0$,即当 $n \to \infty$ 时,有 $|R_n(x)| \to 0$. 于是得展开式

$$e^x = 1 + x + \frac{x^2}{2!} + \cdots + \frac{x^n}{n!} + \cdots \quad (-\infty < x < +\infty). \tag{12-5-8}$$

例 2 将函数 $f(x) = \sin x$ 展开成 x 的幂级数.

解 $f(0) = \sin 0 = 0$. $f(x)$ 的各阶导数为

$$f^{(n)}(x) = \sin\left(x + \frac{n \cdot \pi}{2}\right) \quad (n = 1, 2, \cdots).$$

由此有

$$f^{(n)}(0) = \begin{cases} (-1)^{k-1}, & n = 2k-1, \\ 0, & n = 2k, \end{cases} \quad k = 1, 2, \cdots.$$

于是得级数

$$x - \frac{x^3}{3!} + \frac{x^5}{5!} - \cdots + (-1)^{n-1} \frac{x^{2n-1}}{(2n-1)!} + \cdots,$$

其收敛半径 $R = +\infty$.

对于任何有限的数 x,余项的绝对值

$$|R_n(x)| = \left| \frac{\sin\left(\xi + \frac{(n+1)\pi}{2}\right)}{(n+1)!} x^{n+1} \right| \leqslant \frac{|x|^{n+1}}{(n+1)!} \to 0 \quad (n \to \infty), \quad \xi \text{ 在 } 0 \text{ 与 } x \text{ 之间}.$$

因此,得展开式

$$\sin x = x - \frac{x^3}{3!} + \frac{x^5}{5!} - \cdots + (-1)^{n-1} \frac{x^{2n-1}}{(2n-1)!} + \cdots \quad (-\infty < x < +\infty),$$

即

$$\sin x = \sum_{n=1}^{\infty} (-1)^{n-1} \frac{x^{2n-1}}{(2n-1)!}, \quad -\infty < x < +\infty. \tag{12-5-9}$$

2. 间接方法

利用直接方法将函数展开成幂级数,其困难不仅在于计算函数的各阶导数,而且要考察余项 $R_n(x)$ 是否趋于零($n \to \infty$ 时),但即使对初等函数判断 $R_n(x)$ 是否趋于零也不是一件容易的事情. 下面我们介绍另一种展开方法 —— 间接方法,即借助一些已知函数的幂级数展开式,利用幂级数的运算(如四则运算、逐项求导、逐项积分)以及变量代换等,将所给函数展开成幂级数. 由于函数展开的唯一性,这样得到的结果与直接方法所得的结果是一致的.

例 3 将函数 $\cos x$ 展开成 x 的幂级数.

解 此题可以用直接方法,但如用间接方法则显得简便. 对展开式(12-5-9)逐项求导就得

$$\cos x = 1 - \frac{x^2}{2!} + \frac{x^4}{4!} - \cdots + (-1)^n \frac{x^{2n}}{(2n)!} + \cdots \quad (-\infty < x < +\infty),$$

即

$$\cos x = \sum_{n=0}^{\infty} (-1)^n \frac{x^{2n}}{(2n)!}, \quad -\infty < x < +\infty. \tag{12-5-10}$$

例 4 将函数 $\dfrac{1}{1+x^2}$ 展开成 x 的幂级数.

解 因为
$$\frac{1}{1-x} = 1 + x + x^2 + \cdots + x^n + \cdots \quad (-1 < x < 1),$$
把 x 换成 $(-x^2)$，得
$$\frac{1}{1+x^2} = 1 - x^2 + x^4 + \cdots + (-1)^n x^{2n} + \cdots \quad (-1 < x < 1).$$

值得指出的是，若函数 $f(x)$ 在开区间 $(-R,R)$ 内的展开式为 $f(x) = \sum_{n=0}^{\infty} a_n x^n (-R < x < R)$，又若上式的幂级数在该区间的端点 $x = R$（或 $x = -R$）仍收敛，而函数 $f(x)$ 在 $x = R$（或 $x = -R$）处有定义且连续，那么根据幂级数和函数的连续性，该展开式对 $x = R$（或 $x = -R$）也成立.

例 5 将函数 $f(x) = \ln(1+x)$ 展开成 x 的幂级数.

解 因为 $f'(x) = \dfrac{1}{1+x}$，而 $\dfrac{1}{1+x}$ 是收敛的等比级数 $\sum_{n=0}^{\infty}(-1)^n x^n (-1 < x < 1)$ 的和函数，即
$$\frac{1}{1+x} = 1 - x + x^2 - x^3 + \cdots + (-1)^n x^n + \cdots \quad (-1 < x < 1),$$
将上式从 0 到 x 逐项积分，得
$$\ln(1+x) = x - \frac{x^2}{2} + \frac{x^3}{3} - \frac{x^4}{4} + \cdots + (-1)^n \frac{x^{n+1}}{n+1} + \cdots \quad (-1 < x \leqslant 1). \tag{12-5-11}$$

上述展开式对 $x = 1$ 也成立，这是因为上式右端的幂级数当 $x = 1$ 时收敛，而 $\ln(1+x)$ 在 $x = 1$ 处有定义且连续.

例 6 将函数 $f(x) = (1+x)^m$ 展开成 x 的幂级数，其中 m 为任意常数.

解 $f(x)$ 的各阶导数为
$$f'(x) = m(1+x)^{m-1},$$
$$f''(x) = m(m-1)(1+x)^{m-2},$$
$$\cdots\cdots$$
$$f^{(n)}(x) = m(m-1)(m-2)\cdots(m-n+1)(1+x)^{m-n},$$
$$\cdots\cdots$$
所以
$$f(0) = 1, \quad f'(0) = m, \quad f''(0) = m(m-1), \quad \cdots,$$
$$f^{(n)}(0) = m(m-1)(m-2)\cdots(m-n+1), \quad \cdots.$$
于是得级数
$$1 + mx + \frac{m(m-1)}{2!}x^2 + \cdots + \frac{m(m-1)\cdots(m-n+1)}{n!}x^n + \cdots. \tag{12-5-12}$$

该级数相邻两项的系数之比的绝对值为
$$\left|\frac{a_{n+1}}{a_n}\right| = \left|\frac{m-n}{n+1}\right| \to 1 \quad (n \to \infty).$$

因此,级数(12-5-12)的收敛半径 $R=1$,从而对于任意常数 m,级数(12-5-12)在开区间 $(-1,1)$ 内收敛.

为了避免直接研究余项,设级数(12-5-12)在开区间 $(-1,1)$ 内收敛于函数 $F(x)$,即
$$F(x) = 1 + mx + \frac{m(m-1)}{2!}x^2 + \cdots + \frac{m(m-1)\cdots(m-n+1)}{n!}x^n + \cdots \quad (-1 < x < 1).$$
我们来证明 $F(x) = (1+x)^m \ (-1 < x < 1)$.

对级数(12-5-12)逐项求导,得
$$F'(x) = m\left(1 + \frac{m-1}{1}x + \cdots + \frac{(m-1)\cdots(m-n+1)}{(n-1)!}x^{n-1} + \cdots\right).$$
两边各乘以 $(1+x)$,并把含有 $x^n(n=1,2,\cdots)$ 的两项合并起来,根据恒等式
$$\frac{(m-1)\cdots(m-n+1)}{(n-1)!} + \frac{(m-1)\cdots(m-n)}{n!} = \frac{m(m-1)\cdots(m-n+1)}{n!}$$
$$(n = 1,2,3,\cdots),$$
有
$$(1+x)F'(x) = m\left(1 + mx + \frac{m(m-1)}{2!}x^2 + \cdots + \frac{m(m-1)\cdots(m-n+1)}{n!}x^n + \cdots\right)$$
$$= mF(x) \quad (-1 < x < 1).$$

令 $\varphi(x) = \dfrac{F(x)}{(1+x)^m}$,则 $\varphi(0) = F(0) = 1$,且
$$\varphi'(x) = \frac{(1+x)^m F'(x) - m(1+x)^{m-1}F(x)}{(1+x)^{2m}}$$
$$= \frac{(1+x)^{m-1}((1+x)F'(x) - mF(x))}{(1+x)^{2m}} = 0,$$
所以 $\varphi(x) \equiv c$. 而 $\varphi(0) = 1$,从而 $\varphi(x) \equiv 1$,即
$$F(x) = (1+x)^m, \quad x \in (-1,1).$$
因此,在区间 $(-1,1)$ 内,有展开式
$$(1+x)^m = 1 + mx + \frac{m(m-1)}{2!}x^2 + \cdots$$
$$+ \frac{m(m-1)\cdots(m-n+1)}{n!}x^n + \cdots \quad (-1 < x < 1). \tag{12-5-13}$$

在区间的端点,展开式是否成立要看 m 的数值而定.

式(12-5-13)叫作**二项展开式**. 特别地,当 m 为正整数时,级数为 x 的 m 次多项式,这就是代数学中的二项式定理.

对应于 $m = \dfrac{1}{2}, -\dfrac{1}{2}$ 的二项展开式分别为
$$\sqrt{1+x} = 1 + \frac{1}{2}x - \frac{1}{2\cdot 4}x^2 + \frac{1\cdot 3}{2\cdot 4\cdot 6}x^3 - \frac{1\cdot 3\cdot 5}{2\cdot 4\cdot 6\cdot 8}x^4 + \cdots \quad (-1 \leqslant x \leqslant 1),$$
$$\frac{1}{\sqrt{1+x}} = 1 - \frac{1}{2}x + \frac{1\cdot 3}{2\cdot 4}x^2 - \frac{1\cdot 3\cdot 5}{2\cdot 4\cdot 6}x^3 + \frac{1\cdot 3\cdot 5\cdot 7}{2\cdot 4\cdot 6\cdot 8}x^4 - \cdots \quad (-1 < x \leqslant 1).$$

上面一些函数的幂级数展开式,以后可以直接引用.

例 7 将函数 $\sin x$ 在 $x_0 = \dfrac{\pi}{4}$ 处展开成幂级数.

解 因为
$$\sin x = \sin\left(\frac{\pi}{4} + \left(x - \frac{\pi}{4}\right)\right)$$
$$= \sin\frac{\pi}{4}\cos\left(x - \frac{\pi}{4}\right) + \cos\frac{\pi}{4}\sin\left(x - \frac{\pi}{4}\right)$$
$$= \frac{\sqrt{2}}{2}\left(\cos\left(x - \frac{\pi}{4}\right) + \sin\left(x - \frac{\pi}{4}\right)\right),$$

而
$$\cos\left(x - \frac{\pi}{4}\right) = 1 - \frac{\left(x - \frac{\pi}{4}\right)^2}{2!} + \frac{\left(x - \frac{\pi}{4}\right)^4}{4!} - \cdots \quad (-\infty < x < +\infty),$$

$$\sin\left(x - \frac{\pi}{4}\right) = \left(x - \frac{\pi}{4}\right) - \frac{\left(x - \frac{\pi}{4}\right)^3}{3!} + \frac{\left(x - \frac{\pi}{4}\right)^5}{5!} - \cdots \quad (-\infty < x < +\infty),$$

所以
$$\sin x = \frac{\sqrt{2}}{2}\left[1 + \left(x - \frac{\pi}{4}\right) - \frac{\left(x - \frac{\pi}{4}\right)^2}{2} - \frac{\left(x - \frac{\pi}{4}\right)^3}{3!} + \cdots\right] \quad (-\infty < x < +\infty).$$

例 8 将函数 $f(x) = \dfrac{1}{x^2 + 4x + 3}$ 展开成 $(x-1)$ 的幂级数.

解 因为
$$f(x) = \frac{1}{x^2 + 4x + 3} = \frac{1}{(x+1)(x+3)}$$
$$= \frac{1}{2(1+x)} - \frac{1}{2(3+x)} = \frac{1}{4\left(1 + \dfrac{x-1}{2}\right)} - \frac{1}{8\left(1 + \dfrac{x-1}{4}\right)},$$

而
$$\frac{1}{4\left(1 + \dfrac{x-1}{2}\right)} = \frac{1}{4}\left(1 - \frac{x-1}{2} + \frac{(x-1)^2}{2^2} - \cdots + (-1)^n\frac{(x-1)^n}{2^n} + \cdots\right)$$
$$(-1 < x < 3),$$

$$\frac{1}{8\left(1 + \dfrac{x-1}{4}\right)} = \frac{1}{8}\left(1 - \frac{x-1}{4} + \frac{(x-1)^2}{4^2} - \cdots + (-1)^n\frac{(x-1)^n}{4^n} + \cdots\right)$$
$$(-3 < x < 5),$$

所以
$$f(x) = \frac{1}{x^2 + 4x + 3} = \sum_{n=0}^{\infty}(-1)^n\left(\frac{1}{2^{n+2}} - \frac{1}{2^{2n+3}}\right)(x-1)^n \quad (-1 < x < 3).$$

三、函数的幂级数展开式在近似计算中的应用

利用函数的幂级数展开式可以计算函数的近似值,并能估计误差.这个方法被广泛应用于科学与工程计算中.

例 9 计算 e 的值,精确到小数点第四位.

解 e^x 的幂级数展开式为

$$e^x = 1 + x + \frac{x^2}{2!} + \cdots + \frac{x^n}{n!} + \cdots \quad (-\infty < x < +\infty).$$

令 $x = 1$,得

$$e = 1 + 1 + \frac{1}{2!} + \frac{1}{3!} + \cdots + \frac{1}{n!} + \cdots.$$

取前 $n+1$ 项作为 e 的近似值,有

$$e \approx 1 + 1 + \frac{1}{2!} + \frac{1}{3!} + \cdots + \frac{1}{n!},$$

其误差为

$$\begin{aligned} R_{n+1} &= \frac{1}{(n+1)!} + \frac{1}{(n+2)!} + \cdots \\ &= \frac{1}{(n+1)!}\left(1 + \frac{1}{n+2} + \frac{1}{(n+2)(n+3)} + \cdots\right) \\ &< \frac{1}{(n+1)!}\left(1 + \frac{1}{n+1} + \frac{1}{(n+1)^2} + \frac{1}{(n+1)^3} + \cdots\right) \\ &= \frac{1}{(n+1)!} \cdot \frac{1}{1 - \frac{1}{n+1}} \\ &= \frac{1}{(n+1)!} \cdot \frac{n+1}{n} = \frac{1}{n \cdot n!}. \end{aligned}$$

要求 e 精确到小数点第四位,需误差不超过 10^{-4}. 而

$$\frac{1}{6 \cdot 6!} = \frac{1}{4\,320} > 10^{-4},$$

$$\frac{1}{7 \cdot 7!} = \frac{1}{35\,280} < 3 \times 10^{-5} < 10^{-4},$$

故取 $n = 7$,即取级数前 8 项作近似值计算,得

$$e \approx 1 + 1 + \frac{1}{2!} + \frac{1}{3!} + \frac{1}{4!} + \frac{1}{5!} + \frac{1}{6!} + \frac{1}{7!} \approx 2.718\,25.$$

例 10 求 $\sqrt[5]{245}$ 的近似值,要求误差不超过 0.000 1.

解 利用二项展开式进行计算.因为 $245 = 3^5 + 2$,所以

$$\sqrt[5]{245} = \sqrt[5]{3^5 + 2} = \sqrt[5]{3^5\left(1 + \frac{2}{3^5}\right)} = 3\left(1 + \frac{2}{3^5}\right)^{\frac{1}{5}}.$$

以 $x=\dfrac{2}{3^5}, m=\dfrac{1}{5}$ 代入二项式展开式(12-5-13),得

$$\sqrt[5]{245}=3\left(1+\dfrac{2}{3^5}\right)^{\frac{1}{5}}=3\left(1+\dfrac{1}{5}\cdot\dfrac{2}{3^5}+\dfrac{1}{5}\left(\dfrac{1}{5}-1\right)\cdot\dfrac{1}{2!}\left(\dfrac{2}{3^5}\right)^2+\cdots\right)$$
$$=3\left(1+\dfrac{1}{5}\cdot\dfrac{2}{3^5}-\dfrac{1}{5}\cdot\dfrac{4}{5}\cdot\dfrac{1}{2!}\cdot\dfrac{4}{3^{10}}+\cdots\right).$$

此级数自第二项开始为交错级数,它满足交错级数判别法的两个条件,如取前两项作近似值,则其余项(误差)估计为

$$|R_2|\leqslant 3\cdot\dfrac{1}{5}\cdot\dfrac{4}{5}\cdot\dfrac{1}{2!}\cdot\dfrac{4}{3^{10}}=\dfrac{3\cdot 8}{5^2\cdot 3^{10}}<0.0001,$$

于是得到

$$\sqrt[5]{245}\approx 3\left(1+\dfrac{1}{5}\cdot\dfrac{2}{3^5}\right)\approx 3.0049.$$

例 11 利用 $\sin x\approx x-\dfrac{x^3}{3!}$ 求 $\sin 9°$ 的近似值,并估计误差.

解 首先,把角度化成弧度,得

$$9°=\dfrac{\pi}{180}\times 9=\dfrac{\pi}{20},$$

从而

$$\sin\dfrac{\pi}{20}\approx\dfrac{\pi}{20}-\dfrac{1}{3!}\left(\dfrac{\pi}{20}\right)^3.$$

其次,估计这个近似值的精确度. 在 $\sin x$ 的幂级数展开式中令 $x=\dfrac{\pi}{20}$,得

$$\sin\dfrac{\pi}{20}=\dfrac{\pi}{20}-\dfrac{1}{3!}\left(\dfrac{\pi}{20}\right)^3+\dfrac{1}{5!}\left(\dfrac{\pi}{20}\right)^5-\dfrac{1}{7!}\left(\dfrac{\pi}{20}\right)^7+\cdots.$$

等式右端是一个收敛的交错级数,且各项的绝对值单调减少,取它的前两项之和作为 $\sin\dfrac{\pi}{20}$ 的近似值,其误差为

$$|R_2|\leqslant\dfrac{1}{5!}\left(\dfrac{\pi}{20}\right)^5<\dfrac{1}{120}\cdot(0.2)^5<\dfrac{1}{300\,000}.$$

因此,取

$$\dfrac{\pi}{20}\approx 0.157\,080,\quad \left(\dfrac{\pi}{20}\right)^3\approx 0.003\,876,$$

于是得

$$\sin 9°\approx 0.156\,43.$$

这时,误差不超过 10^{-5}.

利用幂级数不仅可以计算一些函数值的近似值,而且还可以计算一些定积分 $\int_a^b f(x)\mathrm{d}x$ 的近似值. 我们可以把被积函数在积分区间上展开成幂级数,然后把这个幂级数逐项积分,再利用积分后

的级数就可以计算它的近似值.

例 12 计算定积分 $\dfrac{2}{\sqrt{\pi}}\int_0^{\frac{1}{2}} e^{-x^2}\,dx$ 的近似值，要求误差不超过 $0.000\,1\Big($取 $\dfrac{1}{\sqrt{\pi}} = 0.564\,19\Big)$.

解 e^{-x^2} 不存在初等原函数. 将 e^x 的幂级数展开式中的 x 换成 $-x^2$，就得

$$e^{-x^2} = 1 + \frac{-x^2}{1!} + \frac{(-x^2)^2}{2!} + \frac{(-x^2)^3}{3!} + \cdots$$

$$= \sum_{n=0}^{\infty} (-1)^n \frac{x^{2n}}{n!} \quad (-\infty < x < \infty).$$

在收敛区间内逐项积分，得

$$\frac{2}{\sqrt{\pi}}\int_0^{\frac{1}{2}} e^{-x^2}\,dx = \frac{2}{\sqrt{\pi}}\int_0^{\frac{1}{2}}\left(\sum_{n=0}^{\infty}\frac{(-1)^n}{n!}x^{2n}\right)dx = \frac{2}{\sqrt{\pi}}\sum_{n=0}^{\infty}\frac{(-1)^n}{n!}\int_0^{\frac{1}{2}} x^{2n}\,dx$$

$$= \frac{1}{\sqrt{\pi}}\left(1 - \frac{1}{2^2\cdot 3} + \frac{1}{2^4\cdot 5\cdot 2!} - \frac{1}{2^6\cdot 7\cdot 3!} + \cdots\right).$$

取前四项的和作为近似值，其误差为

$$|R_4| \leqslant \frac{1}{\sqrt{\pi}}\cdot\frac{1}{2^8\cdot 9\cdot 4!} < \frac{1}{90\,000},$$

所以

$$\frac{2}{\sqrt{\pi}}\int_0^{\frac{1}{2}} e^{-x^2}\,dx \approx \frac{1}{\sqrt{\pi}}\left(1 - \frac{1}{2^2\cdot 3} + \frac{1}{2^4\cdot 5\cdot 2!} - \frac{1}{2^6\cdot 7\cdot 3!}\right) \approx 0.520\,5.$$

*四、函数的幂级数展开式在微分方程求解中的应用

把微分方程的解用初等函数或它们的积分来表示的方法称为 **初等积分法**. 我们在第六章中介绍的方法均为初等积分法. 但众多微分方程不能用初等积分法求解，这除了求解过程中会遇到困难外，还由于一些微分方程的精确解不是初等函数，而这些非初等函数解却可以较方便地用幂级数（泰勒级数或麦克劳林级数）来表示. 还有一些方程的初等积分法求解过程较烦琐，但借助函数的幂级数展开可以比较方便地求出它的解. 这种利用函数的幂级数展开求解微分方程的方法，称为 **微分方程的幂级数解法**. 幂级数解法不仅在理论上是一种精确解法，而且也为求微分方程的近似解提供了一种有效方法. 在实际应用中，幂级数形式的微分方程解当然只能取前若干项作为近似解. 但这种幂级数解对分析微分方程表示的实际问题的规律是很有用的，而且根据泰勒公式的理论，其误差估计也是方便的，所以幂级数解法有其独特的优点.

当用幂级数解法求解 n 阶线性微分方程(6-4-1)，即

$$y^{(n)} + p_1(x)y^{(n-1)} + \cdots + p_{n-1}(x)y' + p_n(x)y = f(x) \qquad (12\text{-}5\text{-}14)$$

时,有下面的定理.

定理 2 如果方程(12-5-14)中的系数 $p_i(x)(i=1,2,\cdots,n)$ 及自由项 $f(x)$ 都可展为 $(x-x_0)$ 的幂级数,且这些幂级数在区间 (x_0-R,x_0+R) 内收敛,则对任意给定的初始条件

$$y(x_0)=y_0, y'(x_0)=y'_0, \cdots, y^{(n-1)}(x_0)=y_0^{(n-1)},$$

方程(12-5-14)有唯一的解,且该解在区间 (x_0-R,x_0+R) 内也可展为 $(x-x_0)$ 的幂级数.

定理证明从略.

例 13 用幂级数解法求微分方程

$$y''+y\sin x=e^{x^2}$$

的通解.

解 先将系数和自由项展为幂级数:

$$\sin x=x-\frac{x^3}{3!}+\frac{x^5}{5!}-\frac{x^7}{7!}+\cdots,$$

$$e^{x^2}=1+x^2+\frac{x^4}{2!}+\frac{x^6}{3!}+\cdots.$$

设解具有形式

$$y=a_0+a_1x+a_2x^2+\cdots+a_nx^n+\cdots,$$

其中 $a_i(i=1,2,\cdots,n,\cdots)$ 是待定常数,于是

$$y'=a_1+2a_2x+3a_3x^2+\cdots+na_nx^{n-1}+\cdots,$$

$$y''=2a_2+6a_3x+12a_4x^2+\cdots+n(n-1)a_nx^{n-2}+\cdots.$$

把 y,y' 及 y'' 代入原方程,得

$$(2a_2+6a_3x+12a_4x^2+20a_5x^3+\cdots)+\left(x-\frac{x^3}{3!}+\frac{x^5}{5!}-\cdots\right)(a_0+a_1x+a_2x^2+\cdots)$$

$$=1+x^2+\frac{x^4}{2!}+\frac{x^6}{3!}+\cdots.$$

比较 x 的同次幂系数,得

$$2a_2=1,$$
$$6a_3+a_0=0,$$
$$12a_4+a_1=1,$$
$$20a_5+a_2-\frac{a_0}{3!}=0,$$
$$\cdots\cdots$$

解之得

$$a_2=\frac{1}{2},$$
$$a_3=-\frac{a_0}{6},$$
$$a_4=\frac{1}{12}-\frac{a_1}{12},$$
$$a_5=\frac{a_0}{120}-\frac{1}{40},$$
$$\cdots\cdots$$

取 a_0, a_1 为任意常数,则有通解

$$y = a_0 + a_1 x + \frac{1}{2}x^2 - \frac{a_0}{6}x^3 + \left(\frac{1}{12} - \frac{a_1}{12}\right)x^4 + \left(\frac{a_0}{120} - \frac{1}{40}\right)x^5 + \cdots$$

$$= a_0\left(1 - \frac{1}{6}x^3 + \frac{1}{120}x^5 + \cdots\right) + a_1\left(x - \frac{1}{12}x^4 + \cdots\right) + \left(\frac{x^2}{2} + \frac{x^4}{12} - \frac{1}{40}x^5 + \cdots\right).$$

有时候用上面的待定系数法求微分方程的幂级数解比较麻烦,我们可以通过对所给方程本身求导,来确定展开式中每项的系数. 另外,幂级数解法也可用于一般的非线性方程. 下面仅举一例说明.

例 14 求微分方程

$$y' = x^2 - y^2$$

满足 $y|_{x=1} = 1$ 的解.

解 因为初始条件为 $x = 1$ 时 $y = 1$,所以将方程的解 $y(x)$ 在 $x = 1$ 处展成幂级数

$$y(x) = y(1) + y'(1)(x-1) + \frac{y''(1)}{2!}(x-1)^2 + \frac{y'''(1)}{3!}(x-1)^3 + \cdots.$$

由于 $y(x) = 1$,由方程直接得

$$y'(1) = 1 - y^2(1) = 0.$$

再对方程求各阶导数,然后代入初始条件,得

$$y'' = 2x - 2yy', \qquad y''(1) = 2;$$
$$y''' = 2 - 2y'^2 - 2yy'', \qquad y'''(1) = -2;$$
$$y^{(4)} = -6y'y'' - 2yy''', \qquad y^{(4)}(1) = 4;$$
$$y^{(5)} = -6y''^2 - 8y'y''' - 2yy^{(4)}, \qquad y^{(5)}(1) = -32;$$
$$y^{(6)} = -20y''y''' - 10y'y^{(4)} - 2yy^{(5)}, \qquad y^{(6)}(1) = 144;$$
$$\cdots\cdots$$

故得解

$$y(x) = 1 + \frac{2}{2!}(x-1)^2 - \frac{2}{3!}(x-1)^3 + \frac{4}{4!}(x-1)^4 - \frac{32}{5!}(x-1)^5 + \frac{144}{6!}(x-1)^6 + \cdots.$$

习 题 12-5

1. 将下列函数展开成 x 的幂级数,并求展开式成立的区间:

(1) $f(x) = \ln(2+x)$; (2) $f(x) = \cos^2 x$;

(3) $f(x) = (1+x)\ln(1+x)$; (4) $f(x) = \dfrac{x^2}{\sqrt{1+x^2}}$;

(5) $f(x) = \dfrac{x}{3+x^2}$; (6) $f(x) = \dfrac{1}{2}(e^x - e^{-x})$.

2. 将 $f(x) = \dfrac{1}{x^2 + 3x + 2}$ 展开成 $(x+4)$ 的幂级数.

3. 将函数 $f(x) = \sqrt{x^3}$ 展开成 $(x-1)$ 的幂级数.

4. 利用函数的幂级数展开式,求下列各数的近似值:

(1) ln3 (误差不超过 0.000 1); (2) cos 2° (误差不超过 0.000 1).

5. 将函数 $F(x) = \int_0^x \dfrac{\arctan t}{t} \mathrm{d}t$ 展开成 x 的幂级数.

6. 求下列级数的和函数:

(1) $\sum\limits_{n=0}^{\infty} \dfrac{x^{2n+1}}{2n+1}$; (2) $\sum\limits_{n=1}^{\infty} \dfrac{n}{(n-1)!} x^{n-1}$ (提示:应用 e^x 的幂级数展开式).

*7. 试用幂级数解法求下列微分方程的解:

(1) $y'' - x^2 y = 0$; (2) $y'' + xy' + y = 0$;

(3) $y' - xy - x = 1$; (4) $(1-x)y' = x^2 - y$;

(5) $(x+1)y' = x^2 - 2x + y$.

*8. 试用幂级数解法求下列方程满足所给定初始条件的解:

(1) $(x^2 - 2x)y'' + 2(1-x)y' + 2y = 0, y(0) = y(1) = 1$;

(2) $\dfrac{\mathrm{d}y}{\mathrm{d}x} = x + y^2, y(0) = 0$;

(3) $\dfrac{\mathrm{d}^2 x}{\mathrm{d}t^2} + x\cos t = 0, x(0) = a, x'(0) = 0$.

第六节 傅里叶级数

在自然界和工程技术中,常常遇见一些周期现象.例如,地球运转、潮汐现象、力学中的简谐振动以及电学中的电路振荡和交流电等,都是在每隔一定的时间,就重复原来的过程,这些现象称为**周期现象**.周期现象反映在数学上就是**周期函数**.而最简单的周期函数就是正弦函数等三角函数.

一、三角级数、三角函数系的正交性

在这一节里,我们要讨论三角级数.具体地说,将周期为 T $\left(T = \dfrac{2\pi}{\omega}\right)$ 的周期函数 $f(t)$ 用一系列以 T 为周期的三角函数 $A_n \sin(n\omega t + \varphi_n)$ 组成的级数来表示,记为

$$f(t) = A_0 + \sum_{n=1}^{\infty} A_n \sin(n\omega t + \varphi_n), \qquad (12\text{-}6\text{-}1)$$

其中 $A_0, A_n, \varphi_n (n = 1, 2, 3, \cdots)$ 都是常数.

将周期函数按上述方式展开,它的物理意义是很明显的,这就是把一个比较复杂的周期运动看成许多不同的简单运动的叠加.为了以后讨论方便起见,我们将正弦函数按三角公式变形:

$$A_n \sin(n\omega t + \varphi_n) = A_n \sin\varphi_n \cos n\omega t + A_n \cos\varphi_n \sin n\omega t.$$

若记 $a_0 = 2A_0, a_n = A_n\sin\varphi_n, b_n = A_n\cos\varphi_n (n=1,2,3,\cdots), \omega t = x$，则(12-6-1)式右端的级数可以改写为

$$\frac{a_0}{2} + \sum_{n=1}^{\infty}(a_n\cos nx + b_n\sin nx). \qquad (12\text{-}6\text{-}2)$$

我们将形如式(12-6-2)的级数叫作**三角级数**，其中 a_0, a_n, b_n ($n=1,2,3,\cdots$) 都是常数.

如同讨论幂级数一样，我们必须讨论三角级数(12-6-2)的收敛性，以及对给定周期为 2π 的周期函数如何把它展开成三角级数(12-6-2)的问题. 为此，我们首先介绍三角函数系的正交性.

如果在区间 $[a,b]$ 上定义的两函数 $\varphi(x)$ 与 $\psi(x)$ 满足

$$\int_a^b \varphi(x)\psi(x)\mathrm{d}x = 0,$$

则称这两个函数在这区间上**正交**. 若定义在区间 $[a,b]$ 上的函数系 $\{\varphi_n(x)\}$ 中，各函数两两正交，即

$$\int_a^b \varphi_n(x)\varphi_m(x)\mathrm{d}x = 0 \quad (n,m=0,1,2,\cdots;n\neq m),$$

则称此函数系为**正交函数系**.

不难证明，三角函数系

$$1, \cos x, \sin x, \cos 2x, \sin 2x, \cdots, \cos nx, \sin nx, \cdots$$

在任何一个长度为 2π 的区间上是正交的，即对任意实数 a，有

$$\int_a^{a+2\pi} \cos nx\,\mathrm{d}x = 0 \quad (n=1,2,3,\cdots),$$

$$\int_a^{a+2\pi} \sin nx\,\mathrm{d}x = 0 \quad (n=1,2,3,\cdots),$$

$$\int_a^{a+2\pi} \sin mx\cos nx\,\mathrm{d}x = 0 \quad (m,n=1,2,3,\cdots),$$

$$\int_a^{a+2\pi} \cos mx\cos nx\,\mathrm{d}x = 0 \quad (m,n=1,2,3,\cdots;m\neq n),$$

$$\int_a^{a+2\pi} \sin mx\sin nx\,\mathrm{d}x = 0 \quad (m,n=1,2,3,\cdots;m\neq n).$$

我们只验证第四个等式，其余各式留给读者证明. 事实上，由积化和差公式

$$\cos mx\cos nx = \frac{1}{2}(\cos(m+n)x + \cos(m-n)x),$$

可得

$$\int_a^{a+2\pi}\cos mx\cos nx\,\mathrm{d}x = \frac{1}{2}\int_a^{a+2\pi}(\cos(m+n)x + \cos(m-n)x)\mathrm{d}x$$

$$= \frac{1}{2}\left(\frac{\sin(m+n)x}{m+n} + \frac{\sin(m-n)x}{m-n}\right)\bigg|_a^{a+2\pi}$$

$$= 0 \quad (m,n=1,2,3,\cdots;m\neq n).$$

在上述三角函数系中，还有

$$\int_a^{a+2\pi} 1^2 \, dx = 2\pi,$$

$$\int_a^{a+2\pi} \sin^2 nx \, dx = \pi, \quad \int_a^{a+2\pi} \cos^2 nx \, dx = \pi \quad (n=1,2,3,\cdots).$$

为确定起见,以后我们把长度为 2π 的区间取为 $[-\pi,\pi]$.

二、周期函数展开成傅里叶级数

设 $f(x)$ 是周期为 2π 的周期函数,先假设 $f(x)$ 能展开成三角级数并可以逐项积分:

$$f(x) = \frac{a_0}{2} + \sum_{k=1}^{\infty} (a_k \cos kx + b_k \sin kx). \quad (12\text{-}6\text{-}3)$$

接下来解决两个问题:首先是求出系数 $a_0, a_n, b_n (n=1,2,\cdots)$,然后考察所得到的三角级数的收敛性.

首先求 a_0. 对式(12-6-3)两端在区间 $[-\pi,\pi]$ 上积分,并在等式的右端逐项积分,利用三角函数系的正交性得

$$\int_{-\pi}^{\pi} f(x) \, dx = \int_{-\pi}^{\pi} \frac{a_0}{2} \, dx + \sum_{k=1}^{\infty} \left[a_k \int_{-\pi}^{\pi} \cos kx \, dx + b_k \int_{-\pi}^{\pi} \sin kx \, dx \right]$$

$$= a_0 \pi,$$

所以

$$a_0 = \frac{1}{\pi} \int_{-\pi}^{\pi} f(x) \, dx.$$

其次,将式(12-6-3)两端同乘以 $\cos nx$,再像上面一样求积分,并利用三角函数系的正交性得

$$\int_{-\pi}^{\pi} f(x) \cos nx \, dx$$

$$= \int_{-\pi}^{\pi} \frac{a_0}{2} \cos nx \, dx + \sum_{k=1}^{\infty} \left[a_k \int_{-\pi}^{\pi} \cos kx \cos nx \, dx + b_k \int_{-\pi}^{\pi} \sin kx \cos nx \, dx \right]$$

$$= \int_{-\pi}^{\pi} a_n \cos^2 nx \, dx = a_n \pi,$$

所以

$$a_n = \frac{1}{\pi} \int_{-\pi}^{\pi} f(x) \cos nx \, dx \quad (n=1,2,3,\cdots).$$

类似地,将式(12-6-3)两端同乘以 $\sin nx$,再逐项积分,可得

$$b_n = \frac{1}{\pi} \int_{-\pi}^{\pi} f(x) \sin nx \, dx \quad (n=1,2,3,\cdots).$$

于是得

$$\begin{cases} a_n = \dfrac{1}{\pi} \displaystyle\int_{-\pi}^{\pi} f(x) \cos nx \, dx & (n=0,1,2,3,\cdots), \\ b_n = \dfrac{1}{\pi} \displaystyle\int_{-\pi}^{\pi} f(x) \sin nx \, dx & (n=1,2,3,\cdots). \end{cases} \quad (12\text{-}6\text{-}4)$$

由公式(12-6-4)所求出的系数 $a_0, a_1, b_1, a_2, b_2, \cdots$ 叫作函数 $f(x)$ 的**傅里叶(Fourier)系数**. 公式(12-6-4)表明,若一个以 2π 为周期的函数 $f(x)$ 能展开成三角级数,那么这个三角级数的系数必是 $f(x)$ 的傅里叶系数,从而是唯一的. 将这些系数代入式(12-6-3)右端,所得的三角级数

数学家简介

$$\frac{a_0}{2} + \sum_{n=1}^{\infty}(a_n\cos nx + b_n\sin nx)$$

叫作函数 $f(x)$ 的**傅里叶级数**,记为

$$f(x) \sim \frac{a_0}{2} + \sum_{n=1}^{\infty}(a_n\cos nx + b_n\sin nx).$$

在这里,我们用记号"$\sim$"是因为还不知道这个傅里叶级数是否收敛;而且即使它收敛,其和函数也不知是不是 $f(x)$. 那么,函数 $f(x)$ 在怎样的条件下,它的傅里叶级数收敛于 $f(x)$?换言之,函数 $f(x)$ 满足什么条件就可以展开成傅里叶级数?为回答这一问题,我们不加以证明给出下面的定理.

定理(狄利克雷(Dirichlet)定理) 设函数 $f(x)$ 是以 2π 为周期的周期函数. 如果它满足条件:在一个周期内连续,或只有有限个第一类间断点,且在一个周期内至多只有有限个极值点,则 $f(x)$ 的傅里叶级数收敛,并且

(1) 当 x 是 $f(x)$ 的连续点时,级数收敛于 $f(x)$;

(2) 当 x 是 $f(x)$ 的间断点时,级数收敛于 $\dfrac{f(x^-)+f(x^+)}{2}$.

由上述定理不难看出,函数展开成傅里叶级数的条件比展开成幂级数的条件低得多,它甚至不要求 $f(x)$ 可导.

例 1 设 $f(x)$ 是周期为 2π 的周期函数,它在 $(-\pi, \pi]$ 上的表达式为

$$f(x) = \begin{cases} -1, & -\pi < x \leqslant 0, \\ 1+x^2, & 0 < x \leqslant \pi, \end{cases}$$

则 $f(x)$ 的傅里叶级数在点 $x = \pi$ 处收敛于何值?

解 所给函数满足狄利克雷定理的条件,$x = \pi$ 是它的间断点,故 $f(x)$ 的傅里叶级数在 $x = \pi$ 处收敛于

$$\frac{f(\pi^-)+f(\pi^+)}{2} = \frac{1}{2}(1+\pi^2-1) = \frac{1}{2}\pi^2.$$

例 2 设 $f(x)$ 是周期为 2π 的周期函数(见图12-2),它在 $[-\pi, \pi)$ 上的表达式为

$$f(x) = \begin{cases} x, & -\pi \leqslant x < 0, \\ 0, & 0 \leqslant x < \pi. \end{cases}$$

将 $f(x)$ 展开成傅里叶级数.

图 12-2

解 所给函数满足狄利克雷定理的条件，$x=(2k+1)\pi(k=0,\pm1,\pm2,\cdots)$ 是它的间断点，故 $f(x)$ 的傅里叶级数在 $x=(2k+1)\pi$ 处收敛于

$$\frac{f(\pi^-)+f(\pi^+)}{2}=\frac{0-\pi}{2}=-\frac{\pi}{2}.$$

在 $x\neq(2k+1)\pi$ 处，由公式(12-6-4) 得

$$a_0=\frac{1}{\pi}\int_{-\pi}^{\pi}f(x)\mathrm{d}x=\frac{1}{\pi}\int_{-\pi}^{0}x\mathrm{d}x=-\frac{\pi}{2},$$

$$a_n=\frac{1}{\pi}\int_{-\pi}^{\pi}f(x)\cos nx\,\mathrm{d}x=\frac{1}{\pi}\int_{-\pi}^{0}x\cos nx\,\mathrm{d}x=\frac{1}{n^2\pi}(1-\cos n\pi)$$

$$=\begin{cases}\dfrac{2}{n^2\pi}, & n=1,3,5,\cdots,\\ 0, & n=2,4,6,\cdots,\end{cases}$$

$$b_n=\frac{1}{\pi}\int_{-\pi}^{\pi}f(x)\sin nx\,\mathrm{d}x=\frac{1}{\pi}\int_{-\pi}^{0}x\sin nx\,\mathrm{d}x=-\frac{\cos n\pi}{n}=\frac{(-1)^{n+1}}{n}.$$

于是 $f(x)$ 的傅里叶级数展开式为

$$f(x)=-\frac{\pi}{4}+\left(\frac{2}{\pi}\cos x+\sin x\right)-\frac{1}{2}\sin 2x+\left(\frac{2}{3^2\pi}\cos 3x+\frac{1}{3}\sin 3x\right)$$

$$-\frac{1}{4}\sin 4x+\left(\frac{2}{5^2\pi}\cos 5x+\frac{1}{5}\sin 5x\right)-\cdots$$

$$(-\infty<x<+\infty,x\neq\pm\pi,\pm3\pi,\cdots).$$

例 3 将函数 $f(x)=\arcsin(\sin x)$ 展开成傅里叶级数.

解 函数 $f(x)$ 是以 2π 为周期的函数(见图 12-3)，它在 $[-\pi,\pi)$ 上的表达式为

$$f(x)=\begin{cases}-\pi-x, & -\pi\leqslant x<-\dfrac{\pi}{2},\\ x, & -\dfrac{\pi}{2}\leqslant x\leqslant\dfrac{\pi}{2},\\ \pi-x, & \dfrac{\pi}{2}<x<\pi.\end{cases}$$

函数 $f(x)$ 在整个数轴上连续，其傅里叶级数在整个数轴上收敛于 $f(x)$，计算傅里叶系数如下：

因为 $f(x)$ 为奇函数，从而 $f(x)\cos nx$ 也为奇函数，故有

图 12-3

$$a_n=\frac{1}{\pi}\int_{-\pi}^{\pi}f(x)\cos nx\,\mathrm{d}x=0\quad(n=0,1,2,3,\cdots),$$

$$b_n = \frac{2}{\pi}\int_0^\pi f(x)\sin nx\,dx$$

$$= \frac{2}{\pi}\left(\int_0^{\frac{\pi}{2}} x\sin nx\,dx + \int_{\frac{\pi}{2}}^\pi (\pi-x)\sin nx\,dx\right)$$

（在第二个积分中令 $u=\pi-x$）

$$= \frac{2}{\pi}\int_0^{\frac{\pi}{2}} (1+(-1)^{n+1})x\sin nx\,dx$$

$$= \frac{2}{\pi}(1+(-1)^{n+1})\left(-\frac{x\cos nx}{n}+\frac{\sin nx}{n^2}\right)\bigg|_0^{\frac{\pi}{2}}$$

$$= \begin{cases} 0, & \text{当 } n=2m \text{ 时,} \\ \dfrac{4}{\pi}\dfrac{(-1)^{m+1}}{(2m-1)^2}, & \text{当 } n=2m-1 \text{ 时} \end{cases} (m=1,2,3,\cdots).$$

于是

$$\arcsin(\sin x) = \frac{4}{\pi}\sum_{n=1}^\infty \frac{(-1)^{n+1}}{(2n-1)^2}\sin(2n-1)x \quad (-\infty < x < +\infty).$$

例 4 设 $f(x)$ 是周期为 2π 的周期函数（见图 12-4），它在 $[-\pi,\pi)$ 上的表达式为

$$f(x) = \begin{cases} -x, & -\pi \leqslant x < 0, \\ x, & 0 \leqslant x < \pi. \end{cases}$$

将 $f(x)$ 展开成傅里叶级数.

图 12-4

解 函数 $f(x)$ 在整个数轴上连续，故其傅里叶级数在整个数轴上都收敛于 $f(x)$.

注意到 $f(x)$ 为偶函数，从而 $f(x)\cos nx$ 为偶函数，$f(x)\sin nx$ 为奇函数. 计算傅里叶系数：

$$b_n = \frac{1}{\pi}\int_{-\pi}^\pi f(x)\sin nx\,dx = 0 \quad (n=1,2,3,\cdots),$$

$$a_0 = \frac{1}{\pi}\int_{-\pi}^\pi f(x)\,dx = \frac{1}{\pi}\int_{-\pi}^0 (-x)\,dx + \frac{1}{\pi}\int_0^\pi x\,dx = \pi,$$

$$a_n = \frac{1}{\pi}\int_{-\pi}^\pi f(x)\cos nx\,dx = \frac{2}{\pi}\int_0^\pi x\cos nx\,dx$$

$$= \frac{2}{\pi}\left(\frac{x\sin nx}{n}+\frac{\cos nx}{n^2}\right)\bigg|_0^\pi = \frac{2}{n^2\pi}(\cos n\pi - 1)$$

$$= \begin{cases} -\dfrac{4}{n^2\pi} & (n=1,3,5,\cdots), \\ 0 & (n=2,4,6,\cdots). \end{cases}$$

于是 $f(x)$ 的傅里叶级数展开式为

$$f(x) = \frac{\pi}{2} - \frac{4}{\pi}\sum_{n=1}^\infty \frac{1}{(2n-1)^2}\cos(2n-1)x \quad (-\infty < x < +\infty). \tag{12-6-5}$$

与牛顿和莱布尼茨同时代的瑞士数学家雅克·伯努利(Jacques Bernoulli)发现过几个无穷级数的和,但他未能求出

$$1+\frac{1}{2^2}+\frac{1}{3^2}+\cdots+\frac{1}{n^2}+\cdots$$

的和. 他写到:"假如有人能够求出这个我们直到现在还未求出的和,并能把它告知我们,我们将会很感谢他." 下面我们利用例 4 中的展开式来解决这个问题,附带求出另几个级数的和.

在例 4 中,当 $x=0$ 时,$f(0)=0$,利用展开式(12-6-5)可得

$$1+\frac{1}{3^2}+\frac{1}{5^2}+\cdots+\frac{1}{(2n-1)^2}+\cdots=\frac{\pi^2}{8}.$$

若记

$$\sigma=1+\frac{1}{2^2}+\frac{1}{3^2}+\cdots+\frac{1}{n^2}+\cdots,$$

$$\sigma_1=1+\frac{1}{3^2}+\frac{1}{5^2}+\cdots+\frac{1}{(2n-1)^2}+\cdots,$$

$$\sigma_2=\frac{1}{2^2}+\frac{1}{4^2}+\cdots+\frac{1}{(2n)^2}+\cdots,$$

$$\sigma_3=1-\frac{1}{2^2}+\frac{1}{3^2}-\cdots+(-1)^{n-1}\frac{1}{n^2}+\cdots,$$

则由 $\sigma=\sigma_1+\sigma_2$,$\sigma_2=\frac{1}{4}\sigma$,得

$$\sigma_2=\frac{1}{3}\sigma_1=\frac{1}{3}\cdot\frac{\pi^2}{8}=\frac{\pi^2}{24},$$

$$\sigma=\sigma_1+\sigma_2=\frac{\pi^2}{8}+\frac{\pi^2}{24}=\frac{\pi^2}{6},$$

$$\sigma_3=\sigma_1-\sigma_2=\frac{\pi^2}{8}-\frac{\pi^2}{24}=\frac{\pi^2}{12}.$$

由例 3 和例 4 的解题过程可知,若 $f(x)$ 是以 2π 为周期的奇函数,则其傅里叶系数为

$$a_n=0 \quad (n=0,1,2,3,\cdots),$$
$$b_n=\frac{2}{\pi}\int_0^\pi f(x)\sin nx\,\mathrm{d}x \quad (n=1,2,3,\cdots),$$

从而

$$f(x)=\sum_{n=1}^\infty b_n\sin nx, \quad x \text{ 为 } f(x) \text{ 的连续点}.$$

这种只含正弦函数项的傅里叶级数称为<u>正弦级数</u>.

类似地,若 $f(x)$ 是以 2π 为周期的偶函数,则其傅里叶系数为

$$b_n=0 \quad (n=1,2,3,\cdots),$$
$$a_n=\frac{2}{\pi}\int_0^\pi f(x)\cos nx\,\mathrm{d}x \quad (n=0,1,2,3,\cdots),$$

从而

$$f(x) = \frac{a_0}{2} + \sum_{n=1}^{\infty} a_n \cos nx, \quad x \text{ 为 } f(x) \text{ 的连续点}.$$

这种只含余弦函数项的傅里叶级数称为余弦级数. 上述结论的证明是显然的.

三、非周期函数的傅里叶展开

前面我们讨论了以 2π 为周期的函数的傅里叶级数. 在这里, 我们将讨论非周期函数的傅里叶展开.

设函数 $f(x)$ 只在 $[-\pi, \pi]$ 上有定义, 且满足狄利克雷定理的条件. 我们定义一个以 2π 为周期的函数 $F(x)$, 在 $[-\pi, \pi]$ (或 $(-\pi, \pi]$) 内有 $F(x) \equiv f(x)$, 则 $F(x)$ 可以展开成傅里叶级数. 当限制 $x \in (-\pi, \pi)$ 时, 由 $F(x) \equiv f(x)$, 便得到 $f(x)$ 的傅里叶级数展开式. 而当 $x = \pm\pi$ 时, 该级数收敛于 $\frac{1}{2}(f(\pi^-) + f(\pi^+))$. 由 $f(x)$ 扩充为 $F(x)$ 的过程称为周期延拓.

例 5 将函数 $f(x) = e^x (-\pi \leqslant x \leqslant \pi)$ 展开成傅里叶级数.

解 $f(x)$ 在 $[-\pi, \pi]$ 上满足狄利克雷定理的条件. 对 $f(x)$ 作周期延拓(见图 12-5), 拓广所得的周期函数的傅里叶级数在 $(-\pi, \pi)$ 内收敛于 $f(x)$, 在 $x = \pm\pi$ 处将收敛于

$$\frac{1}{2}(f(\pi^-) + f(\pi^+)) = \frac{1}{2}(e^{-\pi} + e^{\pi}).$$

图 12-5

计算傅里叶系数:

$$a_0 = \frac{1}{\pi} \int_{-\pi}^{\pi} f(x) \, dx = \frac{1}{\pi} \int_{-\pi}^{\pi} e^x \, dx = \frac{e^{\pi} - e^{-\pi}}{\pi},$$

$$a_n = \frac{1}{\pi} \int_{-\pi}^{\pi} e^x \cos nx \, dx = (-1)^n \frac{e^{\pi} - e^{-\pi}}{\pi(1+n^2)} \quad (n=1,2,3,\cdots),$$

$$b_n = \frac{1}{\pi} \int_{-\pi}^{\pi} e^x \sin nx \, dx = (-1)^{n-1} \frac{n(e^{\pi} - e^{-\pi})}{\pi(1+n^2)} \quad (n=1,2,3,\cdots).$$

故 $f(x)$ 的傅里叶级数展开式为

$$f(x) = \frac{e^{\pi} - e^{-\pi}}{\pi} \Big(\frac{1}{2} - \frac{\cos x}{1+1^2} + \frac{\sin x}{1+1^2} + \frac{\cos 2x}{1+2^2} - \frac{2\sin 2x}{1+2^2}$$
$$- \frac{\cos 3x}{1+3^2} + \frac{3\sin 3x}{1+3^2} + \cdots \Big), \quad -\pi < x < \pi.$$

若 $f(x)$ 只在 $[0,\pi]$ 上有定义,且满足狄利克雷定理的条件. 要将 $f(x)$ 在 $[0,\pi]$ 上展开为傅里叶级数,需要先在 $[-\pi,0)$ 上补充函数 $f(x)$ 的定义,得到在 $[-\pi,\pi]$ 上定义的新函数 $F(x)$,再将 $F(x)$ 按前述的方法展开为傅里叶级数. 当限制 $x \in (0,\pi)$ 时,$F(x) \equiv f(x)$,便得到 $f(x)$ 的傅里叶级数展开式. 在定义新函数 $F(x)$ 时,通常采用下面两种**方法**:

(1) 定义 $F(x) = \begin{cases} f(x), & 0 < x \leqslant \pi, \\ 0, & x = 0, \\ -f(-x), & -\pi \leqslant x < 0, \end{cases}$ 则 $F(x)$ 为奇函数,这种延拓过程称为奇延拓,这样得到的傅里叶级数为正弦级数.

(2) 定义 $F(x) = \begin{cases} f(x), & 0 \leqslant x \leqslant \pi, \\ f(-x), & -\pi \leqslant x < 0, \end{cases}$ 则 $F(x)$ 为偶函数,这种延拓过程称为偶延拓,这样得到的傅里叶级数为余弦级数.

例6 将函数 $f(x) = \pi^2 - x^2 (0 \leqslant x \leqslant \pi)$ 分别展开成正弦级数和余弦级数.

解 将 $f(x)$ 作奇延拓,则有
$$a_n = 0 \quad (n = 0, 1, 2, 3, \cdots),$$
$$b_n = \frac{2}{\pi} \int_0^{\pi} f(x) \sin nx \, dx = \frac{2}{\pi} \int_0^{\pi} (\pi^2 - x^2) \sin nx \, dx$$
$$= \frac{2\pi}{n} + (1 - (-1)^n) \frac{4}{n^3 \pi} \quad (n = 1, 2, 3, \cdots),$$

从而
$$f(x) = \pi^2 - x^2 = \sum_{n=1}^{\infty} \Big(\frac{2\pi}{n} + (1 - (-1)^n) \frac{4}{n^3 \pi} \Big) \sin nx \quad (0 < x \leqslant \pi).$$

若将 $f(x)$ 作偶延拓,则有
$$b_n = 0 \quad (n = 1, 2, 3, \cdots),$$
$$a_n = \frac{2}{\pi} \int_0^{\pi} (\pi^2 - x^2) \cos nx \, dx = (-1)^n \frac{-4}{n^2} \quad (n = 1, 2, 3, \cdots),$$
$$a_0 = \frac{2}{\pi} \int_0^{\pi} (\pi^2 - x^2) dx = \frac{4}{3}\pi^2,$$

从而
$$f(x) = \pi^2 - x^2 = \frac{2\pi^2}{3} - 4 \sum_{n=1}^{\infty} \frac{(-1)^n}{n^2} \cos nx \quad (0 \leqslant x \leqslant \pi).$$

四、任意区间上的傅里叶级数

在前面,我们的讨论都限制在区间$[-\pi,\pi]$或$[0,\pi]$上.在这里,我们要研究定义在任意区间$[a,b]$上的函数$f(x)$如何展开成傅里叶级数.首先,我们讨论定义在区间$[-l,l]$上的函数$f(x)$的傅里叶展开.

设函数$f(x)$在区间$[-l,l]$上有定义,且在此区间上满足狄利克雷定理中关于函数在一个周期内所设的相应条件.令$x=\dfrac{l}{\pi}t$,则当x在区间$[-l,l]$上变化时,t就在区间$[-\pi,\pi]$上变化.记$f(x)=f\left(\dfrac{l}{\pi}t\right)=\varphi(t)$,则$\varphi(t)$在$[-\pi,\pi]$上有意义,且满足狄利克雷定理的条件.于是,$\varphi(t)$在$(-\pi,\pi)$上可以展开成傅里叶级数

$$\varphi(t)\sim\frac{a_0}{2}+\sum_{n=1}^{\infty}(a_n\cos nt+b_n\sin nt), \quad (12\text{-}6\text{-}6)$$

其中

$$\begin{cases}a_n=\dfrac{1}{\pi}\displaystyle\int_{-\pi}^{\pi}\varphi(t)\cos nt\,\mathrm{d}t & (n=0,1,2,3,\cdots),\\ b_n=\dfrac{1}{\pi}\displaystyle\int_{-\pi}^{\pi}\varphi(t)\sin nt\,\mathrm{d}t & (n=1,2,3,\cdots).\end{cases}$$

在上式中,用$t=\dfrac{\pi}{l}x$换回x,就得到函数$f(x)$在区间$(-l,l)$上的傅里叶展开式

$$f(x)\sim\frac{a_0}{2}+\sum_{n=1}^{\infty}\left(a_n\cos\frac{n\pi x}{l}+b_n\sin\frac{n\pi x}{l}\right), \quad (12\text{-}6\text{-}7)$$

这里

$$\begin{cases}a_n=\dfrac{1}{l}\displaystyle\int_{-l}^{l}f(x)\cos\dfrac{n\pi x}{l}\,\mathrm{d}x & (n=0,1,2,3,\cdots),\\ b_n=\dfrac{1}{l}\displaystyle\int_{-l}^{l}f(x)\sin\dfrac{n\pi x}{l}\,\mathrm{d}x & (n=1,2,3,\cdots).\end{cases}$$

同样可以证明,级数(12-6-7)在$(-l,l)$内$f(x)$的间断点x_0处收敛于

$$\frac{f(x_0^-)+f(x_0^+)}{2},$$

而在区间的端点$x=\pm l$处收敛于

$$\frac{f(-l^+)+f(l^-)}{2}.$$

若函数$f(x)$在区间$[0,l]$上有定义,且在此区间上满足狄利克雷定理中关于函数在一个周期内所设的相应条件,我们可以仿照前面的方法通过奇延拓或偶延拓,将它展开为正弦级数或余弦级

数. 正弦级数的傅里叶系数为

$$\begin{cases} a_n = 0 & (n = 0,1,2,3,\cdots), \\ b_n = \dfrac{2}{l}\int_0^l f(x)\sin\dfrac{n\pi x}{l}\mathrm{d}x & (n = 1,2,3,\cdots); \end{cases}$$

余弦级数的傅里叶系数为

$$\begin{cases} a_n = \dfrac{2}{l}\int_0^l f(x)\cos\dfrac{n\pi x}{l}\mathrm{d}x & (n = 0,1,2,3,\cdots), \\ b_n = 0 & (n = 1,2,3,\cdots). \end{cases}$$

例 7 将函数 $f(x) = \begin{cases} 1, & 0 \leqslant x \leqslant 2, \\ 0, & -2 \leqslant x < 0 \end{cases}$ 展开成傅里叶级数.

解 $f(x)$ 在区间 $[-2,2]$ 上满足狄利克雷定理的条件. 计算 $f(x)$ 的傅里叶系数:

$$a_0 = \frac{1}{l}\int_{-l}^{l} f(x)\mathrm{d}x = \frac{1}{2}\int_0^2 \mathrm{d}x = 1,$$

$$a_n = \frac{1}{l}\int_{-l}^{l} f(x)\cos\frac{n\pi x}{l}\mathrm{d}x = \frac{1}{2}\int_0^2 \cos\frac{n\pi x}{2}\mathrm{d}x = 0 \quad (n=1,2,3,\cdots),$$

$$b_n = \frac{1}{l}\int_{-l}^{l} f(x)\sin\frac{n\pi x}{l}\mathrm{d}x = \frac{1}{2}\int_0^2 \sin\frac{n\pi x}{2}\mathrm{d}x = \frac{1}{n\pi}(1-(-1)^n)$$

$$= \begin{cases} \dfrac{2}{(2k-1)\pi}, & n = 2k-1 \quad (k=1,2,3,\cdots), \\ 0, & n = 2k \quad (k=1,2,3,\cdots). \end{cases}$$

故 $f(x) = \dfrac{1}{2} + \dfrac{2}{\pi}\left(\sin\dfrac{\pi x}{2} + \dfrac{1}{3}\sin\dfrac{3\pi x}{2} + \dfrac{1}{5}\sin\dfrac{5\pi x}{2} + \cdots\right)$ $(-2 < x < 2$ 且 $x \neq 0)$,

在 $x = 0, \pm 2$ 处, 此级数收敛于 $\dfrac{1}{2}$.

例 8 将函数 $f(x) = x$ 在区间 $[0,3]$ 上展开成余弦级数和正弦级数.

解 将 $f(x)$ 作偶延拓, 则有

$$b_n = 0 \quad (n=1,2,3,\cdots),$$

$$a_0 = \frac{2}{3}\int_0^3 x\mathrm{d}x = 3,$$

$$a_n = \frac{2}{3}\int_0^3 x\cos\frac{n\pi x}{3}\mathrm{d}x = \frac{6}{(n\pi)^2}((-1)^n - 1)$$

$$= \begin{cases} \dfrac{-12}{(2k-1)^2\pi^2}, & n = 2k-1 \quad (k=1,2,3,\cdots), \\ 0, & n = 2k \quad (k=1,2,3,\cdots). \end{cases}$$

于是

$$f(x) = x = \frac{3}{2} - 12\left(\frac{1}{\pi^2}\cos\frac{\pi x}{3} + \frac{1}{3^2\pi^2}\cos\frac{3\pi x}{3} + \frac{1}{5^2\pi^2}\cos\frac{5\pi x}{3} + \cdots\right) \quad (0 \leqslant x \leqslant 3).$$

再将 $f(x)$ 作奇延拓, 则有

$$a_n = 0 \quad (n = 0,1,2,3,\cdots),$$
$$b_n = \frac{2}{3}\int_0^3 x\sin\frac{n\pi x}{3}\mathrm{d}x = (-1)^{n+1}\frac{6}{n\pi} \quad (n = 1,2,3,\cdots).$$

于是
$$f(x) = x = 6\left(\frac{1}{\pi}\sin\frac{\pi x}{3} - \frac{1}{2\pi}\sin\frac{2\pi x}{3} + \frac{1}{3\pi}\sin\frac{3\pi x}{3} - \cdots\right) \quad (0 \leqslant x < 3),$$

在 $x = 3$ 处,此级数收敛于 0.

对于定义在任意区间 $[a,b]$ 上的函数 $f(x)$,若它在此区间上满足狄利克雷定理中关于函数在一个周期内所设的相应条件,令
$$l = \max\{|a|, |b|\},$$
我们可以适当地补充定义,使 $F(x)$ 在 $[-l,l]$ 上有定义,且当 $x \in [a,b]$ 时,$F(x) \equiv f(x)$. 于是,仍可以用前面的方法将 $f(x)$ 展开成傅里叶级数.

习　题　12-6

1. 设 $f(x)$ 是周期为 2π 的周期函数,它在 $(-\pi,\pi]$ 上的表达式为
$$f(x) = \begin{cases} 2, & -\pi < x \leqslant 0, \\ x^3, & 0 < x \leqslant \pi. \end{cases}$$
试问:$f(x)$ 的傅里叶级数在 $x = -\pi$ 处收敛于何值?

2. 写出函数 $f(x) = \begin{cases} -1, & -\pi \leqslant x \leqslant 0, \\ x^2, & 0 < x \leqslant \pi \end{cases}$ 的傅里叶级数的和函数.

3. 写出以 2π 为周期的周期函数 $f(x)$ 的傅里叶级数,其中 $f(x)$ 在 $[-\pi,\pi)$ 上的表达式分别为

(1) $f(x) = \begin{cases} \dfrac{\pi}{4}, & 0 \leqslant x < \pi, \\ -\dfrac{\pi}{4}, & -\pi \leqslant x < 0; \end{cases}$ 　　(2) $f(x) = x^2 \quad (-\pi \leqslant x < \pi)$;

(3) $f(x) = \begin{cases} -\dfrac{\pi}{2}, & -\pi \leqslant x < -\dfrac{\pi}{2}, \\ x, & -\dfrac{\pi}{2} \leqslant x < \dfrac{\pi}{2}, \\ \dfrac{\pi}{2}, & \dfrac{\pi}{2} \leqslant x < \pi; \end{cases}$ 　(4) $f(x) = \cos\dfrac{x}{2} \quad (-\pi \leqslant x < \pi)$.

4. 将下列函数 $f(x)$ 展开为傅里叶级数:

(1) $f(x) = \dfrac{\pi}{4} - \dfrac{x}{2} \quad (-\pi < x < \pi)$;　　(2) $f(x) = |\sin x| \quad (-\pi \leqslant x < \pi)$.

5. 设 $f(x) = x + 1 (0 \leqslant x \leqslant \pi)$,试分别将 $f(x)$ 展开为正弦级数和余弦级数.

6. 将 $f(x) = 2 + |x| (-1 \leqslant x \leqslant 1)$ 展开成以 2 为周期的傅里叶级数,并由此求级数 $\sum_{n=1}^{\infty}\dfrac{1}{n^2}$ 的和.

7. 将函数 $f(x) = x - 1(0 \leqslant x \leqslant 2)$ 展开成周期为 4 的余弦级数.

8. 设 $f(x) = \begin{cases} x, & 0 \leqslant x \leqslant \frac{1}{2}, \\ 2-2x, & \frac{1}{2} < x < 1, \end{cases}$ $s(x) = \frac{a_0}{2} + \sum_{n=1}^{\infty} a_n \cos n\pi x, -\infty < x < +\infty$,其中 $a_n = 2\int_0^1 f(x)\cos n\pi x \,dx (n = 0,1,2,3,\cdots)$,求 $s\left(-\frac{5}{2}\right)$.

9. 设 $f(x) = x^2 (0 \leqslant x < 1)$,而 $s(x) = \sum_{n=1}^{\infty} b_n \sin n\pi x, -\infty < x < +\infty$,其中 $b_n = 2\int_0^1 f(x)\sin n\pi x \,dx$ $(n = 1,2,3,\cdots)$,求 $s\left(-\frac{1}{2}\right)$.

10. 将下列各周期函数展开为傅里叶级数,它们在一个周期内的表达式分别为

(1) $f(x) = 1 - x^2 \left(-\frac{1}{2} \leqslant x < \frac{1}{2}\right)$; (2) $f(x) = \begin{cases} 2x+1, & -3 \leqslant x < 0, \\ 1, & 0 \leqslant x < 3. \end{cases}$

习 题 十 二

1. 填空题:

(1) 级数 $\sum_{n=1}^{\infty} \left(\frac{1}{n^2+1}\right)^{\frac{1}{n}}$ 的敛散性是_____.

(2) 级数 $\sum_{n=1}^{\infty} \left(\frac{n}{2n-1}\right)^n$ 的敛散性是_____.

(3) 已知幂级数 $\sum_{n=0}^{\infty} a_n (x+2)^n$ 在 $x = 0$ 处收敛,在 $x = -4$ 处发散,则幂级数 $\sum_{n=0}^{\infty} a_n (x-3)^n$ 的收敛域为_____.

(4) 设函数 $f(x) = x + 1(-\pi < x < \pi)$ 的傅里叶级数的和函数为 $s(x)$,则 $s(5\pi)$ 等于_____.

(5) 设函数 $f(x) = x^2 (0 \leqslant x \leqslant \pi)$ 的正弦级数 $\sum_{n=1}^{\infty} b_n \sin nx$ 的和函数为 $s(x)$,则当 $x \in (\pi, 2\pi)$ 时,$s(x) = $_____.

2. 选择题:

(1) 正项级数 $\sum_{n=1}^{\infty} a_n$ 收敛的一个充分条件是( ).

A. $\sum_{n=1}^{\infty} a_n^2$ 收敛 B. $\sum_{n=1}^{\infty} (-1)^{n-1} a_n$ 收敛

C. $\sum_{n=1}^{\infty} (a_{2n-1} + a_{2n})$ 收敛 D. $\sum_{n=1}^{\infty} (a_{2n-1} - a_{2n})$ 收敛

(2) 设级数 $\sum_{n=1}^{\infty} (-1)^n a_n^2$ 条件收敛,则( ).

A. $\sum_{n=1}^{\infty} a_n$ 一定条件收敛 B. $\sum_{n=1}^{\infty} a_n$ 一定绝对收敛

C. $\sum_{n=1}^{\infty} \dfrac{a_n}{n}$ 一定条件收敛   D. $\sum_{n=1}^{\infty} \dfrac{a_n}{n^2}$ 一定绝对收敛

(3) 设函数 $f(x)$ 在 $x=0$ 的某邻域内有一阶连续导数,且 $f(0)=a, f'(0)=b$,则级数 $\sum_{n=1}^{\infty}(-1)^n f\left(\dfrac{1}{n}\right)$ 条件收敛的充分条件是( ).

A. $a=0, b\neq 0$ B. $a\neq 0, b=0$

C. $a=b=0$ D. $a\neq 0, b\neq 0$

(4) 设数列 $\{a_n\}$ 单调减少,$\lim_{n\to\infty} a_n = 0$, $S_n = \sum_{k=1}^{n} a_k (n=1,2,\cdots)$ 无界,则幂级数 $\sum_{n=1}^{\infty} a_n (x-1)^n$ 的收敛域为( ).

A. $(-1,1]$ B. $[-1,1)$ C. $[0,2)$ D. $(0,2]$

(5) 设 $f(x)(x\in \mathbf{R})$ 是以 2π 为周期的周期函数,且 $f(x)=\begin{cases} x, & 0\leqslant x\leqslant \pi, \\ 2\pi-x, & \pi<x<2\pi, \end{cases}$ a_n, b_n 为其傅里叶系数,则有( ).

A. $a_{2n}=0, b_{2n}\neq 0$ B. $a_{2n}\neq 0, b_{2n}=0$

C. $a_{2n+1}\neq 0, b_{2n+1}=0$ D. $a_{2n+1}=0, b_{2n+1}\neq 0$

3. 设 $a_n = \int_0^{\frac{\pi}{4}} \tan^n x \, \mathrm{d}x \,(n=1,2,\cdots)$.

(1) 证明 $a_n + a_{n-2} = \dfrac{1}{n-1}(n=3,4,\cdots)$,并求级数 $\sum_{n=3}^{\infty} \dfrac{1}{n}(a_n + a_{n-2})$ 的和;

(2) 证明级数 $\sum_{n=1}^{\infty} \dfrac{a_n}{\sqrt{n}}$ 收敛.

4. 设 $a>0$ 为常数,讨论级数 $\sum_{n=1}^{\infty} \dfrac{(-1)^n}{1+a^n}$ 的收敛性;若收敛,指出是条件收敛还是绝对收敛.

5. 设 a_n 为曲线 $y=x^n$ 与 $y=x^{n+1}(n=1,2,\cdots)$ 所围的面积,讨论级数 $\sum_{n=1}^{\infty} n^{\lambda} a_n$ 的收敛性(λ 为常数).

6. 将函数 $f(x) = \int_0^x \dfrac{\ln(1+t^2)}{t} \mathrm{d}t$ 展开成关于 x 的幂级数,并指出其收敛域.

7. 求幂级数 $\sum_{n=0}^{\infty} \dfrac{4n^2+4n+3}{2n+1} x^{2n}$ 的收敛域及和函数.

8. (1) 求幂级数 $\sum_{n=0}^{\infty} (n+1)^2 x^n$ 的收敛域与和函数;

(2) 求级数 $\sum_{n=0}^{\infty} \left(\dfrac{n+1}{2^n}\right)^2$ 的和.

9. 求幂级数 $\sum_{n=1}^{\infty} \dfrac{(-1)^{n-1}}{2n-1} x^{2n}$ 的收敛域及和函数.

10. 求幂级数 $\sum_{n=1}^{\infty} \dfrac{x^n}{n(n+1)}$ 的收敛域及和函数,并求级数 $\sum_{n=1}^{\infty} \dfrac{1}{n(n+1)2^n}$ 的和.

11. 求幂级数 $\sum_{n=1}^{\infty} (-1)^{n-1}\left[1 + \dfrac{1}{n(2n-1)}\right] x^{2n}$ 的收敛区间与和函数 $f(x)$.

12. (1) 将函数 $f(x) = x\cos x^2$ 展开成麦克劳林级数;

(2) 求级数 $\dfrac{1}{2} - \dfrac{1}{6}\cdot\dfrac{1}{2!} + \dfrac{1}{10}\cdot\dfrac{1}{4!} - \dfrac{1}{14}\cdot\dfrac{1}{6!} + \cdots$ 的和.

13. 将函数 $f(x) = \dfrac{x}{2+x-x^2}$ 展开成 x 的幂级数.

14. 将函数 $f(x) = 1 - x^2 (0 \leqslant x \leqslant \pi)$ 展开成余弦级数,并求级数 $\displaystyle\sum_{n=1}^{\infty} \dfrac{(-1)^{n-1}}{n^2}$ 的和.

15. 设有方程 $x^n + nx - 1 = 0$,其中 n 为正整数,证明此方程存在唯一正实根 x_n,并证明当 $\alpha > 1$ 时,级数 $\displaystyle\sum_{n=1}^{\infty} x_n^\alpha$ 收敛.

习题参考答案

习题 7-1

1. 略.
2. $z=0$; $x=0$; $y=0$.
3. $y=0, z=0$; $x=0, z=0$; $x=0, y=0$.
4. (1) $\sqrt{29}$; (2) $\sqrt{29}$; (3) $\sqrt{67}$; (4) $3\sqrt{5}$.
5. $5\sqrt{2}$; $\sqrt{34}$; $\sqrt{41}$; 5.
6. $\left(0, 0, \dfrac{14}{9}\right)$.
7. 略.

习题 7-2

1. 略.
2. $5\boldsymbol{a} - 11\boldsymbol{b} + 7\boldsymbol{c}$.
3. $\overrightarrow{D_1A} = -\left(\boldsymbol{c} + \dfrac{1}{5}\boldsymbol{a}\right)$, $\overrightarrow{D_2A} = -\left(\boldsymbol{c} + \dfrac{2}{5}\boldsymbol{a}\right)$, $\overrightarrow{D_3A} = -\left(\boldsymbol{c} + \dfrac{3}{5}\boldsymbol{a}\right)$,

   $\overrightarrow{D_4A} = -\left(\boldsymbol{c} + \dfrac{4}{5}\boldsymbol{a}\right)$.
4. 2.
5. $(-2, 3, 0)$.
6. (1) $a_x = 3$, $a_y = 1$, $a_z = -2$;   (2) $\sqrt{14}$;

   (3) $\cos\alpha = \dfrac{3}{\sqrt{14}}$, $\cos\beta = \dfrac{1}{\sqrt{14}}$, $\cos\gamma = \dfrac{-2}{\sqrt{14}}$;

   (4) $\boldsymbol{e}_a = \dfrac{3}{\sqrt{14}}\boldsymbol{i} + \dfrac{1}{\sqrt{14}}\boldsymbol{j} - \dfrac{2}{\sqrt{14}}\boldsymbol{k}$.

7. $|\boldsymbol{R}| = \sqrt{21}$; $\cos\alpha = \dfrac{2}{\sqrt{21}}$, $\cos\beta = \dfrac{1}{21}$, $\cos\gamma = \dfrac{4}{\sqrt{21}}$.

8. $|\boldsymbol{a}| = \sqrt{3}$, $|\boldsymbol{b}| = \sqrt{38}$, $|\boldsymbol{c}| = 3$; $\boldsymbol{a} = \sqrt{3}\boldsymbol{e}_a, \boldsymbol{b} = \sqrt{38}\boldsymbol{e}_b, \boldsymbol{c} = 3\boldsymbol{e}_c$.

9. $a_x = 13$, $7\boldsymbol{j}$.

10. $\left(\dfrac{1}{2}, \dfrac{1}{2}, \pm\dfrac{\sqrt{2}}{2}\right)$ 或 $\left(\dfrac{1}{2}, -\dfrac{1}{2}, \pm\dfrac{\sqrt{2}}{2}\right)$.

11. $\left(\dfrac{11}{4}, -\dfrac{1}{4}, 3\right)$.

12. $\left(\dfrac{190}{49}, \dfrac{285}{49}, \dfrac{570}{49}\right)$ 或 $(2, 3, 6)$.

13. (1) -6; (2) -61.

14. (1) 38; (2) -113; (3) 9.

15. (1) $3i-7j-5k$; (2) $42i-98j-70k$;
    (3) $-42i+98j+70k$; (4) 0.

16. (1) 24; (2) 84.

习 题 7-3

1. $3x-2y+6z+2=0$.

2. $x+7y-3z-59=0$.

3. $\dfrac{x}{4}+\dfrac{y}{2}+\dfrac{z}{4}=1$.

4. $x-3y-2z=0$.

5. 略.

6. $x-y=0$.

7. (1) $\dfrac{x-1}{2}=\dfrac{y+2}{3}=\dfrac{z-1}{-2}$ 或 $\dfrac{x-3}{2}=\dfrac{y-1}{3}=\dfrac{z+1}{-2}$;

   (2) $\dfrac{x-3}{2}=\dfrac{y+1}{-1}=\dfrac{z}{3}$ 或 $\dfrac{x-1}{2}=\dfrac{y}{-1}=\dfrac{z+3}{3}$.

8. $\dfrac{x}{1}=\dfrac{y-7}{-7}=\dfrac{z-17}{-19}$; $x=t, y=7-7t, z=17-19t$.

9. (1) -4; (2) $\pm\dfrac{1}{2}\sqrt{70}$.

10. (1) $18, -\dfrac{2}{3}$; (2) 6.

11. $2x-y-3z=0$.

12. $\pm\dfrac{1}{\sqrt{30}}(5i+j-2k)$.

13. (1) $\dfrac{\pi}{2}$; (2) $78°5'$.

14. (1) $(2,-3,6)$; (2) $(-2,1,3)$.

15. 1.

习 题 7-4

1. $x^2+y^2+z^2-2x-6y+4z=0$.

2. $8x^2+8y^2+8z^2-68x+108y-114z+779=0$.

3. ~ 5. 略.

6. (1) $(3,4,-2)$ 及 $(6,-2,2)$; (2) $(4,-3,2)$.

7. $\begin{cases} x^2+y^2=9, \\ z=\pm 5. \end{cases}$

8. (1) $\begin{cases} -\dfrac{y^2}{\left(\dfrac{5\sqrt{5}}{3}\right)^2}+\dfrac{z^2}{\left(\dfrac{2\sqrt{5}}{3}\right)^2}=1, \\ x=2; \end{cases}$ (2) $\begin{cases} \dfrac{x^2}{9}+\dfrac{z^2}{4}=1, \\ y=0; \end{cases}$

(3) $\begin{cases} \dfrac{x^2}{(3\sqrt{2})^2} + \dfrac{z^2}{(2\sqrt{2})^2} = 1, \\ y = 5; \end{cases}$

(4) $\begin{cases} \dfrac{x^2}{9} - \dfrac{y^2}{25} = 0, \\ z = 2. \end{cases}$

9. $\begin{cases} x^2 + y^2 = \dfrac{a^2}{2}, \\ z = 0. \end{cases}$

10. $\begin{cases} \left(x - \dfrac{1}{2}\right)^2 + y^2 = \dfrac{5}{4}, \\ z = 0. \end{cases}$

习 题 七

1. (1) $x - y + z = -1$;

(2) $\sqrt{2}$;

(3) $(-12, -4, 18)$;

(4) $\begin{cases} 2x^2 + 5y^2 + 4xy = 1, \\ z = 0; \end{cases}$

(5) $x^2 + y^2 + z^2 = 1$.

2. (1) B; (2) A; (3) B; (4) B;

(5) D.

3. $-\dfrac{4}{7}$.

4. $\dfrac{\pi}{3}$.

5. 略.

6. $\pm \dfrac{\sqrt{3}}{3}(-i - j + k)$, $\sin\theta = \dfrac{5\sqrt{13}}{26}$.

7. $\sin\theta = 1$.

8. ~ 9. 略.

10. $\dfrac{1}{2} + \sqrt{2} + \sqrt{3} + \dfrac{3}{2}\sqrt{5}$.

11. 2.

12. 略.

13. $2x + 3y - 4z - 1 = 0$.

14. (1) $\dfrac{x-2}{3} = \dfrac{y+3}{-1} = \dfrac{z-4}{2}$;

(2) $\dfrac{x}{-2} = \dfrac{y-2}{3} = \dfrac{z-4}{1}$;

(3) $\dfrac{x+1}{2} = \dfrac{y-2}{-1} = \dfrac{z-1}{3}$.

15. (1) 平行; (2) 垂直; (3) 重合.

16. $x + 2y + 3z = 0$.

17. $2x + 15y + 7z + 7 = 0$.

18. $\left(-\dfrac{5}{3}, \dfrac{2}{3}, \dfrac{2}{3}\right)$.

19. $\dfrac{\sqrt{38}}{2}$.

20. $\begin{cases} 2x - y + 5z - 3 = 0, \\ x + 2y - 7 = 0. \end{cases}$

21. $5x+2y+z+1=0$.

22. (1) $\begin{cases} 1-2x=y^2, \\ z=0; \end{cases}$ (2) $1-2x=y^2$.

习 题 8-1

1. (1) 开集,无界集,聚点集:$\mathbf{R}^2$,边界:$\{(x,y) \mid x=0\}$;
   (2) 既非开集又非闭集,有界集,聚点集:$\{(x,y) \mid 1 \leqslant x^2+y^2 \leqslant 4\}$,
   边界:$\{(x,y) \mid x^2+y^2=1\} \bigcup \{(x,y) \mid x^2+y^2=4\}$;
   (3) 开集,区域,无界集,聚点集:$\{(x,y) \mid y \leqslant x^2\}$,边界:$\{(x,y) \mid y=x^2\}$;
   (4) 闭集,有界集,聚点集:本身,边界:
   $\{(x,y) \mid (x-1)^2+y^2=1\} \bigcup \{(x,y) \mid (x+1)^2+y^2=1\}$.

2. $t^2 f(x,y)$.

3. $(x+y)^{xy}+(xy)^{2x}$.

4. (1) $\{(x,y) \mid y^2-2x+1 > 0\}$;
   (2) $\{(x,y) \mid x+y > 0, x-y > 0\}$;
   (3) $\{(x,y) \mid 4x-y^2 \geqslant 0, 1-x^2-y^2 > 0, x^2+y^2 \neq 0\}$;
   (4) $\{(x,y,z) \mid x > 0, y > 0, z > 0\}$;
   (5) $\{(x,y) \mid x \geqslant 0, y \geqslant 0, x^2 \geqslant y\}$;
   (6) $\{(x,y) \mid y-x > 0, x \geqslant 0, x^2+y^2 < 1\}$;
   (7) $\{(x,y,z) \mid x^2+y^2-z^2 \geqslant 0, x^2+y^2 \neq 0\}$.

习 题 8-2

1. (1) $\ln 2$; (2) e^2; (3) $-\dfrac{1}{4}$;
   (4) 2; (5) 0; (6) 0.

2. (1) 连续; (2) 间断; (3) 不连续.

3. (1) $\{(x,y) \mid y=-x\}$; (2) $\{(x,y) \mid y^2=2x\}$;
   (3) $\{(x,y) \mid x^2+y^2=1\}$.

习 题 8-3

1. (1) $\dfrac{\partial z}{\partial x}=2xy+\dfrac{1}{y^2}$, $\dfrac{\partial z}{\partial y}=x^2-\dfrac{2x}{y^3}$; (2) $\dfrac{\partial s}{\partial u}=\dfrac{1}{v}-\dfrac{v}{u^2}$, $\dfrac{\partial s}{\partial v}=\dfrac{1}{u}-\dfrac{u}{v^2}$;
   (3) $\dfrac{\partial z}{\partial x}=\dfrac{1}{2}\ln(x^2+y^2)+\dfrac{x^2}{x^2+y^2}$, $\dfrac{\partial z}{\partial y}=\dfrac{xy}{x^2+y^2}$;
   (4) $\dfrac{\partial z}{\partial x}=\dfrac{2}{y}\csc\dfrac{2x}{y}$, $\dfrac{\partial z}{\partial y}=-\dfrac{2x}{y^2}\csc\dfrac{2x}{y}$;
   (5) $\dfrac{\partial z}{\partial x}=y^2(1+xy)^{y-1}$, $\dfrac{\partial z}{\partial y}=(1+xy)^y\left(\ln(1+xy)+\dfrac{xy}{1+xy}\right)$;
   (6) $\dfrac{\partial u}{\partial x}=yz^{xy}\ln z$, $\dfrac{\partial u}{\partial y}=xz^{xy}\ln z$, $\dfrac{\partial u}{\partial z}=xyz^{xy-1}$;
   (7) $\dfrac{\partial u}{\partial x}=\dfrac{z(x-y)^{z-1}}{1+(x-y)^{2z}}$, $\dfrac{\partial u}{\partial y}=-\dfrac{z(x-y)^{z-1}}{1+(x-y)^{2z}}$, $\dfrac{\partial u}{\partial z}=\dfrac{(x-y)^z\ln(x-y)}{1+(x-y)^{2z}}$;
   (8) $\dfrac{\partial u}{\partial x}=yx^{y-1}+z^x\ln z$, $\dfrac{\partial u}{\partial y}=x^y\ln x+zy^{z-1}$, $\dfrac{\partial u}{\partial z}=y^z\ln y+xz^{x-1}$.

2.～3. 略.

4. 1.

5. $\dfrac{\pi}{4}$.

6. (1) $\dfrac{\partial^2 z}{\partial x^2} = 12x^2 - 8y^2$, $\dfrac{\partial^2 z}{\partial x \partial y} = -16xy$, $\dfrac{\partial^2 z}{\partial y^2} = 12y^2 - 8x^2$;

(2) $\dfrac{\partial^2 z}{\partial x^2} = \dfrac{2xy}{(x^2+y^2)^2}$, $\dfrac{\partial^2 z}{\partial x \partial y} = \dfrac{y^2-x^2}{(x^2+y^2)^2}$, $\dfrac{\partial^2 z}{\partial y^2} = -\dfrac{2xy}{(x^2+y^2)^2}$;

(3) $\dfrac{\partial^2 z}{\partial x^2} = y^x \ln^2 y$, $\dfrac{\partial^2 z}{\partial x \partial y} = y^{x-1}(1 + x\ln y)$, $\dfrac{\partial^2 z}{\partial y^2} = x(x-1)y^{x-2}$;

(4) $\dfrac{\partial^2 z}{\partial x^2} = 2(1+2x^2)e^{x^2+y}$, $\dfrac{\partial^2 z}{\partial x \partial y} = 2xe^{x^2+y}$, $\dfrac{\partial^2 z}{\partial y^2} = e^{x^2+y}$.

7. $f''_{xy}(0,0) = -1$, $f''_{yx}(0,0) = 1$.

习 题 8-4

1. (1) $dz = e^{x^2+y^2}(2xdx + 2ydy)$;

(2) $dz = -\dfrac{x}{(x^2+y^2)^{3/2}}(ydx - xdy)$;

(3) $du = yzx^{yz-1}dx + zx^{yz}\ln x dy + yx^{yz}\ln x dz$;

(4) $du = \dfrac{y}{z}x^{\frac{y}{z}-1}dx + \dfrac{1}{z}x^{\frac{y}{z}}\ln x dy - \dfrac{y}{z^2}x^{\frac{y}{z}}\ln x dz$.

2. (1) 1.68, 1.6;   (2) 0.30e, 0.25e.

3. (1) 1.00;   (2) 4.998;   (3) 2.039.

4. 0.062cm.

5. 体积减小 30π cm³.

6. 精确值为 13.632 m³, 近似值为 14.8 m³.

习 题 8-5

1. (1) $\dfrac{\partial z}{\partial u} = 3u^2 \sin v \cos v (\cos v - \sin v)$,

$\dfrac{\partial z}{\partial v} = -2u^3 \sin v \cos v(\sin v + \cos v) + u^3(\sin^3 v + \cos^3 v)$;

(2) $\dfrac{\partial z}{\partial u} = \dfrac{-v}{u^2+v^2}$, $\dfrac{\partial z}{\partial v} = \dfrac{u}{u^2+v^2}$;

(3) $\dfrac{e^x + e^{x^3} 3x^2}{e^x + e^{x^3}}$;

(4) $4e^{2t}$.

2. (1) $\dfrac{\partial u}{\partial x} = 2xf'_1 + ye^{xy}f'_2$, $\dfrac{\partial u}{\partial y} = -2yf'_1 + xe^{xy}f'_2$;

(2) $\dfrac{\partial u}{\partial x} = \dfrac{1}{y}f'_1$, $\dfrac{\partial u}{\partial y} = -\dfrac{x}{y^2}f'_1 + \dfrac{1}{z}f'_2$, $\dfrac{\partial u}{\partial z} = -\dfrac{y}{z^2}f'_2$;

(3) $\dfrac{\partial u}{\partial x} = f'_1 + yf'_2 + yzf'_3$, $\dfrac{\partial u}{\partial y} = xf'_2 + xzf'_3$, $\dfrac{\partial u}{\partial z} = xyf'_3$.

3.～4. 略.

5. $\dfrac{\partial^2 z}{\partial x^2} = 2f' + 4x^2 f''$, $\dfrac{\partial^2 z}{\partial x \partial y} = 4xy f''$, $\dfrac{\partial^2 z}{\partial y^2} = 2f' + 4y^2 f''$.

6. (1) $\dfrac{\partial^2 z}{\partial x^2} = f''_{11} + \dfrac{2}{y} f''_{12} + \dfrac{1}{y^2} f''_{22}$, $\dfrac{\partial^2 z}{\partial x \partial y} = -\dfrac{x}{y^2}(f''_{12} + \dfrac{1}{y} f''_{22}) - \dfrac{1}{y^2} f'_2$,

$\dfrac{\partial^2 z}{\partial y^2} = \dfrac{2x}{y^3} f'_2 + \dfrac{x^2}{y^4} f''_{22}$;

(2) $\dfrac{\partial^2 z}{\partial x^2} = 2y f'_2 + y^4 f''_{11} + 4xy^3 f''_{12} + 4x^2 y^2 f''_{22}$,

$\dfrac{\partial^2 z}{\partial x \partial y} = 2y f'_1 + 2x f'_2 + 2xy^3 f''_{11} + 2x^3 y f''_{22} + 5x^2 y^2 f''_{12}$,

$\dfrac{\partial^2 z}{\partial y^2} = 2x f'_1 + 4x^2 y^2 f''_{11} + 4x^3 y f''_{12} + x^4 f''_{22}$;

(3) $\dfrac{\partial^2 z}{\partial x^2} = e^{x+y} f'_3 - \sin x f'_1 + \cos^2 x f''_{11} + 2e^{x+y} \cos x f''_{13} + e^{2(x+y)} f''_{33}$,

$\dfrac{\partial^2 z}{\partial x \partial y} = e^{x+y} f'_3 - \cos x \sin y f''_{12} + e^{x+y} \cos x f''_{13} - e^{x+y} \sin y f''_{32} + e^{2(x+y)} f''_{33}$,

$\dfrac{\partial^2 z}{\partial y^2} = e^{x+y} f'_3 - \cos y f'_2 + \sin^2 y f''_{22} - 2 e^{x+y} \sin y f''_{23} + e^{2(x+y)} f''_{33}$.

习 题 8-6

1. (1) $\dfrac{dy}{dx} = \dfrac{y^2 - e^x}{\cos y - 2xy}$;

(2) $\dfrac{dy}{dx} = \dfrac{x+y}{x-y}$;

(3) $\dfrac{\partial z}{\partial x} = \dfrac{yz - \sqrt{xyz}}{\sqrt{xyz} - xy}$, $\dfrac{\partial z}{\partial y} = \dfrac{xz - 2\sqrt{xyz}}{\sqrt{xyz} - xy}$;

(4) $\dfrac{\partial z}{\partial x} = \dfrac{yz}{z^2 - xy}$, $\dfrac{\partial^2 z}{\partial y^2} = \dfrac{2x^3 yz}{(xy - z^2)^3}$.

2. 略.

3. $\dfrac{\partial z}{\partial x} = \dfrac{F'_1}{x^2 F'_2}$, $\dfrac{\partial z}{\partial y} = \dfrac{F'_2 - y^2 F'_1}{y^2 F'_2}$.

4. (1) $\dfrac{dy}{dx} = -\dfrac{x(6z+1)}{2y(3z+1)}$, $\dfrac{dz}{dx} = \dfrac{x}{3z+1}$;

(2) $\dfrac{\partial u}{\partial x} = \dfrac{vy - ux}{x^2 + y^2}$, $\dfrac{\partial v}{\partial x} = -\dfrac{uy + vx}{x^2 + y^2}$, $\dfrac{\partial u}{\partial y} = -\dfrac{vx + uy}{x^2 + y^2}$, $\dfrac{\partial v}{\partial y} = \dfrac{ux - vy}{x^2 + y^2}$;

(3) $\dfrac{\partial u}{\partial x} = \dfrac{-u f'_1 (2yv g'_2 - 1) - f'_2 \cdot g'_1}{(x f'_1 - 1)(2yv g'_2 - 1) - f'_2 \cdot g'_1}$, $\dfrac{\partial v}{\partial x} = \dfrac{g'_1 (x f'_1 + u f'_1 - 1)}{(x f'_1 - 1)(2yv g'_2 - 1) - f'_2 \cdot g'_1}$;

(4) $\dfrac{\partial u}{\partial x} = \dfrac{\sin v}{e^u(\sin v - \cos v) + 1}$, $\dfrac{\partial u}{\partial y} = \dfrac{-\cos v}{e^u(\sin v - \cos v) + 1}$,

$\dfrac{\partial v}{\partial x} = \dfrac{\cos v - e^u}{u(e^u(\sin v - \cos v) + 1)}$, $\dfrac{\partial v}{\partial y} = \dfrac{\sin v + e^u}{u(e^u(\sin v - \cos v) + 1)}$.

5. $\dfrac{\partial z}{\partial x} = (v\cos v - u\sin v) e^{-u}$, $\dfrac{\partial z}{\partial y} = (u\cos v + v\sin v) e^{-u}$.

习 题 8-7

1. $f(x,y) = 2 + 3(x-2) + (y+1) + (x-2)^2 - (x-2)(y+1) + (y+1)^2 + (x-2)^3$.

2. $y^x = 1 + (y-1) + (x-1)(y-1) + o(\rho^2)$.

3. $e^{x+y} = \sum\limits_{i=0}^{n} \dfrac{1}{i!}(x+y)^i + \dfrac{(x+y)^{n+1}}{(n+1)!} e^{\theta(x+y)}$ $(0 < \theta < 1)$.

4. $f(x,y) = y + \frac{1}{2!}(2xy - y^2) + \frac{1}{3!}(3x^2y - 3xy^2 + y^3) + R_3$，其中

$$R_3 = \frac{e^{\theta x}}{4!}\left(\frac{x^3y}{1+\theta y} - \frac{x^2y^2}{(1+\theta y)^2} + \frac{2xy^3}{(1+\theta y)^3} - \frac{6y^4}{(1+\theta y)^4}\right) \quad (0 < \theta < 1).$$

习 题 八

1. (1) 1; (2) $\frac{1}{2}(\mathrm{d}x + \mathrm{d}y)$;
   (3) $xf''_{uu}(x,xy) + f'_v(x,xy) + xyf''_{vv}(x,xy)$; (4) 4;
   (5) 2.
2. (1) B;   (2) C;   (3) B;   (4) B;
   (5) D.
3. 略.
4. $2xy$.
5. -1.
6. 2.
7. 1.
8. $f''_{11}(1,1) + f''_{12}(1,1) + f'_1(1,1)$.
9. $f''_{xx}(0,0,1) = 2$, $f''_{yz}(0,-1,0) = 0$, $f'''_{zzx}(2,0,1) = 0$.
10. $\frac{\partial^3 z}{\partial x^2 \partial y} = 0$, $\frac{\partial^3 z}{\partial x \partial y^2} = -\frac{1}{y^2}$.
11. 略.

习 题 9-1

1. (1) $\begin{cases} \dfrac{x-\frac{a}{2}}{a} = \dfrac{z-\frac{c}{2}}{-c}, \\ y = \dfrac{b}{2}, \end{cases}$ $ax - cz - \dfrac{a^2}{2} + \dfrac{c^2}{2} = 0$;

   (2) $\begin{cases} y = -2, \\ x + z - 2 = 0, \end{cases}$ $x - z = 0$;

   (3) $\dfrac{x-x_0}{1} = \dfrac{y-y_0}{\frac{m}{y_0}} = \dfrac{z-z_0}{-\frac{1}{2z_0}}$, $(x-x_0) + \dfrac{m}{y_0}(y-y_0) - \dfrac{1}{2z_0}(z-z_0) = 0$.

2. $t = \dfrac{\pi}{2}$, $\dfrac{x - \frac{\pi}{2} + 1}{1} = \dfrac{y-1}{1} = \dfrac{z - 2\sqrt{2}}{\sqrt{2}}$, $x + y + \sqrt{2}z - \left(4 + \dfrac{\pi}{2}\right) = 0$.

3. $(-1, 1, -1)$ 或 $\left(-\dfrac{1}{3}, \dfrac{1}{9}, -\dfrac{1}{27}\right)$.

习 题 9-2

1. $(2, -1, -2)$, $\dfrac{x-2}{-1} = \dfrac{y+1}{2} = \dfrac{z+2}{-1}$, $x - 2y + z - 2 = 0$.

2. (1) $2x + 4y - z = 5$, $\dfrac{x-1}{2} = \dfrac{y-2}{4} = \dfrac{z-5}{-1}$;

(2) $-\frac{1}{2}(x-1)+\frac{1}{2}(y-1)-\left(z-\frac{\pi}{4}\right)=0$, $\quad \frac{x-1}{-\frac{1}{2}}=\frac{y-1}{\frac{1}{2}}=\frac{z-\frac{\pi}{4}}{-1}$.

3. 略.
4. $a=-5$, $b=-2$.

习 题 9-3

1. 5.
2. $\frac{98}{13}$.
3. $-\sqrt{2}\,x-\sqrt{2}\,y$.
4. $1+2\sqrt{3}$.

习 题 9-4

1. (1) 极小值: $f(2,2)=-8$, 极大值: $f(0,0)=0$.

    (2) 极小值: $f\left(\frac{1}{2},-1\right)=-\frac{e}{2}$.

    (3) 极大值: $f(3,2)=36$.

    (4) 极小值: $z\Big|_{\substack{x=0\\y=0}}=0$, 极大值: $z\Big|_{x^2+y^2=1}=e^{-1}$.

    (5) $a<0$ 时, 有极小值: $f\left(\frac{a}{3},\frac{a}{3}\right)=\frac{a^3}{27}$;

    $a>0$ 时, 有极大值: $f\left(\frac{a}{3},\frac{a}{3}\right)=\frac{a^3}{27}$.

2. 极小值: $z(-2,0)=1$; 极大值: $z\left(\frac{16}{7},0\right)=-\frac{8}{7}$.

3. $\left(\frac{8}{5},\frac{16}{5}\right)$.

4. $\frac{\sqrt{3}}{6}$.

5. 最长为 $\sqrt{9+5\sqrt{3}}$, 最短为 $\sqrt{9-5\sqrt{3}}$.

6. $\left(\frac{a}{\sqrt{3}},\frac{b}{\sqrt{3}},\frac{c}{\sqrt{3}}\right)$, 最小值: $\frac{\sqrt{3}}{2}abc$.

7. $\left(\frac{1}{n}\sum_{i=1}^{n}x_i,\frac{1}{n}\sum_{i=1}^{n}y_i,0\right)$.

8. $y=0.884x-5.881$, $L=100.186$.

习 题 九

1. (1) $\frac{|x_0 F'_x+y_0 F'_y+z_0 F'_z|}{\sqrt{F'^2_x+F'^2_y+F'^2_z}}$; (2) $\frac{|\overrightarrow{OP_0}\times\{x'(t_0),y'(t_0),z'(t_0)\}|}{\sqrt{x'^2(t_0)+y'^2(t_0)+z'^2(t_0)}}$;

    (3) $\frac{5}{4}$; (4) $\frac{2}{\sqrt{\pi}}$;

    (5) $ac-b^2>0, a>0$.

2. (1) A； (2) A； (3) C； (4) A；
(5) D.

3. 略.

4. 切平面方程：$x-y+z=0$；法线方程：$\dfrac{x-1}{1}=\dfrac{y-2}{-1}=\dfrac{z-1}{1}$.

5. $P\left(-\dfrac{1}{6},\dfrac{1}{3},\dfrac{1}{6}\right)$ 或者 $P\left(\dfrac{1}{6},-\dfrac{1}{3},\dfrac{5}{6}\right)$；

   切平面方程分别为 $x-2y+2z+\dfrac{1}{2}=0$ 及 $x-2y+2z-\dfrac{5}{2}=0$.

6. $\dfrac{1}{ab}\sqrt{2(a^2+b^2)}$.

7. 在 $(0,1)$ 处，极大值为 5；在 $(2,-3)$ 处，极小值为 -31.

8. $f(x,y)$ 仅有极小值 $f\left(1,-\dfrac{4}{3}\right)=-\mathrm{e}^{-\frac{1}{3}}$，无极大值.

9. $f(x,y)$ 有极小值 $f\left(0,\dfrac{1}{\mathrm{e}}\right)=-\dfrac{1}{\mathrm{e}}$，无极大值.

10. 点 $(9,3)$ 是 $z=z(x,y)$ 的极小值点，极小值为 $z(9,3)=3$；
    点 $(-9,-3)$ 是 $z=z(x,y)$ 的极大值点，极大值为 $z(-9,-3)=-3$.

11. 最远点为 $(-5,-5,5)$，最近点为 $(1,1,1)$.

12. $(-4,\pm 4,2)$.

习　题　10-1

1. (1) $\geqslant$；(2) $\leqslant$.

2. (1) $8\leqslant I\leqslant 8\sqrt{2}$； (2) $0\leqslant I\leqslant \pi^2$； (3) $36\pi\leqslant I\leqslant 100\pi$.

3. (1) $\dfrac{\pi}{3}a^3$； (2) $\dfrac{2}{3}\pi a^3$.

4. $f(x_0,y_0)$.

5. (1) $\displaystyle\int_0^1\mathrm{d}y\int_{y-1}^{1-y}f(x,y)\mathrm{d}x$； (2) $\displaystyle\int_{-1}^2\mathrm{d}y\int_{y^2}^{y+2}f(x,y)\mathrm{d}x$； (3) $\displaystyle\int_1^2\mathrm{d}x\int_{\frac{2}{x}}^{2x}f(x,y)\mathrm{d}y$.

6. (1) $\displaystyle\int_0^4\mathrm{d}x\int_{\frac{x}{2}}^{\sqrt{x}}f(x,y)\mathrm{d}y$； (2) $\displaystyle\int_0^1\mathrm{d}y\int_{\mathrm{e}^y}^{\mathrm{e}}f(x,y)\mathrm{d}x$；

   (3) $\displaystyle\int_0^1\mathrm{d}x\int_0^{x^2}f(x,y)\mathrm{d}y+\int_1^3\mathrm{d}x\int_0^{\frac{1}{2}(3-x)}f(x,y)\mathrm{d}y$；

   (4) $\displaystyle\int_{-1}^0\mathrm{d}y\int_{-2\arcsin y}^{\pi}f(x,y)\mathrm{d}x+\int_0^1\mathrm{d}y\int_{\arcsin y}^{\pi-\arcsin y}f(x,y)\mathrm{d}x$； (5) $\displaystyle\int_0^2\mathrm{d}x\int_{\frac{1}{2}x}^{3-x}f(x,y)\mathrm{d}y$.

7. $xy+\dfrac{1}{8}$.

8. (1) $\dfrac{9}{4}$； (2) $\dfrac{1}{2}$； (3) $\dfrac{\pi}{6}$； (4) -2.

9. (1) $1-\sin 1$； (2) $\dfrac{3}{8}\mathrm{e}-\dfrac{1}{2}\sqrt{\mathrm{e}}$.

10. (1) $-6\pi^2$； (2) $\pi\left(1-\dfrac{1}{\mathrm{e}}\right)$；

    (3) $\dfrac{3}{64}\pi^2$； (4) $\dfrac{\pi}{2}$.

11. (1) $\dfrac{3}{4}\pi a^4$； (2) $\dfrac{1}{6}a^3(\sqrt{2}+\ln(1+\sqrt{2}))$；

(3) $\sqrt{2}-1$; (4) $\frac{1}{8}\pi a^4$.

12. (1) $\frac{28}{3}\ln 3$; (2) $\frac{14}{45}$; (3) $\frac{3}{2}$;

(4) $\frac{1}{2}ab\pi$; (5) $\frac{41}{2}\pi$; (6) 9π.

习题 10-2

1. (1) $m>1$ 时收敛; (2) $p>1,q>1$ 时收敛; (3) $p>\frac{1}{2}$ 时收敛.

2. $\frac{\pi}{2}$.

3. (1) $m<1$ 时收敛,$m\geqslant 1$ 时发散; (2) $p<1$ 时收敛,$p\geqslant 1$ 时发散.

习题 10-3

1. (1) $\int_0^1 dx\int_0^{1-x} dy\int_0^{xy} f(x,y,z)dz$; (2) $\int_{-1}^1 dx\int_{-\sqrt{1-x^2}}^{\sqrt{1-x^2}} dy\int_{x^2+y^2}^1 f(x,y,z)dz$;

(3) $\int_{-1}^1 dx\int_{-\sqrt{1-x^2}}^{\sqrt{1-x^2}} dy\int_{x^2+y^2}^{2-x^2} f(x,y,z)dz$; (4) $\int_0^a dx\int_0^{b\sqrt{1-\frac{x^2}{a^2}}} dy\int_0^{xy/c} f(x,y,z)dz$.

2. (1) $\frac{1}{364}$; (2) $\frac{1}{2}\left(\ln 2-\frac{5}{8}\right)$; (3) $\frac{59}{480}\pi R^5$;

(4) $\frac{1}{48}a^6$; (5) $3\pi(e^2-1)$; (6) $\frac{\pi}{4}-\frac{1}{2}$.

3. 略.

4. (1) $\frac{7\pi}{12}$; (2) $\frac{16}{3}\pi$.

5. (1) $\frac{4\pi}{5}$; (2) $\frac{7}{6}\pi a^4$.

6. (1) $\frac{1}{8}$; (2) $\frac{\pi}{10}$; (3) 8π; (4) $\frac{4\pi}{15}(A^5-a^5)$.

习题 10-4

1. $k\pi R^4$.

2. $2a^2(\pi-2)$.

3. $\sqrt{2}\pi$.

4. $16R^2$.

5. (1) $\bar{x}=\frac{3}{5}x_0, \bar{y}=\frac{3}{8}y_0$; (2) $\bar{x}=0, \bar{y}=\frac{4b}{3\pi}$; (3) $\bar{x}=\frac{a^2+ab+b^2}{2(a+b)}, \bar{y}=0$.

6. $\bar{x}=\frac{35}{48}, \bar{y}=\frac{35}{54}$.

7. $\bar{x}=\frac{2}{5}a, \bar{y}=\frac{2}{5}a$.

8. (1) $I_y=\frac{1}{4}\pi a^3 b$; (2) $I_x=\frac{72}{5}, I_y=\frac{96}{7}$; (3) $I_x=\frac{1}{3}ab^3, I_y=\frac{1}{3}a^3 b$.

9. $\frac{1}{12}Mh^2$, $\frac{1}{12}Mb^2$ ($M = bh\rho$ 为矩形板的质量).

10. $I_x = \frac{ab^3}{12}\rho$, $I_0 = \frac{ab}{12}(a^2+b^2)\rho$.

11. $I = \frac{368}{105}\rho$.

习 题 10-5

(1) $2\pi a^{2n+1}$; (2) $\sqrt{2}$; (3) $\frac{1}{12}(5\sqrt{5}+6\sqrt{2}-1)$;

(4) $e^a\left(2+\frac{\pi}{4}a\right)-2$; (5) $\frac{\sqrt{3}}{2}(1-e^{-2})$.

习 题 10-6

1. (1) $\frac{13}{3}\pi$; (2) $\frac{149}{30}\pi$; (3) $\frac{111}{10}\pi$.

2. (1) $\frac{1+\sqrt{2}}{2}\pi$; (2) 9π.

3. (1) $4\sqrt{61}$; (2) $-\frac{27}{4}$; (3) $\pi a(a^2-h^2)$; (4) $\frac{64}{15}\sqrt{2}a^4$; (5) πR^3.

4. $\frac{2\pi}{15}(6\sqrt{3}+1)$.

5. $\frac{4}{3}\rho_0 \pi a^4$.

习 题 十

1. (1) e^2-1; (2) $\frac{\pi}{3}$; (3) $\frac{4}{15}\pi$; (4) $\frac{13}{6}$; (5) $\frac{\sqrt{3}}{12}$.

2. (1) B; (2) A; (3) C; (4) C; (5) B.

3. $I = \frac{\pi}{2}\ln 2$.

4. $\frac{1}{4}\ln 17$.

5. $\ln(1+\sqrt{2})$.

6. a.

7. $\frac{3}{8}$.

8. (1) $\frac{1}{6}ab$; (2) $\frac{a^2}{2}\ln 2$.

9. 略.

10. $\frac{1}{4}\pi h^4$.

11. (1) $\frac{32}{3}\pi$; (2) πa^3; (3) $\frac{\pi}{6}$; (4) $\frac{2}{3}\pi(5\sqrt{5}-4)$.

12. (1) $\frac{1}{4}\pi^2 abc$; (2) $4\pi abc(e-2)$.

13. (1) $\frac{1}{12}(17\sqrt{17}-1)$;　　(2) $9-2\pi$.

14. (1) 9;　　(2) $\frac{256}{15}a^3$;　　(3) $2\pi^2 a^3(1+2\pi^3)$;　　(4) $\frac{\sqrt{2}}{3}a\pi^3$.

15. $\frac{\sqrt{3}}{2}\pi$.

习 题 11-2

1. ～ 2. 略.

3. (1) $-\frac{56}{15}$;　　(2) $-\frac{\pi}{2}a^3$;　　(3) 0;　　(4) -2π;

   (5) $\frac{k^3\pi^3}{3}-a^2\pi$;　　(6) $-\frac{87}{4}$;　　(7) $\frac{1}{2}$;　　(8) $-\frac{14}{15}$.

4. (1) $\frac{34}{3}$;　　(2) 11;　　(3) 14;　　(4) $\frac{32}{3}$.

5. $\frac{k}{2}(b^2-a^2)$　(k 为比例系数).

6. (1) $\frac{\sqrt{2}}{16}\pi$;　　(2) -4.

习 题 11-3

1. (1) 12;　　(2) 0;　　(3) $\frac{\pi^2}{4}$;　　(4) $\frac{\sin 2}{4}-\frac{7}{6}$;　　(5) $\frac{m\pi}{8}a^2$.

2. (1) $\frac{3}{8}\pi a^2$;　　(2) a^2;　　(3) πa^2.

3. (1) 0;　　(2) 236;　　(3) -1;　　(4) 9.

4. (1) $\frac{1}{2}x^2+2xy+\frac{1}{2}y^2$;　　(2) $x^2 y$;

   (3) $x^3 y+4x^2 y^2-12e^y+12ye^y$;　　(4) $y^2\sin x+x^2\cos y$.

5. $\frac{1}{2}\ln(x^2+y^2)$.

6. 略.

7. (1) $\frac{x^3}{3}-\frac{3}{2}x^2y^2+\frac{y^4}{4}=C$;　　(2) $x-y-\ln(x+y)=C$;

   (3) $x\sin y+y\cos x=C$;　　(4) $\frac{4}{3}x^3+\frac{1}{3}y^3+x^2y=C$.

习 题 11-5

1. 略.

2. (1) $\frac{2}{105}\pi R^7$;　　(2) $\frac{3}{2}\pi$;　　(3) $\frac{1}{2}$;

   (4) $\frac{1}{8}$;　　(5) 0;　　(6) a^4.

习 题 11-6

1. $\frac{32}{3}\pi$.

2. (1) $3a^4$; (2) $\frac{12}{5}\pi a^5$; (3) $\frac{2}{5}\pi a^5$; (4) 81π.

3. (1) $-\sqrt{3}\pi a^2$; (2) $-\frac{9}{2}$; (3) -20π; (4) 9π.

习 题 11-7

1. (1) $\int_L \frac{P+Q}{\sqrt{2}}\mathrm{d}s$; (2) $\int_L \frac{P+2xQ}{\sqrt{1+4x^2}}\mathrm{d}s$; (3) $\int_L \left(\sqrt{2x-x^2}P+(1-x)Q\right)\mathrm{d}s$.

2. $\int_\Gamma \frac{P+2xQ+3yR}{\sqrt{1+4x^2+9y^2}}\mathrm{d}s$.

3. (1) $\iint_\Sigma \left(\frac{3}{5}P+\frac{2}{5}Q+\frac{2\sqrt{3}}{5}R\right)\mathrm{d}S$; (2) $\iint_\Sigma \frac{2xP+2yQ+R}{\sqrt{1+4x^2+4y^2}}\mathrm{d}S$.

习 题 十 一

1. (1) 0; (2) π; (3) $\frac{3\pi}{2}$; (4) 4π; (5) 2π.

2. (1) B; (2) A; (3) D; (4) B; (5) C.

3. $-\frac{33}{10}$.

4. $J = \frac{\pi}{2} - 4$.

5. 略.

6. $-\frac{1}{2}\pi^2$.

7. (1) 略; (2) $\varphi(y) = -y^2$.

8. 2π.

9. $-\pi$.

10. (1) 略; (2) $\frac{\pi}{2\mathrm{e}}$.

11. $-\frac{1}{y} + \frac{x^3}{y^3} = C$.

12. $\frac{8\pi}{3}$.

13. $I = -\pi$.

14. $I = 4\pi$.

15. $\frac{\pi}{3}$.

16. $-\frac{64}{3}\pi$.

17. $\frac{11}{20}\pi$.

18. $u(x,y) = y\ln x + \frac{x^2}{y} - 1$.

19. π.

习 题 12-1

1. (1) $\dfrac{1}{2n-1}$; (2) $\dfrac{x^{\frac{n}{2}}}{(2n)!!}$; (3) $(-1)^{n+1}\dfrac{a^{2n+1}}{2n+1}$.

2. (1) $\dfrac{1}{4}$; (2) $\dfrac{1}{4}$; (3) $1-\sqrt{2}$.

3. (1) 发散; (2) 收敛; (3) 收敛; (4) 发散.

4. (1) 收敛; (2) 收敛; (3) 发散.

习 题 12-2

1. (1) 收敛; (2) 发散; (3) 收敛; (4) 收敛;
   (5) 当 $a>1$ 时收敛,当 $0<a\leqslant 1$ 时发散; (6) 发散.

2. (1) 收敛; (2) 发散; (3) 收敛; (4) 收敛.

3. (1) 发散; (2) 收敛; (3) 收敛;
   (4) 当 $b<a$ 时收敛,当 $b>a$ 时发散,当 $b=a$ 时不能判定.

习 题 12-3

1. (1) 条件收敛; (2) 条件收敛; (3) 绝对收敛;
   (4) 绝对收敛; (5) 条件收敛; (6) 绝对收敛.

2. $\dfrac{1}{2^n(2n+3)(n+1)!}$.

3. 因为 $\lim\limits_{n\to\infty} n^2 u_n$ 存在,所以 $\exists M>0$,使得对一切 n,都有 $|n^2 u_n|\leqslant M$,从而 $|u_n|\leqslant \dfrac{M}{n^2}$. 而 $\sum\limits_{n=1}^{\infty}\dfrac{M}{n^2}$ 为收敛的正项级数,所以级数 $\sum\limits_{n=1}^{\infty} u_n$ 收敛.

4. 因为 $\left|\dfrac{u_n}{n}\right|\leqslant \left|\dfrac{2u_n}{n}\right|\leqslant u_n^2+\dfrac{1}{n^2}$,而 $\sum\limits_{n=1}^{\infty} u_n^2$ 收敛(据条件知), $\sum\limits_{n=1}^{\infty}\dfrac{1}{n^2}$ 收敛,从而 $\sum\limits_{n=1}^{\infty}\left(u_n^2+\dfrac{1}{n^2}\right)$ 收敛,所以 $\sum\limits_{n=1}^{\infty}\left|\dfrac{u_n}{n}\right|$ 收敛,即 $\sum\limits_{n=1}^{\infty}\dfrac{u_n}{n}$ 绝对收敛.

习 题 12-4

1. (1) 当 $x>1$ 时,收敛,当 $x\leqslant 1$ 时,发散;
   (2) 当 $x>1$ 时,级数绝对收敛;当 $0<x\leqslant 1$ 时,级数条件收敛;当 $x\leqslant 0$ 时,级数发散.

2. (1) $R=1$,收敛区间为 $(-1,1)$,收敛域为 $(-1,1)$;
   (2) $R=e$,收敛区间为 $(-e,e)$,收敛域为 $(-e,e)$;
   (3) $R=1$,收敛区间为 $(-1,1)$,收敛域为 $(-1,1)$;
   (4) $R=1$,收敛区间为 $(0,2)$,收敛域为 $[0,2]$.

3. (1) $\dfrac{1}{(1-x)^2}$ ($|x|<1$); (2) $\dfrac{x}{2}\ln\dfrac{1+x}{1-x}$ ($|x|<1$).

习 题 12-5

1. (1) $\ln 2+\sum\limits_{n=1}^{\infty}(-1)^{n-1}\dfrac{1}{n}\left(\dfrac{x}{2}\right)^n$, $(-2,2]$;

(2) $\frac{1}{2}+\frac{1}{2}\sum_{n=0}^{\infty}\frac{(-4)^n x^{2n}}{(2n)!}$, $(-\infty,+\infty)$;

(3) $x+\sum_{n=2}^{\infty}(-1)^n\frac{x^n}{n(n-1)}$, $(-1,1]$;

(4) $x^2+\sum_{n=1}^{\infty}(-\frac{1}{4})^n\frac{(2n-1)!!}{n!}x^{2(n+1)}$, $[-1,1]$;

(5) $\sum_{n=0}^{\infty}(-1)^n\frac{x^{2n+1}}{3^{n+1}}$, $(|x|<\sqrt{3})$; (6) $\sum_{n=0}^{\infty}\frac{x^{2n+1}}{(2n+1)!}$, $(-\infty,+\infty)$.

2. $\frac{1}{x^2+3x+2}=\sum_{n=0}^{\infty}\left(\frac{1}{2^{n+1}}-\frac{1}{3^{n+1}}\right)(x+4)^n$ $(-6<x<-2)$.

3. $x^{\frac{3}{2}}=1+\sum_{n=1}^{\infty}\frac{3\cdot 1\cdot(-1)\cdots(5-2n)}{2^n\cdot n!}(x-1)^n$.

4. (1) 1.098 6; (2) 0.999 4.

5. $\int_0^x\frac{\arctan t}{t}dt=\sum_{n=0}^{\infty}(-1)^n\frac{x^{2n+1}}{(2n+1)^2}$, $|x|\leqslant 1$.

6. (1) $\frac{1}{2}\ln\frac{1+x}{1-x}$ $(-1<x<1)$;

(2) $(1+x)e^x$ $(-\infty,+\infty)$.

7. (1) $y=C_1\left(1+\sum_{n=1}^{\infty}\frac{x^{4n}}{3\cdot 4\cdot 7\cdot 8\cdots(4n-1)\cdot 4n}\right)$
$+C_2\left(x+\sum_{n=1}^{\infty}\frac{x^{4n+1}}{4\cdot 5\cdot 8\cdot 9\cdots 4n\cdot(4n+1)}\right)$;

(2) $y=C_1\left(1+\frac{1}{2!}x^2+\frac{3}{4!}x^4-\frac{3\cdot 5}{6!}x^6+\cdots\right)+C_2\left(x-\frac{2}{3!}x^3+\frac{2\cdot 4}{5!}x^5+\cdots\right)$;

(3) $y=Ce^{\frac{x^2}{2}}+\left(-1+x+\frac{1}{1\cdot 3}x^3+\cdots+\frac{x^{2n-1}}{1\cdot 3\cdot 5\cdots(2n-1)}+\cdots\right)$;

(4) $y=C(1-x)+x^3\left(\frac{1}{3}+\frac{1}{6}x+\frac{1}{10}x^2+\cdots+\frac{2}{(n+2)(n+3)}x^n+\cdots\right)$;

(5) $y=C(1+x)-x^2+\frac{2}{3}x^3-\frac{1}{3}x^4+\frac{1}{5}x^5-\frac{2}{15}x^6+\cdots$.

8. (1) $y=1-x+x^2$; (2) $y=\frac{1}{2}x^2+\frac{1}{20}x^5+\cdots$;

(3) $y=C\left(1-\frac{1}{2!}t^2+\frac{2}{4!}t^4-\frac{9}{6!}t^6+\frac{55}{8!}t^8-\cdots\right)$.

习 题 12-6

1. $x=-\pi$ 为间断点,在此点级数收敛于 $\frac{1}{2}(f(-\pi^-)+f(-\pi^+))=\frac{1}{2}(\pi^3+2)$.

2. $s(x)=\begin{cases}-1, & -\pi<x<0, \\ x^2, & 0<x<\pi, \\ -\frac{1}{2}, & x=0, \\ \frac{\pi^2-1}{2}, & x=\pm\pi.\end{cases}$

3. (1) $f(x)=\sum_{n=1}^{\infty}\frac{1}{2n-1}\sin(2n-1)x$ $(x\neq n\pi)$;

(2) $f(x) = \dfrac{\pi^2}{3} + 4\sum\limits_{n=1}^{\infty} \dfrac{(-1)^n}{n^2}\cos nx \quad (-\infty < x < +\infty)$;

(3) $f(x) = \dfrac{2}{\pi}\sum\limits_{n=1}^{\infty}\left(\dfrac{1}{n^2}\sin\dfrac{n\pi}{2} + (-1)^{n+1}\dfrac{\pi}{2n}\right)\sin nx \quad (x \neq (2n+1)\pi, n = 0, \pm 1, \pm 2, \cdots)$;

(4) $\cos\dfrac{x}{2} = \dfrac{2}{\pi} + \dfrac{4}{\pi}\sum\limits_{n=1}^{\infty}\dfrac{(-1)^{n-1}}{4n^2-1}\cos nx \quad (-\pi \leqslant x \leqslant \pi)$.

4. (1) $f(x) = \dfrac{\pi}{4} + \sum\limits_{n=1}^{\infty}\dfrac{(-1)^n}{n}\sin nx \quad (-\pi < x < \pi)$;

(2) $f(x) = \dfrac{2}{\pi} - \dfrac{4}{\pi}\sum\limits_{n=1}^{\infty}\dfrac{\cos 2nx}{4n^2-1} \quad (-\pi \leqslant x \leqslant \pi)$.

5. $f(x) = \dfrac{2}{\pi}\sum\limits_{n=1}^{\infty}\dfrac{1-(-1)^n(1+\pi)}{n}\sin nx \quad (0 < x < \pi)$;

$f(x) = \dfrac{\pi+2}{2} - \dfrac{4}{\pi}\sum\limits_{n=1}^{\infty}\dfrac{\cos(2n-1)x}{(2n-1)^2} \quad (0 \leqslant x \leqslant \pi)$.

6. $2 + |x| = \dfrac{5}{2} - \dfrac{4}{\pi^2}\sum\limits_{n=1}^{\infty}\dfrac{\cos(2n-1)\pi x}{(2n-1)^2}, \quad x \in [-1, 1]$;

取 $x = 0$,得 $\sum\limits_{n=1}^{\infty}\dfrac{1}{(2n-1)^2} = \dfrac{\pi^2}{8}$,故

$$\sum\limits_{n=1}^{\infty}\dfrac{1}{n^2} = \sum\limits_{n=1}^{\infty}\dfrac{1}{(2n-1)^2} + \sum\limits_{n=1}^{\infty}\dfrac{1}{(2n)^2} = \dfrac{\pi^2}{8} + \dfrac{1}{4}\sum\limits_{n=1}^{\infty}\dfrac{1}{n^2},$$

由此 $\sum\limits_{n=1}^{\infty}\dfrac{1}{n^2} = \dfrac{\pi^2}{6}$.

7. $f(x) = -\dfrac{8}{\pi^2}\sum\limits_{n=1}^{\infty}\dfrac{1}{(2n-1)^2}\cos\dfrac{(2n-1)\pi x}{2} \quad (0 \leqslant x \leqslant 2)$.

8. 先对 $f(x)$ 作偶延拓到 $[-1,1]$,再以 2 为周期延拓到 $(-\infty, +\infty)$,并将 $f(x)$ 展开成余弦级数而得到 $s(x)$,有

$$s\left(-\dfrac{5}{2}\right) = s\left(2 - \dfrac{5}{2}\right) = s\left(-\dfrac{1}{2}\right) = \dfrac{1}{2}\left(f\left(\dfrac{1}{2}^-\right) + f\left(\dfrac{1}{2}^+\right)\right) = \dfrac{3}{4}.$$

9. $s\left(-\dfrac{1}{2}\right) = -\dfrac{1}{4}$.

10. (1) $f(x) = \dfrac{11}{12} + \dfrac{1}{\pi^2}\sum\limits_{n=1}^{\infty}\dfrac{(-1)^{n+1}}{n^2}\cos 2n\pi x \quad (-\infty < x < +\infty)$;

(2) $f(x) = -\dfrac{1}{2} + \sum\limits_{n=1}^{\infty}\left(\dfrac{(1-(-1)^n)6}{n^2\pi^2}\cos\dfrac{n\pi x}{3} + (-1)^{n+1}\dfrac{6}{n\pi}\sin\dfrac{n\pi x}{3}\right)$
$\quad (x \neq 3(2k+1), k = 0, \pm 1, \pm 2, \cdots)$.

习 题 十 二

1. (1) 发散;   (2) 收敛;   (3) $(1, 5]$;   (4) 1;

(5) $-(2\pi-x)^2$.

2. (1) C;   (2) D;   (3) A;   (4) C;

(5) C.

3. 略.

4. 当 $0 < a \leqslant 1$ 时,级数发散;当 $a > 1$ 时,级数绝对收敛.

5. 当 $\lambda < 1$ 时,收敛;当 $\lambda \geqslant 1$ 时,发散.

6. $f(x) = \sum\limits_{n=1}^{\infty} \dfrac{(-1)^{n-1}}{2n^2} x^{2n}$,收敛域为 $-1 \leqslant x \leqslant 1$.

7. 收敛域为 $(-1,1)$,和函数为 $s(x) = \begin{cases} \dfrac{x^2+1}{(1-x^2)^2} + \dfrac{1}{x}\ln\dfrac{1+x}{1-x}, & x \in (-1,0) \cup (0,1), \\ 3, & x = 0, \end{cases}$

8. (1) $f(x) = \dfrac{1+x}{(1-x)^3}$, $-1 < x < 1$; (2) $\dfrac{80}{27}$.

9. 收敛域为 $[-1,1]$,和函数为 $x\arctan x$.

10. 收敛域为 $[-1,1]$,和函数为 $s(x) = \begin{cases} 1 + \dfrac{1-x}{x}\ln(1-x), & 0 < |x| < 1, \\ 0, & x = 0, \end{cases}$

$\sum\limits_{n=1}^{\infty} \dfrac{1}{n(n+1)2^n} = 1 - \ln 2$.

11. $(-1,1)$; $f(x) = \dfrac{x^2}{1+x^2} + 2x\arctan x - \ln(1+x^2)(-1 < x < 1)$.

12. (1) $x\cos x^2 = x - \dfrac{x^5}{2!} + \dfrac{x^9}{4!} - \cdots + (-1)^n \dfrac{x^{4n+1}}{(2n)!} + \cdots, x \in (-\infty, +\infty)$;

(2) $\dfrac{\sin 1}{2}$.

13. $f(x) = \sum\limits_{n=0}^{\infty} \dfrac{1}{3}\left(\left(\dfrac{1}{2}\right)^n - (-1)^n\right)x^n, x \in (-1,1)$.

14. $f(x) = 1 - \dfrac{1}{3}\pi^2 + \sum\limits_{n=0}^{\infty}(-1)^{n-1}\dfrac{4}{n^2}\cos nx\,(0 \leqslant x \leqslant \pi)$, $\dfrac{\pi^2}{12}$.

15. 略.

图书在版编目(CIP)数据

高等数学. 下/黄立宏主编. —北京：北京大学出版社，2018.7
ISBN 978-7-301-29507-6

Ⅰ. ①高… Ⅱ. ①黄… Ⅲ. ①高等数学—高等学校—教材 Ⅳ. ①O13

中国版本图书馆 CIP 数据核字(2018)第 094969 号

书　　　名	高等数学（下）
	GAODENG SHUXUE
著作责任者	黄立宏　主编
责 任 编 辑	曾琬婷
标 准 书 号	ISBN 978-7-301-29507-6
出 版 发 行	北京大学出版社
地　　　址	北京市海淀区成府路 205 号　100871
网　　　址	http://www.pup.cn
电 子 信 箱	zpup@pup.cn
新 浪 微 博	@北京大学出版社
电　　　话	邮购部 62752015　发行部 62750672　编辑部 62754819
印 刷 者	湖南省众鑫印务有限公司
经 销 者	新华书店
	787 毫米×1092 毫米　16 开本　17 印张　422 千字
	2018 年 7 月第 1 版　2023 年 10 月第 12 次印刷
定　　　价	49.50 元

未经许可，不得以任何方式复制或抄袭本书之部分或全部内容。
版权所有，侵权必究
举报电话：010-62752024　电子信箱：fd@pup.pku.edu.cn
图书如有印装质量问题，请与出版部联系，电话：010-62756370